U0883884

荔湾足迹

中共广州市荔湾区委组织部 主编

广州新华出版发行集团
广州出版社

前言

一湾溪水绿，两岸荔枝红。荔湾旧称“西关”，因荔枝湾胜景而得名，被誉为广州市“海上丝绸之路发祥地、岭南文化中心地、中国近现代革命策源地、中国改革开放前沿地”的缩影和窗口。古往今来，一代又一代荔湾人一步一个脚印走、一棒接着一棒干，探索出一个个荔湾经验、锻造出一个个荔湾品牌、烙下了一个个荔湾足迹。2018 年 10 月 24 日，习近平总书记视察广州的第一站就是荔湾，总书记在西关历史文化街区永庆坊沿街察看旧城改造、历史文化建筑的修缮保护情况，走进粤剧艺术博物馆了解粤剧艺术的传承和保护情况，用“老城市新活力”“四个出新出彩”为广州的发展指明方向、提供根本遵循，也为荔湾的发展翻开崭新篇章、注入强大动力，全区上下深受鼓舞，倍感振奋、倍增自信，立潮头、不止步，促发展、再出发。

历史是最好的教科书。本书记述改革开放以来荔湾人民坚守敢想会干的初心、担起改革发展使命，在沙面建起新中国第一家中外合作的五星级酒店——白天鹅宾馆、在清平市场探索城市商品流通体制改革、在珠江两岸展开城区面貌华丽蝶变壮美画卷、在改革浪潮中擦亮老字号品牌和培育中国日化第一自主品牌等典型案例，记录亲历荔湾改革发展的老同志的口述资料，总结党的十八大以来荔湾区全面深化改革取得的新成绩、积累的新经验、形成的新作风，特别是区委十二届七次全会以来，区委、区政府团结带领全区上下走进新时代、立足大湾区、一心一意谋发展、全力以赴抓落实的新担当、新气象、新作为。

守初心、担使命，找差距、抓落实。本书以党员群众身边改革发展实例回望初心、提振信心、坚定决心，激励广大党员干部牢记总书记嘱托，以习近平新时代中国特色社会主义思想为指导，全面贯彻落实习近平总书记对广东重要讲话和对广东工作一系列重要指示精神，按照省、市部署要求，进一步树牢“四个意识”、增强“四个自信”、践行“两个维护”，统筹推进“五位一体”总体布局，协调推进“四个全面”战略布局，坚持新发展理念，坚持推动高质量发展，坚持深化市场化改革、扩大高水平开放，扭住粤港澳大湾区建设这个“纲”，坚定不移推动“四个出新出彩”，坚持不懈推进全面从严治党，保持经济持续健康发展和社会大局稳定，在打造“湾区门户、广州名片、产业高地、现代商都”中干事创业敢担当、为民服务解难题、清正廉洁作表率，为实现老城市新活力，推动国家中心城市核心功能区建设全面上新水平、着力建设国际大都市现代化中心城区砥砺奋进。

编委会

2019 年 6 月

目　录

第一章

解放思想　真抓实干　激发老城市新活力

林的海外侨胞和港澳台同胞，常被安排打地铺，有人写下打油诗：“桂林山水甲天下，我到桂林住地下……”[①]令人啼笑皆非。

1978年10月9日，邓小平对民航总局、旅游总局负责人说：“利用外资建旅馆可以干嘛！应该多搞一点。”[②]为贯彻邓小平的指示，国务院成立以谷牧、陈慕华、廖承志为领导的“利用侨资外资建设旅游饭店领导小组”，办公室设在旅游总局，总局局长卢绪章兼任办公室主任，副局长庄炎林任常务副主任。限于国家资金投入有限等条件，计划首批在四大城市兴建8座旅游饭店（后实际建成6座）。

（二）广州建外资酒店的基础

1. 对外开放的广州亟须大建宾馆酒店

广东是著名侨乡。毗邻港澳的广州，是祖国的“南大门”、重要的国际交往通道，也是历史悠久的外贸口岸。每年都有数以万计的外宾、华侨和港澳同胞进出广州。1976年后，来中国观光的旅游团每年都在不断增多。据不完全统计，欧、美、日来穗的旅游团，1977年来了25481批，共101423人；1978年为15336批，共151979人；1979年为21783批，共206797人。不入住宾馆酒店的无从统计。[③]

日渐增长的探亲流与中国进出口商品交易会（广交会）客商流相交织，住宿成为大问题。1957年创办于广州的中国出口商品交易会，是新中国贯彻港澳工作方针，突破西方国家的封锁和禁运，定期举办的国际贸易平台，也是中国对外政策和社会主义建设成就的宣传展示窗口。[④]至1979年，春季广交会客商到会人数达到2.53万人次的高峰。4月14

① 钟兆云、易向农：《中国成为旅游大国的背后（上）——中国侨联原主席庄炎林的传奇经历》，《党史博览》2007年第2期。

② 《邓小平关于发展旅游业的论述选载》（1978年10月至1979年7月），《党的文献》2000年第2期。

③ 刘光璞、陆卓森、许树晖等：《对广州市经济优势及其实现条件的调查》，《学术研究》1980年第6期。

④ 欧阳湘：《从广交会的创办看二十世纪五十年代中期中国外经贸发展的战略调整》，《中共党史研究》2011年第9期。

日，即春季广交会开幕前夜，发生客人无房安排的住宿“爆棚”事件。港澳及海外客商对此非常不满，香港和某些西方国家的媒体趁机炒作，大做文章。广州市委检讨后认为，事情发生的客观原因是：广州能适合外宾入住的宾馆酒店不够。①

2. 霍英东是在内地兴建宾馆的先行者

鉴于此，广东省、广州市积极贯彻中央利用外资建酒店的决策，并大力争取。港商对在广州建酒店也非常踊跃。一方面，因为香港与广东省的贸易来往密切；另一方面，港商多数来自广州周边的珠江三角洲地区，与内地有着千丝万缕的文化联系。②爱国港商霍英东，正是在内地兴建宾馆的先行者之一。

1978 年 10 月广交会期间，霍英东回到故乡番禺。当时，番禺几乎没有一间像样的宾馆。番禺县的领导说，有计划兴建一座宾馆，但“资金缺口颇大”。霍英东马上捐款 300 万港元，协助番禺兴建宾馆，何添、何贤兄弟也捐出 200 万港元，港商张耀宗等捐出 100 万港元。番禺宾馆于 1979 年动工、1980 年 12 月开业。这是霍英东投资内地宾馆的尝试，构成了修建白天鹅宾馆的前奏。③此外，由霍英东等人投资兴建的中山温泉宾馆，也为白天鹅宾馆的建设探索了经验。而这两个项目几乎是在同一时间商谈和筹备的，只是白天鹅宾馆工程动工稍晚一些。④

二、白天鹅宾馆的兴建与管理

白天鹅宾馆自 1979 年兴建，于 1983 年 2 月开业。2003 年 2 月，

---

① 孙铁钟：《杨尚昆在广东》（二），《广东党史》2008 年第 2 期。

② 贺灿飞、尹薇：《中国外资星级宾馆区位研究》，《世界地理研究》2010 年第 1 期。

③ 叶曙明：《最是梦萦家国——霍英东与改革开放》，广州：广东人民出版社，2008 年版，第 122–123 页。

④ 谢长贵：《第一家中外合作宾馆与“不走回头路”》，中共广东省委党史研究室：《特殊政策灵活措施在广东》（《广东改革开放实录》第 1 辑），北京：中共党史出版社，2015 年版，第 246–253 页。

广州白天鹅宾馆举办开业20周年庆典。全国政协副主席、白天鹅宾馆副董事长霍英东用“12345”这5个数字开头回顾“白天鹅”20年的辉煌历程：当年在广州建“白天鹅”是“一马当先”，走在全国前列，经过20年艰苦奋斗，确定了“三自方针”，四门大开，最后取得全国“五十佳”宾馆之首的成绩。[①] 其中的“一三四”，很好地概括了20世纪70年代末80年代初白天鹅宾馆的兴建与开业历程。

（一）宾馆筹建“一马当先”

1978年，中央决策利用外资合建酒店，港商霍英东积极响应。中央有关部门会同广东省、广州市，与霍英东协商，率先达成合作兴建白天鹅宾馆的共识。

1. 酝酿

1978年夏，广东省中国旅行社经理张贵一向霍英东提出在广州投资旅游的建议。同年7月，国家旅游局局长卢绪章在广东各地考察时，在广州约见霍英东，希望他在北京或广州带头建造一间酒店。国庆节前夕，负责港澳事务的全国人大常委会副委员长廖承志邀请李嘉诚、利铭泽、霍英东、彭国珍等赴京商谈，并受到邓小平接见。廖承志与霍英东亲切会面，推心置腹，使霍英东坚定了投资建设宾馆的决心。至于宾馆建设地点，霍英东选择了广州。

霍英东曾这样说：建设宾馆应选择在什么地方呢？北京是10亿人民的首都，世界各国使节与万商云集，有长城、颐和园、故宫和宏伟的天安门广场等看不尽的名胜古迹，这么看来，这里是最理想的。上海在二十世纪三四十年代就已经同伦敦、纽约、东京一样是世界著名城市之一。而广州除了在交易会开会期间外宾较多外，平时多是接待回乡探亲的港澳同胞、华侨，并无吸引游客的名胜古迹，但由于接近港澳，沟通较易，在改革开放上先走一步，有利条件很多。于是，在主管部门的支

① 《霍英东有意留住白天鹅》，《新快报》2003年2月10日。

持和引导下，我们决定新宾馆的地点选在广州。[1]

9月下旬，卢绪章在北京家中与霍英东、彭国珍继续商谈，达成在广州建宾馆的原则意向：①以10万港元一个房间的标准，建造1000~2000个房间的宾馆。②资金一半由霍、彭自筹，其偿还办法可由国家提出条件；一半由霍、彭向银行贷款，由中国银行香港分行担保偿还。宾馆建成后由国家经营，投资方提供一切必要的帮助。10月，卢绪章一行到香港，再次肯定霍、彭提出的方案。同月，霍英东通过新华社聘请柯小麒担任此项工作的联络员。11月2日，“广东省旅游工程领导小组”成立，广州市着手选址和设计工作。

由于港英当局及美国政府对霍英东无理攻击，以致国内有人担心合作“有失国体”，酒店筹建工作一度受阻。幸得叶剑英关心，向全国人大常委会副委员长兼国务院港澳事务办公室主任廖承志、新华社香港分社社长王匡及澳门爱国人士柯正平等了解，大家一致认为霍英东是好人。叶帅立即告诉广东省委领导，好好与霍英东合作，并鼓励广东自己先行筹建。

2. 选址

在宾馆选址时，广州市有几块地供霍英东挑选，一块是现在中国大酒店的地块——象岗山。霍英东说，闹市中有山，在全国的大城市中都很少有，应该保留。另一块是现在花园酒店所在地，那时还是菜地，是供应广州市蔬菜的主要用地。如果拿这块地，青菜的供应减少了，菜价就会上涨，市民就会怨声载道。第三块就是沙面。当时还是淤泥滩涂，政府计划正要加以整治。霍英东选择了沙面。论建造大型酒店，沙面条件最差，建造成本也最高。

世界酒店业有句名言，投资酒店成功的重要因素：第一是地点，第二是地点，第三还是地点。为何选择沙面？霍英东说，要盖一家赚钱的

① 霍英东：《从白天鹅宾馆看国家的改革、开放、搞活政策》（1987年2月7日在中山大学授予名誉博士典礼上的学术讲演），《中山大学学报》（哲学社会科学版）1987年第2期。

宾馆容易，要建造一座政治上有重大影响的宾馆就很难。如果单纯想赚钱，就把宾馆建在离飞机场、火车站最近的市区。但各国的嘉宾每到一个国家，都希望住在这个国家最有地理和文化特点的酒店，而人家一下飞机，你就把他们请到闹哄哄的“石屎森林”的闹市区住下来，能感受到多少中华文化和广州风光？

沙面过去是殖民地租界，霍英东更加希望在这里建造一座高级酒店，他相信这样“能长民族志气”。霍英东曾回忆，他们那时和叶剑英元帅见面，他说起在沙面建酒店，叶帅就说那个地方原来叫白鹅潭，还讲起与白鹅潭有关的历史故事，比如孙中山曾经挺进白鹅潭。最初，双方签协议时也是称“白鹅潭宾馆”，后来改名“白天鹅宾馆”，是考虑到白天鹅是一种飞得快、飞得高的圣物，隐喻白天鹅宾馆将会像白天鹅一样振翅冲天，一鸣惊人。①

位于荔湾区白鹅潭旁的沙面，联结了近代中国的百年屈辱史和不懈奋斗史。第二次鸦片战争期间，英法联军攻占广州。后来，清政府被迫签订《天津条约》，沙面成为英法两国的租界。1925 年 5 月，上海发生五卅惨案。6 月，广州和香港工人发动省港大罢工。6 月 23 日，各界人士举行游行示威。队伍行进到沙面对岸时，英国士兵突然开枪，造成多人死伤。这条血染的沙基路，后来被命名为“六二三路”。

更重要的是，沙面联结和传承了广州荔湾的商都传统。霍英东后来说，他之所以放弃现在花园酒店的地块，除不愿意占用菜地外，“从酒店盖成后的政治影响考虑，论风光、论历史文化等特点，都不及沙面”②。论现实，沙面当时是广州外国使领馆最为集中的地区，英美人士很熟悉；论历史，明朝时期荔湾已是中国对外通商口岸与文化交流的重要口岸，当时广州海外贸易机构“怀远驿”就设在荔湾沙面以北的十八甫附近，专供海外各国使节来华下榻，成为中外商人从事贸易的馆

---

① 《白天鹅故事》，白天鹅宾馆 2013 年 12 月编印，第 22–23 页。

② 杨小鹏主编、雷铎编著：《光荣与求索：霍英东之梦与白天鹅之路》，北京：中国旅游出版社，2000 年版，第 40 页。

所，1757 年清政府实施“闭关锁国”政策，但沙面东北的十三行是清政府特许的唯一合法对外通商的口岸，时间长达 85 年，是集中管理外国人和对外贸易的地方。许多外国人住在沙面，海关设在沙面的东面。十三行核心区位于沙面对岸的广州文化公园。有关部门近年筹建了十三行博物馆展览中心，现已由荔湾区政府收回用作十三行博物馆建设。

3. 立项

时仍中共广东省委第一书记习仲勋要求广州在 1979 年元旦假期后即赴港谈判。1 月 10 日，广州市分工负责城市建设的副市长林西带领包括佘畯南、莫伯治在内的 7 人“赴港考察旅游工程小组”赴港考察。1 月 23 日，霍英东、彭国珍与林西在澳门葡京酒店签订《广州沙面白鹅潭投资兴建旅馆计划意向书草案》，明确投资总额与兴建规模、贷款与利率、投资偿还和设计问题。林西回国后，提出《关于赴港考察旅游工程的情况报告》给时任中共广州市委第一书记焦林义并报广东省委。

2 月 22 日，习仲勋就此专函国务院副总理余秋里。要点为：①引进外资发展旅游事业问题，“接谈的不少，谈成的不多”；②霍英东先生是爱国商人，“同我们商谈了八次，亲自奔赴广州、北京商谈了五次”；③“他是广东人，有乡梓之情”，“这种积极性是对的”。最后希望余秋里“帮助从速审批，以便早日施工”。广东省委派旅游工程领导小组办公室副主任李世浩携“计划意向书”赴北京向旅游总局汇报，并报请国务院审批。同日，廖承志也给卢绪章写信，严正指出：“广州旅游事业方面，到现在为止还没有一家谈成，这样下去不利。广州的霍英东一项，希望‘无论如何争取它能够谈成’。”。

3 月 22 日，省革委召开专题会议，副省长李建安与广州市副市长林西共同主持。会议决定，关于另向外国银行贷款 1 亿港元的问题，同意由省、市计划委员会出面以地方外汇向中国银行香港分行担保，中国银行香港分行再向外国银行担保。整个建设工作由林西负责，“基建程序不能完全照搬国内的规定（如报批手续等）”，可灵活处理。

4 月 5 日，国务院利用侨资外资建设旅游饭店领导小组办公室依据相关文件，批准该合作项目。4 月 10 日，卢绪章与霍英东、彭国珍在北京签署合作协议书。这是中国利用外资兴建宾馆的第一份协议书，可谓“一马当先”。[①]

这次合作，霍英东考虑到自己对酒店业不是很熟悉，曾提出捐赠半个宾馆、500个房间。广东省领导习仲勋、杨尚昆等认为捐赠的形式不好——让人以为共产党开放是为了“要钱”，坚持要合作。各方出资情况是：霍英东出资5000万港元，彭国珍出资1250万港元（1983年彭氏病逝后由霍英东买下），广东省旅游局出资400万元人民币。协议中的“银行贷款”，1981年以宾馆名义向中国银行广州分行贷了3631万美元。

（二）宾馆建设坚持“三自方针”

霍英东在宾馆建设过程中，提出了中国人自己设计、自己建造与自己管理的“三自方针”。这其中既有爱国的因素，也有实际的考虑：外国人甚至香港人都不了解内地情况。

1. 自己设计

白天鹅宾馆的建筑设计广受人们赞许。特别是宾馆大厅中庭曲径回廊、小桥流水、石山瀑布的“故乡水”景区，令许多回国下榻于白天鹅宾馆的海外侨胞思乡之情得以慰藉。[②]世界顶级建筑设计师贝聿铭，参观后也赞不绝口。

这说明“自己设计”是正确的。最初霍英东是打算由内地建筑师和香港建筑师合作设计，后来是由广州的建筑大师佘畯南、莫伯治两人全面负责酒店的总设计。为了让他们多了解一些新事物，霍英东特意邀请他们组成考察组到香港去参观一些著名建筑物，与香港的著名建筑师座谈，了解香港建筑设计工作的运作情况。他们从香港回广州后，很快就

① 杨小鹏主编、雷铎编著：《光荣与求索：霍英东之梦与白天鹅之路》，北京：中国旅游出版社，2000年版，第25–32页、74页。

② 杨磊、冯娴慧：《酒店景观对酒店品牌传播的影响研究：以广州居民对白天鹅宾馆“故乡水”认知意象为例》，《酒店管理研究》2014年2月下半月刊。

把蓝图设计出来。1979年3月19—20日，在华侨大厦召开研讨会。经领导审阅同意后，于3月24日送港征求意见。

4月4日，香港建筑师带设计方案来广州参加评比。他们的方案与广州原方案（“折板平面”结构）类似，而且还有改进。但广州方案已改用“腰鼓形”结构。经过两天的论战，“腰鼓形”方案胜出。5月28日，新加坡的丹麦建筑师带来的方案问鼎，但因其交通路线要穿过沙面才能到达宾馆，而且布局混乱，未被采用。

随之而来的是当时国内例行的设计方案审查，在沙面国际俱乐部举行，全国各地专家应邀到会。会上提出了不少有益建议，但对于其是否符合国务院提出的五星级要求，意见不多（因为参与评审者大多数未见过五星级酒店，只见过图纸和方案）。也有人提出了一些奇奇怪怪的问题。鉴于省革委已明文规定“内外有别”，杨尚昆最后表态，大意是：“我受省委委托，将保证建成符合标准的五星级旅馆，并无条件移交给广东省旅游局。设计审查结束，即可动工。”当时军事部门就提出，白天鹅宾馆的楼顶阳台上要建立高射炮台。最后，霍英东向廖承志等人寻求帮助，而他的秘书则向叶剑英转达了霍英东的处境。叶剑英出面才解决了问题。①

1979年6月10日，广东省计划委员会下达《关于霍英东等人合资贷款在穗建造白鹅潭宾馆设计任务书的批复》，正式批准宾馆设计方案。

2. 自己建造

白天鹅宾馆工程由广州珠江外资建设总公司承建。1979年5月，参加这项工程的各建设单位陆续进场。7月，宾馆工程开始填江造地、围筑堤岸。负责造陆的广州市第二建筑工程公司大胆改革工序，先搞简易堤，造陆后马上开始打桩，边打桩边砌永久堤，结果只用了三个多月

---

① 蔡德道口述、杨苗丽整理：《白天鹅宾馆的设计及三大宾馆的引进》，全国政协文史和学习委员会编：《十四个沿海开放城市纪实》（广州卷），北京：中国文史出版社，第257–266页。

就完成造陆工程。到10月填成主楼基地，开始打桩。负责打桩的省水利厅机械大队，开动多台打桩机，到1980年6月完成任务，转入土建工程。①

1981年，环保问题受到重视。白天鹅宾馆与对岸的江湾新村临江而建，是否影响江流和景观？针对此问题，宾馆承建单位和广州市规划局举行记者会，进行了澄清和说明，并提出改进措施。1981年底，白天鹅宾馆工程接近封顶。1982年8月，主楼外部工程提前完成，转入内部装修。为了配合广州秋交会，“白天鹅”准备在1982年10月试开业，这时距离动工仅仅三年时间。整个宾馆由主楼和附属建筑组合而成，主要建筑高99米（至圆塔顶高102.75米），共34层，大厅中央是个具有中国传统格调的室内庭院，后院有一组“鹅潭夜月”园林风景。

当时，中国还处于计划经济时代，国内物资奇缺，更没有现代化酒店所需要的配套设施，很多建筑材料在国内都没有，要从国外买来，设备、建材、家具，几乎全是进口的，就连一根木头都是从菲律宾运来的。大到空调、电梯、灯饰，小到杯、碗、盘、碟、牙膏、牙刷、拖鞋，大大小小物品不少于10万种。在酒店施工期间及开张以后，采购物品都是一项极为重要的工作。至于酒店的施工，也由内地建筑公司负责，但一律采取承包的方式，把工程批给各个工程队。那时，“承包”对不少中国人来说，仍是一个陌生的字眼。

那时，不少人还看不到改革开放的好处，反对的声音有很多。外省说广东是在搞什么资本主义，引来了很多议论。工程队在沙面搭起工棚，有些人就开骂，说他们没地方拍拖（谈恋爱）、没地方晨练了。记得有一次，霍英东在打网球，就有人在沙面街放了一个扬声筒，大吵大闹，责骂他们。

下面有阻力，上头也有不同意见。霍英东到北京参加全国政协会议，也听到一些议论。茶话会上有人讲相声“精卫填海”，讲一个打领带的人，

① 《广州白鹅潭宾馆大规模土建工程开始施工》，《南方日报》1980年6月25日。

怎样成为精卫担沙填海。正在填白鹅潭建宾馆的霍英东觉得："茶话会上打领带的就是我一个人……很清楚是骂我，说我们是异想天开。"

3. 自己管理

白天鹅宾馆坚持将国际先进的酒店管理经验与中国的国情相结合，既代表国际先进一流酒店管理水平又具中国特色的酒店管理模式。[①]

关于白天鹅宾馆的经营管理，当时也有两种选择，要么交给外国管理集团管理，要么由完全没有干过宾馆行业的国内人士管理。在香港，高级酒店均委托外国管理。霍英东曾在香港找过某外国酒店管理集团亚洲区总裁。那个总裁十分傲慢地说："我只见你两个小时，我的价值是3000美金两个小时。"这对霍英东的刺激太大了：我们中国人并不蠢，你见我两小时价值3000美金，我作为中国人已经有一两百亿港元的身价，我还没有像你们那样算账。而且由于内地情况特殊，外国管理集团组织客源不易，无法安排旅客参观，必须自己管理。

1982年2月，广东省委派省旅游局副局长朱一明兼任白天鹅宾馆总经理，各级管理机构陆续建立，人员也调配到位。9月16日，朱一明代表白天鹅宾馆与霍英东的香港维昌公司签订《合作经营白天鹅宾馆协议书》。宾馆2000多个员工包括总经理在内，没有一个干过酒店行业。为了让工作人员尽快熟悉业务，宾馆请来美国的酒店专家授课，还派人到香港和东南亚的高级酒店去学习、培训。

"白天鹅"的管理秘诀是，决不在赞扬声中自我陶醉，而是"在投诉中成长"。宾馆特设大堂副理，代表总经理24小时值班，专门解答客人提问、接受批评、处理投诉。每周例会的一项主要内容是，总经理主持讨论客人的投诉。通过接待投诉、批评，了解客人的心理，并逐步形成"白天鹅宪法"之"自检系统"：层次化、标准化、合理化、严格化、常态化。1984年6月，总经理朱一明创办了一份《情况通报》（大致上每周1期）。这是"治企"的一个绝招，对宾馆管理起到极大的、

---

① 《白天鹅：在改革开放中翱翔》，《饭店现代化》2008年第10期。

不可替代的作用。主要内容：一是宾馆决策、规章、制度；二是通报客人投诉或馆内发现的问题，并由总经理批注；三是借鉴；四是表扬。[①]

（三）创新“四门大开”的经营理念

1. 试业宴“破表”

1982年10月15日，秋季交易会在广州开幕。为争取宾馆早日营业赢得主动，霍英东决定在秋交会开幕前一天（10月14日），宾馆试行部分营业。他邀请时任中共广东省委第一书记任仲夷晚上来参加晚宴，但对任仲夷是否能来心里并无把握。他找来一个主管吩咐：“我已经邀请任仲夷书记来吃饭，无论如何，就算是四菜一汤，也要弄出来。”并从香港的珠城酒楼请来一帮饮食专家，准备万一“白天鹅”的厨师不行就顶上。任仲夷接到邀请后，有人劝他不要去：“你吃一顿饭，人家就会说你与资本家穿连裆裤，是把兄弟。”任仲夷回答：“广州和香港不是把兄弟，而是亲兄弟，不仅合穿连裆裤，还同吃一个奶（指同饮珠江水）。”他不仅欣然赴宴，还召集省、市有关方面负责人100多人前往，一来为霍英东和宾馆开张打气支持，二来让干部们开开眼界，扩展对外搞活的思路。

任仲夷一行来到白天鹅宾馆，把霍英东吓了一跳。他原先以为客人不多，开两三桌就够了，现在来了100多人。霍英东对厨房能否炮制出这么多席饭菜，心里没底。结果让他喜出望外。客人入座后，端上来的不是简单的四菜一汤，而是10多样精心炮制的菜式，颇具晚宴规模，是内地员工在香港饮食专家指导下完成的。霍英东开心极了，请任仲夷给白天鹅宾馆题词。任仲夷愉快地写下：“两岸猿声啼不住，轻舟已过万重山。”这两句诗意味深长，不仅表达了他对霍英东的赞许和支持，还表达了对中国和广东改革开放的乐观态度。

宾馆虽然试营业了，可困难依然很多。尤其是正式开业所必须办理

---

① 杨小鹏主编、雷铎编著：《光荣与求索：霍英东之梦与白天鹅之路》，北京：中国旅游出版社，2000年版，第187、228–229页。

的手续在有关部门一直办不下来，建设工程的收尾工作也是久拖不决。为此，霍英东先把开业的日子板上钉钉地定死了，然后把开业请柬向北京、广东的领导和港澳人士及相关部门广为散发。接着拿着请柬去需审批的各个部门催办手续。这样，给了有关部门很大压力，各项手续得以顺利办理。

2.“四门大开”营业

1983年2月6日，白天鹅宾馆举行开业典礼。霍英东提出“四门大开”的要求。此举几乎遭到酒店上下的一致反对：涉外酒店接待的大多是外国的政要、商人。“虽然是国际友人，可他们都还是资产阶级啊！”经理们想去劝说霍英东，却又不好明说。于是想出一个绝妙理由：“那么多人进来，设备弄坏怎么办？这么多人进来一踩，地毯坏了怎么办？”不料，霍英东回答：“坏了我给钱。”双方争执不下，霍英东的联络员柯小麒直接打电话给已升任中央军委副主席的杨尚昆，杨尚昆在电话里明确支持霍英东的意见。他说：“中国的酒店越高档就越森严，不给人家进来。现在改革开放了，我们把工作中心转为经济工作。我们搞一些酒店，干什么不让人家进来？让老百姓看看什么是改革开放、什么是高档酒店。”

开放虽然定了，但大家的担心还是没有放下。为保护地毯不被踩坏、酒店内的东西不被碰坏，工作人员拿来红桌布铺在地上，或者用障碍物把一些物品拦住。有人还想出一个门票策略：“一块钱一张门票，门票可以冲抵茶资。”霍英东知道后很生气：“如果你们再这样下去，我就不干了！”结果门票只收了一天。[①]

霍英东说服员工：“‘白天鹅’地处沙面这个地方，本来就是租界、是‘华人与狗不得入内’的地方。如果再建个宾馆，不让老百姓进来，说不过去。”霍英东本人对国内宾馆的森严管理很有体会。1979年，他带一个参观团到广州，团员亲友到宾馆探访，被挡在门外，冒着风雨登记，等了一个多钟头后才见上面。霍英东觉得这样做不合理，必须改

① 瞿琮：《霍英东传》，北京：红旗出版社，1996年版，第142页。

变。而且霍英东认为，做生意要有“人气”才能有“财气”，宾馆里不能弄得冷冷清清。

“白天鹅”对普通群众开放。宾馆开放第一天，“挤掉的鞋子捡了一箩筐”，这是当时媒体报道中的说法。场面有些混乱，但两周之后恢复了正常。

三、“白天鹅”促进改革开放

宾馆是一个小社会，包罗万象，是社会的一个缩影，反映了国家的水平和面貌。世界各国人士汇集于此，让市民日常到此活动，有利于大家认识国家的改革开放政策。白天鹅宾馆的成功，不仅是开放政策的结果，而且给改革开放以有力促进。

（一）邓小平的开放大局

原广东省政协主席、白天鹅宾馆董事长梁威林说：“‘白天鹅’等三家广州酒店是邓小平改革开放理论在广东具体实践的成果，是邓小平改革开放思想英明正确的最好见证。”诚然，白天鹅宾馆的成功实践，也为邓小平和党中央实行对外开放大战略提供了鲜活素材。

白天鹅宾馆的港方合作人霍英东，与邓小平有着密切交往。1964年9月底，霍英东作为香港同胞国庆观礼团副团长赴京参加国庆招待会，与时任中共中央总书记邓小平结识。同年7月30日，北京工人体育场举行国际足球邀请赛闭幕式，霍英东率香港足球队参赛。复出不久的邓小平接见了霍英东一行。同年9月29日，国务院侨务办公室举行宴会，邓小平又接见了霍英东。1984年1月26—29日，邓小平视察南方时来到中山，下榻霍英东等人投资兴建的中山温泉宾馆，与霍英东朝夕相处、亲切交谈，肯定“开放搞对了”，在登罗三妹山下山时，一语双关地说，“不走回头路！”[①] 邓小平还前后三次来到白天鹅

① 吴跃农：《霍英东与邓小平的密切交往》，《文史天地》2006年第12期。

宾馆。

第一次是专门来察看白天鹅宾馆。1984 年 1 月 31 日，邓小平和杨尚昆、王震一行，在霍英东陪同下来到了 28 楼总统房和 25 楼高级套间。在 28 楼俯瞰浩荡珠江景色时，邓小平十分高兴地对霍英东说：“‘白天鹅’好！比美国的还要好！”当时，一些人对白天鹅宾馆的经营方法持不同意见，认为这是搞“资本主义”。邓小平的肯定，不仅仅是对“白天鹅”的鼓励，也是对改革开放政策的肯定。① 在此前后，邓小平作出了“开放政策是放而不是收”的论断，并肯定了深圳、珠海特区的做法。2 月 24 日，邓小平对胡耀邦、杨尚昆等中央负责同志说：“全国赚钱最多的四大饭店，除广州的东方宾馆、北京饭店和广州白天鹅宾馆外，就是中山温泉宾馆。”② 不久，中共中央宣布进一步开放沿海 14 个城市的决定，广州、湛江名列其中。

第二次是 1985 年 2 月 19 日，邓小平在邓颖超、王震等中央领导同志的陪同下，出席广东省委、省政府在白天鹅宾馆举行的春节联欢晚会和宴会。这天正值农历除夕，邓小平等一行晚上在沙面春餐厅用餐，和广州人民一起共度新春。

第三次是 1985 年 2 月 23 日，这天是年初四，霍英东携同长子霍震霆夫妇，获邓小平会见，并共进晚餐。邓小平祝霍英东新年好，并向港澳同胞致以节日的问候，希望广大港澳同胞为香港、澳门的繁荣作出贡献。邓小平在白天鹅宾馆欣然挥笔签下“邓小平”三个大字。席间，邓小平在谈话中重申对外开放政策，并多次提到珠江三角洲、长江三角洲和闽南厦漳泉三角地区的发展问题。在此之前，中央决定将这三个地区列为“沿海经济开放区”，广州的番禺、增城两县列入其中。3 月下旬，邓小平在会见日本客人时说：“改革是中国的第二次革命。”国务院批

---

① 中共广州市委党史研究室编：《情暖珠江——中共中央主要领导人在广州》，北京：中央文献出版社、广州出版社，2004 年版，第 105 页。

② 《邓小平同志谈特区等问题》（1984 年 2 月 24 日），《中央对广东工作指示汇报》（1983—1985 年），中共广东省委办公厅 1986 年编印，第 124 页。

转《关于广东、福建两省继续实行特殊政策、灵活措施的会议纪要》。①

（二）酒店业改革与创新

白天鹅宾馆在中国酒店业发展史上有着重要影响。20世纪80年代初，“白天鹅”一飞冲天，其风头不仅在国内无人能比，在世界上也打出了影响力。②

1. 中国酒店业发展的领军雁行阵

白天鹅宾馆吸取外国的先进经验，按照国际一流酒店的管理标准，结合中国的具体实际，边实践、边探索，逐步建立了一套由中国人管理的，适合中国国情的现代化酒店管理制度，走了优化管理、优质服务、稳步发展的道路。③

白天鹅宾馆建成当年开始盈利，当年总结算时获得纯利润1282万元，成绩相当耀眼，是招商引资的成功典范。白天鹅宾馆的成功，在20世纪80年代初带动大批港资进入广州酒店业。中国大酒店、花园酒店分别在1984年和1985年开业，形成三强鼎立的犄角之势，各具特色，极大提升了广州酒店业的整体水平。

白天鹅宾馆是中国第一家自行设计、建造和管理的现代大型中外合作酒店，创造了许多全国“第一”，对业界有良好的示范作用：中国第一家外商投资的五星级宾馆，第一家自行设计、建造和管理的现代化酒店，第一家营业第一年就盈利的酒店，第一家在酒店内实行与日资、港资合作经营日本餐厅的酒店，第一家“四门大开”对群众开放的高级酒店，第一家全面实施电脑化管理的酒店，第一家使用信用卡结账及实行8种外汇付款方式的酒店。

---

① 《中央对广东工作指示汇报》（1983—1985年），中共广东省委办公厅1986年编印，第353、377页。

② 《“白天鹅”重生记》，中央电视台2015年12月19、20、21、22日《朝闻天下》。

③ 刘毅：《我乐于推荐此书》，杨小鹏主编：《白天鹅宾馆管理实务》，广州：广东旅游出版社，2006年版，前言。

1985年7月1日，广州白天鹅宾馆成为“世界一流酒店组织”成员。当年4月，该组织派出两名视察员到白天鹅宾馆了解情况。根据白天鹅宾馆近三年来在经营管理、服务质量、环境卫生、经济效益方面所取得的成绩和宾客的好评等情况，提出报告，经该组织在美国纽约召开的一次执行委员会会议上讨论通过，正式接纳白天鹅宾馆为该组织的成员。1985年，白天鹅宾馆被评为“全国十大先进企业”，是其中唯一入选的宾馆。

1987年，广东省旅游局总结了“白天鹅”管理成功的5条经验，向全省推广：一是有一个良好的条件和进取的管理班子；二是严格的制度同思考教育要结合，创造出中国式的管理体制；三是抓好“软件”建设，建立一支管理意识强、服务素质好的队伍；四是立足国内，注重世界客源市场，逐步形成自己的客源渠道和网络；五是加强维修保养工作，保持高格调、高质量管理服务。①

1990年，白天鹅宾馆被国家旅游局评为中国首批3家五星级酒店之一。1996年，白天鹅宾馆荣列国家旅游局举办的首次全国百优五十佳星级饭店榜首。此外，还连续多年来被国际旅游指南等国际知名媒体评为国际商务人士到广州的首选酒店。②

2.《人民日报》报道的观察与分析

白天鹅宾馆房租贵、费用高，大家担心客商住不起。1983年开业之前，有“行家里手”断言：“白天鹅”开张营业，就意味着垮台倒闭。1984年1月，《人民日报》报道：“白天鹅”并开张营业不到半年，客房利用率就超过了70%；到了8月，不光客房利用率稳步提高，而且餐厅、商场的营业额也跟了上去。客房利用率为87%，并开始偿还银行贷款的利息。报道总结了“白天鹅”的成功经验：首先是高质量的服

① 广东省旅游局：《旅游饭店的成功之路——白天鹅宾馆经营管理情况调查报告》，《旅游学刊》1987年第3期。

② 叶曙明：《最是梦萦家国——霍英东与改革开放》，广州：广东人民出版社，2008年版，第148页。

务，使宾馆赢得了声誉。其次，有优待办法：对港澳同胞有优待，长期包房比临时住宿房租要低。再次，室内陈设尽量“中国化”，使西方国家来的旅客感到“真的来到了中国”，海外华侨则感到“真的回到了家啦”。报道还提到，因南海油田的开发利用，到“白天鹅”来租赁客房的石油公司有 4 家，租去了“白天鹅”三分之一的客房。美国的埃索公司租了两层楼房后，又看中了“白天鹅”的职工宿舍。①

1985 年 7 月，广州白天鹅宾馆被“世界一流酒店组织”接纳为成员。《人民日报》作了头版报道：“这是中国自行设计、自行建造、自行管理的现代化酒店中第一家被接纳为国际组织成员的宾馆。”报道介绍了“世界一流酒店组织”：始建于 1928 年，历史悠久，享有盛名。有 190 多个高级酒店为其成员。该组织对自己的成员要求很高。其宗旨是要向世界上的旅客提供优雅的环境、现代的技术设备、一流的服务和优秀的传统风格。②

1991 年 2 月 6 日，白天鹅宾馆举行庆祝开业 8 周年亮灯仪式。时任国家主席杨尚昆为宾馆题词：“奋发八年，光耀中华。”《人民日报》报道：“8 年来，白天鹅宾馆的经营一年比一年好，经济效益和社会效益均为国内的佼佼者，8 年累计营业总收入达 9.2 亿多元，上缴国家税金 4200 多万元；偿还投资本息 8120 多万美元、7239 万元人民币；平均开房率达 76%；接待国内外宾客 315 万多人次，其中包括美国总统布什、前总统尼克松，英国女王伊丽莎白二世，新加坡总理李光耀等 30 多个国家元首和政府首脑，受到中外人士的赞誉。”③

1993 年 2 月 6 日，白天鹅宾馆举行开业 10 周年庆典。国家领导人江泽民、李鹏为宾馆题词。出席庆典的杨尚昆主席赞扬由霍英东投资建设，国内自行设计、自行建造、自行管理的白天鹅宾馆是一家管理成功

---

① 林里：《多好的“白天鹅”》，《人民日报》1984 年 1 月 24 日，第 2 版。

② 《白天鹅宾馆成为“世界一流酒店组织”成员》，《人民日报》1985 年 8 月 10 日，第 1 版。

③ 蔡忠植：《白天鹅宾馆奋发 8 年光耀中华》，《人民日报》1991 年 2 月 7 日，第 4 版。

的企业。《人民日报》称它“拥有的固定资产总值已相当于原投资总额的3倍，还为我国培训现代酒店管理人员达3万人次”①。

（三）推动区域改革发展

白天鹅宾馆作为一家创设于广州的世界一流酒店，对改革开放大潮初涌的广州特别是所在的荔湾区的改革、发展和社会转型，都起到很好的促进作用。

1. 试水经济体制改革

对物价放开的探索，是白天鹅宾馆在改革开放大潮中迈出的一步。20世纪80年代初，东方宾馆、白云宾馆，一杯咖啡是5毛钱，白天鹅宾馆卖5元。广州市物价局的官员到宾馆询问：“你们这个价格是怎么回事啊？”宾馆方面只好说：“我们是两杯。”房价也是如此，市物价局批给宾馆的价格是最高60元，而平时执行的房价是180元。“为什么这么贵？因为我们有服务，高级宾馆就应该这么贵。其实客人也知道应该是这个价格，都接受。”霍英东对白天鹅宾馆的高物价曾这样解释：“不放开价格又怎样办呢？‘白天鹅’的售价成本，不能与街边的摊档相比，建筑的投资、空调、照明、职工工资、管理费用……这些都要计算在内，不然何以经营？商品经济就是要赚钱，要良性循环，要改善员工福利，要有利于社会繁荣。”

霍英东很早就关注国内的住房制度改革。1979年1月，广州市副市长林西率领旅游工程领导小组到香港考察。霍英东等建议：“在港筹集资金，进口材料，在广州兴建房屋，然后在港出售，国家赚了外汇，满足了侨胞的要求，又减轻了广州住房的紧张，本息用补偿办法偿还。”1988年初，全国人大刚通过土地有偿使用期70年的决定。霍英东回来后就组织研究房改，谈怎样把房改推向市场、取消福利分房等，提出的房改细节考虑得相当细。宾馆把这个讨论方案报给广州市房改小

① 蔡忠植：《白天鹅宾馆开业十周年 杨尚昆参加庆祝活动》，《人民日报》1993年2月7日，第1版。

组。市里马上有人来“白天鹅”讨论房改方案。市里的人说：“你们这个方案比广州市讨论得还要细、还要好，对我们相当有启发。”①

再就是工资制度改革。比如宾馆的司机，要求很高，工作时间长，不加工资就没有积极性，服务质量就达不到要求；服务质量下降，宾馆就难以生存。但一旦加了工资，就对社会产生冲击，一连串的问题涉及整个社会。“白天鹅”员工的工资那时候总是比社会上高，因为他们应该得到这个报酬，优质劳动就应该有高报酬。反过来，别的酒店也跟进，别的行业也跟进。这对整个体制造成冲击，有利于打破“铁饭碗”，真正实行按劳分配制度。

2. 推动区域经济发展

一业带动百业兴。1987 年 2 月，霍英东在《从白天鹅宾馆看国家的改革、开放、搞活政策》中说：旅游事业的发展带动城乡各行各业，随着市场需求的增加、物价的调整，农民生产积极性得到发挥。“‘白天鹅’虽然只是一家酒店，但从其规模来说，实际相当于一个小市镇，客人和职工人数，经常不少于 5000 人，如果把为‘白天鹅’服务的有关人员加起来，可能要超过 1 万人。要保证高标准地供应 5000 多人的衣食住行及水、电等等，是极不容易的，物资需求量很大，品种繁多。这些需要改变了市场，市场的需求也促进了生产，结果生产和市场渐渐活跃起来。”②将间接为“白天鹅”服务的人员算在内，拉动效应更为可观。

荔湾区委、区政府也充分利用“白天鹅”开业这个契机，积极配合应对，加快改革发展步伐。“白天鹅”兴建后，沙面街管理服务等事务性工作突然多了起来，而且涉及外交和港澳台侨工作，政治性很强，所以对街道的工作要求越来越高。曾任职白天鹅宾馆行政部的杨跃穗回忆说，白天鹅宾馆开办后，最明显的变化是带旺了礼品商场，出现很多卖

---

① 何博传：《霍英东与中国土地改革》，《南方周末》2006 年 11 月 2 日。

② 杨小鹏主编、雷铎编著：《光荣与求索：霍英东之梦与白天鹅之路》，北京：中国旅游出版社，2000 年版，第 129–130 页。

小工艺品的商铺。[①]

由于交通的改善，促进了城乡物资交流，也促进了广州市特别是荔湾区的建设和发展。“白天鹅”所在地的沙面街位于广州市荔湾区，荔湾地处广州西部，号称“西关”，自古风物荟萃，名胜云集，很早就成为对外贸易和中外文化活跃之地，被誉为广州市“海上丝绸之路发祥地、岭南文化中心地、中国近现代革命策源地、中国改革开放前沿地”的缩影和窗口，商业服务业发达。打倒“四人帮”后，荔湾区大力恢复商业网点，并注意发扬小百货经营特色。[②]白天鹅宾馆的兴建，为荔湾的商业发展增加了新的动力。1979年，几乎在白天鹅宾馆兴建的同时，邻近的清平路上，一个占地6000多平方米的农副产品市场也开张了。霍英东经常过去逛，感受市场复苏。宾馆开业后，霍英东捐钱，请广州市在沙面和清平市场之间建一座天桥。果不出所料，狭窄的清平街成为广州最大的没有围墙的超级市场，全国各地乃至世界一些国家、地区的商品源源不断运到这里，销往各地。清平市场成了中国改革开放的一个窗口，引起世界的关注。入住白天鹅宾馆的尼克松、基辛格等40多国政要也慕名前来这个市场参观、访问。白天鹅宾馆的发展与清平市场的兴旺，形成良性循环，共同拉动荔湾区的经济与社会发展。[③]

3. 提升社会文明程度

引进外资兴建白天鹅宾馆，不但引进外来资金、先进设备，而且学习和引进国外的科学技术和管理经验、思维方式，人们的经营管理、科技知识和服务水平都有所提高。人们的生活方式和思想面貌也悄然发生了变化。

1983年2月6日，白天鹅宾馆开业前后实行“四门大开”。宾馆

---

① 刘艳华：《原沙面街综治维稳办主任罗兆祥、白天鹅宾馆行政部杨跃穗访谈录》，2016年1月26日，地点沙面街文化站。

② 《揭批林彪、“四人帮”破坏商业网点的罪行——荔湾区百货商店恢复经营小百货特色》，《广州日报》1978年7月21日。

③ 叶曙明：《最是梦萦家国——霍英东与改革开放》，广州：广东人民出版社，2008年版，第147页。

里的许多东西，是那时老百姓生活中很难见到的，难免有人顺手牵羊，比如，把厕纸拿回家做个纪念，以致公共卫生间一天用掉200多卷进口厕纸。更有甚者，有人干脆卸下螺丝钉，把装厕纸的不锈钢盒也一并带走。还有好奇者掀开马桶水箱盖，查看何以一按就能冲水，弄坏了不少陶瓷水箱盖。“四门大开”之初，洗手间的手纸和小香皂浪费惊人，两周之后恢复了正常。这说明占小便宜的少了，市民的文明素质在提升。

“白天鹅”对草根百姓“开门”，凸显广州平民城市的气质和乐于分享的精神，“与草根市民分享社会发展的成果，在开放中建立互信，这是这家宾馆对广州城市精神文明建设的一个贡献”。原沙面街综治维稳办主任罗兆祥惊奇地发现：进了这么干净的地方，大家自然变得高素质，普通人进了“白天鹅”参观，一般都不会随地吐口痰或高声谈论。

增强改革开放的信心。“白天鹅”不设防，就是要让老百姓看一看，什么是改革开放，什么是敢为天下先。“宾馆开放了，市民一进来看，觉得这是人间仙境。原来中国还有这样的地方，生活一下有了希望。”在接下来的几年里，“看白天鹅”是广州人的一件大事，有些人特地打车过来，认为必须打车才配得上“白天鹅”。[①]

“白天鹅”为国人打开了一扇看世界的窗，也向外国友人展现了中国的新气象。据白天鹅宾馆统计，酒店营业30多年来共接待过40多个国家的150位元首和王室成员，最为人乐道的要数1986年英国女王访问。那次是一般广州人第一次见到崭新的劳斯莱斯。这些在国门刚刚打开的时代，是多么新鲜、多么震撼。透过“白天鹅”，普通市民看到了改革开放带来的生活改变，外宾则看到了中国的进步。

四、历史经验与启示

2015年7月，白天鹅宾馆经三年停业改造后重新开放，再次引起

---

① 杨小鹏、王建坤、沈沂：《开放先锋“白天鹅”》，《21世纪商业评论》2007年第29期。

人们关注，各大报刊也争相报道“‘老广’有种情结叫‘白天鹅’”。有意思的是，有人在2007年“中国文化遗产保护论坛”建议将白天鹅宾馆列为文物保护单位。[①]2010年广东省第三次全国文物普查，白天鹅宾馆被认定为“广州市登记保护文物单位”，国家文物局局长单霁翔力挺“白天鹅”列入文物保护单位。[②]2015年12月19—22日，中央电视台在《朝闻天下》栏目的“改革纪事”作了连续报道。

那么，我们应如何看待这家在中国改革开放史上有着重要影响的白天鹅宾馆呢？除了专业性颇强的建筑设计史价值不论外，至少有下列两个方面的启示。

（一）现实启示：中国梦、民族精神和全面深化改革

出身贫寒的霍英东，因为支持祖国的抗美援朝备受港英当局的排斥，体会到“租界”和“落后”的历史沉重。他投资“白天鹅”项目，“只出于爱国爱乡的一点本心”。霍英东承诺：宾馆营业后个人所分得“用于国内再投资或捐赠给有关部门，用于教育、医疗或其他公益事业”[③]。

霍英东在白天鹅宾馆的建设中提出“三自方针”——自己设计、自己建造、自己管理。他要求白天鹅宾馆员工：“要千方百计把宾馆搞得更好，因为这是整个国家民族和改革开放成果的体现，而且反映了中国人民的志气和信心。”“白天鹅”之路，就是霍英东的中国梦。

白天鹅宾馆是中国第一家向普罗大众开放的高级酒店。霍英东所希望的“一个酒店可以反映一个国家的改变”的敢为天下先的精神，永远被历史和人们深深地铭记在心。“白天鹅宾馆必须‘四门大开’，我在中国广州开酒店，就是希望让中国的老百姓知道，世界会变好的，改革开放能给老百姓带来好日子。”这一片铮铮赤诚，点燃了千千万万个中

---

① 宋金绪：《白天鹅宾馆应列为文物保护单位》，《广东建设报》2007年4月27日，第A7版。

② 李培：《白天鹅宾馆该不该列为文物》，《南方日报》2010年3月10日，第A20版。

③ 瞿琮：《霍英东传》，北京：红旗出版社，1996年版，第152–154页。

国人的中国梦。[①]

（二）历史经验：不忘初心，敢于开拓

白天鹅宾馆在引进过程中，非常幸运地得到中央和省、市领导的坚定支持，许多难题也在他们手中得到破解。在中央，邓小平、叶剑英和廖承志，都鼎力支持；习仲勋、杨尚昆，无论是在主政广东期间还是上调中央后，也都坚定支持白天鹅宾馆的项目，继任的省委、市委领导任仲夷、梁灵光、许士杰也继往开来，都十分重视白天鹅宾馆的建设。

但实际上，白天鹅宾馆从立项到兴建、开业，都是在非议和阻力中跌跌撞撞、艰难前行的。从“剥削”“封资修”“高射炮”，到“精卫填海”“资本主义”“自由化”，层层审批、盖公章。“投资办宾馆主要不是经济问题，而是政治问题。”霍英东慨叹，“搞‘白天鹅’，搞到自己体无完肤！”后人可能无法体会这种艰辛。

白天鹅宾馆

① 《蓄势展新姿，天鹅续辉煌——2015白天鹅宾馆复业典礼》，《美食》2015年第8期。

相对于建在首都北京的几家宾馆而言，白天鹅宾馆遭遇的阻力在第一批外资酒店中不是最大的。时任利用侨资外资建设旅游饭店领导小组办公室常务副主任庄炎林，回忆了北京建国饭店和兆龙饭店在兴建过程中遇到的强大阻力。①

改革开放是时代潮流，但来之不易。排除“左”的干扰，改革开放任重道远。今天我们不忘初心，就是要保持和发扬中国共产党人实事求是、敢闯新路、敢打硬仗的精神品格，学习老一辈无产阶级革命家敢于开拓创新的政治勇气。

改革开放是前无古人的崭新事业，习近平总书记通过深刻思考党和国家的奋斗历程和前途命运，指出：“改革开放是决定当代中国命运的关键一招，也是决定实现‘两个一百年’奋斗目标、实现中华民族伟大复兴的关键一招。”当前，改革已经进入攻坚克难的新的历史阶段，我们决不能再走“回头路”，要敢于啃硬骨头，冲破思想观念上的障碍，突破各种樊篱，坚持不懈地全面深化改革，努力实现中华民族伟大复兴这个所有中国人心中的“中国梦”。

---

① 王耀成：《庄炎林与改革开放初期的合资饭店建设》，《人物》2009 年第 2 期。

清平市场的兴起、转型及优化

荔湾区委党史研究室

清平市场由占道经营的农副产品市场，转型为对国家中药材有市场指导价意义的中药材专业市场，后来又实现由专业市场向促进产业整合与集中的更高层次职能的转变，成为集商贸、旅游、休闲、购物于一体的清平医药中心。清平市场是中国从统购统销的计划经济体制向社会主义市场经济体制转型的一个缩影，它从一个侧面展示了改革开放和社会主义经济建设波澜壮阔的历史进程。

清平医药中心

一、清平农副产品市场的兴起

从1979年建立到90年代初，清平市场是一个综合性的农副产品市场，交易商品包罗万象，各种农副产品应有尽有。但到后来，中医药产品渐居优势，并朝着专业化方向发展。

（一）清平市场的兴起

中共十一届三中全会后，随着国家农业政策的调整，农副产品市场随之放开并不断发展壮大。1977 年之后，广州近郊农民自发性进城摆卖。至 1979 年初，梯云路、宝华路等多处自然形成了农民入城摆卖的小自由市场。在当时没有资金推广室内市场的条件下，荔湾区政府为顺应历史潮流，搞活市场经济，丰富人民生活，加强对集市的管理，决定在对城市交通影响不太大的梯云路和清平路，集中组建较大型的清平农副产品市场。同时，撤销周边的宝华路等自然形成的农民进城摆卖集市，引导进城摆卖农民到清平市场经营。

在管理力量上，以工商部门为主，将原来派往各街的工商所（组）干部及职工，按片分别集中，参加市场的管理。清平、秀丽、岭南、光扬 4 条街为一片，工商所（组）的部分干部、职工集中办公，参加清平农副产品市场的管理工作。① 清平市场开放后，社员集中于场内摆卖。从农副产品上市的情况来看，以蔬菜为主，约占 70%，其他的有猪肉、牛肉、烧腊、塘鱼、鲜虾、蟹、海味及蛋品、副食品等。农副产品多来自近郊或南海等县，也有来自外省（主要是湖南）。出售者以农村社员为主，也有“二道贩子”，还有生产队集体销售蔬菜或塘鱼。一般情况下，清平市场的农副产品价格比国营的议价商品稍低。

荔湾区清平农副产品市场开放后发挥了支持生产、活跃流通、繁荣市场、方便群众、补充国营商业不足、安排社会就业的积极作用。时任中共广州市委书记杨尚昆参观清平农副产品市场时高兴地说：“你们终于开了一个好头。要逐步把农副产品的价格放开，不要统得太死，让老百姓自己解决。”②

---

① 荔湾区工商行政学管理局编：《市场管理情况反映》（第 1 期），1979 年 3 月 31 日。

② 孙铁钟：《杨尚昆在广东》（三），《广东党史》2008 年第 3 期。

改革开放初期的清平农副产品市场

清平农副产品市场建设得很好，上有天棚，下有水泥售货台。工商所同卫生部门密切配合，成立市容卫生监督组，加强商品检验，取缔江湖游医，仅1981年就处理了各种假药材150多公斤。他们还认真把好肉食关，严禁不符合卫生要求的冷饮、熟食上市，经常检查清理各种病坏变质的禽畜肉食。1981年以来，工商所加强对集市价格的指导和管理，逐步推行明码标价。药材、京果海味、烧腊等300多个固定摊档的商品都有标价牌，顾客一目了然。对临时摆卖的34种主要农副产品，实行逢五、逢十定期公布成交参考价的办法。对短秤欺人者，实行“短一两，罚一斤”。由于采取这些市场管理措施，集市价格日趋稳定。这里的环境卫生很好。清扫工作早已形成固定模式：每天三扫一洗，一周消毒一次，隔周组织义务大扫除一次。1982年4月，《人民日报》对清平市场的评价是“管理有方、活而不乱”[①]。

随着改革开放的深入，清平市场不断发展繁荣。1990年成交量47510吨，成交额1.96亿元，分别比1979年增长11.68倍和39.5倍。市场经营品种有二十大类600多个品种，百姓生活所需用品无所不包，南来北往的客商摩肩接踵，穿梭于市场的各个角落，繁荣景象一时无两。

① 唐炜：《管理有方 活而不乱——访广州清平农贸市场》，《人民日报》1982年4月10日，第3版。

"得清平一铺一世无忧"，百姓口耳相传的说法，印证了清平市场的发展潜力。时任中共广州市委书记许士杰为此赋诗："长摊十里人为织，山珍海宝街头集，鱼鳖水中游，鸟狸笼中售，城乡渠道畅，老少齐欢唱，商品促流通，流通促产丰。"

1985年2月，国家工商局市场司领导肯定清平市场"品种齐全，交易兴旺"。1986年2月15日，国务院主要负责人在广州市委书记许士杰的陪同下视察清平农贸市场，认为该市场经营和管理情况"很好"。1986年《人民日报》报道："今日广州，犹如三年前的深圳。"其中之一就是"清平市场"。清平路，原是农贸市场。近三年，发展、演变成好几个专业化的市场。有花鸟虫鱼市场、三鸟禽蛋市场、肉类水产和药材市场。"老广州"无限感慨："史无前例，盛况空前。"[①]1987年初，国家工商局局长任中林参观清平市场时，赞扬清平市场品种齐全，成交额大，经济效益和社会效益显著。[②]不久，国家工商局开展创建"文明集贸市场"活动，清平市场被授予1988年度"全国文明集贸市场"称号。

1984年，清平市场被定为广州市对外开放接待单位后，先后接待美、英、法、德、俄、日等50多个国家的政府首脑、议员、领事、教授、记者等。一位来自美国佛罗里达大学的教授说："中国的清平市场，给我们提供了一部活生生的，很有代表性的，能了解到中国正在进行改革开放的教科书。"1985年3月至1986年6月，朝鲜商业部访华代表团、美国前国务卿亨利·基辛格博士、新西兰总理等外国领导人及各界人士到访。苏联塔斯社代表深有感触："这个市场出售爱好劳动的中国农民生产的各种产品。丰富的产品表明中国人民的福利得到了不断的发展。"法国一位参议员对时任广州市副市长邓汉光说："这个市场很壮观，可以和巴黎、纽约的世界超级市场相比而毫不逊色。"1993

---

① 林里：《开放改革给广州带来了什么？ 市场活跃新事多》，《人民日报》1986年12月17日，第1版。

② 《国家工商局长称赞清平市场办得好》，《广州政报》1987年第2期。

年4月13日，美国前总统尼克松参观清平市场。他细看各种商品，用手势与档主交流，还从自己的口袋里拿出名片派发。一个会讲英语的摊档主从摊档里选出一支优质人参送给尼克松。尼克松高兴地收下了这份礼物。

一位参观过清平市场的英国老太太，自称“刘姥姥”。她初入清平市场时怀疑：“莫非我走进了动物园？”街道两旁尽是笼子和水箱，里面装着奇特动物：全身皮皱的蜥蜴，腮一起一伏，趴在笼子里纹丝不动，还有水鱼、果子狸和蛇。“这，就是广州的清平市场，各种动物都有，想吃什么就可买回去煮来吃，别有一番乐趣。”她虽然肚子饿，却兴致勃勃地跑到大街上溜达。晚上11点钟了，小摊档仍然开市出售种类繁多的东西。英国“刘姥姥”不禁感叹：“这地方真是一整天都不会浪费一分一秒。在中国，难道没人睡觉吗？”①

清平市场不仅仅是广东改革开放的“橱窗”，更是让世界认识中国的精美名片。

（二）市场初期的管理措施

到20世纪80年代中期，全国除台湾外的29个省、市、自治区的农副土特产品都集中到清平市场来，又从这里批发转卖到各地，有的还被带到国外。广州市民把这里称作农副产品的“王国”，外国人称其为“没有围墙的超级市场”。清平市场何以如此兴旺？

1. 以诚信为本

建场时，清平市场的管理工作主要由荔湾区第一工商所兼管。1981年底，市场扩展至一定规模，为了健全市场内部管理机制，专门成立了清平工商所，专职管理清平市场。工商管理人员注意检查进场交易货物质量，严打假冒伪劣商品。之后还成立了市场治安办公室、市场劳协分会、市场卫生管理小组。20世纪80年代，工商部门请市广州药材公司

---

① ［英］里伯卡·斯蒂文森、崔世楷译：《“神秘的广州”：一个英国“刘姥姥”的自述》（原载英国《泰晤士报》），《南风窗》1989年第6期。

的中药行家到场抽检药材，以保证进场销售商品质量。1987年4月，国家工商局召开工商行政管理系统先进集体和先进代表表彰大会，清平工商所获先进集体称号。

2. 以需求定发展走向

清平市场为搞活市场流通，实行“五个不限”——不限进场商品价格、不限商品产地、不限经营品种、不限运输工具、不限经营方式。尤其是前三个“不限”，给了清平市场很强生命力。不限进场商品价格，体现价值规律，用价格杠杆搞活市场。不限商品产地，吸引大量外省优质货物。不限经营品种，按照社会需求发展市场经营项目，给了清平市场与众不同的活力，使之从普通肉菜市场中脱颖而出，成为一个以零售为主、批零结合的综合性大市场。例如，根据广东人喜用中药材煲汤、饮凉茶的特点，市场辟出中药材销售专区。把商贩当主人，把群众当客人，把工作人员当仆人。这是清平工商所提出的一个口号。天时地利人和，使清平市场得以“汇天下之名产、扬开放之优势”①。

3. 以信息促生产与流通

在市场经济中，在生产与销售等环节中，价格信息起着很重要的调节作用。信息灵通，就能减少盲目性，提高经济效益。清平市场在1984年成立信息小组，并于7月办起广东第一份农贸市场信息报《清平市场信息》（月刊，有时提前出版）。主要刊登商品供求信息、市场主要商品价格、工商管理政策等，每期寄发至国内20多个省、直辖市和自治区的近千个单位，同时寄至国家工商局。刊物由一个4人信息小组负责采编工作，还及时答复来自全国各地的信息咨询函件，解答各种问题。一批业主和市场管理员受聘为信息员，随时把商品的行情变化提供给信息小组。各种农副产品的主要产地和各地主要的农副产品市场是信息小组的联系热点，信函往来频密，信息互换共通。②清平市场还在梯云路中段设置公告栏，定期公布市场商品参考价，供顾客参考。

① 陈劲：《没有围墙的“超级市场”》，《南风窗》1986年第5期。

② 陈劲：《没有围墙的“超级市场”》，《南风窗》1986年第5期。

1985年6月，市场信息小组荣获国家工商局市场司颁发奖状奖励。1986年4月7日，到访的日本经济新闻社经济部次长田原嗣夫，看到荔湾区创办《清平市场信息》所取得的良好效益，不由感慨道：“你们不是用权力，而是用信息，为广州人民服务。我对此深表敬佩。”

二、转型为清平中药材专业市场

随着改革开放的深入，原来清平农副产品市场的发展遭遇一系列瓶颈，例如占道经营、市场硬件建设严重滞后、严重消防隐患、经营条件的简陋带来管理上的困难等，这些情况的出现反映出此时的清平农副产品市场已不适应城市和社会发展的要求。

占道经营严重影响市民的交通出行，而市场的其他一些问题甚至影响到市民的生命安全，最典型的例子是蛇患扰民。当时，蛇大量从清平市场逃出，严重困扰着清平街居民。1989年，清平市场附近的70多位居民联名上书广州市政府，要求解决蛇害问题。荔湾区人大代表提出禁止在清平街经营蛇类的议案，蛇老板便转入地下活动。市政府对此极为重视，副市长黄伟宁专门批示。1991年7月，荔湾区区长到清平街召开现场会，当场决定组织反蛇活动。成立由工商、公安、街道办事处和居委会参加的“清蛇小分队”，发现有贩蛇者即收缴、罚没。梯云街市场的东西两端各设一个反蛇害举报点，发现贩蛇，随时举报、随时处理。清平工商所设立反蛇害举报专线电话，派专人值班。清蛇小分队不但“围剿”本地的蛇窝，而且还在各个路口“伏击”外来蛇贩。从1991年7月18日开始的近两个月里，清蛇小分队共出动100人次，收缴600多公斤蛇。然而，一阵秋风把清平街的蛇市吹得渐渐复苏了。从1991年9月开始，群众的举报有所增加。有些被没收处罚过三四次的蛇老板又开始悄悄卖蛇。长期“禁蛇”也是不可能的。有关部门工作人员不堪重负，也激化管理人员与卖蛇者的矛盾。一些几十年的睦邻也因一方租屋给蛇老板而反目成仇。一位被蛇患扰得无可奈何的带着两个孙子的老伯宁愿去蹲几年监狱，也要放火烧掉他隔壁的蛇交易点。[①] 治本之策，只有从根本上改造清平市场。

到20世纪90年代，在日趋激烈的市场竞争中，最初占清平市场总交易量几乎80%的蔬菜、水产品区已经难以为继。由于芳村区（于2005年与原荔湾区合并为荔湾区）建起大型花鸟虫鱼专业市场，原兴旺的清平市场花鸟虫鱼专区已转至芳村花地湾地铁站的大型花鸟虫鱼市场，原经营的工艺品专区也因90年代荔湾区古玩城、源胜陶瓷工艺街的崛起而逐步转移。此时，清平市场的转型已经迫在眉睫。

（一）转型升级的背景与条件

清平药材市场地理环境较好。清平药材市场当时是清平农副产品市场的组成部分，位于荔湾区清平路，毗邻越秀区，与海珠区、芳村区隔江相望，地处珠江隧道、南站货运处附近，有水陆交通运输之便，是中国华南地区较大的药材集散地，也是国内较大型的中药材市场之一。市场靠近上下九路商业网点，附近有高级医院1家，区级医院门诊部4个。

清平市场经营药材历史悠久。清平市场自古以来就是药材摊档聚集之地。清代诗人樊增祥这样描写繁盛的药材交易活动："草药交乎篷窗，垂杨拂其帆席"，"十里之间，惟闻香麝"。到了清末，老西关有"银行比米铺多，中药铺比银行多，中药摊比中药铺多"的景象。民国时期，靠近今清平药材市场一带的桨栏路、十三行、杉木栏等商业街开始逐步成为中成药铺的集中地。店铺达数十间之多，店铺后面设工场炮制药材、制成中成药。名列全国四大药厂名铺之一的陈李济，享誉海内外的王老吉、敬修堂、梁财信、保滋堂、马百良、潘高寿等药厂均由此发家。

清平路南段是现实存在的"一个药材的世界"。到20世纪80年代中期，药材市场占了当初清平市场的整条街道。计有144个固定摊档，

① 秋枫：《群蛇大闹清平街》，《南风窗》1991年第12期。

外加300多户流动药商，成了广州历史上从来没有过的药材集散地。顾客终日不断，川流不息。一些外宾也到这儿买药。[①]熙熙攘攘的人群操着南腔北调，高声吆喝，讨价还价；低声耳语，细斟密议。140多个固定摊位，清一色的铁售货架，摊档主都是本市和省内的个体贩药户；那些沿着墙根摆卖，在公秤处前面设地摊的，则大多是来自四川、湖北、湖南、河北、河南、甘肃、云南等地的药材客商。清平市场附近的几家小旅店80%的常客是外省药贩。清平市场服务部及其属下两个保管室、清平市场附近的居民保管户家里，大包大包的药材多是从外省“坐”火车来的。到1986年，外省药材已占整个清平市场药材销售总量的70%以上。本市和附近各县的药材公司、各地的零售药商以及港澳客商都是清平市场药材的大买主。[②]

20世纪90年代初以后，清平农副产品市场逐步转型为中药材专业市场，实现专业化集聚，成为中国“购药天堂”。同时，清平市场由占道经营实现入室规范经营，设备技术也更新换代。

（二）清平市场的转型过程

20世纪90年代中期，政府对全国中药材市场清理整顿。广州清平中药材专业市场是保留的17个中药材专业市场之一，也是唯一建立在大都市中心区的中药材专业市场。

1.通过国家验收（20世纪90年代中期）

1994年9月，国务院下发紧急通知，“整顿和规范中药材专业市场”：禁止设立除中药材市场以外的其他药品集贸市场。各地区设立中药材专业市场，必须依据国务院药品生产经营行业主管部门的总体规划，选择中药材主要产地或集散地，并经国务院药品生产经营行业主管部门、卫生行政部门和工商行政管理部门审查批准。1994年，在国家中医药管

---

① 林里：《开放改革给广州带来了什么？ 市场活跃新事多》，《人民日报》1986年12月17日，第1版。

② 陈劲：《没有围墙的“超级市场”》，《南风窗》1986年第5期。

理局组织的全国中药材大检查中发现，广州清平市场经营药材的摊点有1000多户全部持有农副产品经管执照。[①]同年在国务院的紧急通知发出后，清平市场加强管理，防微杜渐。采取“多个结合，三方并举”的方法。“多个结合”：一是教育与制约相结合，加强宣传教育，以段为单位召开业户大会，利用广播、墙报等形式向业户宣传。同时，建立违章扣分制度。二是自我管理与行政管理相结合，成立行业协会，发挥业户自我管理、自我教育、自我服务的“三自”作用；每10户成立“自我管理小组”，发挥“自我检查、自我监督、自我管理”的“三自”作用；由卫生局、药检所、管理所人员组成药材检查小组，强化定期例检和抽检制度。“三方并举”，就是管理所、消费者、业户三方共同发动，确保药材质量。制定预防措施，实现群防群治。设置“真假中药材鉴别橱窗”，陈列150多种样本。1995年上半年，销售伪劣药材的行为仅发现8宗。在此基础上，清平工商所提出保留清平中药材专业市场。理由是清平中药材专业市场声名远扬，商贾云集，货畅其流，有其存在和发展的优势：一是地理环境较好；二是有相应市场设施及服务设施；三是有较完善的管理机制；四是有具有一定素质的经营者；五是有良好的社会效益。此前，省、市人大代表财经视察团曾到场检查，一致认为清平中药材专业市场颇具特色，对繁荣经济促进流通、满足人民群众生活的需要起着积极的作用。[②]

在全国中药材市场整顿中，清平市场表现尚好，广州市和荔湾区有关部门积极争取获批“中药材专业市场”，开展各项筹办工作。1996年5月，广州市清平中药材专业市场管理委员会正式成立。委员会实行主任负责制，协调各部门之间的关系，制定市场发展方向。委员来自区卫生局、工商局、商委、公安分局、城管办、财政局。委员会下设市场管理组、市场工商管理组、治安组、质检室、培训中心、信息中心、财务组、卫生清洁队、运输服务组，并配备一定数量药师、技术员、

① 江雪：《法为谁设、令为谁下》，《中国卫生质量管理》1995年第1期。
② 清平工商所：《中药材专业市场整顿申报表》（1995），原件藏荔湾区档案馆。

经济师等管理人员，实行“三位一体”综合管理的管理体制。[①]

1996 年，清平市场通过国家有关部门的验收。据统计，清平市场拥有摊档 700 多个，经营品种 300 多种，1995 年成交量 2000 多万公斤，3 亿多元，年财税收入上百万元，每天进场交易观光游览的国内外游客、观光者达 3 万多人次，既是全国知名中药材市场，也是广州对外开放窗口，在宣传弘扬中国中医药文化方面有着重要作用，故报请国家有关部门准许设立“清平中药材专业市场”。首先，设立清平中药材专业市场的依据是发展社会主义市场经济和对外弘扬中医药文化的需要。随着社会主义市场经济的发展，国营中药材生产、经营企业逐渐向自主经营、自负盈亏的经营机制转变，产品自销，原材料自采，经营企业单位从产地、市场进货的比重逐年增加，作为华南地区较大的药材集散地的清平中药材市场就成为市内外不少较大制药厂、医院药房的中药原材料供应基地。清平市场还以其特有的东方风情吸引国际友人，每天进场观光的外国游客络绎不绝。其次，清平市场具备相应的市场设施及服务条件。医、吃、住、行、仓、储、运及生活服务设施等一应俱全。各项管理法规和管理措施得到贯彻落实，市场不断地健康发展。再次，清平市场有较完善的管理机构和管理制度。清平中药材专业市场建立了由区政府、医药、卫生、工商、公安、城管等各职能部门组成的市场管理委员会（简称“市管会”），市管会实行主任负责制，由区政府一名副区长任管委会主任，并通过施行《清平中药材市场管理规则》《清平中药材质量管理办法》《业户违章扣分制度》等一整套行之有效的管理制度，落实场内岗位责任制，充分发挥内在约束机制，完善清平市场质量保证体系。

1996 年 7 月 13 日，全国首批中药材专业市场审批发证现场会在广西玉林召开，清平市场等 8 个中药材专业市场通过验收。

---

① 广州市荔湾区人民政府办公室：《关于成立广州市清平中药材专业市场管理委员会的通知文件》，1996 年 5 月 22 日。

2. 实现入室经营（20 世纪 90 年代后期）

清平市场入室经营，是荔湾区“三年一中变”的重点工作之一。

1996 年，荔湾区有关部门制定《关于设立“清平中药材专业市场”的可行性论证报告》，提出兴建新清平中药材市场规划和入室经营的规划。报告指出，入室后的清平中药材专业市场将是一个设施现代化、管理规模化，具有“清平特色”，又适合中药材经营特点及专业市场标准的新型中药材市场。①

当时，国家中医药管理局要求清平市场在四年内限期整改，否则将取消其经营资格。广东省、广州市医药管理部门和荔湾区政府决定高标准地重建一座新市场。区政府成立清平市场建设发展有限公司，两次组织对清平市场入室设计立面图评议。1997 年 4 月，荔湾区领导对清平市场建设发展有限公司提出新的清平市场设计要具有三大特色：一是商业特色。因该市场的辐射面广、人流量大、货源广、批发零售量大，要体现出20世纪90年代大商业、大流通的格局，实现现代化的商业活动，一条龙服务于业户。二是文化特色。主要体现西关风情，让人们一看就能领略出岭南西关文化特色，使来过清平市场的人都感觉回味无穷。三是建筑特色。精心设计，体现出岭南西关的骑楼、楼阁、琉璃瓦点缀的古朴感，使之成为领略西关特色的商贸旅游的一个好去处。②

1999 年 3 月，清平市场为解决占道经营和防火隐患等问题，报请荔湾区计划局征用和平西路以南、清平路以西、梯云东路以北地段建新清平市场，用地面积 12088 平方米，总建筑面积 48402 平方米，总投资 2 亿元。区计划局同意该项目列入荔湾 1999 年固定资产投资计划的预备项目，计划投资为 2 亿元，当年财务用款 2000 万元，用于拆迁及前期工作。③

---

① 清平中药材专业市场管理委员会：《关于设立“清平中药材专业市场”的可行性论证报告》，1996 年。

② 广州市清平市场建设发展有限公司：《荔湾区领导对新清平市场设计要求》，1997 年 4 月 3 日。

③ 广州市荔湾区计划局：《关于对清平市场项目立项的批复》，1999 年 3 月 17 日。

经过一年多的奋战，清平市场首期工程如期落成并投入使用。2000年6月，两座崭新的建筑崛起于广州著名的六二三路，与颇具欧陆风情的沙面遥遥相对。这就是拆旧重建后的清平中药材专业市场，由三个部分组成：清平东段场、六二三路246号清平中药材市场（G座）、六二三路336号清平中药材市场（H座）。373个占道摊位、147个旧货摊位、250个外贸摊位以及周边零散业户，全部迁入室内经营。至此，清平中药材专业市场整体由四场（G场、H场、黎明场、清平东段场）一街（清平路原中药材商铺一条街）组成。由荔湾区国有资产管理部门属下的区市场建设管理服务中心经营，设有市场管理办公室。

2000年6月，荔湾区政府为落实广州市政府“三年一中变”关于撤销占道（街巷）集市的决定，对清平中药材专业市场进行整治，为规范市场管理，取缔非法无证经营，拆除违法建（构）筑物。区政府发布通告，划定了中药材专业市场区域范围，明确了区市场建设管理服务中心是清平中药材专业市场的唯一开办者，区域内中药材经营户及场地提供者应接受统一管理。通告颁布后，在业户的支持和配合下，清平市场基本实现了整体搬迁和入室经营。

3. 完成全面规范化整治（2000—2001年）

在搬迁入户经营全面实现后，清平市场开始了全面规范化整治。

首先，整治市场周边环境。2000年11月1日上午，荔湾区区长李文耀主持召开区长办公会议，研究清平市场第二期整治工作问题。会议决定：清平市场占道经营部分必须全部入室，不能有尾巴；采取转换住房或动员清平市场各路段住房打开家门的方式，尽量安置清平市场占道经营者。明确清平市场功能布局，重点整治梯云路市场的周边环境。2001年4月6日，荔湾区副区长毕婉玲主持召开会议，研究整治清平中药材专业市场周边环境问题。会议决定：①整治梯云路，5月底完成。②六二三路沿线铺面的整治。六二三路是参加九运会嘉宾进出沙面的必经之路，由荔湾区工商分局、区市场建设管理服务中心与投资商协商，将六二三路清平中药材专业市场G栋、H栋一线铺面改造，严格控制占道经营，规范市场经营秩序。③周边干果摊档的消防验收问题。由荔湾区公安分局进行消防复查，整改不合格的要停业整顿。[①]

其次，规范和加强市场管理工作。2001年4月10日，毕婉玲主持召开清平中药材专业市场管理工作会议，研究“清平中药材专业市场管理办法”立法的有关事宜及药品监督管理经费问题。关于“清平中药材专业市场管理办法”立法问题，会议认为应由广州市药品监督管理局法规处负责根据清平中药材专业市场管理的需要，将“清平中药材专业市场管理办法”各条文细化，邀请市法制局来荔湾征询意见。关于药品监督管理经费问题，会议决定在区市场建设管理服务中心的市场综合服务经费中先划拨300万元。会议还要求区药品检验所要迅速进驻清平中药材专业市场，负责市场内药品检验和监督管理工作。[②]

2001年，广东省政府进行打假联合行动，对7个重点市场包括广州清平中药材专业市场进行了清查，6月重点清查了清平市场的违法行为。[③]2001年7月4日，毕婉玲再次主持召开清平中药材专业市场整治工作会议，决定事项如下：①关于清平中药材专业市场界定范围内经营中药材业户的发证问题。在国家医药局对中药材专业市场管理未作出有关政策规定之前，按原定审批核发程序进行。凡申领营业执照的业户必须参加上岗培训，未参加培训的暂发临时营业执照，并由广州市医药局负责抓紧组织培训。②关于清平中药材专业市场内经营中药材业户收取管理费、服务费问题。针对业户反映收费不均、各场差价较大的问题，明确：市场租金是市场行为，政府不予干涉；工商管理费和市场服务费暂时维持目前的水平，今后如需调整必须按照同一标准进行调整；凡纳入清平中药材专业市场管理的中药材经营业户，视其经营环境情况按规定收取市场服务费。会议还研究了关于经营中药材业户的仓库问

---

① 广州市荔湾区人民政府办公室：《关于清平中药材专业市场周边整治工作的会议纪要》，2001年4月19日。

② 清平中药材专业市场管理委员会：《关于清平中药材专业市场管理工作的会议纪要》，2001年4月19日。

③ 广东省人民政府办公厅：《转发国务院办公厅关于继续深入开展严厉打击制售假冒伪劣商品违法犯罪活动联合行动的通知》，《广东政报》2001年第19期。

题。[①] 2002年，根据国家药监局和国家工商总局有关领导到广州清平中药材专业市场检查工作时提出的意见和建议，广州市药监局和荔湾区政府研究决定，对清平市场再次进行全面整治。此次整治工作将从两个方面入手，在硬件建设上，重点是扩建、更新和完善仓储设施以及辅助性设施，进一步改善经营环境，以确保上市药材的质量；进一步加强和规范市场管理，组织工商、药监、公安、城管、消防等部门联合行动，以消除消防隐患为突破口，以查处无证经营为重点，对该市场外围的乱摆摊、乱卖药行为进行彻底清理。为做到“长治久安”，区政府还拨出专款（每月5万元），组建起一支20人的巡查队，配合城管部门和街道办巡查执法，以彻底解决市场外无证经营和占道经营这一“老大难”问题。[②]

据相关报道，清平中药材专业市场经过整治之后人气兴旺，呈现几大特点：一是药食两用品种小批量成交活跃（党参、淮山药、沙参、玉竹、桂圆肉、红枣等）；二是各类药材价格降多升少，但其降幅均甚微；三是跌价货较多，个别品种跌幅较大，但不见大批量成交；四是进入市场人多，市场热闹、繁荣。[③] 此时的清平中药材专业市场已经引领药市行情。事实上，清平药价早就引领药市行情。1992年，《中药材》杂志在第9、12期刊登“广州清平药市批发成交价目表”（8月、11月）；1993年第1、5期，刊登1992年12月和1993年4月的价目表。1997年，《中国中医药信息杂志》第3、6、7期，也刊登“广州清平药市近况”，后又有结合特定药材的“清平药市”价目表或信息。从1999年起，《中药研究与信息》连续刊登“广州清平药市动态”“广州清平药市行情与交易”“广州清平药市行情”“广州清平药市行情与动态”，《中国中医药报》也不时有类似的消息或报道。通过实施一系列的清理整改措施，

---

① 清平中药材专业市场管理委员会：《关于清平中药材专业市场整治工作的会议纪要》，2001年8月23日。

② 黄每裕、初晓：《清平中药材市场再动“手术”》，《中国中医药报》2002年8月6日。

③ 土生：《广州清平市场热闹人气兴旺》，《中国中医药报》2001年2月8日，第2版。

清平中药材专业市场的经营秩序有了很大改观。

三、升级优化为清平医药中心

进入新世纪，清平市场实现了由专业市场向促进产业整合与集中的更高层次职能的转变，成为集商贸、旅游、休闲、购物于一体的文化品牌。2006年，清平中药材专业市场交易额20亿元，约占全国中药材市场总交易额的四分之一。①

（一）清平医药中心的规划与建设

作为“展示岭南传统中医药文化的集中地”，清平中药材专业市场的主体“清平医药中心”已不仅是单纯意义上的药材贸易市场，更是承载岭南传统中医药文化的载体。

1. 医药中心建设目标的定位

早在2001年7月4日，荔湾区副区长毕婉玲主持召开清平中药材专业市场整治工作会议，就初步提出建设医药中心的构想：利用辖区内中药厂较多、中药行业发达这一优势，积极争取国家医药局指导、广州市科学技术委员会支持，在清平中药材专业市场推行电子商务，不断改造、升级，提高档次和服务水平，把清平中药材专业市场作为中药材对外流通的窗口，建成全国知名的中药材专业骨干市场和中药材专业流通中心。会议还决定，由荔湾区商业网点办公室牵头协调市科学技术委员会、区科学技术局、开发商等，抓紧研究制订新的清平药材市场功能设置方案。②

2002年3月，荔湾区提出的“清平中药商贸中心”项目获批。广

---

① 黄每裕：《药检机构进驻广州清平市场》，《中国医药报》2007年1月23日，第A2版。

② 清平中药材专业市场管理委员会：《关于清平中药材专业市场整治工作的会议纪要》，2001年8月23日。

州市商业局原则同意荔湾区经济贸易局的请示，并指出：由于周边交通条件所限，故不宜将该市场大厦的物流设施设在市中心，应在城乡接合部或郊区等交通便利的地方设立物流设施，使之符合批发市场升级规划原则。该市场应定位为订单交易、电子交易为主，集科研、检验检疫、展览、展示、交易、信息等于一体的高级专业市场；要做好市场总体规划，合理布局各大功能区。[①] 广州市发展计划委员会给荔湾区计划局的批复说：将清平中药材专业市场改造成为全国中药材产业的交易和物流中心，主要建设药材交易区、其他产品交易区及配套服务设施（包括工商、银行、税务、进出口、动植物检疫、中药材检验与鉴定中心、电子商务与信息查询中心、物流中心等）。[②]

同年 5 月，荔湾区经济贸易局召集的“广州清平中药材专业市场改造工程规划”论证会决定：加速广州清平中药材专业市场的改造，将有力推动荔湾区、广州市乃至广东省的社会经济和文化发展。清平中药材专业市场的定位应确定为“五个中心”，即国际化的中药材交易、采购中心，电子商务和信息中心，物流中心，药品检验和检测中心，国药展示中心。[③]

2. 医药中心的建设与远景规划

2002 年，广州市清平集团有限公司成立，以中药材市场经营管理、房地产开发、医药物流为主营业务。集团目标在于建设规范化的中药材交易平台，实现交易手段的电子商务化、物流配套的系统化以及市场信息的上下畅通，达到营销的集约化，加快流通速度，成本降到最小。2004 年，荔湾区进行行政区域合并，清平街并入新岭南街，清平中药材专业市场走向集中规模化的经营方式，继续由荔湾区国有资产管理部门属下的区市场建设管理服务中心经营。

① 广州市商业局：《关于清平市场改造扩建的批复》，2002 年 3 月 18 日。

② 广州市发展计划委员会：《关于清平市场改建工程（中药商贸中心）立项的批复》，2002 年 3 月 21 日。

③《广州清平市场中药材市场改造工程规划听证会专家意见》，2002 年 5 月 10 日。

清平市场成为荔湾区乃至广州市改革与发展战略的着力点。2006 年 8 月出台的《广州市国家医药出口基地建设发展规划》强调：发挥广州医药物流中心和清平国家级药材交易市场优势，联合国际物流企业，构建以广州为中心的覆盖华南地区的医药产业物流网络，建设现代国际药材物流基地，增强在华南地区和东南亚的辐射力和影响力。“支持广州市清平集团有限公司发展电子商务，规范药材流通和出口，打造辐射东南亚的药材出口渠道。”①

按照荔湾区政府的规划，清平医药中心的改（扩）建工程分两期进行。2006 年首期完工。在原清平中药材专业市场的基础上扩建为占地 6950 平方米、9 层商用建筑加地下二层停车场、总建筑面积 40041 平方米的清平医药中心大楼以及两座欧式风格大厦。一楼、二楼为清平中药材专业市场；三楼为规范化的保健品交易中心；四楼为中国国药集团中西成药展销批发中心；五楼集合各民族中医药学的精髓，开设国医馆，引入藏、苗、汉等民族专家，既可问诊，又可与其他民族就医学互相交流，开展各种中医特色疗法、中医健康养生咨询门诊，打造“西关国医”；六楼为公共商务配套楼层，设立有中药材真伪辨别中心、网上清平商务中心、国家级中医药文化宣传教育基地，并提供药监部门及中药材杂志编辑部进场驻点；七楼、八楼为原产地道地药材种植生产基地驻点及商务办公区，设有商务综合服务平台、电子商务和信息查询中心，建立中药材展示中心、现代物流中心、中国中医药教育基地、国医馆等；九楼为商务办公区。全国医药企业不断进驻，形成具有中医药行业特色的总部经济。

清平中药材专业市场定位为“展示岭南传统中医药文化的集中地”。该市场内文化遗产都将得到妥善保存，不可移动文物、文物线索、历史建筑线索、传统风貌建筑线索都会得到修缮，保持旧城肌理。该市场功能引导市场业态升级，从原有的售卖与仓储结合，转化为实体售卖与电

---

① 广州市人民政府办公厅：《关于印发广州市国家医药出口基地建设发展规划的通知》，2006 年 8 月 27 日，《广州政报》2006 年第 19 期。

子商务结合、中药展示与销售结合。

（二）中医药市场的监管整顿

2003 年 7 月，国家食品药品监督管理局发布的“2003 年第二季度国家药品质量公告”显示，全国 17 家中药材市场药品质量不令人满意，中药材市场存在的问题较多。国家食品药品监督管理局会同有关部门对食品药品市场进行全面的整顿清理。广州市清平中药材专业市场列入被整顿范围。经过 7 月、8 月的整顿，市场上质次价高的药材已明显见少，但离整顿的要求还有距离。[①] 2003 年 8 月，广州市“纠风工作实施意见”要求：“加强清平中药材市场及周边秩序的监管，加强对已关闭药品集贸市场的监控，防止非法药市反弹。”[②]

清平市场的监管整顿取得预期成效。2003 年 11 月，以国家食品药品监督管理局副局长任德权为组长的国务院督查小组对广州市清平中药材专业市场进行了督查。任德权说，在全国 17 个中药材专业市场中，广州市清平中药材专业市场的监督管理工作成绩斐然，真正做到了“清清白白，平平安安”，走在全国前列。他还勉励药品企业形成好的企业文化。广州市清平中药材专业市场已经形成品牌效应，广州监管工作具有优势，应引导企业规范药品物流管理。[③] 2005 年 7 月，世界中医药学会联合会和国家中医药管理局等主办的“中国国际中医药原材料／提取物／中成药（广东）交易会”在广东省东莞市召开。国家中医药管理局副局长李振吉表扬广州市清平中药材专业市场是一个“清清白白、平平安安”的市场。

市场监督“一直在路上”，且须不断创新。在不断地“治理—优化—反弹—再治理—再优化”螺旋式上升的发展过程中，清平市场逐渐实现

---

① 王继红：《广州清平中药材市场还须整顿》，《市场报》2003 年 8 月 28 日。

② 广州市人民政府办公厅：《转发市政府纠风办关于 2003 年广州市纠风工作实施意见的通知》，2003 年 5 月 20 日，《广州政报》2003 年第 15 期。

③ 陈淑华：《清平市场清清白白，国务院督查组高度评价广州市中药材专业市场的监管工作》，《医药经济报》2003 年 12 月 5 日，第 5 版。

了“药出清平必正宗”的目标。

四、结语

清平市场从综合性的农副产品市场转型为中药材专业市场，再优化升级为集多种经营为一体的文化品牌——清平医药中心。清平市场螺旋式前进的发展之路，从一个侧面展示了改革开放和社会主义经济建设波澜壮阔的历史进程，也是广州荔湾“千年商都”和“最具岭南文化特色强区”优势发扬光大的见证。

清平市场作为知名品牌，是荔湾乃至广州的宝贵财富。时任国家中医药管理局副局长李大宁就曾经说：“清平的品牌价值是4亿元！”① 清平中药材专业市场是华南地区中药材集散地，辐射全国和东南亚，是广东打造“建设中医药强省”的支柱。

清平市场兴起、转型和优化升级的历史，是中国从统购统销的计划经济体制向社会主义市场经济体制转型的一个缩影。清平市场实践并探索了如何摆脱计划体制束缚的经验，在转型、优化升级的过程中逐步实现了“药出清平必正宗”的目标。当然，市场监管和诚信建设“永远在路上”，必须常抓不懈。

当前，“一带一路”建设方兴未艾。广州自古以来就是海上丝绸之路的起始地，毗邻港澳、华侨众多，与“一带一路”沿线国家和地区的中药贸易源远流长，继续加强与东南亚的贸易将对清平市场的覆盖面和产业升级产生巨大的促进和提升作用，我们相信清平市场定能抓住机遇，为实现中医药走向世界的“中国梦”作出重要贡献。

---

① 杨郦晶、何志明：《广州清平药材市场改革能否保“质”》，《中国商报》2005年10月25日，第10版。

艰苦求索凝匠心，不懈奋斗铸辉煌

——记广州市荔湾电线厂

金花街

广州市荔湾电线厂（下称“荔湾电线厂”）成立于1965年，是20世纪五六十年代荔湾区街道企业代表之一，曾获得省级先进企业称号、第六届羊城杯质量奖、广州市“工业之花”奖、广州市免检产品、国家级新产品等多项荣誉，现每年产值4000多万元、利润400多万元，上缴税收200多万元。

广州市荔湾电线厂

一、荔湾电线厂的发展背景

（一）企业属性——区街企业

广州市区街工业在20世纪50年代创办初期，受到第一个五年计划时期（1953—1957年）“恢复生产，繁荣经济”方针的影响，大批建立国营、公私合营和集体企业，区街企业准入条件较低，只是创办一些对技术设备要求不高、场地要求不大、资本投入要求不多的行业，例如五金制品业、服装加工业、印刷包装业等。生产从加工仿制开始，逐步发展到自行设计制造。区地方财政收入的来源主要是区街工业。

1978年后，荔湾区充分运用沿海开放城市的特殊政策，对区街工业产业结构进行调整，逐步将成本高、质量差、污染大的企业转产轻纺产品，引进先进设备，接受“三来一补”①业务。1981年，实行宜工则工、宜商则商，多方位发展经济政策。到80年代末，荔湾区街工业行业发展到30个，拥有企业1235家，产品920多种。许多企业更新设备、开发产品、灵活经营，使一些行业的生产得到较大的发展。但是也有个别行业，如日用品制造业等，受底子薄、利润低、市场竞争力差等因素影响而逐渐衰落。

（二）行业属性——电线电缆

电线电缆被定义为用于传输电力、传输信息和实现电磁能量转换的一大类电工产品。现代社会中一切经济活动的场合都离不开电，同时也离不开“运输”电力的桥梁——电线、电缆。电线电缆又被喻为国民经济的“血管”与“神经”。它有五大类产品：裸电线、电气装备用电线和电缆、电力电缆、通信电缆与光缆绕组线。

电线电缆生产始于20世纪70年代，20世纪中后期，由于当时电线电缆行业利润高、见效快，加上减免税政策，电缆企业如雨后春笋般发

① 指来料加工、来样订造、来件装配，补偿贸易。

展起来。荔湾电线厂就是在这样的大时代背景下成长和发展起来，成为拥有半个世纪历史之久的第一批生产缆线的区街企业。

二、荔湾电线厂的发展历程

（一）起步阶段——前进电镀社的由来

荔湾电线厂的前身是前进电镀社。1965 年 4 月，由社会人员自愿组合创建了兴隆街磨光组。当时，大家从家里搬出台凳，凑资购买生产资料，主要是加工灯头圈磨光。1966 年 3 月，兴隆街 5 个磨光组进行合并，成立磨光电镀工场，生产场地分别设在兴宁大街 15 号以及德望里 44–46 号，以磨光、电镀为主，合并初期有 21 人，后陆续在社会上吸收就业人员，最高峰时达到 92 名工人。1969 年，兴隆街的炸色、着色、电镀、磨光、竹器 5 个工场进行合并，成立了前进电镀社，增加了 3 个生产场地，开始试验生产电线。

（二）发展阶段——由前进电镀社发展成为荔湾电线厂

1. 以电镀收入扶持电线产业

1970 年开始，前进电镀社开始以电镀的收入扶持电线生产，搞多种经营。当时电镀工作条件十分艰苦，无专业生产工具，缺乏劳动保护用品，一天工作十几个小时，但大家同心协力，全年创利润 3 万元。

1978 年，前进电镀社正式更名为荔湾电线厂。产品有铜、铝芯单支线，同时还销售电镀、竹器等产品。同年，在增城石滩公社石厦大队筹建了荔湾区的知青点，成立一个电镀车间并成功投入生产。

2. 电线生产走上轨道

1980 年，荔湾电线厂购置了新型电线生产机器，使电线生产开始走上轨道，生产效率提高，成效显著，受到广州市经委通报表扬。

1981 年，制定了“以产品质量求生存，以创新产品求发展，以良好服务求客户，以革新设备求工效，以岗位责任制求效益”的企业根本大计，成立技革攻关小组，自制出线用的自动转盘和射压机，保证了产品质量，降低了劳动强度，开发编制花线、汽车低压线、电机引出线等并投放市场。

1982 年，荔湾电线厂开展企业整顿，重点抓住“两个第一”——质量第一、数据管理第一，严格产品质量管理制度，设置质量检查负责人，生产的电线品种从四大类发展到十三大类 133 个品种。同年，召开荔湾电线厂首届职工代表大会，实行厂长责任制和职工代表大会制。建立各级职能人员责任制，实施月度生产奖励 100 分制，使奖金分配与生产责任制挂钩，充分调动了职工的生产积极性。

广州市荔湾电线厂二届职工代表大会

3. 统一生产电线

1983 年，荔湾电线厂注册“三圈牌”商标，撤销电镀车间。1984 年撤销竹器组，统一生产电线，全年利润 106 万元，人均产值高达 5 万元，创建厂以来最高水平。

1985 年，荔湾电线厂成缆车间迁至桥中坦尾乡，扩大了生产场地

3000平方米，调整了部分车间的生产布局，使生产流程合理，既利于集中管理，又减少往返运输，节约了劳动力。调整组织架构，设置三部一办一公司，即经营部、企管部、财务部、厂部办公室、恒生实业公司。同年，开始在各车间、部门实行低值易耗承包，降低了开支。该年产值100万元。

4. 电线厂的快速发展

1986年，荔湾电线厂开展计量整顿定级工作，健全计量建设管理制度，开始推行全面质量管理。从德意志联邦共和国、奥地利引进一批20世纪80年代先进设备，生产13个品种120多个规格电线。

1987年，荔湾电线厂开展产品质量认证工作。6月顺利通过了中国电工委员会认证验收站的专家考核，取得抽样产品一次性试验合格的好成绩。9月取得了电工产品认证合格证书，从而结束过去产品质量和工艺标准不明确、操作规范不符合标准的被动局面，使产品标准及质量都达到国际电工委员会IEC 227标准及中国GB 5023的工艺水平，这是荔湾电线厂发展的重要里程碑。

广州市荔湾电线厂电工产品安全认证年审会

1988年，经荔湾区政府决定，荔湾电线厂作为区重点实力企业，应当为区分忧，扶持和重整效益不佳的企业。因此，与南源工业公司属下的兴华、东方电线厂联合创办了新企业“荔湾电线厂分厂”，接收了原厂职工和厂房，并帮助其偿还了400万元的联营费用。

1989年，荔湾电线厂承包了兴龙物资公司，与上海电工机械厂合资联办“上海电工机械厂广州维修服务部”，加强了沪穗横向经济技术合作。同年，获得出口机电产品质量许可证，促使出口外汇不断增长。该服务部于1991年被机械电子工业部第一装备司批准为机械电子工业部电线电缆行业的定点生产企业。

1992年，荔湾电线厂开始搞试点改革，试行岗位技能工资，完善分配机制。同年，为拓展港澳业务，在澳门购买了一间80平方米的写字楼。

1993年，荔湾电线厂与中电电子设备公司、湖北黄石长乐机器厂3家创办联营企业“广州中电电工专用设备公司”。

1995年，荔湾电线厂开展全员劳动合同制改革，成为荔湾区集体企业中第一家签订全员劳动合同的单位，使劳动人事管理步入法制化的轨道。

1996年，荔湾电线厂实现工业总产值3330.36万元，销售产值3330.23万元，营业额4069.33万元，税利104.42万元。

1998年，金融风暴席卷全亚洲，中国国民经济也处于调整时期，就是在这样并不乐观的大环境下，荔湾电线厂依然顶住了压力，保质保量搞生产。荔湾电线厂制订了一系列的企业整改目标方案：在品牌质量方面，坚持“质量第一，顾客至上，科技创新”的质量方针；在企业目标方面，抓住城乡电网改造、租房改革深入、住宅建设迅速发展的有利时机；在营销策略方面，坚持“宁可让利，不让市场”，加大营销力度，动员全员围绕营销转，很快扭转了经济指标滑坡的局面。当年创造工业总产值2415.20万元，销售产值3072.40万元，营业额3022.86万元，利润144.37万元，税收260.68万元，在荔湾区30家重点企业中排行第三名。就在这一年，荔湾电线厂开展了ISO 9002质量体系认证工作，成为荔湾区首家取得ISO 9002质量体系认证的区街企业，走在全区前列。

（三）转折阶段——荔湾电线厂的三次转型飞跃

1. 第一次飞跃：完成易地技改项目，走出横街窄巷

从创厂以来，虽然产值不断上涨，效益不断上升，对社会贡献越来越大，但由于厂房车间分散，规模扩张受到限制。为解决这个难题，让小厂走出横街窄巷以求发展成为大企业，荔湾电线厂决定进行彻底迁厂和易地技改项目。1992 年，通过了在荔湾区同德工业区兴建 5 层新厂房的方案，拟成立聚龙工业区技改项目。

1996 年，荔湾电线厂营业部迁入新楼中山七路 215、217 号。同年，聚龙工业区技改项目大楼落成，即西槎路同德聚龙工业区 22、23 号楼。1997 年 2 月开始迁厂工作，将原来分散的 4 个车间逐一停产搬迁。迁厂遇到最困难的两个问题：一是百余台昂贵的机械设备，需要做到无缺失；二是生产线不能完全停产，需要确保产量。为解决这些难题，全厂职工做到即拆、即安装、即调试、即生产。9 月底，荔湾电线厂完成搬迁工作并全面投产。迁厂后，从交通费、工作餐、工资收入方面改善全体职工待遇，调动了大家的积极性。迁厂后，组建成大型的塑力缆、塑控缆生产线，并投资 20 万元，购置电脑设备，实现数字化办公和科学管理。

2. 第二次飞跃：完成企业改制，走出旧管理模式

20 世纪 90 年代中期，集体工业企业纷纷开始启动改制。2000 年，荔湾电线厂实行企业改制，由集体制改为股份制。通过清产核资、资产评估，把国有资产成分进行清算偿还，然后把剩下的资产转化为股份，由全体职工按工龄持股。职工可自愿选择按工龄折算股份，继续留在电线厂，或者折算领取资金，离开另谋出路。当时 100 多名在职工人以工龄折算购买了股份，实现了街集体企业向股份制企业的转变。社保制度推行后，荔湾电线厂为 200 多名退休人员购买了养老社保医保。自此，荔湾电线厂以全新的自负盈亏经营模式开始运转，成为一个具有活力和颇具市场竞争力的股份制私营企业。

3. 第三次飞跃：完成第二次大规模迁厂，走出荔湾

20 世纪 90 年代，电线生产机械设备更新换代，新型的自动流水生

产线设备需要足够长的空间位置来安放。聚龙工业区厂房空间不够，只能利用一楼、二楼迂回连接方式，但也给生产造成限制。为解决难题，响应荔湾区政府“走出去”政策号召，荔湾电线厂于2002年出售聚龙工业区厂房，在南海松岗松夏工业园购买200亩（0.13平方千米）工业地皮，兴建了2间大型生产车间、1栋办公楼、1栋员工宿舍。利用2002年、2003年两年时间完成建厂迁厂工作。为顺利完成搬迁和投产工作，厂长、副厂长、经理主管等管理层人员，全部驻扎南海，持续半年时间与工人同吃、同住、同上班。新厂投入使用后，继续扩大生产规模，陆续新进购了10多台新型机械，大大提高了生产效率，一年时间内，偿还了银行贷款。

（四）现状——在变革中生存下来的老牌企业

1970年至今，荔湾电线厂已经经历了将近50个春秋，在这半个世纪里面，许多老字号产业在一次次变革和改制中倒闭消亡，但荔湾电线厂依然在历史浪潮中泰然屹立。

目前，在市场营销方面，荔湾电线厂只采取零售，再加上市场各种电线品牌的竞争，市场需求已经大大减少。前几年，荔湾电线厂将南海分厂一个厂房车间分租给了另外一个企业使用，只留用一个，两条生产线进行作业生产。尽管如此，却依然能保持每年4000多万元的产值、400多万元的利润，以及上缴200多万元的税。

截至2017年底，荔湾电线厂还在世的股东共有10多个，但最年轻的都已经将近70岁。企业的前程和出路，将是一个长远的问题。

三、荔湾电线厂在改革开放时期取得成功的经验启示

（一）坚持品质取胜的理念

荔湾电线厂作为传统的集体企业，经历了多次改革发展，但无论在面对市场诱惑或者企业经济困难时期，都始终坚持品质取胜的理念。

革开放以后，荔湾电线厂制定了“五以五求”的经营发展战略：以产品质量求生存，以创新产品求发展，以良好服务求客户，以革新设备求工效，以岗位责任制求效益，严格执行国际和国家标准开展生产。荔湾电线厂于1988年获得广州市优质产品奖；1991年获得广州市质量管理奖；1994年在全市电线市场抽检中成为5家生产合格工厂之一；1995年获得广州“免检产品”称号（当时广州市40余家线缆厂中仅有3家获得此荣誉）；1998年成为荔湾首家取得ISO质量体系认证的区街企业；在广州居民中收获“荔湾线”口碑等。发展至今，面对国内外激烈的竞争，荔湾电线厂始终如一坚持对电线品质负责，坚持选用优质的铜、塑胶等原材料，坚持不“短斤缺两”，始终保持所生产电线的品质。荔湾电线厂现任厂长胡杰民表示：电线厂的电线质量过关，很受欢迎，澳门特别行政区前行政长官何厚铧的办公室用的也是荔湾电线厂的电线。

（二）及时革新

一是组织学习。荔湾电线厂前身是由电镀、磨光、竹器等加工组合并而成，当时的工人也是由闲散人员凑集而成，知识基础不扎实，在推行新的质量标准、引进新的设备等情况下能及时组织全厂员工开展学习，并播放日本质量管理录像等。二是引进设备。荔湾电线厂分别于20世纪80年代及2000年后分两批较大规模引进德国、奥地利等先进设备，不断提高生产效率。目前，在产值略有提升的情况下，荔湾电线厂大大缩减了员工数量，20世纪八九十年代员工数为120人左右，现有员工仅为60多人。三是开展研发。20世纪八九十年代在研发工作上取得了较大的成效，成立专门的技革攻关小组，自制自动转盘和射压机，“Φ50、Φ60卧式挤出生产线”等获得荔湾区科技成果奖，并研发了二极、三极不可重接插头，低烟无卤耐火电线、公路车辆用薄壁绝缘低压电线等，部分产品在当时达到国际先进水平。值得一提的是，20世纪末荔湾电线厂与上海电缆研究所开始了密切合作，在广州开设实验室，效果显著，研制出电冰箱耐氟利昂绝缘引接线，各项指标均达到国际要求，不但能替代进口产品，而且价格比进口产品低50%。

（三）坚持专业化的选人用人标准

在成立之初，荔湾电线厂并不存在选人用人的严格标准，在当时计划经济主导的背景下，厂长、书记、副厂长、副书记等领导岗位的人事任用完全按照区、街的行政途径任命。改革开放以后，企业的用人自主性有所增强，20世纪80年代末组织人员参加培训考核，共13人获得专业技术职称，其中经济师2人、助理经济师4人、经济员4人、助理会计师1人、会计员2人，并调入工程师1人，2名职工获得第一批技师证书，人员队伍素质和专业水平都有所提高。

（四）持续保持稳中有增的经济效益

1977年以前，生产条件较为艰苦，电线生产经历了从小型、零散的生产到正式走上轨道的过程，在刚开始，由电镀收入扶植电线的生产，当时工人工作热情高，仍能实现利润。改革开放后，荔湾电线厂的重心以电线生产为主，技术也更加成熟，生产品种进一步细化，1983年实现利润100万元，获得“广州市先进集体”称号，20世纪八九十年代生产效益都较好，1998年被授予“荔湾区十大重点企业”称号，也被赋予“荔湾十大明珠”的美誉。其间，荔湾电线厂贯彻区要求，与经济效益较差的南源工业公司属下的兴华、东方电线厂联合创办了新企业“荔湾电线厂分厂”，接收了原厂职工和厂房等，并帮助其偿还了400万元的联营费用，后期亦在上海、澳门等多处进行投资。2000—2003年，荔湾电线厂实行改制，按照相关权属，偿清了区、街的资产份额；贯彻医保改革政策，为200多名退休职工补缴了医保费用；购置南海松岗的厂区并建厂，完成了全厂顺利搬迁，当时电线厂支出较大，一度向银行贷款，但随后很快便还清贷款，实现盈利。荔湾电线厂发展至今，资产6000万元，每年产值维持在4000万元的水平，多年来仍保持较好的经济效益。

（五）注重加强对企业的管理

改制前，荔湾电线厂由区、街道管理，仍具有一定的计划经济和行政化的特征；改制后，公司大事由股东会议决定，股东以改制前在职职工为主，受传统文化影响，管理理念主要是求稳、保质等，没有一味地追求效益和利润。

（1）人员管理人性化。在对工厂工人的管理上较具“人情味”，譬如：为工作成绩突出或者存在困难的职工提供住房；及时为获得资格证书的职工调整工资，按照最新政策为职工购买保险等；不辞退年龄较大和技术落后的职工；在搬至南海初期，由于交通不便，实行上班一周休息一周的制度；为在南海工作的职工提供班车接送或提供宿舍。这些做法提升了职工的归属感，荔湾电线厂的人员流动率较低，很多职工“一干就是十几二十年”。

（2）生产管理平稳化。荔湾电线厂的两次变迁均实现了规模的扩大，也购置了当时较为先进的设备投入生产，但近几年没有进一步扩大，甚至一些较旧的生产效率较低的设备仍由一些老员工操作使用。在产品研发方面，荔湾电线厂研发工作的开展多集中于20世纪八九十年代，当时主要是受到政策和社会环境的影响，研发成果比较理想，很多试验都比较成功，也能与国际接轨，但受到行业保护的限制，很多成果无法投入生产使用，一定程度上打击了工人的研发热情，加上受到国内外电线工艺逐渐成熟等因素的影响，2000年以后较少组织新产品的研发。

（3）市场销售品牌化。在20世纪，网络不发达，国际化、全球化程度不高，销售方式比较传统，荔湾电线厂主要依靠开设门市部来进行销售。产品的口碑是通过人们口口相传得以保证，当时的销售区域以广州旧城区为主，也尝试出口海外，但是审批手续烦琐，实现利润不多，便没有继续拓展。进入21世纪，荔湾电线厂仍以传统销售方式为主，在荔湾设置一个门市部，再批发给分销商销售，2016年产值为4000万元，与1998年的3000万元相比，没有较大提升，产品消费者多为个人，较少建筑公司等类别，这与产品的质量好、价格高有一定关系。

四、新时期荔湾电线厂发展的机遇挑战

目前，荔湾电线厂仍能获得较好的社会效益，2016 年净利润 300 多万元，纳税 240 万元，但相比 20 世纪的辉煌成绩，现今在行业内的地位大不如前。这存在主客观方面的原因：客观方面，随着时代的变迁，一是电线行业受到国内外品牌的冲击；二是荔湾电线虽然质量好，但原料贵，成本较高，在出售价格上不具有优势，尤其对批发商、大型物业开发商等来说价格相对高昂；三是新一代人对荔湾电线的认识和认可都不多。主观方面，目前荔湾电线厂的股东大多数是一些老员工，他们经历了计划经济时代，思维相对保守，随着年龄的增大，他们的求稳心理更占主导，这导致在市场开发、产品研发、管理改革等方面都处于较为被动的位置，一定程度上桎梏了电线厂的发展。

如果维持现状，荔湾电线厂在未来的发展前景也并不开阔。荔湾电线厂在目前仍能保持较好的效益，部分原因是厂房、机械等固定资产皆为自有，没有较大的租金等成本。另外，荔湾电线的品牌在市场尤其是广州市场，仍有一定认知度，消费者对电线的质量仍比较有信心，但电线的销路比较局限，最终购买电线的多为一些零售的散客。面对一系列困境，更需要采取优化措施，促进电线厂的未来发展。

（1）打开销售市场。荔湾电线厂在发展历程中也曾有过大胆的尝试，譬如将产品销往国外，研制专业行业的对口产品等，虽然大多路子没有进一步打通，但在当时是颇具创新意义的。近年来，由于电线产品不断成熟，产品的标准化程度不断提高，电线厂在研发方面的发展日渐式微。但是随着网络技术的发展，一些产品的个性化需要更加容易被发掘，电线厂可以开展更加有针对性的生产，使产品更符合市场需要；另外，电线厂在品牌的宣传上也需要一定的改革，可参照一些老字号开连锁店、网络旗舰店等方式，积极融入目前主流消费模式当中。

（2）加大人才和技术投入。在人才方面，荔湾电线厂对职工的凝聚力较高，能够有效留住人员，同时也负担了一批就业竞争力较差的“老员工”。未来荔湾电线厂需要更加有计划地招收各类人员，包括研

发人员、技术人员、行政人员等，这样才能确保分工更加具体明确和专业，有更高的生产效率，为将荔湾电线厂做大做强，做好储备。在技术方面，要找准突破口，适应时代发展需求，在一些自动化、电线的安全性能等方面取胜，既有利于延续质优物美的品牌口碑，也有利于抵御伪劣产品的市场冲击。

（3）深化内部改革。目前，决定荔湾电线厂发展方向的股东大多年纪较大，革新动力不足，企业要生存发展，必须要有决心，深化改革。因企业长期形成了松散的管理模式，部分资产闲置，工作效率不高，要提升企业生产效率，就需要引进现代企业管理理念，科学管理，形成高效。要优化内部管理，在完善内部决策体系上下功夫，在现有股东年老体弱、思想僵化等情况下，探索引进新鲜血液，改进生产经营管理方式，建立健全企业党组织，吸收年轻有为、善经营管理的党员参与企业经营管理。

在时代的洪流下，如今很多区街企业已经逐渐衰落，由区街工业产业发展而来的荔湾电线厂也面临着机遇与挑战并存的局面。如何使自己成为时代的弄潮儿，仍是一个摆在荔湾电线厂人面前的重大课题。

（执笔人：关媛婷）

创新成就中国第一日化企业——立白集团

立白集团

1978年，党的十一届三中全会吹响了中国改革开放的号角，40多年来，广东从经济相对落后的省份一跃成为经济总量占全国第一的富裕省份。

作为中国最大的制造业基地，广东将“Made in Guangdong”变成了“Made in China”，再通过对外贸易窗口将“Made in China”传遍全世界，这不但增强了民族凝聚力，而且极大地提高了中国在海外的知名度，加快了中华民族伟大复兴的进程。在这一时期，珠三角地区的非公有制经济得到迅速发展，成为国民经济的重要组成部分。作为改革开放后发展最迅速、最早对外开放的行业之一，中国日化行业迎来了新的发展契机。20世纪80年代末，中国日化行业全面对外资开放，国际巨头的强势进入对中国本土品牌的发展带来强有力的挑战，立白等民营日化企业在激烈的竞争中崭露头角，增强了民族日化阵营的实力，而其所在的洗涤领域也成为日后中国日化行业唯一能与外资分庭抗礼的领域。

所有的故事都要从1994年位于广州发展大厦的三间办公室讲起。

一、七人三间房的创业路

1994年，来自普宁的陈凯旋兄弟俩带着5个人来到广州，创立了广州市立白洗涤用品有限公司（简称“立白”），在麓景路广州发展大厦租了3间办公室，白天用来办公，晚上则打地铺睡觉，用陈凯旋的话来说就是“白天当老板，晚上睡地板”。对于陈凯旋，那一年是他人生的重要分水岭，此后他的人生经历都与中国日化行业的发展紧密相连。几十年后，基于对中国日化行业的突出贡献，陈凯旋先后获得“全国优秀中国特色社会主义事业建设者”“全国轻工劳动模范”“改革开放30周年广东省功勋企业家”“全国关爱员工优秀民营企业家”“全国正义人物特别奖”等荣誉。

立白初入市场，主要销售“立白”商标的洗衣粉，为打开销路，陈凯旋经常背着洗衣粉到处找客户。没人知道刚刚成立的“立白”，他只好一包一包地推销，甚至去摆地摊。创业之初，陈凯旋唯一的资本就是熟悉洗衣粉的销售渠道，自己并没有大量的资金建厂，也没有技术和专业人才。当时很多国有洗涤企业具有技术、生产设备及人才要素，但是缺乏市场意识，不懂得、不熟悉、不适应市场的转型，因为企业以前都是只管生产、只管制造，之后交给各个百货站经营，所以缺乏市场意识和市场基础。正是在这种情况下，陈凯旋冒出了“贴牌生产”的想法，在当时的全国洗涤行业，这种操作模式可谓是首开先河。他说：“不搞贴牌生产，等你把厂房建好，产品卖不出去，工厂也要关门，而且当时也没有足够的资金建厂。我也不清楚洗衣粉的配方，只能找专家提供；我也不懂技术，就找技术监督局来检测我们的产品。一句话，只能‘借鸡生蛋’。”发挥各自的优势，共同发展。同时，做贸易出身的他非常熟悉营销和消费者的喜好，所以就利用这样的优势，利用国有洗涤企业的优势，自己制定出优于竞品的标准，要求这些工厂按照自己的标准来生产。严格的要求和控制、质量的保障为立白的攻城略地打下了坚实的基础。

“我们从潮汕普宁带着几个人来广州创业，没有工厂，没有技术，只能依靠委外加工，贴牌生产，用现在时髦的话说叫“轻资产运营”，当时也是没办法而为之。”陈凯旋回忆起当年只做洗衣粉单一产品的那段岁月时，仍是感慨万千。当时被逼着“借鸡生蛋”的陈凯旋怎么也没想到，随着生意的不断扩大，立白在国内建设了13个大型生产基地，产品畅销海内外。

立白诞生的时候，广东省内洗衣粉市场基本被美国宝洁公司收购的高富力洗衣粉所垄断，立白只是个很不起眼的小角色。为了在夹缝中生存，陈凯旋走了决定性的一步棋：避开大城市，主攻农村市场，一个县一个县地发动营销战役。找准了大品牌因精力有限和水土不服所形成的薄弱环节，充分发挥了小企业决策灵活、掉头快的优势，通过在保证质量前提下将价格定位得更为合理，立白迅速在农村市场打开了局面。

陈凯旋在营销中大胆创新。他从不找当地的百货公司，而是找在当地有信誉、有实力、有销售网络的个体经销商。他不实行代理制，而是亲自做广告和市场推广，然后由每个县选定的一家经销商做跟进的批发销售工作。为了将主动权抓在手里，陈凯旋从来不允许赊账，坚持款到才发货。他帮经销商做广告、培训业务员，用自己多年积累的市场经验帮助经销商靠卖立白产品赚钱，赚到钱的经销商自然开心，陈凯旋也达到了控制经销网络的目的。

立白在 1994 年进入洗涤行业的时候，行业中的三角债现象严重，每家企业都被拖得非常辛苦，掉进三角债的怪圈，商家抱怨无利润，拖欠厂家货款。但立白改变了这个行业的不良现象、不好的规则和模式，变拖欠货款为款到发货，帮商家赚钱。

短短几年，立白一路攻城略地，很快就占领了大部分乡镇市场，羽翼丰满后，进军中心城市，最后决战广州市场，大获全胜。1997 年，立白只用了短短三年时间就颠覆了广东洗衣粉市场格局，一跃成为广东省市场的老大。

“在广东省做到销量第一后，我们就聘请著名表演艺术家陈佩斯老师代言洗衣粉广告，借助于明星代言，立白洗衣粉迅速在全国市场铺开。”陈凯旋回忆起那段岁月仍然有些激动。

立白集团副总裁、首席新闻发言人许晓东回忆：“当时，我们每天都会收到很多消费者来信，过年的时候，很多外省的消费者说会扛着一箱立白洗衣粉回家过年，我们当时又诧异又感动。”1998 年，广州立白企业集团有限公司成立，立白开始立足广东放眼全国，以势不可挡的气势迅速打开了全国市场，从区域品牌成为全国知名品牌。2002 年，立白集团首个大型生产基地在广州番禺全面落成。自 2002 年起立白连年荣登“中国私营企业纳税百强”排行榜，并先后荣获“中国优秀民营企业”“全国守合同重信用企业”“中国优秀诚信企业”等荣誉称号。

二、一路高歌迈向大洗涤

在全国市场形势一片大好的情况下，除了“粉、精、皂”小洗涤产品，立白集团顺势推出洁厕精等其他相关产品，产品线的种类也在不断丰富，从小洗涤进入了大洗涤。在被公认跌宕汹涌的中国日化行业里，无数的企业曾一夜扬名、光鲜亮丽，然而迎接他们的命运是倒下或被并购，最终黯然收场，在这条坎坷的路上，留下了太多的挫折与叹息。当时国内的日化行业，竞争激烈，国际巨头不断瓜分市场。面对每一个出头的对手，这些财大气粗的外资企业从不手软，每一个“威胁者”最终都被“修理”。随着立白的壮大，那些拿着“胡萝卜和大棒”的外资企业就来了，他们对陈凯旋说：“与其刺刀见红地在市场上碰面，不如坐下来谈合作。补偿多少都不是问题！”外资企业“杯酒释兵权”这招曾撂倒了国内很多对手，中国太多的日化企业“识时务”地选择了屈服。在或战或降的关口，陈凯旋坚定地选择了“战”：“哪有把自己的儿子送人的道理，以后怎么在1000多家经销商面前做人？！”他不甘心，立白品牌也有、渠道也有，外国人能做到的，我们中国人也能做到！20世纪90年代末，正是立白与众多本土日化企业分道扬镳的分水岭。当时，洗衣粉原料价格整体上扬，工厂运营成本上升，但洗衣粉成品市价却稳在那里，甚至有的企业为了扩大市场份额，以降价挑起价格战，让本来就没什么钱挣的生意很快陷入亏损境地。立白要杀价跟进，还是维持不动？

陈凯旋和团队左思右想后，决定做一件大家不敢想也不敢做的事，不再容忍总是被价格和同行牵着鼻子走的被动。他决定以品质战应对价格战，在提高产品质量的同时，立白不但不降价，而且还要提价。当时的市场格局，也给了他干这个事的机会。当时，宝洁收购了立白在本土的最大对手浪奇高富力。宝洁的算盘是：把高富力的市场份额让给自己的嫡系汰渍和碧浪，所以它接手高富力后几乎将其雪藏。这也刚好给了陈凯旋机会：趁高富力淡出，把市场抢过来。

看准时机后，陈凯旋狠狠出击，品质过硬的立白成为火热品牌，他很快就打了胜仗。而且是既赢得了战争，也赢得了战场；既提高了品牌，也赚到了利润。这一战更重要的意义在于，让立白走出中国大多数企业靠低价、低品质竞争的自我毁灭之路，找到一个靠品牌、品质不断新生的道路，进而奠定立白成为民族日化领头羊的基础。

某世界500强日化企业高管曾说过这样一番话："想当年我们公司大举进入印度，仅用两年时间就控制了整个印度日化市场，印度本土日化企业都被挤掉了。我们来中国的时候，本也是打算用三年时间占领整个中国日化市场的，没想到，三年过去了，中国市场上的'正规军'是不见了，但'游击队'却很厉害！"这位高管感慨万分，"'游击队'不仅打不倒，还发展得越来越好！"国际日化巨头宝洁连续多年把立白列为其在中国市场上的四大竞争对手之一，除了立白，其他三大竞争对手都是外资企业。

三、收购兼并开启大日化

2004年，立白集团确定了大日化发展战略，同时也拉开了立白集团在全国范围内收购、兼并的大序幕。2005年11月，立白集团并购重组天津蓝天集团股份有限公司，进入口腔护理领域；2006年4月，收购重庆奥尼品牌；2006年7月，收购并成立上海新高姿化妆品有限公司，进入化妆品领域。立白集团的大日化战略版图初步形成，产品范围涵盖织物洗护、餐具洗涤、消杀、家居清洁、空气清新、口腔护理、身体清洁、头发护理、肌肤护理及化妆品等十大类几百个品种。

2007年4月，立白集团成为2008年北京奥运会洗涤用品和残奥会洗涤用品独家供应商，也是行业内唯一一家本土赞助企业。同一时期，立白集团的既有产品相继取得突破性发展。2007年立白洗洁精以32.7%的市场份额实现全国销量第一；2008年立白洗衣粉以25%的市场份额实现全国销量第一；洗衣皂、消杀产品等也进入行业三甲。为满足全国市场，立白集团陆续在全国建设了13个生产基地、30多个分公司，营销网络星罗棋布，遍布全国各省、自治区、直辖市。到2017年，立白集团销售收入已经突破200亿元，洗涤剂销量全国第一、世界第四，洗衣粉以25%的市场份额居全国第一，洗洁精以42%的市场份额连续多年居全国第一，洗衣液以22.5%的份额位居全国第一，在国家历年的抽检中，立白产品合格率达到100%。

陈凯旋觉得企业做大了，要不忘初心，坚持精益求精，弘扬工匠精神。对品质和创新的追求，成为立白品牌的灵魂。立白集团以全生命周期质量管理模式为依托，从研发、采购、生产、仓储、物流、销售等环节进行严格把控，力求让每一件产品都是零缺陷的高品质产品。凭借优秀的质量管理制度、卓越的质量管理体系，立白集团多次荣获各级政府主管部门授予的多项荣誉，曾先后获得“广州市市长质量奖”、4个“中国名牌”产品、“全国轻工业质量效益型先进企业”、质量信誉AAA等级、“全国质量检验稳定合格产品”等荣誉；对质量的坚守让立白集团获得行业最高荣誉，2016年立白集团被国家工业和信息化部授予“全国质量

立白中心

标杆”荣誉奖牌，是日化行业唯一一家获此殊荣的企业，代表行业质量管理最高水平。

立白集团分析测试中心通过了 CNAS（中国合格评定国家认可委员会）实验室认可评审，具备了按有关国际准则开展检测的技术能力，项目覆盖日化领域 11 类产品 79 个项目，领先于国内日化行业，检测报告被批准加盖“CNAS”签章以及 ILAC-MRA（国际互认标志），可被全球 50 个国家和地区、65 个机构承认，真正达到一次检测、国际互认的效果。

四、布局大健康

荔湾区中医药文化历史悠久，医药卫生事业发展稳步推进，区内医疗卫生资源丰富。结合广州市正在大力实施的 IAB（新一代信息技术、人工智能、生物医药）计划，荔湾区主动抢抓 IAB 产业发展的黄金期、窗口期和机遇期，瞄准未来经济爆发点和人文契合点，依托荔湾区位优势和现有的产业基础，加快布局发展生物医药与健康医疗产业，目前生物医药健康产业已列入荔湾区“十三五”重点发展战略。

2016 年 4 月，立白集团接手国有企业广弘股份在广州国际医药港的股权，开始布局大健康战略。该战略由“一港一基地”两大项目组成，“一港”是预计总投资超 200 亿元的广州国际医药港项目，“一基地”为投资 85 亿元的从化国际医药港生物医药基地及华南创新智能生产基地项目。

广州国际医药港是时任中共广东省委书记张德江批示推进，时任中共广东省委书记汪洋奠基的项目，2004 年经省政府批准立项，2006 年获国家批准建设，2010 年 7 月奠基开工，后因国企改制工程延缓多年。2016 年，立白集团通过受让国企股权成为广州国际医药港建设主导方，重新启动项目，并提出“一港一基地”的大健康产业战略布局。从整个战略布局上看，广州国际医药港将打造成为“一带一路”国际大健康产业的门户和枢纽。

按照规划，未来广州国际医药港将打造成“大健康产业 + 互联网”

示范区、国际大健康产业港湾总部集聚区、国际生物医药产业创新孵化基地、永不落幕的大健康产业“广交会”，成为“一带一路”国际大健康产业桥头堡、全国大健康企业门户和枢纽、全国大健康产业一体化服务平台。

《“健康中国 2030”规划纲要》数据显示，到 2020 年中国健康服务产业总规模超 8 万亿元，到 2030 年达 16 万亿元。以洗涤用品起家的立白集团，继大日化战略后，大力推出大健康战略，正是基于对中国大健康产业未来发展前景的看好。广州国际医药港大健康产业定下的目标是，力争 10 年内实现 1000 亿元产值，成为中国大健康产业第一品牌。

对于积极推进中的大健康战略，陈凯旋表示：“我们将抓住国内外生物医药产业的发展机遇，积极布局生物医药产业与大健康服务的‘联动发展’，承接国内外行业龙头企业，形成生物医药研发、制造、流通、销售相互促进、协调发展的格局，建立国家重要的生物医药产业基地，促进广州生物产业发展，打造广州生物医药产业新增长点。”

对于从大日化到大健康，陈凯旋表示：“不管是大日化，还是大健康，整个布局跟立白的企业文化一脉相承的，不管是外健康、内健康，其实还是围绕着健康幸福每一家这样一个使命去思考，围绕着健康幸福这两个维度去做布局的。”

五、“一家亲”企业文化

从默默无闻到今天的日化龙头企业，外界一直试图探寻立白崛起的秘诀。立白的文化造就了立白的百亿企业。而立白企业文化的核心恰恰就是“责任”二字。立白为何能在外资品牌林立的中国日化市场独占鳌头，在各个发展阶段突破瓶颈？为什么近 2000 家合作伙伴愿意与立白同心同德、共同创业、共同发展？为什么立白的消费者信任立白、支持立白？为什么优秀人才愿意加入立白、扎根立白？正如立白集团董事长、总裁陈凯旋经常讲到的：“立白的成功是因为立白有好的文化，好文化造就了百亿企业。”

2004年，立白集团成立10周年之际，集团梳理"一家亲"企业文化。立白文化融合了中国传统文化、粤商文化、潮汕文化，是立白人20多年来做人做事的真实写照和行为准则，是立白的核心竞争力，也是立白长远发展的传家宝。它的核心就是一家人一家亲、感恩和责任感。立白从一开始就跟员工、合作伙伴一家人一家亲，把顾客当成亲人、恩人，心怀感恩，时时刻刻都怀着高度的责任感做事，也正是抱着这些朴素的想法，上至总裁、下至普通员工二十年如一日地坚持，成就了今天立白的辉煌。

"立白的'一家亲'文化将员工、合作伙伴、消费者等所有利益相关方都视作家人，一路走来，对所有的家人都心怀感恩，没有他们，就没有立白今天的成就。滴水之恩，涌泉相报，立白的使命也就是成就这个大家庭中每一位成员的幸福人生。"陈凯旋表示。立白的"一家亲"文化不仅在内部统领了立白方方面面的工作，也感染了成千上万的合作伙伴。正因为如此，立白在创业之初才能获得员工、消费者、合作伙伴和公众的信任和广泛认可。

立白集团确立了"世界品牌，百年立白"的公司愿景，立白人以"立信、立责、立质、立真、立先"为价值观，坚守"爱国心、感恩心、亲缘心、分享心、利他心、包容心、简朴心、平常心、自省心、自信心"十颗心，向着健康幸福每一家的企业使命奋斗。

六、以科技驱动日化创新

中国幅员辽阔，各地区气候环境、人文条件差异较大，形成消费多样性，这些条件促使中国日化市场需求出现层次清晰的趋势，推动行业整体不断细分。显然，科技创新是满足不同消费者需求的重要手段。

"我们现在处在一个日新月异、优胜劣汰的时代，各行各业都在发生变革，我们立白就是以改革创新应对现在的挑战。我们将科技创新作为公司发展的重要驱动力，也是我们实现产品持续推陈出新的重要因素。"陈凯旋表示，立白集团自成立以来就非常重视科技创新，不断提升立白的科技研发水平和自主创新能力，促进产品结构调整、企业转型升级，实现企业科学发展。

立白人深知，在这个科学技术一日千里、新技术新产品层出不穷的时代，重视对前沿技术领域的研发，会让企业拥有更大的生存空间。近年来，立白集团投入大量的人力、物力与财力，通过不断拓宽企业技术进步的空间，始终保持了对前沿技术的掌控。在立白集团，传统产业技术创新与前沿技术创新已成为驱动企业技术进步的内在动力，并成为企业经营的一种新常态。

经过20多年的积累，目前立白集团拥有1个“博士后科研工作站”、1个“院士专家企业工作站”、1个“中国轻工业绿色洗涤用品重点实验室”、2个“高新技术企业”和4个“省级科技研发中心”，这在中国日化行业是绝无仅有的。这些年，立白集团参与制定和修订38个国家和行业标准，同时主导或参与了10余项原材料国家标准的制定工作，其设定的原材料标准在质量和安全性方面均处于国内行业领先水平。其创新研发中心每年完成100多种新产品和新技术的研究，其中70%以上属于高新技术产品。

科技创新方面，除了练好内功，立白还积极拓展对外联系。立白集团与世界500强的化学品公司德国巴斯夫、美国陶氏化学、美国杜邦、丹麦诺维信、美国路博润等跨国公司建立战略合作伙伴关系，并成立国际协同创新中心，共同开发新技术和新产品。2014年4月，在丹麦女王和亲王的见证下，立白集团与全球最大的酶制剂公司诺维信签署战略合作协议。同时，与中国日化研究院、美的集团等科研院校及企业结成战略合作关系，形成了产、学、研一体的创新网络，致力于改善消费者生活和保护生态环境，实现健康幸福每一家。

立白品牌为什么能够成为一种经典？因为立白有一群对“清洁”几近“执迷”的科学家。立白集团的科学家们坚信：要想让品牌深入人心，就要通过创新的手段，去帮助消费者们解决实际问题。为此，他们经常奔赴各地，采集各地的洗涤用水、土壤污垢、常见衣服材质的样品等，以此掌握各地的气温、水温等环境要素的差异。立白集团的科学家们更亲自走进消费者家中，观察消费者的日常生活习惯，洞察不同地域的消费者在不同时期的差异化洗涤需求。此外，立白集团在华南、华北等地区还设有区域研发中心。这些研发中心对消费者所进行的研究，是将产品设计过程与当地消费者的使用体验结合在一起的。立白集团的科学家们相信，只有掌握了这些细微差异，才能让立白集团的清洁产品在面对不同水质、不同污渍的时候，都能发挥出其最大的洁净效力。可以说，立白集团的大部分产品，其配方均能保持每两年升级一次，这种升级力度，来自立白人对自身科技创新实力的一种高度自信。在研发资金的投入上，最能体现一个企业打造品牌的力度。为了保持可持续发展和鼓励创新，立白集团每年都会将销售收入的3%用于研发资金。由此可见，立白集团在自身品牌的打造上，懂得抓住问题的“七寸”。

随着日化行业的不断发展，科技在各个领域的不断突破，将进一步带动日化市场向新的方向发展，日化企业在科技领域的不断投入是判断市场走向、实现可持续发展的重要环节。立白人的眼光是超前的，他们把发展的眼光投射到未来5～10年，并对自身的发展战略进行了深入的思考。立白人懂得积极开展前瞻性的技术储备与研究工作，并且能够从专利和原材料、包装材料等方面研究入手，积极开展自主知识产权的核心技术研发。加强未来技术储备与不断满足消费者日益增长的消费需求，是立白创新研发团队一贯的工作宗旨。

七、引领中国绿色洗涤革命

2017年党的十九大在北京胜利召开，国家对实体经济的发展寄予厚望，也明确提出在加快发展先进制造业，支持产业优化升级的同时，贯彻绿色发展理念，坚持人与自然和谐共生。习近平总书记指出，建设生态文明是中华民族永续发展的千年大计。发展中的立白集团始终坚守，企业坚决不能以牺牲环境的代价来换取发展。立白集团不仅各大生产基地的生产运营过程绿色环保，其产品从原材料、配方到消费者的使用过程也都达到绿色环保、健康安全的高水准，真正实现了产品的全生命周期管理。到2018年底，立白集团的洗涤剂配方中来源于可再生资源的原材料已经占到70%，所有原材料的生物降解性超过了90%。

2016年，立白集团在北京“水立方”（国家游泳中心）发布行业内首个“绿色健康战略”，以全面推广绿色健康洗涤用品为目标，借助“立白绿色生活研究院”所提供的创新驱动，带动上下游全产业链，实现绿色原料、绿色配方、绿色技术、绿色制造、绿色产品，从而引领洗涤行业的绿色革命。

作为中国日化行业的领军企业，立白集团很早就开始在绿色洗涤方

立白引领绿色健康战略发布会

面进行探索，在行业内率先推出节水型洗涤产品，大力推广洗涤剂浓缩化，加大可再生资源在洗涤中的应用。通过一系列的科技创新，在增强产品功能性的同时，大大提升产品的节能减耗性能。比如由立白集团研发团队自主研发攻关的“高塔成型洗衣粉浓缩增效技术的开发与产业化优化”项目，不仅配方及工艺优化，而且在节能减排和环境保护方面提升明显，洗衣粉的去污性能和视比重提高15%～20%，生产每吨洗衣粉的燃煤消耗量、蒸汽消耗量、水电消耗量均可下降约25%；填充剂在洗衣粉中的用量显著下降，由原来约占配方总量的40%下降到约20%。2006年立白推出中国市场上第一款节水洗衣粉，通过独特的技术配方，

在同样的洗涤条件下，能够将衣物漂洗由传统的三次减少到两次；2014年立白节水型洗涤产品再次实现升级：好爸爸洗衣露天然成分比一般洗衣液高出3倍多，整个漂洗过程省水高达50%。除了研发推广节水型产品，立白集团各大生产基地均采用国际先进的光触媒技术和生物活水方法，实现废水100%回收循环利用。各大生产基地处理后的污水达到国家一级排放标准，可长期放养金鱼，其中番禺生产基地的污水处理站获得“广东省环境保护示范工程”称号。金山银山不如绿水青山，未来立白集团将一如既往地积极履行企业社会责任，通过科技创新实现企业与社会、环境的和谐发展，带领中国洗涤行业向绿色健康之路发展。

陈凯旋不但注重产品配方绿色健康，还注重生产过程的环保，他希望自己的工厂能够做到“穿着干净的皮鞋进去，穿着干净的皮鞋出来”。早在1997年，立白开始在番禺建设第一个自有大型生产基地之初，陈凯旋就对建设指挥部定下了一个基本的定调：“我们的工厂必须用全国最优秀的设备、最先进的工艺，尤为关键的是，一定要彻底解决工厂的环保问题。”如今，立白所有的生产基地已经实现清洁生产，废水、废气零排放，在番禺生产基地，生产污水经过处理后可以放养金鱼。通过可持续发展的方式，确保企业的生产运营对环境无污染，提供的产品更加低碳环保。2004年5月，立白获得由环境保护部颁发的中国环境标志企业优秀奖；2013年6月，在第六届世界环保大会主席团圆桌会议上，立白荣获“国际碳金奖——中国绿效企业最佳典范”，成为获此殊荣的首家本土日化企业。

八、积极承担社会责任

发展中的立白集团一直积极地履行企业公民的社会责任，长期致力于扶困助学、关爱留守儿童、关心困难群体、抗震救灾等慈善活动。迄今，立白集团累计为公益慈善事业捐款达2亿多元。

陈凯旋曾多次表示，立白集团应该为社会发展多作贡献，帮助困难群体，让社会更和谐、更幸福。“百年大计，教育为先。”多年来，立白集团在教育慈善方面贡献突出，得到社会各界的高度认可。2010 年 6 月 30 日，在广东省首个“扶贫济困日”上，立白集团一次性捐款 3500 万元，用于支持省内贫困地区的教育事业，截至 2018 年底累计捐赠 7600 万元。2013 年，立白集团捐资 4000 多万元建设的广东普宁陈宝文学校正式落成。该学校建筑面积超过 2 万平方米，配备图书馆、礼堂、宿舍、电脑，以及塑胶跑道、羽毛球场、篮球场等体育设施，可容纳学生 5000 人，满足小学至初中的教学规模；学校抗里氏八级地震，完全保障学生安全。除硬件措施外，立白集团每年投入 100 万元，用于学校的奖学奖教工作。除了慈善捐助，立白集团领导和员工多次参与帮扶贫困儿童活动。从 2011 年 9 月起，立白集团连续多年在广西 14 个地级市的边远地区开展爱心助学活动。随着连续多年助学活动的开展，立白集团更深入地参与到贫困地区的希望工程事业中；2012 年 3 月，立白集团成立广州市第一支关注留守儿童的志愿者队伍，285 名立白员工报名成为首批志愿者。自志愿者服务队成立以来，立白集团每年投入 100 万元，通过立白关爱留守儿童志愿服务队，帮助农村留守儿童、外来工子女学校和贫困地区的中小学，坚持为偏远地区送去教育资源。

多年来，立白集团在抗震救灾、精准扶贫等方面也是积极奉献爱心。在汶川地震、雅安地震、南方水灾等灾害中，立白集团第一时间积极自发组织向灾区捐款捐物，用于灾区救灾和灾后重建工作。2012 年，立白集团向广州市光彩事业促进会捐赠 1000 万元；2013 年，陈凯旋挂帅广州市工商联扶贫开发“双到”工作领导小组执行组长，承担对口帮扶梅州市大埔县高陂镇桃花村工作任务；2017 年，立白集团再次投入 1000 万元用于广东省的精准扶贫项目。

党的好政策，为众多企业提供了实现梦想的平台、平等创业的机会以及公平竞争的市场环境。立白能成长为中国日化的领军企业，要感谢时代，感谢祖国，感恩中国共产党。进入新时代，立白集团必将不忘初心，着力肩负起时代赋予的社会责任，大胆革新，真正将绿色的、健康的洗涤理念带入中国日化市场，让小家、大家、国家更美好。

“羊城餐饮第一股”

——广州酒家集团砥砺奋进纪实

广州酒家集团

2017 年 6 月 27 日，随着一声悠扬洪亮的金锣鸣响，在上海证券交易所交易大厅，一个来自广州的有着逾 80 年历史的老字号——广州酒家，郑重地宣告在 A 板主板成功挂牌上市！

广州酒家人在成功登陆上海证券交易所主板时的合影

锣声响起，意味着 A 股市场长达 8 年之久都未有餐饮企业上市的僵局终于被一举打破；锣声响起，意味着广州酒家集团成为广东省第一家上市 A 股的餐饮企业。

被称作“羊城餐饮第一股”的广州酒家，其发行价 13.18 元，上市一开盘股价就涨至18.98元，涨幅44.01%达到当日涨停上限，公司市值达到76.68亿元。[①] 这一系列数字昭示着，资本市场终于对广州酒家亮起了绿灯，这不只对于广州酒家，对于整个国内餐饮行业都是一个令人鼓舞的信号。

从某种意义上说，是广州酒家在国内一度野蛮生长的餐饮市场开创的发展模式，终于得到资本市场的认同，令资本市场刮目相看，广州酒家也将由此迈入一个新的发展快车道。广州酒家的上市，对于国内餐饮企业的发展无疑有着成功的示范意义。

对于一个逾80年历史的老字号，上市的锣声虽只是瞬间一响，可是上市的道路却是格外的漫长而曲折。追溯广州酒家风雨兼程一路前行的历程，可以看到，正是改革开放40年的天时地利，正是广州酒家人在改革开放中勇于开拓、不断进取，才能让这上市的锣声在资本市场的天空悠然响起……

一、市场经济下的应变拼搏

时光回溯到20世纪80年代初，广州酒家面临生死存亡、何去何从的考验。

在改革开放的春风吹拂下，中国经济全面复苏，广州市餐饮业随之兴旺，集体和个体经营的餐饮店如雨后春笋般涌现。1980—1983年，仅两三年间，广州市的饮食店铺就从500间增至六七千家。人人饭店、大三元酒家、陶陶居等老字号都纷纷引入外资，从装修到菜式，从经营手法到服务理念，给人耳目一新的感觉；有的还聘请了香港名师主厨，业务做得风生水起。相形之下，广州酒家作为一个在计划经济体制下的国营企业，明显呈现出抱残守缺的态势。

创办于1935年的广州酒家，在老广州原本是响当当的“广州第一

---

① 《广州酒家成功登陆A股，上市首日涨44.01%》，《广州日报》2017年6月28日，第3版。

家”，20世纪50年代完成公私合营改造成为国企。从1957年首届中国出口商品交易会（广交会）开始，广州酒家作为官方指定的对外接待店，有机会参与各种省、市重要接待任务，国家将有限的、最好的资源用来接待中外客商，促进了广州酒家的发展。可是时过数十年，广州酒家昔日引领时尚的高档店铺装修已经老化，人员也已经老化，经营理念更是僵化滞后。一个总资产还不到40万元的小企业，哪里还扛得住“广州第一家”这样的招牌？

连广州酒家的一些老食客都很不客气地对服务员说，别的酒家都吹上冷风了（指空调），广州酒家还吹着热风（指电风扇），叫他们怎么坐得住呢？

眼见广州许多的酒店都在引进外资，装上水晶吊灯、空调和地毯，服务员年轻漂亮，衣着光鲜，笑脸相迎，面对外资、民资席卷而来的租赁、兼并大潮，作为老字号国企的广州酒家该怎么办呢？

酒楼装修最少需要400万元，这在当时可是一笔巨款！到哪里去找这笔钱？向银行贷款，广州酒家不足40万元总资产，却要贷款400多万元，这风险和压力能承受得起吗？面对改革的大潮，广州酒家领导班子做出了选择：坚守老字号，自力更生，贷款装修。作出这一选择，广州酒家人并非赌博冒险，而是出于对广州酒家自身的实力充满信心：广州酒家的名厨名菜在广州餐饮业具有较强的核心竞争力，只要大家齐心协力，艰苦奋斗，按时还本付息是有把握的。

这条路走得十分艰难，贷款400万元，偿还本息的压力巨大，装修改造必须做到“多快好省”。广州酒家采取边营业边装修的办法，开两层，停一层，既维持了营业收入，又避免顾客流失。同时，广州酒家人自己设计，自己组织施工管理，建筑材料货比三家，尽量选购国产的物美价廉产品，整项工程节约资金上百万元。

这次装修改造增开了三楼的业务空间，酒家门面也增高3米，墙面镶上贵妃红花岗石，凸显名贵高雅；将店内露天内院部分用玻璃棚顶加以封闭，改造成不惧风雨的幽雅庭园；各厅房装饰得典雅堂皇，尤其是三楼的“西关第”厅房，运用西关民居大宅的元素进行装饰，屋内陈设都是仿古器具，加上彩色玻璃的满洲窗，营造出浓浓的西关氛围。

仅仅是硬件的改善还不够，广州酒家的老员工在长达20多年的国企体制和计划经济的环境下工作，已无法适应市场经济环境下的经营服务的需要。20世纪80年代中期，国企的用工制度和人事制度尚未改革，国有企业没有人事权、分配权，也没有解雇任何一名正式编制员工的权利，这给管理带来极大的困难。

为了解决广州酒家国企员工年龄老、文化低、服务水平低的问题，广州酒家顶着巨大压力，打破国有企业的用人机制，安置老员工，招聘新员工，以彻底转变“文革”时期遗留下的让顾客“自我服务”的不良作风。广州酒家通过取得上级的理解支持，争取到招聘一批临时工的权利。这批由广州酒家打破常规自行招聘的“临时工”，多数是女服务员，按照广州酒家的招工标准，这批女服务员都具备高中文化程度，有一定的英语基础，容貌端庄，身高1.60米以上。这样的用工标准在当时具有相当高度的。经过严格的专业培训，这批新服务员上岗统一着装，略施粉黛，其妆容气质、服务水平不输于当时被认为代表高端服务形象的空姐，成为广州酒家的一道风景。

改造和改革后的广州酒家，营业额和利税连年大幅攀升，仅装修后第一个月，广州酒家的营业额即同比上升56%。“三茶两饭一夜宵”空前兴旺，两年贷款期，本金加利息，广州酒家提前半年就实现了还贷。①

尽管一路走来不易，但是正因为妥善安置了老员工、保住了老字号的自主经营权、凝聚了企业的向心力，广州酒家此后的道路才走得越来越宽阔，才走得越来越稳健。

1986年，酒楼的连锁经营在国内还是空白，广州酒家引领行业之先，开设了第一间餐饮连锁店——广州酒家恩宁分店。当时中餐酒楼开连锁分店在广州还是第一家，没有任何现成的经验可借鉴，也就只能

① 赖寄丹：《时光轴上的味道》，广州：岭南美术出版社，2015年版，第57页。

"摸着石头过河"。恩宁分店距离广州酒家文昌总店仅数百米，如果恩宁分店与文昌总店的定位相同，那食客肯定选择去文昌总店。因此，广州酒家把恩宁分店定位于做街坊生意，菜式不必高档，但是要有特色，价格稍低；另外，还经营套餐、快餐。由于恩宁分店满足了街坊饮食的市场需求，经营灵活，服务周到，生意十分火爆。

随后，广州酒家领导层经过研究论证，顶住企业内部的一片反对之声，又毅然投资近2000万元，在当时交通不便、四周还是一片烂地的广州滨江西路，兴建了一间拥有1400个餐位的大型分店。由于周密筹备，悉心经营，该分店原本定下月营业额100万元的目标，经营不到两年，月营业额就实现了500万元，其业绩一举超过文昌总店，使得广州酒家的实力迅速提升，为广州酒家集团的成立夯实了基础。

广州酒家文昌总店

在广州党史网上的《广州党史大事记》中，1988年1月9日这一天所记载的内容是：市委、市政府联合召开推广广州酒家先进经验大会，市委副书记张汉青在会上宣读了市委、市政府《关于开展学习广州酒家先进经验活动的决定》。文件中特别肯定的是：广州酒家坚持以诚待客，顾客至上，信誉第一，做到“诚暖顾客心”，受到中外宾客的普遍赞扬，为发扬“食在广州”的美誉、发展广州市服务旅游事业作出了积极贡献；“不愧为我市两个文明建设的先进典型”。

时任广州市市长朱森林在会上指出：“在广州酒家，真正做到了待客诚心，无论是5000元一席的名宴，还是两角钱一位的茶座，都一视同仁，热情接待；服务诚恳，既有名贵的菜肴，又一直保持价格相宜的大众化菜式，而且同样精心制作，不因售价低廉而粗制滥造；买卖诚实，凡是不符合质量标准的食品予以退换或免予收费，上错菜的话则主动更换或按实际价格收费。广大顾客赞扬他们‘诚暖顾客心’，他们就是靠一个‘诚’字，赢得了顾客，赢得了良好的社会效益和经济效益。”

这件事放在市场经济较为成熟的今天来看，似乎有点难以理解；但是放在改革开放之初的历史背景之中去看，却在情理之中。时值1988年，正处于计划经济向市场经济转型的初始阶段，可以说矛盾多多、困难重重。一方面，许多国企习惯了“等靠要”，对市场经济怀有恐惧感，害怕被国家“断奶”；另一方面，一些新兴的个体户只是“向钱看”，普遍存在经营上价格欺诈、短斤少两、以次充好的现象。而广州酒家这个经营环境、设备及人员都已经老化的国企，通过锐意改革和艰苦奋斗重新焕发了活力，并且做到文明经商、以诚待客，这样的先进典型正是时代所需要的榜样。

在广州酒家，“诚暖顾客心”不是一句随随便便脱口而出的套话。广州酒家的每位员工都有一本小册子，名为《服务工作规范》，这本白底印着红字的小册子堪称广州酒家服务工作的“红宝书”，多年来几经修订，其电子录像版还是国家商务部的餐饮服务规范推荐教材。

20世纪80年代，广州酒家就制定了精诚服务的12项措施，诸如：变质食品包退换；名菜名点外卖、大菜拆零出售；为顾客代拍录像、代办鲜花和请柬、代管酒水；帮顾客打包剩余食品；赶乘车船顾客上菜优先；提供老人食谱、病号餐等。这些服务措施当时在广州都是广州酒家首创或领先，逐渐为广州其他酒楼效仿。

由于广东毗邻港澳，处于改革开放前沿，那时候全国各地前来广东学习参观的人络绎不绝，广州是广东省的文化中心和交通枢纽，餐饮作为窗口行业，其服务水平是否具有领先性、创新性，对南来北往的人感知改革开放无疑具有直观的影响。广州酒家“诚暖顾客心”的贴心服务，成为餐饮服务业的一个标杆，不仅提升了广州餐饮业的人性化服务的整体水平，其一流的服务态度、服务质量、服务水平也对国内餐饮服务业的改进发挥了积极深远的影响。

在改革开放求新求变的积极进取中，广州酒家的实力不断壮大。1991 年，广州酒家集团成立，用统一经营宗旨、统一核算、统一管理体制等“六个统一”对旗下的餐饮店进行连锁经营管理，成为广州市餐饮行业的首个国有饮食集团，这在当时的国内是开业界先河之举。也就在这一年，广州酒家成为全国首家年营收超亿元的餐饮企业，为广州酒家的进一步发展打下了基础。

二、品牌战略下的多元开拓

改革开放以来，广州酒家在国内餐饮业界创造过许多“第一”，这其中有一个“第一”对广州酒家至关重要——1998 年，广州酒家作为餐饮企业第一个创建了食品制造业基地。

在广州番禺的南村镇，背靠青山绿地，有一个占地 10 万平方米的花园式食品制造业基地。在这个树木成荫、鸟语花香的基地里，每天生产出各种加工食品，源源不断地流向市场，以满足广大消费者对美食的需求，有媒体称之为羊城的“中央厨房”。这个“中央厨房”，就是广州酒家集团利口福食品有限公司（简称“利口福”）的食品制造业基地。

提起“广州酒家”，在广州几乎无人不知、无人不晓。可是，说到“利口福”，就不一定有那么多人知道了。1940 年在广州十三行开业的利口福海鲜饭店，以做顺德菜为特色，深受广大食客欢迎。但是至 20 世纪 80 年代改革开放后，由于时过境迁及经营不善，“利口福”最终被广州酒家收购。1998 年，广州酒家以“利口福”这个名字成立利口福食品有限公司，专门从事食品制造业。

这是广州酒家在改革开放时代迈出的最关键一步，作为餐饮企业的广州酒家创建食品制造业，实现了餐饮服务与食品生产并行的结构转型，实现了广州酒家老字号的品牌延伸，实现了其餐饮业与食品制造业的产业互补，使广州酒家这一老字号开启了做强做大的无限前景。如今的广州酒家，75% 的收入来自食品制造业。

与其说利口福是一个食品制造业基地，不如说它是一个食品创新基地。利口福从一开始就站在行业的制高点，定位于食品制造业的“食在广州第一家”；与华南理工大学食品工程学院合作，成立粤式食品工程研发中心，走产学研相结合的研发道路。利口福先后研制开发出中秋月饼、速冻点心、“秋之风”腊味、面包西点、蓉口馅料、快餐食品等八大系列 160 个品种的食品，美味纷呈，登陆海内外市场，走进千家万户。

利口福的主打产品，排在首位的当属中秋月饼。在京东网上，网友对广州酒家的月饼好评率达到 93%，许多消费者给出五颗星评价。广州酒家月饼大受市场欢迎，其中重要的一点是，广州酒家并非一个死守传统、墨守成规的老字号，在月饼的研发生产中，广州酒家每年都会注入新鲜的时尚元素。

多年来，广州酒家的月饼生产不断推陈出新，已经繁衍出一个“月饼大家族”，既有传统的纯白莲蓉、蛋黄纯红莲蓉等铁盒系列，也有七星伴月、鲍燕翅等礼盒系列，还有精制陈皮、吞拿鱼、冰皮等新口味系列，共计数十个品种，其产销量多年来位居全国三甲；广州酒家及其生产的月饼，还获得中国食品工业协会、中国饭店协会、中国烹饪协会等机构授予的“中国月饼龙头企业”“中国名牌产品”“中国月饼第一家”“最受大众喜爱的月饼”等称誉。

在产品创新的背后，是技术的创新、管理的创新、设备的创新、设计的创新。利口福食品有限公司先后建立 ISO 9001 质量管理体系和 HACCP[①] 食品安全管理体系；设有专业而先进的食品检测中心；食品生产的蔬菜、肉食、蛋类等原材料均从绿色供应基地采购；按 GMP（生

① 即 Hazard Analysis Critical Control Point 的缩写，表示危害分析的临界控制点。

产质量管理规范）和 SSOP（卫生标准操作程序）要求设计和建造了现代化封闭式生产车间；攻克了速冻包点爆裂问题，完成腊味太阳能自动烘烤项目，实现了莲蓉馅料含糖量下降 15% 的目标……

在科研方面，利口福成功申报了“粤港关键领域重点突破项目——广式传统食品的绿色加工与稳态化生产新技术”、国家科技支撑计划“大城市现代营养配餐技术研究与示范（广州）——医院和公众营养配餐技术研究与产业化示范”重点项目，均获得政府资金支持；与国内知名院校和科研机构等联合建设的粤港两地传统食品实验基地，被列入国家“十一五”工程临床检验基地。

为改变消费者对老字号品牌守旧老派的固有印象，广州酒家积极进行品牌规划，对 CIS（企业形象识别系统）重新作出长远规划，不断修改完善包装物的设计，适时地翻新改造经营场所，及时地调适经营定位，并长期与媒体保持良好的联系和互动。

如今在广州的许多地铁站，都可以看到十分醒目的利口福食品连锁店。广州酒家致力于扩张利口福食品专营店的连锁经营，推广特许加盟，在为市民日常餐饮和食品消费提供方便的同时，也把“利口福”这个品牌的知名度植入大街小巷、千家万户。利口福连锁店到 2017 年底总计有 164 间；2018 年，还将陆续有 20 多间利口福连锁店进驻地铁商圈，形成“地上 + 地下”双线并轨的利口福连锁店版图。

随着餐饮服务业和食品制造业两大支柱产业的形成，广州酒家集团的“广州酒家”餐饮和“利口福”食品两大主品牌相得益彰。为适应市场需求日益多元化、细分化、个性化的趋势，广州酒家集团还打造了“秋之风”和“天极品”两个子品牌。

“秋之风”是利口福的一个子品牌。20 世纪 90 年代末，利口福开始推出“秋之风”广东传统腊味系列产品，以“秋之风”作为品牌名，以期对腊味食品的营销具有更准确的定位。经过持续研发，“秋之风”品牌下已开发出 4 个腊味系列共 53 个品种，在创广东省优质产品（食品）的行业评比活动中，其腊肠和腊肉因选料上乘、制作精良、品质保证，获得好评，其商标也被评为“广东省著名商标”。

“天极品”则是广州酒家的一个子品牌，这个品牌推出不易。20世纪80年代以来，围绕着广州酒家的品牌定位，广州酒家内部一直存在争议，广州酒家是应该走高端路线去打造粤菜精品、发扬光大粤菜的烹饪艺术，还是走中低端路线满足普通老百姓的日常饮食消费需要？

广州酒家从20世纪三四十年代的一个高端酒楼，到中华人民共和国成立以后逐步转变为一个为广大工农兵群众服务的中档酒楼，长期以来消费者对广州酒家的这一品牌的中档定位的认知已经固化。可是进入21世纪以来，广州已成为令世界瞩目的国际大都市，作为中国的一线城市，改革开放40年，这里经济发达，文化繁荣，消费人群也发生了明显变化，一批已经富裕起来的人们，其消费需求较为高档。同时，这里的餐饮业空前红火兴旺，天南地北各种菜系、五湖四海各路名厨汇聚，在激烈的市场竞争中，一些新的品牌店家脱颖而出，其装修高档、菜品精致、服务周全、经营手法创新，对那些利润空间较大的高端客户极具吸引力。相形之下，“食在广州第一家”的广州酒家已经淡出这些消费力较强、消费需求较高档的客户的视线，广州酒家这一品牌的记忆和形象已经明显制约了广州酒家在高端餐饮业的发展。

经过公司内部反复论证酝酿，广州酒家终于下定决心开发适应这一市场需求的新品牌，并将这个向高端延伸的品牌命名为“天极品”。

2011年，广州酒家在一年时间里，投入逾4000万元，先后在广州白云新城和越华路各推出一间“天极品”。这两间强势推出的“天极品”，完全冲破了人们印象中西关风情、传统美食的广州酒家固有模式。“天极品”的推出，意味着广州酒家在适应市场需求、多品牌发展、打造国际一流餐饮集团的道路上又迈出了重要一步。

“天极品”门店装修典雅豪华，其菜品风格也打破了广州酒家主营传统酒席的套路，采用稀缺名贵的食材和原产地原生态食材，烹饪手法考究别致；有一些菜式直接就在现场堂煎或堂灼，食客可在就餐现场欣赏广州酒家大厨的烹饪技艺。试业当晚，喜庆晚宴是一场别致的鸡尾酒会，由专业表演团队现场演奏中外经典名曲，萨克斯风、钢琴、古筝的悠扬乐声为鸡尾酒会营造出优雅愉悦的气氛，这样的格调和场景也是古老的广州酒家前所未有的。“天极品”成为广州酒家老字号品牌的一次现代时尚的盛装出发，一次冲破传统樊篱的新的启航！

在一次次新的出发和新的启航中，广州酒家这个老字号一次次载誉而归。自改革开放以来，广州酒家屡获奖励，数不胜数。仅2017年一年间，广州酒家就荣获广东企业500强、广东制造业100强、广东连锁50强、中国餐饮30年卓越企业奖等多项殊荣；利口福食品有限公司被授予推动中国焙烤食品产业发展杰出贡献奖、中国烘焙行业最具影响力十大品牌、中国焙烤食品产业领军企业、全国月饼质量安全优秀示范企业以及中国月饼十强企业。

纵览广州餐饮业昔日的一些老字号，如今或已易帜改弦，或已关张停业，印证了广州酒家自改革开放以来坚持走自有品牌、自主经营路线的正确选择。广州酒家以创新的思维和创新的经营，不断深化传统老字号品牌的内涵，不断拓展传统老字号品牌的外延，向着创中国一流的百年餐饮品牌的目标挺进，正是这样的执着追求、不懈努力，凝聚了“羊城餐饮第一股”的内核与张力，奠定了广州酒家成功上市的雄厚基础。

三、寒冬逆势下的坚韧上市

老字号文化，国企背景，著名品牌，出色的经营业绩，良好的消费者口碑……广州酒家“前世今生”的这一切虽然光环熠熠，可是作为一家餐饮企业，却注定了其在国内主板上市的道路无比艰难。

早在2006年，商务部发布的《2005年度中国餐饮百强企业分析报告》[①]就曾引起传媒界对广东餐饮业的关注，也引起广州酒家人的深思。在该报告的一份“2005年度中国餐饮百强企业排名榜”中，广州酒家在中国餐饮百强企业中排名第34位，在特色酒楼中排名第9位。广州当时约有3.5万家餐饮企业，入围百强榜的仅有包括广州酒家在内的两

① 来源：中网资讯综合，2016年6月6日。

家企业，广州酒家取得的名次属广州餐饮业内最强。

但是这份排名榜却让广州酒家人深感危机潜伏。该报告显示，广州酒家的年营业额虽然高达8亿多元，但与内蒙古“小肥羊”的年营业额50亿元相比，相去甚远。广州的粤菜，为何输给内蒙古的“小肥羊”？“小肥羊”在国内拥有餐饮连锁企业300多家，低成本加上规模效应，其在百强中名列前茅就不足为奇了。相形之下，广州酒家菜式就有上千种，一菜一味，烹饪工序繁复，无法进行标准化、规模化生产，成本高，价格贵，开连锁店难，限制了盈利能力。

改革开放以来，餐饮市场经济的竞争日趋激烈，肯德基、必胜客、麦当劳、“小肥羊”等餐饮品牌以及东北菜、川菜、湘菜、江浙菜等各地菜式纷纷登陆广州，粤菜作为中国八大菜系之一的影响力面临巨大挑战。仅仅靠一间间微利保本、各自为政的小酒家，怎么能守住粤菜的饮食文化阵地，怎么能把粤菜的传统精髓传承和发扬光大呢？粤菜如果没有既大又强的餐饮品牌，在改革开放的新时期，如何能够引领广东的餐饮业开创新局面、实现新发展呢？

2007年11月20日，具有先天优势的餐饮行业巨头“全聚德”在众多力量的支持下登陆A股（人民币普通股票），开启了餐饮业国有资产证券化的新路径，为广州酒家的可持续发展指引了方向。对广州酒家来说，要进一步做大做强，只有上市，形成融资规模，才能谋求快速扩张、高速发展。

2008年1月，新年伊始，广州酒家围绕上市的工作计划即被提上日程。作为一个70多年历史的老字号、50多年历史的老国企，广州酒家背负着沉重的历史包袱，面对种种历史遗留问题，要与上市机制接轨，谈何容易。5月初，公司突然得到上级部门通知，要求上下级交叉持股的企业必须在6月之前结束股改，6月之前未能完成股改的国企将不再进行股改。而当时广州酒家的员工股份清退工作正处于胶着、纠结的状态，要把通常情况下大家认为“一年都搞不定”的股改工作在一周内完成，无疑是异想天开。

可是如果不能按期完成股改，就意味着广州酒家将永远与上市无缘，作为粤菜餐饮业龙头企业的广州酒家，其进一步做大做强的蓝图就可能成为永远无法实现的梦想。

在紧急关头，广州酒家人一如既往地选择了迎难而上。在领导班子的坚定信念引导下，大家积极行动，在短期内召开职工大会、股东大会、董事会等会议共计 18 次，逐一邀请广州市经贸委、国资委、金融办、财税局等众多管理部门参与相关议题，相关材料报请市直机关工委、社保局、劳动局、国资委、工商管理局等一众监管部门审批，找齐数百位股东、数千名职工一一签名……结果，广州酒家硬是在一周内完成了常规下可能“一年都搞不定”的股改工作，广州酒家人雷厉风行、能打硬仗的工作作风就此声名远扬。

2010 年 12 月 13 日，完成股改后的广州酒家正式向中国证监会递交上市申请材料。虽然广州酒家此时已完全具备上市资质，在同行中是业绩佼佼者，但囿于资本市场对餐饮企业“无法可靠计量收入成本”的偏见，又碰上 2009 年湘鄂情上市后的不佳表现，导致证监会叫停对餐饮企业的审核，广州酒家的上市申请遭遇搁浅。

餐饮与资本的结合非常困难，但是广州酒家管理层对此没有气馁，而是一面苦练企业内功，认真组织申报材料的编制和更新；一面积极奔走于行业协会、各级管理部门之间寻求支持。

2012 年 5 月，证监会发布《关于餐饮等生活服务类公司首次公开发行股票并上市信息披露指引（试行）》，要求公司对餐饮业务发展状况、主要经营模式及持续发展能力、食品安全卫生、主要管理制度及执行情况、公司治理、商标及商号、员工及社会保障情况等诸多事项作进一步详细披露。广州酒家基于充足的准备工作，快速反馈并落实了相关要求。可是 11 月，证监会开展声势浩大的 IPO（首次公开募股）自查与核查运动，IPO 工作又进入了暂停阶段。

2014 年 1 月，新股发行再次启动。而此时 IPO 待审企业已经积至近千家，形成了所谓的 A 股“IPO 堰塞湖”，按照常规的新股发行节奏，至少需要 3 ~ 5 年才能消化，而在这三五年间，还有新的公司要排队上市。为争取早日上市，广州酒家将申请上市地点由企业排队较多的深圳证券交易所变更为企业排队相对较少的上海证券交易所。

2014 年 8 月，广州酒家进入初审环节。尽管曾经担心 2013 年 9 月中共中央纪委发布的“三公消费”政策以及 2014 年各市纪委对月饼产品消费的三令五申会对公司造成负面影响，但公司大部分产品针对大众消费的经营主线、持续增长的业绩以及每一步审核环节的顺利通过，均让广州酒家人感到信心满满、胜券在握。然而 9 月 3 日上午发审会仅 45 分钟后，广州酒家即被告知由于月饼产品占比偏高和募投项目补充流动资金，申报被否决。

得知申报被否决的那一刻，广州酒家项目组所有成员都禁不住泪湿眼眶，一个餐饮企业的上市之难，他们是有心理准备的，但现实的残酷超越了他们的想象。

在这之后广州酒家曾调研和形成借壳上市、转由 H 股上市的系统性方案，因为 H 股的上市审批相对宽松。但是公司领导班子很快在低谷中调整情绪，统一了认识：逆水行舟，不进则退，一个老字号的 A 股上市之路，凝聚了几代人的艰苦奋斗，岂可半途而废！ 对广州酒家人来说，再一次迎难而上，没有别的选择。

2015 年初，广州酒家重整旗鼓，全面展开 A 股上市工作。为加快上市进程，公司必须于 2015 年 6 月 25 日之前重新完成多项重要工作：新的募投项目选择和可行性研究及立项、中介机构的尽职调查工作、国有股权管理方案的重新审批、证监局的辅导验收、公司增资扩股、发行申报文件的制作、前次审核中相关问题的整改和完善等。

这些原本是常规下两年的工作量，广州酒家人却压缩到不足半年完成，加之广州酒家的两个分立的主营板块业务，实际工作量几近翻倍。为此，广州酒家管理层和项目组成员拼尽了全力。

一万年太久，只争朝夕！ 2015 年 6 月 23 日，公司顺利将申请材料报入证监会并拿到回执，此举不仅为公司尽快上市争取到时间，也降低了因时间拖延而可能遭遇某些不确定因素带来的不利风险。

正应了中国人的那句俗语：好事多磨。2015 年 7 月，IPO 新股受股市暴跌影响再次进入了暂停期，此时在上海证券交易所等待上市企业的排队中，广州酒家尚排在数百名之外。但经过一次次磨砺，广州酒家人已变得淡定，在排队期间，公司调整结构，夯实基础，在保持公司整体业绩增长的同时，逐步平滑季节性产品占公司收入比重，降低政策性经营风险。

在申请上市的2011—2016年间，广州酒家的年营业收入始终保持两位数增长，从2011年的11.66亿元增长至2012年的13.23亿元，从2013年的14.74亿元增长至2014年的15.55亿元，直至从2015年的17.37亿元增长至2016年的19.36亿元；广州酒家还创办了广州酒家线上商城与移动云商城，迅速走上电商化的快车道。真抓实干，奋勇拼搏，广州酒家人用一串串令人心悦诚服的数据改变着人们对餐饮企业的种种偏见。

历尽风雨，终见彩虹！2017年6月27日，广州酒家集团正式登陆资本市场，这是广州酒家发展史上具有里程碑意义的时刻，随着上市的锣声在上海证券交易所敲响，这个逾80年的老字号骄傲而自豪地站在了资本市场的新的起点上。

甫一上市，广州酒家集团即马不扬鞭自奋蹄。作为上市公司的广州酒家，运用资本市场融资优势，成立了德利丰食品有限公司（合资），推进利口福新食品基地项目设立；购置了位于珠江新城的餐饮经营物业，租赁白云国际机场T2航站楼，为集团未来连锁化、规模化做好铺垫；精心培育“多乐颂”“造酥”等新烘焙品牌，对“西西地”“好有形”等简餐品牌延续升级，并探索其他副品牌店的建设。

公司还作出了一系列重要工作部署：树立餐饮新形象，通过打造具有审美品位、人文情怀的餐饮文化，提升餐饮服务质量；推进电商平台扩建，以现代化、智能化的物流仓储管理提升集团电商发展进程，实现线上线下协同发展；加强与高校科研机构合作，提高自主创新、自主研发能力；发挥品牌和资源优势，深耕连锁发展模式，对接粤港澳大湾区战略规划，为进一步开拓华中华北区域、布局全国市场夯实根基。

回首征程，一路风尘一路歌，广州酒家人凭着审时度势的智慧，乘着改革开放的东风勇往直前，劈波斩浪；凭着百折不挠的执着，在市场经济的搏击中披荆斩棘，无坚不摧，最终逾越了前进路上的千沟万壑，踏上了资本市场的康庄大道。展望未来，上市“后时代”的广州酒家踌躇满志，正布局珠三角、面向大中华、朝着实现公司“创百年老字号驰名品牌，打造国际一流饮食集团”的战略目标风正帆悬，全力起航！

（执笔人：赖寄丹）

发展中的唯品会

唯品会信息科技有限公司

发展为了人民，让群众都用上物美价廉的好产品是唯品会集团创办的初心。2008 年 12 月 8 日，主打“名牌折扣 + 限时抢购 + 正品保障”的唯品会在荔湾区信义会馆 1200 平方米的办公室里正式成立，目前公司已发展到占地面积 1 万平方米。唯品会的最初定位是奢侈品，后来经过不断地运作调整，扩充品类，至今定位为一家“全球精选　正品特卖”的品质生活平台，涵盖名品服饰鞋包、美妆、母婴、居家、生活等全品类。作为荔湾区土生土长的企业，唯品会伴随着荔湾的发展一步步发展壮大。

唯品会总部办公园区

一、唯品会集团发展的历史契机

荔湾自古便是广州千年商都的发祥地，风物荟萃，名胜云集，被誉为广州市“海上丝绸之路发祥地、岭南文化中心地、中国近现代革命策源地、中国改革开放前沿地”的缩影和窗口。荔湾文化资源丰富、底蕴深厚、特色鲜明，北片的陈家祠、西关大屋等文化名片享誉全国，十三行和沙面分布着大量的具欧陆风情元素建筑，是明清时期中国外贸通商与对外交流的关键口岸。

进入21世纪以来，广州已经被认为是国内城市当中最具有发展机遇的大城市。在这个“机遇之城”中，作为“广佛之心”的荔湾区，正在试图焕发出老城区的新活力，凭借着千年沉淀的商业氛围，配合新时代下的商机，构建新常态下经济发展的新优势。荔湾区正在深化结构调整、优化产业布局、加快转型升级的产业发展主线，推动产业在转型中升级、在升级中转型，推动“主导产业高端化、新兴产业规模化、传统产业高新化、特色产业品牌化”发展，构建以战略性新兴产业为引擎、现代服务业为支撑的产业体系。同时，深化服务经济发展方式改革，增强经济发展内生动力和活力，打造荔湾经济“升级版”，全面提升区域的核心竞争力和可持续发展力。

荔湾以打造国际商贸中心核心区为战略重点，将全区十大优势产业细分，着力构建产业发展新格局，重点发展专一整合型和垂直型电子商务，引导行业龙头依托电子商务发挥集聚效应，形成全区产业发展的“向心力”。

二、唯品会发展历程

（一）创业期

2008年，唯品会的成立源于创始人之一洪晓波（现为唯品会联合创始人兼首席运营官）在某个清晨的灵感。当他看到自己的太太登录法国某著名的名品折扣网抢购商品时，他意识到这个模式的特别之处，立刻与沈亚（现为唯品会联合创始人、董事长兼首席执行官）分享了这个想法，凭借着敏锐的商业嗅觉，沈亚和洪晓波经过三个月的调研及几个月的线上布局，于2008年12月8日正式成立唯品会。就这样，一个创新的想法被付诸实施，从最初的一个念头到不断完善。

唯品会刚刚成立时，第一批员工只有不到10人，一群人为了实现同样的梦想而聚在一起。沈亚始终清晰地知道唯品会有着零售行业的基因——顾客是唯品会存在的基础。2008年底，唯品会业务有了初步的发展，员工接近25人，物流组只有6人。为了能让顾客收到心仪的商品，所有的员工都要上阵打包裹，沈亚和洪晓波经常亲自上阵。

当时品牌商对网络渠道授权非常谨慎，加上行业内部商品鱼目混珠，让消费者越来越不信任网商奢侈品特卖。此时唯品会加快转型的步伐，凭借着独特的选品能力和对时尚潮流的把握，整合所拥有的服装供应链资源，成功带领唯品会从最初的"奢侈品特卖"转型为"坚持特卖，兼顾大众名品"的特卖模式。公司转型后，两位创始人深挖市场商机，通过品牌合作、代理、买断商品等一系列动作，为用户选购合适的品牌和商品。

（二）高速发展

2008—2011年，处于起步阶段的唯品会业务量并不算很大，没有专门的物流部门，像其他创业公司一样，ERP① 承担了订单履约、仓储物流管理的全部功能。2011年唯品会业绩飞速增长，一年增长了近10倍。为了适应快速增长的业务规模，促进物流业务更高效，2011年6月，4个管理系统同时上线，至今，这在业界也是极为罕见的。为了匹配公司业务增长需要，唯品会在追求卓越的道路上虽然付出了一些代价，但是还是抢占了先机，抢占了无形硝烟战场上的制高点。

---

① 即 Enterprise Resource Planning 企业资源计划，由美国 Gartner Group 公司于1990年提出。

2011 年，强劲的中国消费市场带动了电子商务行业的发展，当时市场上许多电商如雨后春笋般涌现，发展得有声有色。当时用户关注的是商品价格，对其他购物体验要求并不高，各家电商也把注意力放在了价格的比拼上。

物流是电商最大的成本所在，也是品牌竞争力的重要体现。曾有电商因缺少自有仓库，直接让品牌商配送。由于订单量少，某品牌商不配合，因而配送时间大大延长，继而导致消费者退货退款暴增。唯品会很早就预见到物流建设是转型突破的第一个关口。2010 年 10 月，唯品会把第一轮融资的钱用于仓储物流建设；2011 年 5 月，第二轮融资所有款项用于干线运输网络的建设。2010 年 10 月，唯品会当时唯一的仓库，由广州信义路搬至广东佛山普洛斯物流园，仓库面积 2 万平方米，是华南区 B2C① 最大的物流中心。2011 年 8 月，唯品会华东物流中心——江苏昆山淀山湖物流园正式运营；11 月，唯品会西南物流中心——成都宝湾物流园正式运营；12 月，唯品会华北物流中心——北京首发物流

唯品会华南区物流中心

① 即 Business-to-Customer，指电子商务中直接面向消费者销售产品和服务商业零售的模式。

园正式运营。供应链能力是电商的核心竞争力之一，自建物流仓储，发货效率得到了提高。迅速建设仓储物流团队，给未来业务的快速增长打下了坚实基础。唯品会凭借对零售商业本质的洞察，提早在仓储物流上发力，为唯品会今天乃至未来的腾飞奠定了坚实基础。

从 2010 年下旬到 2011 年，不到一年的时间，唯品会三大物流仓储建立完成，这不仅在中国市场，甚至在全球物流业也是一个奇迹。正常建设需要一定的时间周期，当时团队冲锋陷阵的氛围浓厚，遇到困难先跨过去再说，项目同时进行，再后期调试。回顾当年的发展，能够达成诸多的不可能，除了跟团队之间的积极配合有关外，跟“简单”的管理理念也有密切关系，把核心流程标准化，梳理出每个人和每个动作的要求，使快速复制和推广成功经验成为可能。勇者之所以不可战胜，是因为他永远不惧挑战、不打无准备之仗。2011 年，唯品会公司业绩增长了近 10 倍，这个成绩离不开物流系统打下的坚实基础。

2012 年 3 月唯品会在美国纽约证券交易所成功挂牌，到第四季度，唯品会率先实现盈利，2013 年唯品会年度订单数破亿，靠的正是精确成

2012 年 3 月 23 日，唯品会在美国纽约证券交易所上市，是华南首家在美国纽约证券交易所上市的电子商务企业

本控制下的规模扩大效应。

2013 年 11 月 30 日，唯品会秉持“让每一个用户都如 VIP 一般轻松享受幸福生活品质”的理念，正式启用新域名 www.vip.com，为用户提供更便利的使用体验。新域名的“vip”分别代表“Very Selective Products”（精选商品）、“Incredible Price”（独享低价）、“Privileged Services”（尊享服务）。这一国际通用域名 www.vip.com，一方面表达出唯品会将每一位用户视为贵宾、用心提升用户体验的诚意，另一方面也体现了唯品会迈向国际舞台的宏伟愿景。

（三）深化发展

随着电商行业的蓬勃发展，所有公司都在尽量提升用户体验，物流的速度是重要一环。唯品会加速“最后一公里”布局，从 2013 年 9 月起，正式对不同省份的物流公司进行投资合并，自建物流体系。从 2013 年 1 月开始策划，到 2016 年 8 月完成整个投资并购项目，唯品会耗时近 4 年时间，涉及 18 个省份的落地配送公司，公司不仅在全国建立起配送网络，更是在低成本高效率的情况下完成了此次整合动作。唯品会旗下的物流公司品骏快递从 2015 年底开始盈利。

2013 年中国美妆市场，聚美优品占有最大市场份额，乐蜂第二，唯品会第三。当时唯品会也在围绕着女性用户做品类的扩展，购买频次和刚需性都高的美妆和母婴，是唯品会发力的重点。恰在当时，市场信息反馈乐蜂有意出售，如果乐蜂被竞争对手收购，只会加大唯品会攻克美妆市场的难度，更会对唯品会已形成的市场规模造成威胁，形成对自身不利的市场格局，对当时的唯品会来说，收购乐蜂具有战略意义。增加用户黏性，提高品牌防御能力正是唯品会所看重的。2013 年 2 月 14 日，西方情人节和中国传统节日元宵节重合的特殊日子，唯品会宣布入股乐蜂网 75% 股权，成为乐蜂最大的单一股东。自此，唯品会继续发挥自身在服饰鞋包领域的领先优势，并结合乐蜂网在过去所取得的行业优势，共同打造中国最大的时尚购物平台。2014 年第四季度，唯品会占领美妆市场份额第一位，唯品会的战略取得了阶段性的胜利。

2013 年前，唯品会更多依靠口口相传来传播，没有刻意做市场推广。上市一周年后，其希望能够让更多的用户认识唯品会，于是邀请了明星张亮，推出“我是买手”主题活动，借势《我是歌手》节目推广唯品会。虽然逐步打破了以往仅仅依靠口口相传的传播方式，但唯品会一直都是采取稳健的市场策略，在维持市场费用占比基本稳定的前提下，逐步加大推广力度。好的营销想法和落地执行，成为唯品会发展的助力之一。

根据艾瑞咨询集团（iResearch）发布的《2014 年中国网络限时特卖市场研究报告》，唯品会以 38.1% 的市场份额领跑中国限时特卖市场，唯品会所代表的“特卖”模式已经成为当今三大主流电商业态之一。

近几年，互联网金融俨然成为未来“规模化盈利”的大风口。依托庞大用户群以及海量用户的消费数据的积累，电商平台纷纷开拓互联网金融市场，2013 年底，唯品会开始从供应链金融切入互联网金融。2015 年初，公司利用天然的互联网基因，开始尝试用互联网打法做金融，用技术尽量简化产品本身，从供应商着手，提供便捷的金融解决方案。一个月的时间，唯品会就上线了简化版线上流程，唯品金融首战告捷，并且在 2015 年的每个季度都呈现几何倍数的增长。唯品金融孵化于唯品会电商平台，服务于特卖生态系统，也联结了唯品会整个生态圈。它将消费贷款、理财、保险等金融服务功能与原有的品类特卖优势相融合，顺势而为搭建起唯品会“互联网 + 金融 + 服务”闭环生态圈，形成唯品会新生态。

2017 年 5 月 16 日，唯品会正式宣布分拆互联网金融业务和重组物流业务，以打造新的增长引擎。这意味着唯品会将打造一个由电商、金融和物流三大板块组成的战略矩阵。

三、唯品会集团发展过程中的成功做法

2017 年党的十九大报告明确指出，“中国特色社会主义进入新时代”，“我国社会主要矛盾已经转化为人民日益增长的美好生活需要和不平衡

不充分的发展之间的矛盾”。广东作为改革开放先行地，近40年来，一直稳坐中国经济总量第一大省的位置，数据显示，2017年上半年广东地区生产总值达4.19万亿元，增长7.8%，继续位居全国各省、自治区、直辖市第一。当下，中国经济进入新常态，国家大力推行“一带一路”倡议，粤商也迎来了新的发展机遇。而开拓创新、求真务实依然是新时期新粤商精神的关键词，也是唯品会在短短9年时间里成长为全国第三大电商平台的发展秘诀。

2017年6月2日，唯品会进行全面的品牌升级，将沿用多年的定位语“一家专门做特卖的网站”升级为“全球精选 正品特卖”。“全球”代表全球品牌海外直采购；“精选”代表专业买手根据大数据智能推荐；“正品”代表全程自营、正品直达，唯品会自营货品、自营仓储、自营物流；“特卖”则是向超过3亿用户提供特别的商品、深度的折扣和配套的金融服务。

（一）商业模式

唯品会在中国开创了“名牌折扣+限时抢购+正品保障”的创新电商模式，并持续深化为“精选品牌+深度折扣+限时抢购”的正品特卖模式，即每天早上10点和晚上8点准时上线500多个正品品牌特卖，以低至1折的超低折扣限时抢购，为消费者带来“网上逛街”的愉悦购物体验和超高性价比的购物惊喜。2017年6月进行全面品牌升级后，唯品会进一步升级特卖模式，目前已实现“特卖+常态”的多元销售模式。

（二）“唯品国际”业务

2014年9月，唯品会联手广州海关，全新推出“全球特卖”，将跨境电商模式升级为2.5时代。唯品会“全球特卖”全程采用海关管理模式中级别最高的“三单对接”标准。作为目前国内跨境电商市场现行的最高标准，“三单对接”创新性地引入由电商平台、海关监管部门、信用支付系统及物流机构所构成的四位一体全链条管理体系，实施订单、运单、支付单“三单对接”的信息化同步管控，大幅提升通关效率，不卡关、阳光合规。2015 年，唯品会陆续与郑州、青岛等重点海关开展跨境业务方面的深度合作。

2016 年 5 月 10 日，唯品会在重庆以“全球好货放心购”为主题举行唯品会旗下“唯品国际”跨境业务的全新升级发布会，宣布经过一年半创立期的发展，唯品国际通过“产地直采 自营正品 免邮包税”的策略，透过在全球 9 个国家和地区设立买手团队建立的选品优势、规模采购建立的价格优势，以及海外仓和国内保税仓的快速配送优势，订单实现 100% 以上的快速增长。

唯品会推出针对唯品国际的“五大信赖升级战略”，继续深化“正品、精选、价格、服务、规模”五大核心差异化竞争优势，将原有的“跨境商品特卖平台”升级为用户“遇见全球美好生活”的“生活方式平台”。

根据艾媒咨询（iiMedia Research）发布的《2017 年上半年中国电商全景榜单》，唯品国际以 15.7%的市场占有率，位列中国跨境电商平台市场份额第三。

（三）市场表现

2016 年唯品会全年总营收 565.9 亿元人民币，同比上涨 40.8%。受益于运营能力的成熟，唯品会年运营利润同比增长 32.4%，达 34.9 亿元人民币，年运营利润率达 6.2%，年毛利润比 2015 年增长 72% 至 99 亿元人民币。2016 年全年归属于唯品会股东的净利润达到 28.7 亿元，同比增长 30.4%。截至 2017 年 6 月 30 日，唯品会 2017 年第二季度净营收同比增长 30.3%，达 175.2 亿元人民币，活跃用户总数增长 22%，增至 2810 万；总订单量同比增长 23%，增至 8480 万。

《2017 年 BrandZ™ 最具价值中国品牌 100 强》发布，唯品会首次入榜并占据第 40 名的席位，同时获得 2017 年 BrandZ™ 最具价值中国品牌 100 强之“最佳新晋中国品牌”称号。

国际知名零售咨询公司凯度零售咨询（Kantar Retail）发布《2016

年中国快消品电商力量研究》专题报告认为，唯品会成为“未来三年最具影响力的三大电商之一”；在联商网发布的《2016年中国零售上市公司营收百强榜》中，唯品会位列电商第三。

在《财富》发布美股“2016年增长最快的100家公司”排行中，唯品会凭借优异表现荣登全球第二位，同时也是前十强中唯一上榜的中国电商企业。2017年唯品会连续第四次荣登《财富》（中文版）中国企业500强，晋升至B2C电商类排行前三，并连续三年净资产收益率（ROE）居中国互联网企业首位。唯品会位列“2015中国网络零售百强榜”第三位、增速电商第一，并连续入榜“中国品牌价值500强”“中国互联网企业100强”。

1.“品质＋时尚＋电商”产品服务体验全面保障

在当前消费持续升级的背景下，消费者越来越关注商品品牌和品质，唯品会所坚持的“精选品牌＋深度折扣＋限时抢购”正品特卖模式，正是不断满足消费者网购需求。凭借“都是傲娇的品牌，只卖呆萌的价格”的独特优势，唯品会通过品牌授权、买手直采、商品溯源及质量抽检等方式来确保消费者最看重的品牌和品质，为消费者提供从采购到浏览、购买到配送、售后等多个环节的愉悦消费体验，从产品到服务和体验全面保障品质。

2016年11月，中国消费者报社与中国电子商务研究中心联合发布的《2016年中国消费者网络消费洞察报告与网购指南》指出，“在商品品牌、商品品质的消费者认可度”方面，唯品会在诸多电商中以40.8%排名第一。第三方数据咨询机构艾媒咨询发布的《2017上半年中国品质电商专题研究报告》中显示，在重视品质的用户群体中，唯品会以50.6%的用户熟悉程度位列前三，而在平台正品保障能力方面，唯品会位列榜首。

唯品会深刻认识到消费者对品质的追求，2017年11月，唯品会联合广东产品质量监督检验研究院开启“正品电商行动”，迎接社会各界的监督。

2017年2月，唯品会携手腾讯QQ空间联合发布《AI+时尚：中国

“95后”流行色报告》，以唯品会亿级“95后”穿戴类销售大数据和QQ空间相册2016年千亿级的公开照片为基础，通过腾讯优图人工智能（AI）人脸识别与图像处理技术，发现“中国‘95后’最喜欢的颜色为95度黑（RGB[①]值为22/20/24）”等一系列中国“95后”年轻人的流行色彩及时尚喜好，并邀请先锋设计师张驰以该报告为设计灵感，登陆2017秋冬纽约时装周，打造“中国95后流行大数据先锋时装秀”。

2017年9月，唯品会携手独立设计师登上米兰时装周，为自己的时尚版图再添一环。自此，唯品会已经吸引了包括同样亮相于2017春夏米兰时装周的Gucci（古驰）、Versace（范思哲）、Tod’s（托德斯）、Emporio Armani（安普里奥·阿玛尼）等在内的近8000家国内外知名品牌的长期合作，其中近百家为独家合作。

2.“内容+电商”娱乐化营销提升用户黏性

随着消费族群和消费心态的年轻化，相比产品功能及价格等硬指标，如今消费者更注重在商品中寻找“情感诉求”。2016年，唯品会签约周杰伦成为首席惊喜官（CJO）、携手昆凌成为唯品会代言人，吸引了更多“90后”年轻用户。同时，作为一家具时尚性并多年领跑穿戴类的高黏性电商平台，唯品会与用户建立良好沟通，利用自身在内容娱乐化方面的天然优势，不但开始推出“原创视频+直播导购”，还有明星直播、花样直播，以及输出精品PGC[②]内容和有趣的UGC[③]内容，更用娱乐化、趣味性的内容与年轻用户建立情感沟通，传递品质生活方式，不断提升用户黏性。

---

① RGB色彩模式是工业界的一种颜色标准，是通过红（red）、绿（green）、蓝（blue）三个颜色通道的变化以及它们相互之间的叠加来得到各式各样的颜色。

② Professional Generated Content，指专业生产内容（视频网站）、专家生产内容（微博）。用来泛指内容个性化、视角多元化、传播民主化、社会关系虚拟化。

③ User Generated Content，指用户原创内容，是伴随着以提倡个性化为主要特点的Web2.0概念而兴起的。它并不是某一种具体的业务，而是一种用户使用互联网的新方式，即由原来的以下载为主变成下载和上传并重。

3.“大数据 + 电商” 千人千面打造惊喜升级

为满足用户的个性化消费，唯品会将“数据赋能”作为重要战略之一。唯品会基于自身的大数据实力，通过美国研发中心，加之与包括微软在内的众多合作伙伴的强强联合，在人工智能深度学习上逐步实现“千人千面”“千地千面”“千时千面”，真正懂得并满足用户的所想所需。同时，唯品会通过虚拟试衣间等虚拟现实（VR）、增强现实（AR）技术的研发与运用，让用户先“体验”后购物，增强供求匹配程度和购物趣味，时时带给用户“网上逛街”般场景化的惊喜购物体验。

在荔湾区政府的支持下，2017 年 9 月，唯品会与荔湾区政府签署共建人工智能研发基地的“战略合作协议”，唯品会研究院与荔湾区产业园联合会签署“唯品会人工智能孵化研究中心”共建协议，发挥毗邻珠西先进装备制造业产业带的优势，主动对接珠西制造业智能升级的需求，力争成为珠西先进制造业的人工智能服务提供商与先行者。

唯品会在把握电商发展新趋势的同时，通过用户消费大数据洞察，精准锁定正在崛起的中国年轻人及时尚消费者两大人群。唯品会秉持“精选品牌　深度折扣　限时抢购”的特卖基因不断创新，前瞻性引领网上消费进入由“Consumer”定义“Fashion”的 C2F[①] 时代。唯品会建立起以网购大数据为导向的特卖生态圈，将持续引领“更懂用户”的消费升级体验。

（四）唯品会企业社会责任与行动

唯品会在国家改革开放持续发展的背景下创业、成长，始终将企业社会责任作为公司核心业务运营至关重要的一部分，持续为用户、合作伙伴、员工、股东、社区、公众创造价值，与他们共生共赢，实现企业自身以及所有利益相关方的可持续发展。

唯品会一直坚持可持续发展，积极致力于环境保护和能源管理。在

---

① Customer-to-Factory，指消费者通过互联网向工厂定制商品的一种新型电子商务模式。

仓储端，唯品会在肇庆建设了14万平方米的分布式光伏电站项目，使得肇庆物流园区成为全国首个利用光伏新能源供电的电商物流园。该清洁能源项目的投产每年可减少近1.3万吨碳排放，等同于种植30多万株小树苗。在物流端，通过重新设计运输过程和优化运输路线，唯品会建立了全新的前置仓配送模式，减少了运输里程和温室气体排放；向全国投入了286辆物流电动汽车，二氧化碳排放量年均减少近830吨。耗材的使用方面，唯品会旗下品骏快递也采取了一系列措施进行严格把控。一方面，唯品会物流仓库大量利用供应商来货的纸箱和客退拒收包裹纸箱，加贴“环保箱”标识，进行二次使用，日回收纸箱约2000个。此外，包装纸箱的规格由原来7种优化为10种，纸箱结构由全翼结构优化为半翼结构（可减少10%的用纸面积）。通过以上举措，全国每年合计可节约原纸达5000吨以上。

除了企业的可持续发展，唯品会同样注重社会的可持续发展，自成立以来始终以“传承品质生活　提升幸福体验”作为自己的使命。2011年6月，唯品会注册成立了首个电商行业内的慈善基金会——广东省唯品会慈善基金会。截至2017年11月，唯品会累计向社会捐助资金超过8000万元，捐赠物资8万余件，援建6所唯品会小学和1所唯品会爱心幼儿园，在云南、四川、河南等地贫困山区捐建12间爱心多媒体教室，帮扶人数超过17万人。

（1）“我的公益”平台。唯品会始终坚持公益创新，带给会员加倍惊喜，为社会创造更多幸福。开创“我的公益”创新“运动+公益”平台，通过“你捐步，唯品会捐款”的爱心机制，倡导“你走我捐，让行走更有爱”，用日常行动支持公益项目，倡导人人公益。

（2）唯爱助学。为了让渴望用知识改变命运的孩子们不因贫寒而搁置学业，唯品会全面升级“唯品会公益助学计划”，以“你提名，我资助”的公益联动方式，鼓励社会大众通过唯品会app“我的公益”平台成为帮扶大使，发现身边需要帮助的孩子。2017年，唯品会捐出3000多万元物资，为全国超过1万名贫困学子提供助学帮扶。

（3）唯爱工坊。唯品会还通过更多元化的方式探索公益的新形式，

2017 年 5 月唯品会成立“唯爱工坊”电商精准扶贫平台，打造“购买优质商品 = 帮扶弱势群体”公益形式。这是唯品会独家打造的自营特色电商公益平台。旨在为公益商品提供免费、成熟的电商平台支持，所有的商品唯品会零利润销售，并补贴运营和物流成本，打通公益商品前端生产与终端销售，以企业的核心竞争力支持公益产品的市场化，所有销售收入全部用于帮扶相关的困难群体。未来，“唯爱工坊”将继续践行社会责任，发挥自身平台优势，连接爱心供需，将公益资源联结互通，把分散的善举凝聚成可持续的行动力，精准匹配，将企业价值最大化贡献给社会价值，向社会传达更多的正能量。

四、结语

唯品会的发展，遇上了互联网飞速发展的大时代，也遇上了党和国家的好政策。2018 年 4 月，习近平总书记在全国网络安全和信息化工作会议上强调：“要发展数字经济，加快推动数字产业化，依靠信息技术创新驱动，不断催生新产业新业态新模式，用新动能推动新发展。”这给所有的互联网企业和从业人员注入了“强心针”。唯品会作为中国第三大电商，必将牢记习近平总书记的嘱托，履行企业的社会责任，在助力中国互联网产业发展创新中作出自己的贡献。

砥砺前行的站西鞋城

站前街

几十年来，广东人民解放思想、敢为人先、开拓进取，荔湾人以求真务实的精神，率先探索发展中国特色的社会主义道路。处于潮头的站西鞋城得天独厚，创造出无数个奇迹。“全球十双鞋，广东有其三”，这是广东鞋业繁荣昌盛的真实写照。站西鞋城在广州市荔湾区站前街辖内，毗邻广州火车站，占地面积 0.25 平方千米，营业面积 41.5 万平方米，汇聚了 16 家鞋贸、鞋材批发商城，总商户数 1.33 万家，从业人员 10 万余人，其中内外贸兼营的商户数量为 9310 家，占商户总数的 70%；从事外贸的商户数量为 7980 家，占商户总数的 60%。世界知名品牌所用鞋材 55% 通过站西鞋城进行销售。鞋城企业产品销售遍及全国各地，并远销欧美 100 多个国家和地区，外销商品超过 60%，每年吸引全世界采购商达 40 多万人次。“站西鞋城”这个品牌经过近 30 年的发展和沉淀，在国内外具有很高的知名度及影响力，堪称中国鞋业市场的龙头，已成为全国发展最早、最集中、最具规模的鞋类产品集散地和批发中心，成为全国进出口鞋类制品的主要基地。先后荣获“广东省著名商标”“广州市著名商标”“广州市十大诚信示范专业市场”“‘两建’试点示范市场”等称号。

站西鞋城的兴起与发展，见证着在党的领导下，荔湾发展的沧桑变化。

一、筚路蓝缕，站西鞋城商圈的兴起与初步发展

（一）改革一声惊雷响，鞋城春笋初露芽

1979年4月，中共中央工作会议在北京召开。其间，习仲勋、杨尚昆等人向中央领导汇报了广东的情况，建议中央给广东以更大的自主权。习仲勋、杨尚昆调回中央工作后，广东改革的大旗落到了接任中共广东省委第一书记的任仲夷身上。任仲夷代表省委鲜明提出“对外更加开放、对内更加放宽、对下更加放权”和“排污不排外”的方针。在中共中央、中共广东省委及各级政府的正确领导下，广东经济发展迅猛，大批思想解放、敢于打拼、善于创业的广东人民迎来了前所未有的发展机遇。

20世纪80年代，改革开放的春风吹醒了千年商都——广州。广州敢为人先的基因被激活，个体户如雨后春笋般涌现。由于广州毗邻港澳，服装鞋业设计多借鉴港澳之风，一时引领潮流，吸引全国各地的客商采购批发。流花路、站前路等地区因毗邻广州火车站，得交通之便利，不少服装、鞋类的商户进驻此地，为的是抢得招揽客商的“头啖汤”。众多个体户的聚集，让有眼光、有头脑的商家看到了商机。不少商家从临建商铺、改建商铺做起，招揽个体经营户集中经营，扩大规模效应。流花地区的服装市场、站西地区的鞋业市场就是这样逐渐形成和发展起来的。

据站西鞋城步云天地总经理李克贤回忆，1991年前后，由当时的投资方刘瑞龙先生出资，在站西路建起第一个鞋业市场——广东九龙鞋业城，鞋业城以小规模的个体工商户为主，经营类型较为简单，在站西地域打响了“鞋业市场第一枪”。别小看这样诞生的鞋业市场，当年可是一铺难求，人财两旺。有道是“客似云来”，商家赚得盆满钵满，不少的万元户就这样悄然诞生。强大的财富效应之下，1992年位于站西路地域的越秀酒店，被投资方承包，改造成为第二个专业鞋材市场——越秀蒂豪鞋城。1994年前后，日兴、万通鞋城相继落成，形成四足鼎立的

局面。后来其他鞋城陆续发展起来，20 世纪 90 年代初，基本形成了一定规模的鞋业鞋材专业市场群，在全国已经小有名气。

（二）忽如一夜春风来，千树万树梨花开

进入 20 世纪 90 年代中后期，人民的生活水平得到提升，从以生活必需品的生产和消费为主的时代转变为以耐用消费品的生产和消费为主的时代。在经济环境得到改善及相关政策扶持下，站西鞋城快速发展。1998 年前后，欧陆鞋城、新大陆鞋业广场、宏基鞋业广场、金马鞋城、华南鞋业城、越秀鞋城、广州国际鞋业广场等纷纷登场，应势崛起。位于环市西路上的华丽宫酒店得天独厚，改造转型为华丽宫鞋业城，融入站西鞋城商圈之中，大大小小的鞋城如雨后春笋般涌现。

市场的壮大，采购的需求，自然催生出鞋业市场的自然分工与合作。由原来的成品鞋销售，逐步带动鞋材制革业、制鞋机械、五金配件、化工原料等上下游行业的配套发展。在专业市场中赚到第一桶金的商户，有些从贸易转变为直接生产经营者，有些扩大再生产拥有自己的鞋业品牌，有些链接起外销的渠道，外贸生意做得风生水起。

站西鞋城，是市场行为催生的成果，各专业市场的前世今生都不一样。有的是物业业主自行建设，有的是酒店改造转型承包，有的是国有改制股份合作，等等，反正是“八仙过海，各显神通”。各鞋业市场之间为了争夺客源获取利益，都“各自为政，各自为营”。市场间的围墙，也成了当时地区矛盾之源。为了方便自己，有人围墙有人拆墙，好不热闹。针对鞋城出现的这些问题，当时的站前街斡旋于各市场之间做好协调服务，并主动争取荔湾区委、区政府的支持，积极协调有关部门，解决困扰市场的停车、交通、物流配送等问题，促成鞋城之间围墙的拆除，扩大了站西鞋业市场规模，也使得鞋城形成新的管理和经营秩序。

（三）谁无暴风劲雨时，守得云开见月明

步入 21 世纪，站西鞋城商圈的发展已成雏形。2002 年，在荔湾区

政府的大力支持下，成立站西鞋城管理委员会（简称“管委会”）。管委会凝聚了各市场的经营管理者，大家群策群力，形成规范的管理制度。管委会先后出资组建鞋城保安队伍、物流配送队伍，装配视频监控系统，优化了鞋城内公共服务秩序。2005 年成立广州鞋业商会，将各个分散的鞋城资源整合、化零为整，提升了站西鞋城的整体竞争力，准备在改革开放的浪潮中百舸争流、浪遏飞舟。

2003—2004 年，步云天地投资方收购了原荔湾区水泵厂地块，凭借其处于站西鞋城商圈咽喉的优越地理位置，建立了步云天地鞋业广场第一期，正式向全社会乃至海外宣告步云天地鞋业品牌的诞生。2005—2007 年，步云天地二期、三期先后落成运营，步云天地规模堪称鞋业市场单栋建筑的王者之城。步云天地以全方位的鞋业鞋材经营模式，以诚信经营为原则，以打造国际品牌为追求，逐渐成为站西鞋城行业的龙头标杆，拥有的著名国际国内品牌达 100 多个，成为中国鞋业市场的骄子，站西鞋城辐射力和影响力得到空前提升。

站西鞋城步云天地

2008 年，金融危机波及全球，广东鞋业外贸订单大幅减少，加上国内劳动力和原材料成本上涨、人民币汇率上升，导致利润空间减少，经营风险加大，一些中小鞋企因此破产倒闭，维持下来的企业利润也被压缩。

一方面，针对国际金融危机的影响，从 2008 年下半年至 2009 年上半年，站前街为帮助企业应对国际金融危机，在站西鞋城企业中提出“一抓三保”[①]“四不三一点”[②]，提倡着力应对、化危为机。在2009年出口受阻，经营处于严重困难的情况下，站西鞋城想方设法，抱团取暖，经济得到巩固和上升。截至2009年该地区税收达1亿元，达到历史新高。[③]

另一方面，部分危机意识较强的商家，在风暴来临之前，早早树立品牌意识，通过质量、设计及品牌文化的提升，打造属于自己的国际知名品牌，实现从低附加值到高附加值的战略性转移。

在金融危机的席卷之下，国内一些以外销为主的鞋企不得不谋划调整转型，转向内销市场，部分转型成功的鞋企先后打开了国内市场，在经济艰难时期开辟了新的增长点；同时，也有部分外贸鞋企转型遇阻，面临资金短缺、融资渠道狭窄等难题，让它们在出口转内销过程中陷入发展困境。转型过程中，品牌建设是长期工程，渠道建设则是重中之重。转型既是挑战也是机遇，经过一轮洗牌，优胜劣汰，强者愈强。

（四）柳暗花明又一村，转型升级势再发

进入21世纪，电子商务在批发市场的应用愈见普及，站西鞋城网应运而生。2008年5月，在荔湾区委、区政府和站前街道办事处及各鞋城商圈物业管理公司的共同努力下，站西鞋城网正式上线运营。站西鞋城网作为当时集出口、批发、零售于一体的鞋业电子商务服务平台，成功集聚了全国最大的男鞋专业批发市场、最大的女鞋专业批发市场、最大的高档鞋业批发市场、最大的鞋业专业市场、最大的鞋材市场等10多个鞋业专业市场龙头，受到各界的高度关注。

站西鞋城网运营5年，撮合交易额已达23.6亿元，企业注册用户数跃升至25万，用心培育孵化了鞋企登陆新三板（如2016年英妮公司

---

① 指抓机遇，保增长、保民生、保稳定。

② “四不”，即不欠薪、不裁人、不闹事、不退场。“三一点”，即出租方和经营方互相谦让，在租金上让一点；经营方式方法上灵活一点，从过去以出口为主转向以内销为主；企业要开源节流一点，过紧日子。

③ 站前街党工委：《集合在党旗下 站前地区大党建方略实施“八牵手”》，《荔湾区党建工作创新成果汇编》，2010年版，第44页。

成功上市新三板）。站西鞋城网创造了3个“第一”：新产品发布量全球第一、专业询盘量全国第一、网站访问量全国鞋业第一。经商务部授权编制，广东鞋业国际采购中心每周一发布广州鞋业批发价格指数。

随着“互联网+鞋业”模式的发展，借助O2O专业市场[①]电子商务平台，采购商在世界任何地方，足不出户就可以在网上选择到合适的产品或供应商。凭借站西鞋城网推荐的采购清单，一到广州，就可以马上到锁定的专业市场采购。同时，站西鞋城积极探索多种渠道拓宽网上交易方式，开发建设站西鞋业微商城，采购商借助微商城平台，可以快捷方便选购产品。

2014年2月，站西鞋城经广东省政府同意认定为广东鞋业国际采购中心，是广东鞋业行业唯一的国际采购中心。2014年10月28日，广东鞋业国际采购中心挂牌仪式在广州站西鞋城举行。国际采购中心是近年广东省政府提出的新概念，是依托产业集群和优势工业产品市场开展建设的，将原本单一单向的商品市场整合起来，集中资源共同发展。国际采购中心不是传统专业市场的升级版，而是一种生产服务配套功能区，专业市场科技创新的新业态，它是集企业集群采购、商品展示、产品研发、品牌营销、电子商务、现代物流于一体，产业特征明显、集聚程度高、交易功能强大，具有强大国际辐射力的龙头性现代平台，它正带领着整个站西鞋城商圈成为全球瞩目的“中国鞋业鞋材之窗”。近年来，站前街道办事处更连续多年联合鞋商企业出资和组团参加“广州国际鞋类、皮革及工业设备展”，不断扩大鞋城的国际影响力和辐射力。

二、凤凰再生，站西鞋城商圈走向辉煌

2017年，随着广州城市化发展进程，广州专业市场转型升级板块成为大势所趋，驱动创新和供给侧结构性改革成为市场转型升级和发展

① 指线上到线下模式。

必然之路。

（一）硬件着手，推进鞋城的不断改造

1. 创建“站西鞋城文化科技广场”项目。在各级政府及部门的大力支持和帮助下，站前街创建站西鞋城文化科技广场，通过此项升级改造工作，让鞋饰品牌文化科普真正走进社区，为今后在园区内举办鞋饰品牌文化节活动及日常举行的各类宣传推介、公益活动、文艺表演、科普宣传活动等提供场地上的有力保障，实现“文化科普进社区、文化科普促发展”的共同目标。

2. 打造广东名鞋优品联盟总部展贸中心项目。改造后，增强鞋城商圈鞋材的集群优势，同时通过集群，可增强其创新创造能力。

3. 改造环境。加大投入，商圈加快停车场升级改造，增加车位的可使用量，利于满足货商现场交流及货物物流运输的日益增加的车位需求。启动外立面升级改造项目，对部分市场西城南楼外立面进行装饰改造，增强站西鞋城商圈活力。

（二）文化提升，打造文化经济商圈

构建“广州国际鞋业节”。站西鞋城积极响应党中央“一带一路”倡议，鼓励鞋城鞋企“走出去办厂”“走出去参展”，进一步提升鞋业文化品牌，每年以 10 月份秋季中国进出口商品交易会（广交会）召开为契机，向参加广交会的国内外鞋商展示广州站西鞋业，以举办鞋文化节为切入点建立一个宣传、展示平台，向国内外采购商展示中国广州站西鞋业集群形象和企业最新产品及品牌形象，开拓客源渠道，提振信心，提升国际影响力；促进站西鞋城商圈提质改造，促进产业和贸易融合，推动广州千年商都向现代商都跃升，让广州站西鞋城成为“永不落幕的鞋类商品交易会”。

（三）服务提升，形成“互联网 + 商贸”新型业态

为促进产业商圈贸易融合，支持发展体验式和时尚式新型商业文

化，打造特色鲜明商业街区，围绕站西鞋城商圈提质改造，创建集聚现代服务业、云计算科技服务业、产研商务服务业、数字金融服务业、产品检测检验服务业、现代物流服务业、文化科技创意服务业、科普知识、司法服务等特色服务体系。有序推进传统文化商旅商圈提质改造，以“互联网+商贸”新型业态服务模式，融合现代智能制造和3D（三维）设计高端技术，促进站西鞋城产业链拓展延伸，构建产业商圈以云计算、互联网、大数据、新科技、新领域、大创意为支撑平台的经济发展模式，以发展模式提质改造站西鞋城商圈。

（四）愿景美好，共享经济发展新成果

广州站西鞋城经过近30年的整合、改造和提升，已发展为产业链最为完善、产业配套和服务最为先进、产业前景最具潜力的市场群。现在和未来，站西鞋城通过企业运作中心平台和资源高效配置的可持续发展，找准定位，以“创新、整合、协调、服务、共享”五大发展理念为工作目标，以“走出去，引进来”为营销战略，不断提升广东鞋业国际采购中心的“三大系统”① 运行水平，不断完善“八大功能”② 的运行质量，建设传统文化商旅活化区，提升专业市场产业集群，树立国际化的旗舰市场形象，实现站西鞋城专业市场的华丽转型和升级。现在和未来，广州站西鞋城、广东鞋业国际采购中心，势必阔步迈入“国际时尚鞋都”的升级之路，打造成为全球较大的鞋业国际采购中心，实现中国鞋业内外贸市场双拓展，引领中国鞋业迈向中国创造强国。

三、独领风骚，非公经济组织党建先行

伴随着站西鞋城的兴起与发展，站西鞋城成为千年商都实现商贸升

① 指管理系统、交易系统、服务系统。

② 指交易功能、物流配送功能、研发设计功能、检验检测功能、国际贸易功能、营销推广功能、电子商务功能、其他服务功能。

级的一块金字招牌。作为非公经济组织，站西鞋城在党建引领上也是独领风骚的领头羊。站西鞋城商圈党建工作开创荔湾乃至广州党建的先河。至2018年6月后，站西鞋城共有3个党组织，党组织在推动商圈发展中起到很好的引领作用，受到市场投资方、管理方、经营业户的一致认可。其创新做法被拍摄成纪录片《红领》，获得中共中央组织部高度认可，荣获全国党建创新一等奖。

（一）融入市场，党组织建起来

2008年前后，站前街党工委在荔湾区委的指导下，着手推进非公经济组织党建工作。经过多年的实践，不断夯实组织基础，创新工作理念，创新工作方法，创新活动载体，创新工作机制，积极探索非公经济党组织和党员发挥作用的有效途径，积极营造党建工作氛围，党的覆盖面和党建工作整体效果都得到明显提升。

当年，站前街党工委对专业市场党员开展摸查工作，力求不漏一个单位、不漏一名党员，对专业市场进行了全面摸查登记。

积极延伸党建工作触角，非公企业在哪里，党组织就延伸到哪里，

2003年6月18日，站前街站西鞋城行业党、团组织成立大会

党的工作就做到哪里，稳步推进，大力抓好党组织的组建工作。对有3名以上正式党员的专业市场采取单独成立党支部，对党员数量较少的专业市场采取联合成立党支部，对没有党员的专业市场采取“互促互建”，先成立工会、共青团等组织促进党组织的建立。通过选、派、挂等方式选拔政治素质好、文化层次高的党员干部和党建指导员下到专业市场，并通过系统培训党员，切实发挥他们“导航仪”“助推器”作用。对组建起来的党支部配强队伍，健全制度，规范运作，先后挑选一批党性强、业务精的党员担任党支部书记，更加密切党组织与企业的联系，有利于党组织参与企业的重大问题决策，树立威信和发挥作用，促进党组织建设和企业经济建设又好又快发展。

（二）五个围绕，党组织强起来

站前街站西鞋城专业市场党组织（简称“站西鞋城党组织”）把促进企业更快更好发展作为党的工作的出发点和落脚点，坚持“一手抓党建基础，一手抓作用发挥”，按照“五个围绕”开展活动，成为党的路线方针政策的宣传者，企业改革和发展的促进者，企业文化和文明建设的组织者，劳资双方关系的协调者，政府与企业、员工的沟通者。

（1）围绕服务企业发展设计活动。站西鞋城党组织牵头召开党员大会、商户代表大会，开展党员和商户代表与企业领导面对面沟通谈心活动，党员带头提合理化建议，以党建引领推动企业的转型升级和发展，使站西鞋城各组织职能得到最大限度发挥。

（2）围绕站西鞋城专业市场的攻关任务组织活动。在站西鞋城专业市场的非公党组织中，培养和选拔一批“平时工作能看出来，关键时刻能站出来，危急关头能豁出来”的骨干力量和先锋模范，做到在专业市场最需要的时候、最危急的地方有党员在，充分发挥党员的先锋模范作用。

（3）围绕企业稳定和发展安排活动。站西鞋城党组织坚持抓好党建促发展，通过党组织和党员走访员工、开展谈心谈话、党员与群众员工之间结对帮带，以党建关心员工、凝聚员工，协调维护好企业和员工的劳资关系，增强员工对企业的归属感和认同感，促进企业稳定繁荣发展。

（4）围绕企业形象塑造筹划活动，不断增强党组织的凝聚力和吸引力。站西鞋城党组织把塑造企业的形象作为工作着力点，筹划活动，不断增强企业的竞争力。如站西鞋城党支部结合公民道德建设的要求，开展创建“诚信企业”“文明店铺”活动，把诚信经营、文明经营作为企业经营规范，建立企业与政府、企业与员工、企业与企业、企业与客户之间的信用关系，构建坚实的社会信用体系，使企业在市场竞争中持续健康发展。

（5）围绕建立一支有理想、有纪律、有道德、有文化的员工队伍来开展活动，充分发挥党组织的教育引导作用。在制度上，把支部的学习制度、激励制度与员工的培训教育制度、业余生活结合起来，如站西鞋城党支部在落实支部“三会一课”[①]制度时，把员工年度培训教育计划作为一项重要内容，融合在一起；在内容上，着力抓好党的路线方针政策、中国特色社会主义理论、习近平总书记系列重要讲话精神以及与企业生产经营密切相关的业务知识等方面的教育培训，合理灵活安排时间，见缝插针地展开教育，增强工作的针对性与时效性。[②]

（三）三个创新，非公党建天地更宽广

（1）创新工作理念。在党员中倡行“以发展为先、以诚信为本、以纳税为荣、以和谐为要”的“四为”理念，围绕企业的生产经营和健康发展开展党的活动，营造企业诚信经商、依法纳税、民主和谐的良好氛围。

（2）创新工作方法。在工作内容和方法上，注重把党支部的工作目标与企业发展目标相统一，利用现代科技，如QQ群、电子邮箱、微

① 指定期召开支部党员大会、支部委员会、党小组会，按时上好党课。

② 站前街党建学会：《“五个围绕” 发挥专业市场党组织先锋模范作用》，《荔湾学刊》2011年第2期，第63页。

信等多种交流形式开展小型、业余、灵活、多样的党组织活动等。

（3）创新活动载体。各专业市场党支部结合自身实际，针对专业市场特点开展各类主题实践活动，积极发挥党员先锋模范作用。如站西鞋城党支部以“党员诚信建设示范户”为抓手，积极探索党员发挥作用有效途径，增强了专业市场党员的责任意识和自律意识。党员的示范作用，让专业市场诚信经营逐渐成为大多数经营户的自觉行动，促进了文明市场的建设，极大地激发了党员业主比服务、比诚信的热情，专业市场业主诚信守法蔚然成风，市场信誉不断提高。

四、站西鞋城发展历程的经验启示

（一）非公企业党建与站西鞋城发展相得益彰

习近平总书记指出：“非公有制企业是发展社会主义市场经济的重要力量。非公有制企业的数量和作用决定了非公有制企业党建工作在整个党建工作中越来越重要，必须以更大工作力度扎扎实实抓好。”自21世纪以来，站前街站西鞋城党工委积极建设党组织，培养党员，充分发挥党员在鞋城建设过程中的先锋模范作用。通过党组织建立一支先锋模范队伍和政治引领，充分发挥党组织的教育引导作用，推动了企业发展，使得党建与发展相互促进、相得益彰。

（二）开拓进取，以创新促发展

新的历史时期，站西鞋城面临众多挑战，在科技不断进步的今天，站西鞋城抓住发展大势，注重科技创新，不断创新工作理念、方式方法。在荔湾区委、区政府的协助下，积极建设站西鞋城文化科技广场，促进站西鞋城的改造新升级。通过运用“互联网＋商贸”新型业态服务模式，促进站西鞋城“走出去”。站西鞋城深入贯彻执行习近平总书记对广东的重要批示精神和荔湾区的发展战略，按照省、市、区部署，从国际鞋业集聚地功能定位出发，迎合时势发展，大力结合互联网推动鞋城发展，提升鞋城发展的质量和经济效益。

（三）建治兼施，促进鞋城的良性发展

站西鞋城的成功得益于鞋城对硬件设施建设和软件设施治理的兼顾。站西鞋城面对转型升级的新形势，采取建治兼施的方针。一是坚持对商圈的硬件设施的建设。站西鞋城采取建设站西鞋城文化科技广场、加强对商圈周边的环境治理等措施，增设车位，为鞋城的良性发展提供硬件方面的条件。二是坚持对商圈的文化提升。构建广州国际鞋业节，通过文化宣传的方式将站西鞋城的品牌推广到其他地区，提升站西鞋城的影响力。

天下之事，非新无以为进。党的十八大以来，改革强音振奋人心，创新活力扑面而来。深化改革开放、坚持新发展理念、实施创新驱动发展一直是以习近平同志为核心的党中央治国理政的重要着力点。改革和发展的东风，将进一步为站西鞋城经济发展注入新动力、增添新活力、拓展新空间，在新的起点上再创新局，推动经济社会发展迈向新高度。

（执笔人：邓广全、黎杰嫦、杨丽冰、高烨、徐伟娟）

中国茶市看广州，广州茶市看芳村

石围塘街

改革开放以来，广州成为全国乃至亚洲茶叶市场的重要交易集散地，茶叶行业内有了“中国茶市看广州，广州茶市看芳村”的说法。这里所说的享誉全国乃至东南亚的芳村茶叶市场，从地理位置上来看，是指分布在石围塘街芳村大道中一带的茶叶市场，包括南方茶叶市场、广东芳村茶业城、启秀茶叶城、承鸿茶世界等，现在也泛指茶滘、花地、冲口街等周边地带的包括颇具规模的大笨象国际茶业城、芳村万象茶叶商贸城在内的茶叶市场。毋庸置疑，广州芳村人既传承了茶文化的悠久历史，又紧跟时代潮流步伐，小茶叶做出了大文章，这篇大文章离不开党建引领的谋篇布局。

南方茶叶市场

一、“花为媒”令芳村茶市响彻四方

（一）源远流长——水秀花香茶亦浓

广州芳村东临珠江，西望南海与佛山接壤，十里长堤，百里水网，区内河涌星罗棋布。因自然生态条件极为优越，种花历史十分悠久，素有“水秀花香”之称。千年花乡更是闻名遐迩，“唐朝就有‘薄暮津亭下，余花满客船’的诗句。芳村村民除了种植鲜花外，还大量种植茉莉花和白玉兰花”①。

芳村茶叶市场是从花茶起家的。20世纪40年代，当地村民开了几间自制茶叶作坊。前店后厂，自制自卖，逐步形成了一个小型的茶叶集市。中华人民共和国成立后，党和政府很重视花业和茶业的发展。“50年代广州市政府在芳村办了香料厂，专门加工茉莉花香精。芳村的农民就近种植茉莉花作为原料供应给香料厂，同时也制作茉莉花茶，鲜花和花茶成了芳村的传统产业。”②至70年代末，这一带的村民因地制宜在芳村洞企石路、广佛铁路沿线和山村路（现芳村大道中）两边大量种植白玉兰花、茉莉花，并将它们作为原料提供给香料厂以增加农副业收入，提高了白玉兰花、茉莉花的产量和村民的生产积极性。由于制作的茉莉花茶品质较好，吸引了外地厂商前来采购，并且设立茶叶加工场进行花茶加工出售，主营品种有茉莉花茶、英德红茶和绿茶。但是茶叶企业规模较小、产业结构单一、产品档次偏低，是当时企业和产业面临的主要问题。

（二）初具规模——芳村花香迎茶客

20世纪80年代以后，“花农迅速发展了茉莉花茶和鲜花的生产，制造香料的工厂如雨后春笋般出现在芳村大地上，有100多间茉莉花加

---

① 吴操文:《南方茶叶市场成长点探讨》,《南方农村》2002年第6期，第52页。
② 吴操文:《南方茶叶市场成长点探讨》,《南方农村》2002年第6期，第52页。

工厂生产花茶”[①]。经营茉莉花茶的分散商户，灵活经营，早期依托石围塘火车站、码头、仓库等有利条件来集聚人气，天时地利人和，逐渐形成了茶叶集市。

开设花茶加工厂的，有不少来自广宁县。“祖祖辈辈生活在山区的广宁人，历来有饮茶的传统习惯。广宁茶叶栽培历史悠久，茶叶品种多为武夷小叶种。1956 年，广东省政府指定广宁县为引种云南大叶良种茶试点县，在潭布镇试种成功后，逐年在各乡镇推广。至 20 世纪 80 年代初，全县种植茶叶面积 16549 亩（约 1103.27 公顷），平均亩产达 26 公斤，总产量 435 吨，其中清桂茶场出品的‘清桂绿茶’就是最有名的广宁茗茶之一。”[②]改革开放的浪潮席卷广东，广宁人经营茶叶的天赋得到了长足发展，他们率先落脚于广州芳村石围塘等地，茶叶生意风生水起，成为芳村茶叶市场的拓荒者和奠基人。与此同时，也吸引了全国各地的茶商来到芳村开设茶叶档口，茶叶生意兴隆，做得红红火火，芳村茶叶市场的雏形由此形成。

进入 90 年代，广州市民物质文化、精神文化生活水平不断提高。各种各样高档的茶艺馆、酒楼食肆应运而生，异军突起，不仅对茶叶的数量需求越来越大，对茶叶的品种和质量要求也越来越高。来自福建、浙江、广西、云南、湖南、江西、广东潮汕、台湾和香港的茶商，以灵敏的嗅觉和敏锐的眼光，纷纷在芳村洞企石路安营扎寨、安居乐业。“这时芳村茶叶市场不仅经营红茶和花茶，而且优质的铁观音、黄金桂、毛蟹、单枞、龙井、普洱、武夷岩茶、台湾茶博士的人参乌龙茶等 1000 多种茶叶也在这里经营。”[③]

90 年代中后期，经过多年的飞速发展，芳村山村一带已成为全国茶叶集散地。原来在广州三元里瑶台、沙河天平架等地经营茶叶的福建

---

① 吴操文：《南方茶叶市场成长点探讨》，《南方农村》2002 年第 6 期，第 52 页。

② 网络搜索：http: //123.sogou.com/，广宁人与茶的历史渊源，2015 年 8 月 23 日，广宁茶商会。

③ 吴操文：《南方茶叶市场成长点探讨》，《南方农村》2002 年第 6 期，第 52 页。

茶商，也来到芳村经营茶业，进一步壮大了市场。1996年，芳村石围塘街和山村村委会的领导乘势而上、顺势而为，通过对沿街商铺重新整治修饰，在洞企石路盖了简易的石棉瓦顶店铺和仓库租给茶商经营。“这些店铺和仓库租金便宜，既可居住又可做生意，茶商感到十分方便。这种经营方式吸引了全国闻讯而来的茶商，1998年已有800多档茶叶店在这里经营。”[①] 洞企石路形成了茶业大道，茶叶市场初具规模，茶产品结构向多元化发展。“据2000年不完全统计，这里经营茶叶的有1200多档，较大的茶商有光大、天宇、巨龙、云苑、凤江、台湾茶博士、杭州狮峰龙井公司、云南茗园茶行等。”[②]

单从当时的规模来看，芳村茶叶市场已经成为全国最大的茶叶集散地，品种丰富，物美价廉，是广大市民消遣的好地方。但因各个功能区划分不清晰，导致市场内商品交易、物流仓储、展示展销、旅游观光混为一体；市场内没有标志性建筑，对周边地区辐射影响力不够、带动力不足；市场的茶文化气氛不够浓郁；市场配套设施不完善，停车难的现象时有发生；人货混居，存在较大的消防安全隐患；更缺乏科学化和系统化的管理，市场内时常显得混乱不堪。随着中国社会主义市场经济的快速发展，芳村茶叶市场的现状已完全不能满足发展的要求。改变茶叶市场的现状，不仅是市场自身发展的需要，更是中国加入WTO（世界贸易组织）后面向世界的需要。为了适应广州经济社会又好又快发展，芳村茶叶市场的提质升级改造势在必行。

（三）改造升级——插上腾飞的翅膀

21世纪初，在各级党委、政府领导的大力支持下，有关部门审时度势，经过认真研究，大胆招商引资，大刀阔斧地进行市场硬件设施的升级改造，提升了市场的整体功能和形象，市场面貌焕然一新，焕发出勃勃生机。首先是分步拆除了山村原洞企石路一带的600多间石棉瓦顶

① 吴操文:《南方茶叶市场成长点探讨》,《南方农村》2002年第6期，第52页。
② 吴操文:《南方茶叶市场成长点探讨》,《南方农村》2002年第6期，第52页。

简易商铺，统一改建为具有岭南建筑特色风格的双层商铺。其次是投资近亿元建立南方茶叶市场，并在该市场核心区建成颇具商业特色的多功能中心馆、B馆和C馆，因实用性和新颖性的建筑设计，得到广大茶商的广泛认可和社会各界人士的共同赞赏，一举成为一道亮丽的城市风景线。再次是对市场道路网络重新规划构建，建成了15米宽、165米长的中心馆东侧道路和西北面26米宽、435米长的市政道路，建设了25米宽、300米长的观光步行街，一个交通和绿化的大回环就此形成，打通了市场的交通瓶颈。最后是引进了交通银行来助力，开通了公共汽车站和电子商业网站来给力，修建了3500平方米的停车场来帮力，并对市场的环境卫生、消防安全、综合治理等实行全面规范化管理。芳村茶叶市场升级改造后，因其富有远见而超前的招商观念，高起点、高规格、高标准的市场定位，加上实在又合理的价格策略，吸引了一大批投资商进驻。芳村茶叶市场的升级改造，极大地推动了茶产业大发展，促进了茶经济、茶文化、茶旅游大繁荣及城市建设的发展。

南方茶叶市场从21世纪初至今，“经过多次升级改造，现占地面积13万多平方米，总建筑面积15万多平方米，商铺面积11万多平方米；市场包括中心区（多功能中心馆、B馆和C馆）、华裕区、南区、北门、洞企石路和小涡新村临街商铺、山村茶叶综合批发市场等”[①]。随着市场规模不断扩大，商户也在逐步发展壮大，同时汇集了广东潮汕、云南、福建、浙江、江苏、台湾等地区数千家茶商；经营的茶叶有云南普洱、浙江龙井、福建安溪铁观音、潮州凤凰单枞、台湾高山茶等上千个品种。2005年市场交易区内就已聚集了2300多家来自全国各地的茶商，其中90%以上的茶商都是来自外地。南方茶叶市场被中国市场指导委员会授予“2004年度竞争力百强市场”称号，同时也在2004年被中国茶叶流通协会授予“全国重点茶市”称号。南方茶叶市场现为广东省茶叶行业协会团体会员单位、广州市专业市场商会团体会员单位；“现在该

---

① 郑国联主编：《茶开拓之路》，广州茶文化促进会2005年版，《不断改革创新，促进市场发展》第14页。

市场已成为全国辐射面最广、规模最大、成交量最多、品种最齐全、商铺最集中的茶叶集散地，成为我国茶文化传播的一个重要窗口”[①]。

二、“党建引领”促百舸争流占鳌头

改革开放以来，荔湾通过扩大招商引资和精细化项目建设，形成了极具特色的商业街和强大的专业市场。2005 年原荔湾区与原芳村区合并后，芳村茶叶市场继续保持良好发展势头，其中茶叶产业作为芳村地区的传统品牌行业之一，发展势头迅猛。“当年区内的茶叶批发市场就有 8 家，经营业户约 3000 户，经营面积达 11 万平方米，逐渐形成了强大的拉动效应和规模效应：亚洲最大的茶叶集散地——年交易额近 20 亿元的南方茶叶市场坐落于芳村东部，商品远销东南亚、加拿大、美国等地；承鸿茶世界、山村茶叶市场、广东芳村茶业城等多家茶叶市场相继投入使用”[②]，形成“百舸争流千帆竞，借海扬帆奋者先”的蓬勃发展态势，并进一步向周边的茶滘、花地、冲口街等地辐射，加快了芳村茶叶商圈的战略布局，扩大了市场的影响力和规模效应。“发展是硬道理”，芳村茶叶市场的大发展大繁荣，党建引领毋庸置疑起着至关重要的作用。

石围塘街党工委一直非常重视芳村茶叶市场的党组织建设，早在 2001 年 12 月，就成立了南方茶叶市场外来党员党支部，来市场经商的外来党员有了“家”，他们亮出党员身份作表率；党支部充分发挥共产党员在市场建设和管理中的积极作用，增强外来党员的凝聚力和归属感；通过外来党员团结外地茶商，提高了党组织的战斗力；加强相互沟通联系，注重发挥“两新”组织[③]的先锋模范作用，有效发挥党支部组织党员在承诺守法诚信经营、引导制定行业准入和依法规范经营、宣传

---

① 郑国联主编：《茶开拓之路》，广州茶文化促进会 2005 年版，《不断改革创新，促进市场发展》第 15 页。

② 郑国联主编：《茶开拓之路》，广州茶文化促进会 2005 年版，《芳城茶韵国饮飘香》第 4 页。

③ 指新经济组织和新社会组织。

相关法律法规、倡议建立商户相互监督机制等方面的示范作用。党员率先行动，作出表率，以点带面，带动商户对经营行为进行自律和监督，共同树立了市场的良好形象。

在石围塘街，中共南方茶叶市场外来党员支部委员会，是当时区内最早成立的“两新”党组织之一。南方茶叶市场外来党员党支部有个特别之处，那就是支部中的 10 多位党员来自全国各地。南方茶叶市场作为在全国乃至东南亚都是数一数二的大型茶叶专业市场，必然会有大量来自全国各地的商家在这里经商，因此党员构成也就有了这样的特点，这对南方茶叶市场党支部在开展工作方面有很大的帮助。由于早期的茶叶市场秩序很混乱，遇上旺季，市场内的交通也会变得混乱拥堵，商家之间很容易发生矛盾冲突。也正因为大家来自不同省份，当遇到商家之间出现矛盾时，党员就会在第一时间站出来，找到跟矛盾双方是老乡的党员，让他们劝解。由于都是“老乡”，大家对于商家的需求或是矛盾产生的原因能有更深入的了解，这对劝阻矛盾的恶化往往会起到事半功倍的效果。这样的“老乡”模式，对于维护市场秩序起到很大的作用。同时，党支部发挥党员示范岗作用，引导广大商家诚信经营，依法经营、持续经营、树立品牌意识，从店铺经营向品牌经营模式转变。

不仅如此，对党支部的所有党员以及入党积极分子而言，南方茶叶市场就是他们的另一个家，他们有义务和责任保护好这个“家”。现在只要市场上出现了矛盾纠纷或是交通问题，大家都会挺身而出迅速地解决问题，决不会出现任何推托。平时他们也会在市场里到处转转，了解商家们的想法，拉近了党员和群众之间的距离，以便更好地维护这个“家”。近年来，党支部加强支部组织建设，严格换届选举程序，做实“三会一课”[①]，坚持“两学一做”[②]，夯实思想基础，让党支部更有凝聚力。正是因为市场的特殊性，党支部对于发展党员更有一套严格的组织程序：以《中国共产党章程》要求的党员标准为基础，支部委员会对

① 指定期召开支部党员大会、支部委员会、党小组会，按时上好党课。

② 指学党章党规、学系列重要讲话，做合格党员。

申请入党的人进行谈话，了解基本情况，加强教育引导。在入党申请人被确定为入党积极分子后，进行一个较长时间的培养教育考察，并定期对入党积极分子的行为表现进行总结评价，实行动态管理，做到成熟一个就发展一个，保证发展党员的质量。对于未来，党支部将更好地以稳定市场、服务市场为出发点，帮助市场实现更快地发展。注重完善支部工作，团结所有党员、入党积极分子和广大商户，不忘初心，牢记使命，携手同心，做好榜样，发挥作用，提高支部的战斗力，让市场越变越好、生意愈发兴旺。

石围塘街党工委、办事处一直积极争取上级政府及社会各界的支持，促进芳村茶叶市场发展上档次。特别是从2001年开始，石围塘街党工委、办事处在各级党委政府的正确领导及经济贸易局等相关职能部门指导下，辖区内的南方茶叶市场、广东芳村茶业城、江南茶博园等20多个茶叶市场先后建成投入使用，市场年交易额近85亿元，商户5000多家，占地面积22万平方米，建筑面积35万平方米，其茶叶销往全国各地及东南亚、欧洲等地区和日、韩、美等国。其中，南方茶叶市场2002年被农业部授予“国家定点”市场，是国家“菜篮子工程”信息报价茶叶类唯一价格信息提供单位，也成为广州市重点发展的五大专业市场之一和广州市龙头企业。同时，石围塘街党工委、办事处积极多渠道筹集资金，对茶叶市场进行科学合理的规划，并完善各种配套设施，建起了几大场馆和交通主干道，改善了市场内外环境，将原来分散经营的近千个个体散户集中到具有现代经营功能的规范化商业大厦——南方茶叶市场（主馆是中心馆），形成了以批发为主并零售全国各地的茶叶及品类各异的茶工艺品、茶具、茶台等专业化大型市场。市场还配合市政设施升级改造，重新铺设园区内外交通要道，完善各项交通指示配套设施，重点打造沿线人行道的公共设施及绿化建设，使之与茶文化特色、西关风情的沿街建筑互相呼应、融为一体，达到了移步换景的总体效果。经过不懈努力，南方茶叶市场逐步改造成为集观光、旅游、购物于一体，全国规模最大、建设较规范的茶叶批发市场。交易与流通的便利、良好的投资环境不断吸引着各地的茶商进驻南方茶叶市场，打造专业化市场品牌。因此，芳村茶叶市场的大发展大繁荣离不开石围塘街党工委的大党建引领。

三、“三管齐下”铸造茶市持续辉煌

（一）强管理服务营造良好营商环境

石围塘街以市场周边环境综合整治为抓手，引导市场主体诚信、公平竞争，推动社会信用体系建设和市场监管体系建设，初步建立起公平、诚信的市场竞争长效机制，为市场创造了良好的营商环境。

1. 加强商品标准化建设和行业管理

百年大计，质量第一，标准先行。在广州市质量技术监督部门的正确指导下，以南方茶叶市场为试点，制定《茶叶标识要求》，对各类茶叶在产品名称、生产日期、包装日期、保质期、净含量、质量等级、原料产地和经销商名称等各方面都作出明确具体的要求。“《茶叶标识要求》已于2004年8月1日正式实施，广州是继上海之后第二个实行此类标准的地区。”[①] 通过加强对市场内各类茶叶销售的标准化管理，保证了茶叶的产品质量和信息的透明度，保障了广大茶叶消费者的正当合法权益，促进了市场的可持续健康发展。

广州芳村南方茶叶商会于1997年成立，是国内创办最早的茶叶行业商会，在国内茶行业起着重要的引领作用。2015年9月13日，第4届广州市荔湾区南方茶叶商会换届就职大会在佛山盛大举行。20年来，南方茶叶商会充分发挥行业的引导、服务、协调、规范、自律的积极作用，同时注重对市场政策传递和宣传引导。通过印发各类宣传资料、召开座谈会、走访派发等形式，向茶叶市场管理主体和各商铺经营户传递相关的政策部署，引导地区茶叶协会、专业市场管理主体制定行业准入原则和经

---

① 郑国联主编：《茶开拓之路》，广州茶文化促进会2005年版，《广州市南方茶叶市场大事记》第41页。

营规范，进一步规范茶叶品牌商标、产品包装、广告销售等经营行为。

2. 加强市场管理，完善机制促进环境改善

一是建立茶叶市场联席会议制度。坚持“统一领导、联合执法、各司其职、依法行政”的联动机制，定期召开街道、各职能部门、茶叶商会、茶叶专业市场负责人联席会议，建立信息互通、信息通报的沟通联系机制，及时研究总结，探索规范茶叶市场管理的新经验、新方法。二是引导专业市场建立行业准则。进一步完善茶叶市场食品安全信息公示制度，引导茶叶协会、茶商会、市场物业管理公司等相关管理主体建立市场准入、交易、退出等监管机制，进一步提高行业门槛，努力实现茶叶市场企业诚信、市场监管的管理体系，建立公平、诚信的市场竞争长效机制，创造良好的市场环境。三是建立市场经营主体分类监管机制。梳理、评价前期摸排的茶叶商铺商户信用情况，进行信用评级分类分级管理，按照不同种类级别强化巡查、复审、监管机制，重点加强信用评级低的企业宣传教育和专项治理工作，逐步提升市场整体的信誉度，促进市场的持续健康发展。四是提高专业市场信息化管理水平。经多方投资建立了“南方茶叶网”网站，实现茶叶市场价格信息公示发布、茶叶市场茶叶信息挂网公示等功能，开展相关政策宣传和引导，逐步引导茶叶市场提升信息化水平，实现电子交易、信息联网、茶叶质量二维码检测等功能，进一步提高茶叶市场信息化管理水平，保证茶叶质量，维护消费者的权益。

3. 注重实效，推进茶叶市场稳步发展

一是抓市场管理主体的业务培训工作。通过举办法律法规知识培训班、消防培训班等，引导茶叶市场各场区、园区、物流公司、物业管理公司规范管理行为。二是抓茶叶市场专项整治行动。开展茶叶市场周边出租屋清查、无证照经营治理、消防排查等专项整治行动，铁腕整治隐患，社会治安情况明显改善，人民群众对社会治安的满意度不断提升，安全感不断增强。三是抓第一责任人经营责任。通过签订《石围塘地区食品安全责任书》、举办茶叶质量第一责任人培训班等多种形式，依法规范茶叶市场经营，落实好茶叶质量第一责任人的主体责任，引导

企业守法经营。

（二）抓品牌建设增强市场辐射能力

芳村茶叶市场积极实施战略谋划与宣传策划，举办国际茶文化盛会，做大做强做精做优茶叶市场品牌，提升文化软实力。

“2001年，成功举办了第二届广州国际茶文化节，吸引了20多万市民和多名国内外嘉宾前来参观选购，7天的成交额突破了千万元大关。铁观音茶王拍卖以100克12万元的天价竞拍成交，‘100克茶叶等于1.2公斤黄金’的报道在社会上引起极大的震动。”[①]2002年，举办了广州茶博览交易会暨第二届（秋季）优质茶评比大赛。“2003年，举办了茶文化交流会暨首届芳村茶文化楹联大赛。再次引起轰动，‘千壶千茶、万人品茗’晚会盛况空前，万人齐聚品茗言欢。当届的茶王拍卖：普洱茶王以100克16万元、大红袍以20克18万元、毛蟹王以100克6.8万元竞拍成交，拍卖价再创新高；获得首届茶文化楹联大赛第一名的作品由著名书法家连登先生现场挥毫，并对作品进行竞拍，最后以1.38万元竞拍成交。”[②]

2004年11月，中国茶·广州（国际）茶购销年会在南方茶叶市场内成功举办，是高标准的茶文化盛事。“该年会第一次将广东省东、西、北部边远产茶区的茶农带到了市场，为他们推介自己的茶产品和茶工艺品提供了平台。不但实现了茶叶生产地和销售地的全面对接，而且达到了茶农、茶叶加工企业、茶叶经销商和茶叶批发市场多赢的效果”[③]，还实现了城乡大量富余劳动力的就业。一方面增加了当地村民的收入，另一方面带动了“老少边贫”地区的脱贫致富。既实现了经济的共同发

---

① 郑国联主编：《茶开拓之路》，广州茶文化促进会2005年版，《不断改革创新，促进市场发展》第16页。

② 郑国联主编：《茶开拓之路》，广州茶文化促进会2005年版，《不断改革创新，促进市场发展》第16页。

③ 郑国联主编：《茶开拓之路》，广州茶文化促进会2005年版，《不断改革创新，促进市场发展》第16页。

展，也促进了社会的和谐稳定。

2007年1月，首届广州茶叶购物节在南方茶叶市场举行。参加本次迎春茶叶盛会的主要为普洱茶企业，展销品种极为丰富，参展企业众多，仅云南省就有30多家。“而台湾大友茶业有限公司是台湾最出名的大型茶叶企业，在南方茶叶市场中心馆设立广东首家普洱茶博物馆，展示远古至今的各种陈年古茶及茶具。而博物馆里一饼难得一见的民国初期百年‘龙马同庆圆筒’古董茶更是吸引住了广大茶友的眼球。同时普洱茶博物馆也正式对广大市民开放，做茶、泡茶、存茶的各种工具可以一览无遗。”[①] 此后又连续承办多届盛会，规模宏大，影响深远。

2011年12月，在南方茶叶市场建立20周年之际，由广州市经济贸易委员会、广州市荔湾区人民政府、广州茶文化促进会、广东省茶业行业协会主办的广州荔湾转型升级与文化兴茶高层论坛暨第六届广州茶叶迎春购物节开幕式、南方茶叶市场中心馆落成10周年、有盈茶叶仓储交易平台开业庆典等系列活动在南方茶叶市场举行，为茶行业及相关商家提供了一个宣传、展示、交易、交流的广阔平台，取得了良好的社

第六届广州茶叶购物节

① 网络搜索：http：//blog.sina.com/，首届广州茶叶购物节19日开幕，2007年1月17日，《新快报》。

会效益和经济效益。

广州芳村茶叶批发市场园区位于荔湾区石围塘街芳村大道中，以茶叶批发为主，同时经营茶具、茶工艺品、茶家具等与茶相关的各类茶商品，占地约 26 万平方米，建筑面积约 35 万平方米，现有 21 个市场经营主体，商铺约 5000 个，经营户 2757 户，其中个体户 2383 户、公司法人及分支机构 374 户。面对近年的经济下行压力，全国各地茶叶市场经营困难的局面，石围塘街认真贯彻落实荔湾区委、区政府的各项决策部署，树立新发展理念，推进供给侧结构性改革，牢牢把握稳中求进工作总基调，坚定不移落实稳增长、促改革、调结构、惠民生各项工作措施，以品牌建设为切入点，促进了广州芳村茶叶批发市场园区的良性发展。

第一，完善基础建设，强化园区品牌整体竞争力。

（1）通过“三旧”[①]改造，规模实现合理扩张。通过开展“三旧”改造，累计近 15 万平方米的低值场地被开发改造为茶叶市场。石围塘街辖内的广州铝材厂有限公司、广州建材二厂有限公司等“退二进三”国有工业企业，在将公司注册地、纳税关系保留在荔湾的同时，将原有厂房改造成茶叶市场，相继建立了华裕茶叶市场、广州名茶交易中心、天易茶叶市场、启秀茶叶城、珀雅水岸茶港、广物茶叶配送中心、广易茶文化广场等市场。广州芳村茶叶批发市场园区从局限于洞企石路一带、面积仅有 2 万平方米的市场，逐步形成了以芳村大道中为主干，辐射洞企石路、山村路、龙湾路、南塘大街等的大型市场集群格局，面积增加到 26 万平方米。园区内各场区建筑风格各具特色，宣传效果明显、道路指向明晰，经过多年的努力建设，现在成为辐射全国及东南亚的拥有一流硬件的现代化茶叶批发市场。

（2）通过完善产业配套，保障园区可持续发展。以招商引资为突破口，引进了柏浩商务酒店、茗城旅业、荔豪宾馆等旅业，满足了大量外地客商的住宿商务需求，同时在洞企石路布设、增加多个公交线路站点，

---

① 指旧城镇、旧厂房、旧村庄。

方便群众出行购物。通过协调加大金融网点布局，交通银行、民生银行、光大银行等多个银行在茶叶市场内开设交易网点，极大地方便了经营者、客商、群众的交易资金往来，畅通了资金流渠道。建立茶叶市场检测中心，定期对市场内流通的各种茶叶产品进行抽检，确保园区茶叶产品的质量。积极推动市场物业业主配合市场共同发展产业配套，为人流、物流、资金流的有序集散创造条件，较大提升了市场可持续发展潜力。

（3）通过茶文化特色建设，增强市场文化附加值。为了加强对芳村茶叶市场的引导，2005 年 4 月，广州茶文化促进会搬至南方茶叶市场中心馆三楼新址。茶文化促进会到中心馆办公，有利于加强茶文化促进会与广大茶商的直接沟通联系，加强对茶叶市场建设和茶文化建设的具体指导；有利于茶叶市场的管理，推进茶经济和茶文化的发展，形成市场软实力和核心竞争力；有利于加强对茶业经营管理者和从业人员的培训，全面提升他们的综合业务素质和职业美德；有利于加快茶叶市场的健康发展，促进茶叶产业的转型升级。茶文化建设方面，一是打造独具特色的建筑风格，凸显岭南传统茶文化元素，打造人文景观；二是打造节点景观、在连接各个市场间的主要道路、交通节点，打造“茶马古道”“绿荫茶巷”等茶文化特色的主题景观；三是统一园区形象标识，以简洁的直线组合造型，融合汉字“茶”的图案设计，注入传统茶文化特色元素，统一形象标识。积极为园区增添茶文化特色，创造条件引导人们进行茶叶消费，这是芳村茶叶市场能够保持发展和维持人气的一个重要原因。

第二，引导茶商品牌竞争，增强园区可持续发展动力。

广州芳村茶叶批发市场园区发展初期，市场除了几个大品牌外，基本是散、乱、杂态势，价格混乱，每年工商部门均查获大量的无牌生产或冒牌茶叶。石围塘街结合市场升级改造，强化对打击假冒伪劣产品的宣传力度和消费者引导，特别是针对主要经营品种普洱茶，运用市场内多个行业协会保护品牌茶叶的权益，引导茶商从低端价格竞争向品牌化、规范化转变，取得较好的效果，为园区的发展注入新动力。

（1）新兴品牌大量出现。经过多年培育和引导，消费者懂茶的多了，开始追品牌看品质，导致近年来茶商都在竞相寻找品牌做代理，而茶商的这种品牌化经营模式再反馈到行业上游的厂家，又再度加速了普洱茶品牌化的进程，这样环环相扣，推动了普洱茶市场从无序走向有序，从散、乱、杂走向品质品牌化。其间部分茶商逐步掌握了上下游产业链条，根据消费者的需求自创普洱茶品牌，如雨林古茶坊、润元昌、高顶、七彩孔雀、合和昌、广隆号等，都是近几年涌现的新生代品牌，招商发展势头强劲。2015 年又新增了普洱品牌“中吉”（3月）和“百润”（8月）。

（2）营销方式发生转变。一方面，众多品牌厂家在芳村驻点设立全国营销中心、形象店、旗舰店、品鉴中心等，同时芳村的众多档口的经营模式也在悄然转变，从原有的杂货型批发商转向以品牌化形象示人的品牌渠道商的角色，在芳村观光路、洞企石路、中心馆路等为主的中心地段，目光所及之处都是品牌化的店铺招牌和各大品牌的户外广告；另一方面，各品牌试水电商销售，如东和茶叶公司建立了国内第一家普洱茶价格指数网站，邱韦世家茶业公司创办了网上茶都批发零售茶叶茶具，恒福茶业、国宾茶业、祥坤茶业、莱福园茶业等企业及部分个体户在京东、淘宝上开展电子商务作为宣传和销售平台。

（3）以品牌促品质提升。园区体现品牌化的竞争格局，促使各品牌注重品牌维护，将质量控制、食品安全放在第一位，生产、储存环节由以往的粗放式转变为全过程品质管控的现代化精细方式，从而带动了整个园区的茶叶质量整体提升。其中 2015 年 2 月国家食药监总局第 7 期食品安全监督抽检，园区内茶叶全部达标。

（4）价格逐渐回归理性。新生代品牌从原料、产品、营销、招商等多个方面展开竞争，而作为普洱茶界的“少林”和“武当”，大益和下关也不断调整策略、进行变革来保持强劲的竞争力，更不断有新资本、新团队以及新的运营模式加入各方阵营，将普洱茶品牌的发展以及相互间的竞争推向了前所未有的层次，进一步推动了普洱茶价格的价值回归理性，茶叶的流通价值逐步从投资回归到消费和品饮。毛茶方面，以有着“临沧班章”之誉的昔归为例，2014 年春季的昔归毛茶，价格高位曾一度达到3800元/千克，然而2015年同期，昔归茶价已回落至2000元/千克。成品茶方面，以大益“英雄骏马”生肖茶为例，2014年初厂家配货价为每件5000元，随后的一两个月，市场价一度运行到每件2.4万元的高位，现在市场价跌至每件5700元的低位。

第三，市场品牌影响扩大，推动资本整合。

凭借广州芳村茶叶批发市场园区这个全国最大的茶叶集散地的优质资源，茶叶品牌影响辐射力更大，吸引了各方面资本进入，逐步将产销形成一个紧密的整体，品牌茶企的抗风险能力、自我发展能力不断增强，部分经营情况较好的企业开始步入发展的高端层次。如位于荔湾启秀茶叶城于2011年3月创办的广州邱韦世家茶业有限公司，2015年5月成功登陆新三板市场；总部在天河区、营销中心在石围塘的广州恒福茶业股份有限公司也在2015年5月成功登陆新三板市场。这两家新三板上市茶企的经营模式均为生产环节在荔湾区外、全国营销中心布局在广州芳村茶叶批发市场园区，均实现了资本规模、经营规模、品牌影响力的大幅扩张，这将成为其他茶企的有效参照模式，吸引外地知名茶商进驻园区。

（三）把握时代脉搏，走“互联网+茶文化”道路

1.走大市场、大流通、大商贸之路

以建设大市场、大流通、大商贸和具有特色产业文化的建设思路与绿色发展理念，大力发展电子商务平台和公共信息平台，以科技含量提升茶叶市场的文化品位并实现交易的便利性。

“2003年，广州首届茶文化交流会召开，以此为契机正式启动了南方茶叶市场电子交易网站——南方茶叶网。该网站是集产、供、销及茶文化信息于一体的电子网络平台，它的开通使商户安坐家中即知茶叶市场的动向，使顾客在网上享受到购物的乐趣。”[①] 南方茶叶市场成为名

① 郑国联主编：《茶开拓之路》，广州茶文化促进会2005年版，《不断改革创新，促进市场发展》第17页。

副其实的网上永不落幕的“茶博会”，实现了交易的信息化、数字化、网络化，增加了与国际商贸接轨的途径。之后又开通了广州芳村茶叶批发市场园区公共信息平台，以现代信息技术手段促进市场管理规范化、服务多元化、产品质量标准化、价格信息公开化、物流交易现代化的进程。逐步强化公共信息平台的结算、信息、展示和服务功能，促使市场逐步由异地结算向场内结算转变，由传统交易向网上交易转变，由现金结算向电子结算转变，使茶叶市场园区成为物流配送中心、电子结算中心、价格形成中心和信息发布中心，使有形的传统市场与无形的数字化市场有机结合。截至2018年底，平台已接纳近3000家茶叶生产销售企业成为注册会员。

东和公司创立于2008年，位于南方茶叶市场中心区内，是国内普洱茶中介知名品牌，创建了首家普洱茶价格指数网站，致力为茶商、消费者提供快捷、准确、公允的供求信息。2011年，东和官网正式面市，官网为广大茶商提供普洱茶的最新市场交易价格信息和行情资讯。2014年东和公司创新开发了茶叶交易平台软件——茶通（手机端）；2015年茶通PC端（电脑端）正式上线，茶通双端同步，为广大茶友搭建了价格透明、交易透明的茶叶交易平台。通过每天实时动态更新普洱茶价格指数（分为当年茶、新茶、中期茶品名下的近千个品种，有参考价格、升跌等内容）、行情信息和新闻信息，让广大茶商及时了解茶叶市场的最新走势。因每天更新最新供求信息，让广大茶商方便买卖，为各大茶企、商家、消费者提供诚信可靠的茶叶交易平台，受到广大茶友的欢迎与好评。

2016年5月，荔湾区领导和茶商100多人，参加了在琶洲广州茶博会举行的芳村茶叶市场产业群升级论坛。会议指出，芳村茶叶市场产业群要紧紧抓住“三个转变”：一是从传统批发模式向线上线下模式转变；二是从注重数量价格向注重质量品牌转变；三是从重商向文商旅融合发展，将茶产业打造成荔湾的城市品牌和供给侧结构性改革的重要平台。论坛的成功举办，对芳村茶叶产业转型升级、茶叶市场结构性调整、茶叶流通模式的变革发挥了重要促进作用。

2. 加强茶文化的内外交流

为了弘扬岭南茶文化，繁荣芳村茶叶市场，2016年11月，广东芳村茶业城举行了以“岭南（荔湾）茶会”为主题的系列文化茶事活动。广东芳村茶业城与南方茶叶市场毗邻相望，共同打造中国茶叶市场的“航空母舰”。在经营过程中，始终坚持“弘扬茶文化，促进茶经济”的理念，以文化促销售，为中国茶行业民族品牌的树立与推广贡献一己绵力。广东芳村茶业城占地面积2.8万平方米，经营面积达3.2万平方米，建筑面积近3.6万平方米，带有欧陆风情的现代建筑群中西合璧，令人眼前一亮，富有岭南特色的骑楼商业街文化在这里演绎得淋漓尽致，与中国博大精深的茶文化相得益彰。铁观音民间斗茶公开赛，是福建茶乡特有的一种民间文化活动。“经过千载岁月沉淀，斗茶已成为民间茶事活动，具有比技巧、斗输赢的特点，富有趣味性和挑战性，成为茶人之间互相交流制茶技艺的重要渠道。参赛者可以是产茶厂家，也可以是经销单位以及收藏茶和爱好茶的爱好者，大家将各自的好茶拿出来评比，依据茶叶的‘色、香、形、味’四大因子进行评分，产生优劣。”① 正可谓“斗余味兮轻醍醐，斗余香兮薄兰芷”。赛事评委将由所有送样者、应邀的嘉宾、特邀评委三部分组成。本届斗茶，先由专家从所有送过来的茶样中进行筛选，取出各类茶前十强优质茶样，再由大众评审团进行审评，点出“状元”“榜眼”“探花”“进士”，评选结果再由茶专家对获奖茶样进行点评。为扩大影响，广东芳村茶业城自2006年以来已举办多届斗茶赛，随着广大群众饮茶口味的细化，浓香型和陈香型铁观音越来越受大家青睐。此次斗茶会正是迎合广大茶人的口味，即分为“清香、浓香、陈香”3个风格品系进行比赛。茶会还邀请讲古大师颜志图，讲述岭南茶礼及相关历史掌故。将茶文化及茶俗茶礼融于一体，雅俗共赏，汇入普通大众的日常生活。在“岭南（荔湾）茶会”系列活动期间，广大市民不仅能听到生动有趣的茶俗茶礼典故，品尝到

---

① 《广州芳村茶叶市场上演“斗茶会”》，《南方日报》2006年11月22日。

各种茗茶，还能欣赏到来自茶乡的传统茶歌舞茶艺表演，得到资深评茶师指点选茶品、学习茶知识。现场还设有各类名优茶、精品茶具及茶点展销，活动丰富多彩，精彩纷呈。

广东芳村茶业城经常性与各新闻媒体、大众传媒、知名搜索引擎网站建立良好的合作关系，引进了中、英文版《国际名茶专刊》，通过《天下茶事》《法规指引》《权威视点》《名茶品鉴》《说茶论具》《专家论坛》等栏目，系统、专业地介绍有关茶知识和茶文化，扩大了茶叶市场在国内外的名气和影响力。有关方面还邀请素有“茶叶界马可·波罗”之称的美国商务人士 Holly Storm 女士到南方茶叶市场进行访问和考察，与茶商进行广泛交流和相互学习，并发表了《星巴克和中国茶叶的未来之路》的专题演讲，其演讲的中心观点是“茶和咖啡同属于饮料，关键在于打造品牌和改进包装”。中国茶叶走向世界，可以从星巴克咖啡的成功经验中找到许多有益的借鉴和启示，增进国际间的友谊与合作。

除茶叶外，市场还经营与茶文化相关的精美装饰工艺品，如茶具，不仅有世界著名的宜兴紫砂壶，而且还随处可见来自景德镇、潮州等全国各地及东南亚各产地的著名瓷器。市场也经营与茶有关的茶艺术品，如茶床、茶台木制根雕艺术品及与茶相关的书画等艺术品。茶具区和茶艺术品一条街以实物和实景组合的方式，展示了各种不同的茶具、不同风味的饮茶风俗。这些古色典雅、形态奇特、琳琅满目的茶具，使人们仿佛置身于迷人的艺术殿堂，充分享受着美的熏陶和乐趣，充分体现了历史源远流长的华夏茶文化。茶产业的多元化发展丰富了茶叶市场的经营业态，促进了茶叶市场的繁荣昌盛，将茶文化发扬光大。

四、结语

随着芳村茶叶市场的发展壮大，社会各界加大投资力度，以南方茶叶市场中心馆为中心向周边辐射，已经形成了投资主体多元化的局面，也产生了明显的经济“虹吸效应”和产业“聚集效应”。优越的市场环境、良好的配套设施、科学的管理规划、先进的经营理念吸引了全国各地及港澳台等地的客商，商贾云集，百花齐放，数不胜数。更是汇集了全国各茶叶产区的茶叶，共六大系列 1000 多个品种，真是品种繁多，名茶荟萃，应有尽有。

展望未来，广州市荔湾区芳村茶叶市场将面临难得的发展机遇，首先，我们要积极实施“引进来，走出去”战略，引进国内外知名茶企发展总部经济，利用“互联网 +”和电子商务平台，改变传统的实体店铺批发零售销售模式，实现线上线下高度融合。其次要“两条腿”走路，以内销促进出口，出口带动内销。“茶叶产业将改变粗放的经营方式，向专业化、精细化要效益，向个性化、差异化要品牌，为重建行业生态秩序添砖加瓦。”[①] 茶叶市场将以主动出击的姿态谋求率先发展。准确把握“互联网 +”特性，结合线上发售、“互联网 + 流通”等途径为茶叶市场带来新的发展商机。“一方面，率先着手精耕产品品质，做深做透细分市场领域，用深度创造行业价值。另一方面，茶叶市场要积极探索‘互联网 + 产业 + 金融’商品发售模式，不断创新茶叶产业新生态，采用‘互联网 + 流通’方式放大品牌效应，着重挖掘茶叶自身独特的品饮价值和收藏属性。”[②] 同时还要进一步增强茶叶产业品牌效应，推动荔湾芳村茶叶市场获得新一轮的大发展。

---

① 网络搜索：http：//blog.sina.com/，雷军豪掷亿金砸“互联网 + 茶叶”　茶叶或迎史上“最牛市”，2017 年 7 月 13 日，优靡商城。

② 网络搜索：http：//blog.sina.com/，雷军豪掷亿金砸“互联网 + 茶叶”　茶叶或迎史上“最牛市”，2017 年 7 月 13 日，优靡商城。

解放思想，真抓实干

——见证荔湾思想解放之路

根据谢家彦[①]口述整理

没有思想的破冰，就没有行动的突围，中国共产党在实践上的每一次重大突破，都是解放思想的硕果。自1978年以来，中国共产党历经了几次大的解放思想活动。第一次思想解放是1978年后，以党内开展真理标准大讨论和党的十一届三中全会召开为标志。邓小平提出“解放思想，实事求是”，重点解决“两个凡是”的问题、拨乱反正，把全党工作的重点从“以阶级斗争为纲”转移到经济建设上来。第二次思想大解放以1992年邓小平发表南方谈话和党的十四大召开为标志。邓小平提出计划与市场都是手段，社会主义也有市场，资本主义也有计划，只要符合“三个有利于”就要大胆干。这一观点冲破了“姓资姓社”的束缚。第三次思想解放是1997年党的十五大确立以公有制为主体、多种所有制经济并存，冲破了对所有制的崇拜。

一、为民初心终不变

打倒“四人帮”后，荔湾区与全市情况一样：干部群众思想混乱、物资匮乏、就业困难、住房紧缺。当时，除了发票配给生活必需品外，市场各类物资相当短缺，临时买点零食都不容易。就业方面，由于大批

---

① 谢家彦，1984年至1993年任荔湾区委书记。

知青回城，以及因“历史问题”被疏散出城市的各类人员落实政策回城，荔湾区面临很大的就业压力。居住方面，很多回城的人没有地方住，那时只能到处搭建窝棚，在恩宁路涌面上搭了一整片窝棚来安置回城人员居住。可以说，经过“文革”的破坏，百废待兴，需要我们做的事很多。但荔湾人民在党的领导下，各级党委、政府全心全意为人民服务的初心始终不变。

我主持荔湾区委工作后，花了几天时间召开区委扩大会议，统一思想认识。会议的主题就是两个：研究解决干部团结问题和工作重点的转移问题。当时为了不受干扰，区委的会议安排在区武装部（当时设在光复路）召开。荔湾区是“文革”的重灾区，“文革”期间很多干部受到迫害，干部的派性思想比较严重。荔湾区干部的团结问题曾一度惊动广东省委，省纪委当时派人到荔湾调查干部团结的问题。因此，解决团结问题是当时首要任务，团结搞好了，才能保证区委工作重点的转移。紧接着就开展为期两年的整党工作。

通过整党推动各项工作的开展，突出抓经济建设，重点发展集体经济、民营经济、个体经济。当时发展个体经济有个口号叫“扶上马、送一程”。包括解决群众从事个体经营的思想认识问题，从税收、场地、管理费等方面提供多种优惠和服务。至今已经开了五六家分店的龙津街“开记”饮食店，当时店主家里有6个孩子，生活非常困难，我们就引导他们在龙津东路开店卖糖水，据说该店领到了荔湾区第一个个体户牌照，现在经营得有声有色。

清平市场是一个全国闻名、全市最大的农贸市场，经营范围包括药材、副食品等。开辟这个市场后，吸引了全国各地农民，甚至曾经被称为“二道贩子”“投机倒把分子”的各类人员进场经营。但是，在当时的条件下，我们也遇到一些问题。如有些老同志、老领导来荔湾调研发展个体经济的事，调查后专门向市委报告。以致后来，市委专门组织全市各区和市有关部门集中到荔湾区开现场会，专门研究解决清平市场的问题。我参加了这次会议。在会上，市委一位领导讲话时专门点名清平市场卖牛肉的“牛记”经营档，因为它的生意越做越大，还为很多宾馆食肆送货，认为“这个‘牛记’已经不是个体户了，已经是资本家了”。要求我回去和马书记（当时荔湾区委书记马虹）讲讲，搞个“马记”来代替“牛记”。实际上就是要我们搞个国营的来代替私营，因为区委书记姓马，马列主义也姓马，这是相关语。后来我们觉得这个要求很难办，也没有必要，就拖着拖着拖过去了。可见，受当时历史条件的限制，我们在认识上和工作上还是有一定的阻力。

还有一件事，当时龙津街有个生产经营牛肉干的个体户叫“祥记”，由于某些原因与街道办事处有矛盾，被记者获悉后登到报纸上，结果被时任中共广东省委第一书记的任仲夷知悉了，专门写了张便条让邹尔康（时任荔湾区委书记）调查解决此事。这说明省、市领导都非常重视发展民营经济、个体经济的问题。

与此同时，对国营、集体企业推行各种形式的承包经营。当时，一间两三个人的小饮食店铺都是国营或合作经营，怎么调动大家的积极性呢？就在商业系统和街道工业搞承包经营，这是当时的重点改革措施。印象中是先在副食行业上搞全行业承包经营，很快从原来的全行业亏损，转为全行业盈利。如金花街有间电器厂也是搞承包经营的，街工业公司与经营者签订合约，如果企业完成任务就给经营者奖励 3 万元。当时 3 万元可不是一个小数目。时任中共广州市委第一书记的许士杰来荔湾区，我跟他汇报这件事。他思想比较解放，他说：“如果你们签了合约，你就要兑现啊。”我们听了就放心很多。

为了调动街道发展经济的积极性，也在街道推行奖励政策。街道当时有工业公司、劳动服务公司、生活服务公司、侨企公司等各类发展经济实体，很多干部被派去搞经济，搞得好的给予重奖。当时规定企业利润达到 100 万元以上的，就奖励企业的领导一套房屋，这也是一种改革创新，后来有好几位企业领导人获得这种奖励。

二、解放思想谋发展

1992 年邓小平南方谈话，重点解决“姓资姓社”的问题。过去认为，市场经济就是资本主义。邓小平指出，资本主义有市场也有计划，社会主义有计划也有市场。从计划经济到计划经济与市场经济相结合，再到社会主义市场经济，争论了很久。邓小平“三个有利于”的论述，引导我们大胆前行。这又是一次思想碰撞，应该讲，这一次的阻力已经没有改革初期那么大了。广州作为改革开放的前沿阵地，“以经济建设为中心”已经得到大家的接受和认可。荔湾党员干部群众，解放思想，自觉投入经济建设的大潮中。

在利用外资方面，我们有成功的经验也有失败的教训。最典型的是在改革开放初期，广州市利用外资在荔湾区建设了广州第一家涉外五星级酒店——白天鹅宾馆，以后又建起了荔湾广场。区内，我们有一批商业企业是利用外资发展起来的，当时比较出名的是华懋制衣厂、雄丰玻璃厂等。荔湾十分重视招商引资，当时招待外商都筵开几十席。我们利用外资主要搞“三来一补”①和合作合资经营。可以说，那时对利用外资缺乏经验，走了一些弯路。如曾经想利用外资来搞旧城改造，规模很大，规划在逢源路一带建设60座爱群大厦般的商贸居住楼宇。后来由于各种因素，没有得以实施，这是一个失败的例子。

荔湾人的发展意识一向很强。老荔湾人多地少，发展工业受到制约，荔湾人已经把眼光盯到城区以外的地方。通过规划局在区外征地搞厂房，最早建设了聚龙工业区，后来在江村建起了更大的工业区。时任广州市副市长陈开枝在视察荔湾区工作时充分肯定了这一做法，他说：“荔湾区觉悟得比较早，眼睛向外，筑巢引凤。”还有一次，时任中共广州市委书记谢非，来荔湾区视察工作，我就带他从区委大院（逢源路129号）出发，经过逢源街、文昌街，再到文安街看永红纽扣厂。视察后，他说：“你们产品一流，厂房三流。”厂房的确不怎么样。但当时那个厂长很自豪，他说：“一包纽扣可以换一台电视机。”可见当时的街道工业发展状况还是很好的，而解决场地问题确实是一个紧迫问题。

① 指来料加工、来样订造、来件装配，补偿贸易。

荔湾的传统商贸比较发达。当时永安百货、清平饭店都是很出名的区属商贸企业，特别是清平饭店，有一次我们请马万祺先生到清平饭店品尝清平鸡，他吃后赞不绝口，还打包了两三只回去当消夜。可惜的是，后来清平饭店倒闭了，这是荔湾品牌的遗憾，希望能重振“清平鸡”这个家喻户晓的品牌。

三、新时代新征程

第三次解放思想，党的十五大指出“非公有制经济是我国社会主义市场经济的重要组成部分”，确立了以公有制为主体，多种所有制并存的基本经济制度。荔湾区历经几次解放思想的洗礼，经过各个时期干部群众的不懈努力，无论在经济社会发展、群众生活等方面都取得长足进步。我觉得整个中国，天还是那个天，地还是那块地，人还是中国人，但变化却是巨大的。可以说，思想是先导，路线起决定作用。当年荔湾区一位民主人士梁蔼仪在某次座谈会上对我党的评价：佩服共产党的三条理由，一是有错自己改；二是无封建割据；三是无军阀混战。这样的观察够深，评价到位，使我感触很深。

区第十一次党代会以来，在党中央、国务院和省委、省政府、市委、市政府的正确领导下，荔湾区委团结和带领全区人民，着力稳增长、调结构、促改革、惠民生、防风险、保稳定，经济社会发展取得新成就，党的建设取得新进展。可以这样说，没有思想解放，要迈开工作的步子是很难的，要谋求新的发展是不可能的。没有思想解放就没有今天的成就，思路决定出路。但思想解放要有个过程，发展转型也要有个过程，急不来，这两个过程是必不可少的。

（收集整理人：徐艳清、徐琳瑜）

第二章

以绣花功夫　推进城市建设管理

一湾江水常绿，两岸荔枝更红

——荔湾城市建设纪实

荔湾区住房和建设局

荔湾是广州市最古老的城区之一，自2200多年前广州有记载以来就有荔湾的历史印迹，而城区发展最重要的体现就是城市建设。关于荔湾的建设，最早于晋代已有记载，而后唐代建有“荔园”；五代十国时期，统治南粤的南汉在荔枝湾处建“昌华苑”“华林园”等皇家园林；花地有大通寺，“大通烟雨”更是宋代“羊城八景”之一；明代有盛极一时的“荔湾渔唱”，它体现出荔湾作为江南水乡的发达水系建设与人文风情；清代荔湾则以富商修建的“海山仙馆”而扬名。荔湾，有最悠久的历史、最深厚的文化、最浓郁的岭南味，古老，却又充满活力。2018年10月24日，习近平总书记来到荔湾区西关历史文化街区永庆坊，为荔湾的城市建设指明了方向。

一、坚持用心干、大胆干、巧妙干，推动城区旧貌换新颜

（一）党的十八大前荔湾城市建设工作的重要举措

1978年，党的十一届三中全会吹来了强劲的东风，吹绿了江水，吹红了荔枝，更吹动了荔湾城市建设的步伐，使这个老区注入了崭新的活力。荔湾人民勇立潮头，迈开改革开放的坚定步伐，大刀阔斧开展荔湾区城市建设工作。

1. 20世纪80年代，“解放思想，实事求是”用心干，以城市建设为基石，为经济建设搭台唱戏

随着1978年中共十一届三中全会的召开，城市在国家经济建设中的地位日益突出。城市作为区域多功能中心，得到新的建设和发展。广州作为沿海城市，顺势而上，城市建设进程突飞猛进。昔日西关的大量低矮危破住宅通过改造，涌现出一大批十几层、二十几层的高层建筑，在人口居住过密的地段实行逐步疏导安置。尤其在20世纪80年代中期，秉承综合开发配套建设，改善城市投资环境和人民居住条件的方针，房地产开发更迅猛发展。荔湾区内先后成立了荔湾开发公司、西关开发公司、荔华房地产开发公司。至1990年底，已先后建成侨苑新村、广雅新村、周门新村、天宝住宅小区等现代住宅小区。流花路以北的西村农业用地、环市西路两旁丘陵地和山塘、南岸村前、周门村、泮塘村的菜地也全部投入房地产开发建设。此外，在稠密商住区文昌路建大型室内停车场，规划拓宽区主干道，中山七路和荔湾北路全面动工改建，使其路面由18米扩至32米，沿线竣工楼宇面积5万平方米。征用荔湾区外大面积的郊区土地，兴建工业区，把工厂搬迁到区外；荔湾区内着重规划商住楼宇，逐步扩大区内绿地和居民活动场地，增建大批公共设施。

1990年，荔湾区完成固定资产投资项目45项，其中沙面小学、罗冲围停车场等基本建设项目和商品房屋建设项目分别占11项、22项，区内公共设施得到基本完善，为荔湾区经济建设做好铺垫。至此，荔湾区住宅施工面积为18.7万多平方米，竣工面积为14万多平方米，区内建筑密度实现从原71.35%下降到30.37%，建筑物总面积从原有114592平方米增加到292766平方米，增加155.49%，其中居民建筑占78%～82%。在增加建筑面积的同时降低建筑密度，极大地改善了荔湾区居民的居住环境，提升了荔湾区居民的生活水平。

随着城区开发工作的推进，荔湾区已经完全成为广州繁华中心城区的一个重要组成部分，与广州中心城区整体同步规划发展。据此，当时的荔湾区委、区人民政府根据广州市中心城区的发展趋势和荔湾区在广州市中心城区中的地位和作用，制定了在20世纪90年代及21世纪初

把荔湾区建设成具有西关特色的现代化商贸文化旅游区的战略。

2. 20 世纪 90 年代起，符合“三个有利于”大胆干，城市建设为经济发展添砖加瓦

1991—2005 年，是荔湾区城区建设史上发展较快的 15 年。围绕建设现代化商贸文化旅游区的总目标，坚持实施“环境优化”战略，把旧城改造与城区环境“一年一小变，三年一中变，2010 年一大变”和创建爱国卫生城市活动融为一体，实施三项系统工程：一是新建、拓宽城区道路与改造排水设施；二是整治河涌，绿化美化环境；三是改造住宅小区与修缮破损危房，对主干道与商业繁华地段道路两旁楼宇进行整饰。

路难行，“水浸街”，一直是荔湾区急需解决的难题，事关人民群众的切身利益。荔湾区政府为实现区内市政设施“道路平整、排水通畅、河涌整治”的目标，在广州市政府的大力支持下，新建、拓宽、改造一批道路，并在新建与改造道路的同时，改造排水设施，对驷马涌等一批河涌进行截污整治。1993—2005 年，荔湾区先后对金花小区、电业新村、广雅新村、水厂后街、西园地、环翠园、周门小区、冼家庄、广雅小区、六二三路、梯云路、西场社区、长乐社区、带河路汇馨街、华贵路乐贤坊、厚生里、锦龙社区、彩虹街西园地、新都里、南岸社区等地的道路与排水系统进行改造。

经过 15 年的建设，荔湾城区的交通状况大为改观，初步奠定区域道路交通的总体架构；遭受一般性大雨的侵袭时，老百姓已无“水浸街”之虞；河涌污染得到治理，河涌两岸景致更加美观。地铁 1 号线在荔湾区设黄沙、长寿路、陈家祠三个地铁站，此三站地铁通道长 2.6 千米（1 号线全长 18.497 千米）。1 号线于 1993 年 12 月 18 日在芳村区花地湾举行开工仪式，1997 年 6 月 28 日西塱—黄沙段通车，1999 年 6 月 28 日全线开通营运。地铁 1 号线的开通给荔湾与芳村两区（2005 年，国务院批准将原芳村区的行政区域划归荔湾区管辖）人民的交通出行带来了极大便利。

截至 2005 年，荔湾区内道路交通堵塞状况已大为缓解，河涌与荔湾湖的水质呈现变好趋势，区内绿化覆盖率大幅度提升，部分破旧危房

被靓丽住宅小区取代。

配合城区交通要求，合理利用土地，优化城市功能布局，逐步建立以公交为主体，快速轨道交通为骨干，多种交通方式相结合的多层次、多类型的城市综合交通运输体系。绿化系统规划绿地率为 12.89%，公共绿地面积 145.64 万平方米，人均 2.8 平方米。

基础建设助力经济发展，15 年间区内建成五大商业中心区、两大商业批发带、17 个专业街与市场以及社区商业网点。另外，中山路以及康王路为荔湾区商业的发展轴。2005 年底，上下九路—第十甫路等五大商业中心区与两大商业批发带、17 个特色专业街与市场基本建成；中山七路、中山八路已拓宽，康王路已建成，逐步发展为荔湾区商业的发展轴。

城市建设统筹发展，坚持规划先行。结合规划与建设，将荔湾区从功能上大致划分为以下 6 个功能区：

（1）历史文化及景观保护区。一是以荔湾湖为核心的传统民居保护区，包括西关大屋、昌华大街等；二是沙面历史文化保护区，对该区域的建筑采取保护为主的措施。

（2）商贸旅游服务区。主要由上下九路、第十甫路传统骑楼商业步行街和长堤购物中心为骨架构成，该区在保持原有风貌的前提下配合商业发展的需要进行改造。

（3）危旧房改造区。主要包括中山路以北的金花小区，以及中山路以南的大片旧民居密集地区，该区在保护历史风貌地段及文物保护单位的前提下进行适度改造。

（4）综合发展区。共两大片，一片位于中山路以北，由三部分构成：一是工厂外迁之后改为居住区，二是自然村改造为城市街区，三是保留现有居住区。另一片位于大坦沙岛，是以居住、商贸、公共服务、高新技术研发为主体的综合发展区。大力发展综合发展区，保持经济增长强劲势头。

（5）对外交通设施区。一是东北角环绕广州流花火车站、广铁西站，由配套设施组成的服务区；二是西南角保留的广铁南站和新风港。

（6）城市基础设施区。位于荔湾区西北角，主要由广州电厂及西村水厂、大坦沙污水处理厂构成，以充分利用土地为原则，优先满足道路交通、绿地、公共服务设施、市政公共设施的用地要求。配合城市性质和功能的调整，通过土地置换合理调整各项建设用地，完善用地结构和布局，优化土地资源利用。市政公共设施包括城市行政管理设施、商业设施、文化娱乐设施、体育设施、医疗卫生设施、教育设施及其他设施，划分为市、区、居住区三个级别。市、区级公共设施定点落实，居住区级公共设施以13个社区（行政街道）为单元设置，均匀分布在各社区中并服务各社区。

3. 21世纪，“科学发展观”指引巧妙干，以城市建设为谱，奏响和谐社会的乐章

2005年9月，荔湾区以原荔湾区和原芳村区两区合并为契机，进一步深化城市建设进程，优化南北片区格局。结合经济发展项目和市、区重大决策事项，着力推进实施区域路网项目建设；结合历史文化旅游事业的发展，着力美化城区环境；结合解决民生问题，着力完善基础设施建设。2007年，全区共实施58项市政建设项目，其中广州市立项项目38项、荔湾区立项项目20项，全年完成投资2.28亿元。2008年，荔湾区城市建设结合经济发展项目和市、区重大决策事项，围绕建设面向全国、立足广佛都市圈、服务珠三角城市群的实力城区、创新城区、魅力城区、和谐城区的发展目标，着力推进实施区域路网项目建设；结合历史文化旅游事业的发展，着力美化城区环境；结合解决民生问题，着力完善基础设施建设，共计实施了59项建设项目，全年完成投资8.9亿元。2009年，在荔湾区委、区政府的指导下，区建设和市政局以“抓机遇、抢时间、见成效”为指导思想，紧紧抓住“迎接亚运会，促进荔湾城建环境大变”这条主线，加大与广州市有关部门的沟通协调力度，向市申请并落实了城建固定资产投资金额60亿元，实施路网建设、主干道沿线整治等八大项286个基础设施建设项目，是年共完成项目76项，完成工程量21亿元。2010年，荔湾区委、区政府抓住迎亚运的契机，推动城区环境综合整治，较好完成了年初确定的各项任务。迎亚运

期间，荔湾区共实施城建项目315项，总投资达72亿元，全年完成工程量达45亿元，完成年初计划的130%，其中迎亚运人居环境综合整治项目共216项，总投资48亿元。

（二）提升交通设施、文化品位、人居环境，推动老城区新活力

党的十八大开启了深化改革新征程，掀起了城市建设新浪潮。荔湾区巩固和发挥亚运延伸效应，认真贯彻落实习近平新时代中国特色社会主义思想和“创新、协调、绿色、开放、共享”五大发展理念，发挥广州市“西联”战略中心位置优势，围绕打造国家中心城市核心功能区总体目标，协同推进传统文化商旅活化提升区、白鹅潭中央商务区、海龙科技创新区三大发展平台建设，大力发展城市基础设施建设，不断完善区内主干道网络，提高城区空间综合承载力，传承岭南历史文化风貌，有效改善城区人居环境，推动城区建设与发展迈上新台阶。

1. 加强交通基础设施建设，路网结构不断优化

完善的路网结构是一个地区发展的基本保障，荔湾区北片经过多年发展，中山路、黄沙大道、六二三路等主干道和龙津路、华贵路、多宝路等支路四通八达，路网结构相对完善；南片东连广州市中心区，西接佛山市南海区，是广佛同城的核心区，但是还存在连接广佛的过境通道不足、过江通道不够、内部组团路网不完善等基础设施薄弱问题。

找准问题，对症下药。党的十八大至今荔湾区不断加大市政道路建设力度，实施一系列新建、扩建工程，尤其是连接广佛、贯穿珠江的枢纽型、区域性交通基础设施，其中龙溪大道快速化改造、洲头咀隧道最具代表性。

龙溪大道全长约5.7千米，东起荔湾区花地大道，穿过广州环城高速，向西通过五丫口大桥直达佛山市南海区和佛山一环，大量车流通过该路段，实现广佛跨区域连通。之前龙溪大道设了多个红绿灯，水泥路面年久失修，路面坑坑洼洼，加之车流量大，导致该路段经常堵塞。为打通广佛连接通道，荔湾区作出了实施龙溪大道快速化改造工程

的决定，对五丫口大桥至广州环城高速段进行快速化改造，通过加铺沥青面层、新建人行天桥、合理取消红绿灯等措施，大大提高了龙溪大道通勤效率。该项目于2014年7月动工建设，2015年底完工通车后，广佛两地市民可通过龙溪大道快速到达广州环城高速或佛山一环，将原来二三十分钟的路程缩短至6分钟，大大提高了出行效率。

洲头咀隧道位于珠江隧道和鹤洞大桥之间，横跨珠江河道，西连荔湾区南片，东至海珠区，是打通荔湾区南片对外连接通道，缩短南片与广州市中心区通勤时间的重要通道。洲头咀隧道建成以前，来往芳村与荔湾老城主要依靠珠江大桥和珠江隧道，连接海珠区的也只有鹤洞大桥一个通道。随着城区的交通压力增长，珠江隧道和鹤洞大桥的交通量已经饱和，在高峰时期经常出现交通堵塞，严重时通过时间可达一小时。洲头咀隧道通车一年，有效地分流了大量经花地大道、芳村大道到珠江隧道、鹤洞大桥过江的车辆，极大缓解了花地大道、芳村大道、珠江隧道和鹤洞大桥的交通压力。隧道线上有一座芳村德国教堂，该教堂拥有百年历史，属于历史文化遗产，需要进行原址保护。为了确保工程顺利推进，同时又保护好教堂，经过反复研究论证，最终大胆采用了建筑平移的方式对文物建筑进行保护，既保障了工程建设，又最大限度地保护了历史文化遗产。

党的十八大至今，荔湾区还陆续完成了芳村大道南扩建工程、观涛路延长线一期等市政道路建设工程，以及黄沙大道荔湾涌桥、东南桥拆除重建和东漖大桥、沙尾大桥等桥梁加固维护工程，不仅逐步完善了城市路网结构，为市民出行提供了保障，还为城区经济社会的发展提供了有力支撑。

2. 擦亮文化品牌，再现岭南传统文化精髓

文化是一座城市的灵魂。作为老城区，荔湾历史文化资源丰富，在新一轮建设浪潮中，城市建设者把活化传统元素、再现历史文脉摆在了突出位置，提出打造“最广州”岭南文化风情区，实现文商旅融合发展的建设思路。其中，粤剧艺术博物馆继承和发展了粤剧文化和岭南传统建筑工艺，最具代表性。

粤剧艺术博物馆

粤剧艺术博物馆位于恩宁路旧城改造地块，占地面积1.71万平方米，总建筑面积约2万平方米，融艺术、展示、旅游等功能于一体，是一座岭南传统建筑园林式博物馆，体现了岭南文化特色和西关文化风情。项目于2013年底动工建设，2015年底基本完工，2016年中正式开馆。项目建设过程中多次召开研讨会，广泛听取黎子流、红线女、林兆璋等粤剧、建筑专家的建议，在传统建筑与园林院落里大量地运用木雕、砖雕、石雕、灰塑、陶塑瓦脊等高标准民间工艺。同时，创造性采用了木包钢等新工艺，既保留了木结构建筑的传统样式，又能符合现代消防规范要求，在展示粤剧这项非物质文化遗产的同时，也展示出岭南建筑的宝贵工艺技术，并对恩宁路片区的改造起到以点带面的作用。目前，紧邻粤剧艺术博物馆的永庆坊改造项目已初见成效，恩宁路片区正逐步显现出新的活力。

为进一步擦亮文化品牌，荔湾区目前正全力推进泮塘五约微改造、十三行微改造等项目，将对传统文化元素的活化起到重要作用，为文商旅融合提供发展载体。

3. 提升城市人居环境，丰富居民休闲娱乐方式

随着经济社会的发展，人民物质文化需求越来越丰富，对城市环境品质追求越来越高，向城市建设者提出了更高要求。荔湾建设者将广大市民的新需求、新期待化为新动力，一步一个脚印，不断取得城市建设新成果。

为满足人民日益增长的物质文化需求，荔湾区高度重视公共服务设施优化，实施了西郊沙滩泳场等一系列项目，着力丰富居民休闲娱乐方式。荔湾区是享誉全国的游泳之乡，始建于1930年的西郊泳场在全国游泳界颇有名声，但之前由于年代久远，存在设施陈旧、景观环境较差的问题。为了让西郊泳场焕发新活力，荔湾区实施了西郊泳场改造工程，将泳场建设成集休闲娱乐与强健身心功能于一体的场所，大型的沙滩戏水游泳池、舒适的恒温游泳池、标准的室外竞技游泳池全部在2016年底对外开放。现在，西郊泳场已经成为荔湾区居民游泳休闲的好去处。

西郊泳场

良好的城市环境品质是城市引资、引智、引技的重要因素，是居民安居乐业的前提。为进一步提升荔湾区城市环境品质，荔湾建设者积极贯彻“创新、协调、绿色、开放、共享”五大发展理念，按照“全要素、精细化、品质化”要求，2016 年 12 月完成了长堤街滨江沿岸环境综合整治微改造，将市政交通优化和城市景观品质化提升融为一体，将长堤街打造成了一个交通组织科学合理、视觉景观通透、空间形式丰富的城市环境品质提升示范路。目前，荔湾区正以示范路为蓝本，高标准、高要求推进东风西路道路景观提升工程、荔湾区重要道路景观提升工程，对东风西路、中山七路和八路、康王路、荔湾路、沙面岛、西堤二马路等进行全要素品质化提升，城市环境将得到进一步跃升。

同时，坚持以人为本，始终将群众的需求摆在第一位，围绕群众关心的问题，积极开展“城中村”安全隐患整治、路灯安装、旧城社区微改造、生活垃圾分类以及绿化美化等各项工作，居民生活环境不断改善。

二、改革开放以来荔湾区开展城市建设工作的启示

改革开放以来，尤其是党的十八大召开之后，荔湾区勇立时代潮头，艰苦奋斗，荔湾城市建设工作在克服一个个困难、解决一个个问题后取得累累硕果的同时，也积累了宝贵的经验。

（一）坚持党的领导，不断强化党建工作的引领作用

城市建设工作事关千家万户的工作、学习、生活等方方面面，党是一切工作的总指挥，因此坚持党的领导尤其重要。荔湾区委、区政府为促使荔湾城市建设工作科学、快速发展，一是准确把握每个时期荔湾经济社会发展形势，明确各个阶段发展目标，制定科学的发展战略，找准城市建设工作与经济社会发展的结合点、发力点，统筹推进城市建设工作；二是加强组织建设，重视思想政治教育、党风廉政教育，努力打造能打胜仗、作风优良的城市建设工作队伍，为城市建设工作顺利开展提

供坚实的组织保障；三是注重宣传，善于运用现代社交平台等新形式、新方法宣传城市建设工作，合理引导市民预期，争取广大市民的支持，为城市建设工作营造良好的工作氛围。

（二）积极贯彻新发展理念，破解城市建设难题

习近平总书记指出，城镇建设水平不仅关系居民生活质量，而且也是城市生命的所在。理念是行动的先导，党的十八届五中全会坚持以人民为中心的发展思想，鲜明提出“创新、协调、绿色、开放、共享”发展理念。荔湾区积极贯彻落实新发展理念，在城市建设中大胆创新，用新理念新思维破解城市建设难题，提升城市品质。一是坚持以人为本，牢记城市建设为人民，在道路景观升级改造中推广全要素、精细化、品质化，注重人的行走感受；大力实施教育、医疗等公共服务基础设施建设，为市民享受优质教育、医疗等公共服务创造条件。二是大胆创新，积极探索、推广新工艺、新技术、新材料的应用。粤剧艺术博物馆创新使用木包钢技术，既再现了传统岭南建筑元素，展现了岭南文化风采，又能符合现代消防规范要求。三是大力推进南北片区深度融合，促进珠江两岸协调发展，在城市建设过程中统筹考虑南北片区历史资源、发展所处阶段、后续发展优势。北片以活化提升、展现岭南文化为主，实施了荔枝湾升级改造、粤剧艺术博物馆等项目；南片以开发建设为主，大力开发高尔夫地块、广钢新城，全力完善开发地块市政、公共基础设施配套，为荔湾长远发展增强后劲，同时利用大坦沙岛环境优势，实施城市更新改造，引入健康产业，抢占健康产业制高点。四是大力推进旧城更新改造，改善人居环境。由政府主导，开展各类老旧社区综合整治，通过提升公共服务和市政设施，探索历史文化区保护活化，改善地区面貌，逐步实现城市功能优化，活化老城区深厚内涵。2016 年先后对恩宁路永庆片区、十三行周边地区、长堤街滨江沿岸、昌华街逢庆社区等一批老旧社区进行改造，通过改造，灰瓦重铺再撑一片晴空，青砖重筑再现一方风情，旧貌换新颜，西关建筑再次大放异彩。

（三）不断加大推进力度，确保利民项目落地生根、开花结果

万丈高楼，始于垒土。每一个建设项目都可能涉及资金、国土、规划、环评以及征地拆迁等各个方面，从启动到完工需要经过多个程序，克服许多困难。确保好的项目能落地生根，最终开花结果，是城市建设工作的重中之重。荔湾区不断加大推进力度，努力确保利民项目落地生根、开花结果。一是每年选定区重点项目，制订推进工作方案，设立督导组，定期督导项目推进情况。二是荔湾区四套班子领导挂点联系重点项目，定期听取项目汇报，及时协调项目推进过程中遇到的各类问题，促使项目顺利推进。三是荔湾区国土、规划、建设、水务、更新、各街道办事处等部门齐心协力、通力合作、形成合力，围绕区发展目标，结合自身职责，用好用活相关法律法规，共同推动重点项目建设。

（四）重视人才培养，为城市建设提供人才保障

工欲善其事，必先利其器。建设管理人才是影响城市建设水平的关键因素，适时对建设管理人才的培养和储备，为荔湾的建设发展提供人才保障。一是每年面向社会公开招聘规划建设、市政、土木、水利等专业的大学毕业生，积极引入各个专业的人才。二是定期组织业务培训，邀请资深工程师向建设管理人员讲解新设计理念、新施工工艺、新管理模式，组织专业技术人员到国内其他城市考察学习，拓宽工作思路。三是重视施工现场锻炼，安排新入职的技术人员到施工现场工作、学习，扎根基层，培养吃苦耐劳的精神，了解施工现场现状，为后续工作打下扎实基础。

习近平总书记强调："历史文化是城市的灵魂，要向爱惜自己的生命一样保护好城市历史文化遗产。"荔湾区十二届七次全会科学把握当前形势，提出打造"湾区门户、广州名片、产业高地、现代商都"，努力实现老城区新活力，推动国家中心城市核心功能区建设全面上新水平，着力建设国际大都市现代化中心城区的核心任务。荔湾建设者正围

绕区发展目标，按照区委、区政府的指示精神，撸起袖子加油干，全力推进如意坊放射线、芳村大道南快捷化改造、广佛出口放射线、广钢新城市政道路建设一期、荔湾区儿童医院、荔湾区中医院、荔湾区重要道路景观提升工程、东风西路道路景观提升工程等重大市政道路以及教育医疗等公共服务设施和一批城市环境品质化提升建设项目，奋力前行，全力以赴，力争打造一个更新更美更舒适的宜商宜居活力新城区。

回首往昔，荔湾有着丰厚的历史文化，有着历代先辈在这片土地上深耕的成果，我们收获已丰。继往开来，站在巨人的肩膀上，荔湾开展新一轮城市建设。我们继续坚持以人为本，积极贯彻落实“创新、协调、绿色、开放、共享”五大发展理念，通好渠、筑好桥、建好房、修好路。用建设新成果，推动荔湾新发展，创造荔湾新辉煌！

打赢蓝天保卫战，推进荔湾生态环境持续改善

广州市生态环境局荔湾区分局

党的十八大以来，以习近平同志为核心的党中央把生态文明建设作为统筹推进“五位一体”总体布局和协调推进“四个全面”战略布局的重要内容。积极推进国家的生态环境保护，已经并发生着历史性、转折性、全局性的变化。荔湾区把打赢蓝天保卫战作为重要抓手，先后实施“退二进三”、总量减排工程、推行清洁生产、创建“无燃煤区”、全面开展餐饮业油烟治理、实行施工工地及道路扬尘控制精细化管理、推进 VOCs（挥发性有机物）全过程治理等一系列举措，环境保护投入持续加大，环境监管水平进一步提升，各项大气污染治理得到落实并取得显著成效。

一、举全区之力，打好大气污染防治攻坚战

（一）下大力气，优化产业和能源结构

“退二进三”战略成效显著。根据产业结构调整的总体部署，广州市实施“腾笼换鸟”战略，对重点工业污染源分期分批退出中心城区。荔湾区是全市“退二”企业最多的行政区，从 2009—2015 年，区委、区政府严格按照《关于印发市区退二搬迁企业名单的通知》以及《荔湾区市区产业“退二进三”工作方案》的时限要求，加快淘汰落后产能，大力治理大气环境污染，落实完成各批次“退二”工作任务。“退

二”政策的实施，不但减少了大气、水环境污染，而且使区域产业结构得到优化，为城市腾出了发展空间，促进了荔湾区经济发展与资源环境的协调发展，取得了可喜的成绩。“十二五”期间，荔湾区累计完成减排指标数据：化学需氧量146.61吨，氨氮10.13吨，二氧化硫86.74吨，氮氧化物112.58吨；分别超额完成了广州市下达削减任务指标的311.93%、168.77%、228.26%、225.16%。

到2012年底，荔湾区先后完成第一批、第二批共28家“退二”企业的搬迁或关闭工作，28家企业中有20家属于影响环保类、8家属于危险化学品类。在推进“退二”工作过程中，荔湾区政府与相关企业积极沟通、有效协作，确保企业在搬迁或关闭期间员工得到妥善安置，社会安定平稳。2015年，荔湾区政府发布《广州市荔湾区2015年度大气污染综合防治工作计划》，并全面完成第三批“退二”企业的停业、关闭和搬迁工作。该批“退二”名单共5家企业，均为影响环保类。其中，广州美业针织印染厂有限公司已整体搬迁至珠海市，拆除了全部生产线；广州新展有机硅公司已搬迁至中山市，原厂址改为物流公司；广州安华电子责任有限公司已停止污染工艺，仅保留研发部分；广州新华线业有限公司搬迁到佛山市顺德区；广州立康制衣工业有限公司，生产工序整体搬迁至湖南浏阳，原址改作研发中心。

广州水泥厂、广州钢铁厂、百花香料厂、广船国际、珠江钢琴厂等企业的陆续转移，标志着荔湾区大型工业企业彻底完成转型，“荔湾的大工业时代，将要成为历史”。未来5年荔湾区的建设发展将以建设国家中心城市核心功能区为目标，促进市区战略布局和辖区南北片两个融合，建设传统文化商旅活化提升区、白鹅潭中心商务区、海龙科技创新区三大平台，以完善市政交通网络、实施城市更新改造、启动产业平台建设、完善公共服务配套为四大抓手的战略部署。

“无燃煤区”助推清洁能源应用。一直以来，荔湾区的能源结构都是以煤炭为主，煤炭占商品能源消费总量的70%以上。煤炭燃烧过程中放出大量的烟尘、二氧化硫、氮氧化物、一氧化碳以及悬浮颗粒等污染物。因此要从根本上解决大气污染问题，首先必须从改善能源结构入手，例如推广使用低硫煤、低硫油，使用天然气及二次能源（如煤气、液化石油气、电等），另外还应重视太阳能、风能、地热能等清洁能源的开发利用。

荔湾区建设“无燃煤区”工作通报会

有鉴于此，荔湾区委、区政府在2013年率先开展创建“无燃煤区”工作，将全区划定为禁止销售使用高污染燃料区域，以此作为整治大气环境的切入点。一是向全区发布《关于划定高污染燃料禁燃区的通告》，全区实行禁止销售、使用高污染燃料。二是制定《关于荔湾区建设无燃煤区工作方案》，区属相关部门和22条街道办事处按照职责分工，协同配合，共同推进“禁燃区”工作落实。三是完成24台工业锅炉的整治，改燃生物质或天然气等清洁能源，2014年“无燃煤区”创建完成后，荔湾区工业烟尘和二氧化硫排放量分别下降32.6%和17.3%。四是开展专项执法，加大对16个燃煤销售点和405个燃煤商户的整治力度，全区范围内基本实现无煤街道、无煤社区、无煤工业园区。2015年顺利通过“无燃煤区”的复核工作，荔湾区基本建成了清洁能源使用长效机制并不断加以完善。

（二）多措并举，完成重点行业总量减排任务

为实现可持续发展目标，运用科技进步和制度创新手段，逐步形成政府推动、市场导向、企业和公众参与的节能减排新格局。早在2004年广州市就发布了《广州市创建国家环境保护模范城市工作实施方案》，提出要着力抓好蓝天碧水工程，2007年2月广州市被正式命名为国家环保模范城市。荔湾区以此为契机，将结构减排与工程减排有机结合起来，进一步深化工业污染治理，较好完成了“十一五”“十二五”总量减排目标。

一是贯彻执行国家产业政策和环保法律法规，坚决淘汰污染严重的小水泥、小电镀等“十五小”企业。通过加大执法力度，分层次、分区域、分时段地实施停产关闭，彻底取缔污染重、能耗大、效益差的落后产能，消除其对环境空气的污染。二是加大印染、化工、医药、食品等重点行业企业的技术改造，提升行业脱硫除尘、降氮脱硝等废气污染治理水平，减少污染物排放强度和排放总量。定期检查和监测锅炉烟气达标情况，完善监管台账，对废气超标排放行为实施行政处罚。三是根据《荔湾区大气污染综合防治工作方案》，深化工业炉窑等污染治理，完成中小型工业窑炉的淘汰或清洁能源工作，确保工业窑炉完成脱硫、脱硝、除尘技术改造分别达到85%、60%、99%以上。

（三）抓细抓小，抓好源头治理

第一，突出抓好餐饮业油烟污染治理。广州素有“美食天堂”之称，西关美食更是驰名广州，荔湾拥有广州酒家、泮溪酒家、唐荔园等众多享誉中外的老字号和美食名店，餐饮业发达，且多数设置在商业繁华区和居民住宅区，在方便群众生活的同时也给污染防治带来较大的压力，油烟污染成为中心城区大气污染治理的重头戏。荔湾区在严格执行《广州市污染防治规定》的基础上，建立跨部门联合防控协作机制，努力解决影响“民生”的餐饮服务业油烟扰民问题。2011年，荔湾区在广州美食园等区域开展餐饮业综合整治试点工作并取得良好的效果。试

点工作选取了在49家饮食服务单位进行，在油烟整治方面边思考、边探索、边实践，大胆先行先试，形成了餐饮业油烟综合整治的“四个特色”。

（1）三维定位，实时监控。根据整治目标要求，在试点范围内餐饮业全部安装了油烟在线监控设备，将企业基本信息和在线监控数据通过三维地图进行定位，在地图上可以了解全部整治企业的基本情况，对不正常使用油烟设施的企业设有报警功能，通过短信平台直接将信息发送到环保监管人员手机上，方便执法人员及时责令企业进行整改处理。

（2）集中运营，提高效率。利用政府采购平台，通过采购有油烟营运资质和废油脂回收处置资质的单位，由持证单位集中运营试点区域内所有饮食业的污染防治设施，以确保油烟治理设施正常运行、达标排放。

（3）跟踪监测，科学分析。为评估运营效果，荔湾区环境监测站选定了若干餐饮业进行定期跟踪监测，通过监测不同的清洗周期来评估最佳运营时间，以确定最佳油烟清洗频次，确保油烟处理效果，减少了因设施清洗不及时而引起的污染投诉问题。

（4）倡导低碳，探索创新。在试点区域内，选定了部分条件成熟的饮食业户推行使用电磁炉灶等新型餐饮炉灶，通过试验，可减少燃气所产生的废气排放量，达到节能减排目的，为推动饮食业使用清洁能源提供范例。

继整治试点工作圆满完成后，荔湾区政府总结和借鉴试点工作的成功经验，在2012年又开展了餐饮业环保综合整治“三百工程”，即选取100家100餐位以上餐饮企业实施100%环保综合整治，并取得突破性成效，为进一步落实“民生环保”，促进荔湾经济持续发展，深化餐饮业环境长效管理，探索出行之有效的道路。到2018年6月底为止，全区所有通过环保审批的餐饮业户均安装油烟净化设施，所有大中型餐饮业户100%安装在线监控设备。

第二，抓好机动车尾气污染源头防控。机动车尾气中含有一氧化碳、氮氧化物、固体悬浮颗粒等大量空气污染物，是大气污染源中不可小觑的一部分。随着人民群众经济水平的提高，人均机动车保有量不断上升，根据广州市环境保护局公布的最新 PM2.5（细颗粒物）来源解析研究成果，广州机动车尾气源已成为仅次于工业源的第二大 PM2.5 来源，占比 16.3%，机动车尾气污染的治理迫在眉睫。

一直以来，政府致力于机动车能源改革，早在 1998 年广州就开始推广使用无铅汽油，2004 年在全市范围推行使用含硫量低于 0.05% 的车用柴油和含硫量低于 0.02% 的车用无铅汽油，有效地降低了机动车排气污染，并取得一定效果。但是要从根本上解决车辆尾气污染问题，必须开发和生产新型能源车辆（如电动车等），实施更严厉的机动车尾气排放标准（如国Ⅳ和国Ⅴ排放标准）。近年来，荔湾区政府根据上级文件的指示精神，从油、车、路三方面着手，大力整治机动车尾气污染。一是不断提高新车准入标准及车用燃油品质，提前实施机动车国Ⅴ排放标准，全面供应国Ⅴ车用燃油；二是通过实施机动车排气污染定期检车与维护制度、道路抽检执法等措施强化在用机动车尾气排放日常监管；三是通过划定黄标车限行区域、强化限行电子抓拍执法、对提前报废黄标车予以奖励等措施，促进加快淘汰黄标车。目前，机动车污染控制工作得到不断加强和完善。

第三，有力推动扬尘污染控制。扬尘污染主要分为工业粉尘、工地扬尘、道路扬尘和固废处置扬尘 4 类。在中心城区，施工工地和交通道路是扬尘控制的主要对象。荔湾区从工地源头管理、道路清扫保洁、散落物料运输管理等三方面着手，建立各部门分工协作、齐抓共管机制，综合防控辖区扬尘污染。

荔湾区作为一个老城区，人口密集，加之目前荔湾区建设正处于关键时期，建设工地分布广，扬尘污染控制工作难度陡增。为更好地减少工地扬尘污染，提高环境空气质量，荔湾区政府制定《广州市荔湾区实施扬尘污染控制管理工作方案》，由区政府牵头，组织区环境保护局、区住房建设局、区城市管理局、综合行政执法局等部门，加大对建筑工地、裸露地块的管理。一是严格落实扬尘污染防治责任，强化建筑工地、裸土道路和物料储运扬尘管理，从源头上控制工地余泥撒漏和粉尘污染；二是加强对建筑工地的日常巡查，检查区内在建工地落实“六个100%”[①]“四节一环保”[②]等措施的情况；三是对建筑工地开展扬尘排污申报和排污费征收工作，通过征收促进建设单位加强管理，减少扬尘污染排放；四是对未按规定落实扬尘防治措施的工地进行暗访并及时曝光。

城管部门和各街道落实道路扬尘精细化管控工作。加大道路洒水保洁力度，制定更高的道路保洁作业标准，改进和完善垃圾收运系统，加大资金投入，更新机械化清扫设备，提高道路机械化清扫率，减少道路扬尘污染。开展散落物料运输管理专项督导，定期组织环境保护、住房建设和城市管理部门，对工地无证排放、车辆无证运输、泥头车超载运输、沿途撒漏、乱倒乱卸等违规行为及时依法查处。

第四，大力遏制 VOCs 污染。环保部门采取网格化管理、双随机抽查的方式，对全区 VOCs 排放企业和加油站进行专项执法检查、监测，督促、指导有关企业加强对 VOCs 治理设施及油气回收系统的维护保养和规范使用，确保废气治理设施正常运行。由于工作抓得严抓得早，全区 VOCs 污染基本得到遏制。

二、正视困难，破解环境空气治理存在难题

虽然我们近年来在空气整治方面干了大量的工作，环境空气质量改善成效有目共睹，但全市 PM2.5 和二氧化氮年均浓度尚未达到国家标准，臭氧浓度超标问题日益突出，空气质量的改善仍有较大空间。研究结果表明，广州市 2016 年度 PM2.5 来源占比最大的是燃煤源，占 19.9%；其次是机动车尾气源，占 16.3%；生物质燃烧源和农业面源占比相当，均为 10.1%；其他源合计占 43.6%。其中机动车尾气源、工业

---

① 指施工工地周边 100% 围挡，物料堆放 100% 覆盖，出入车辆 100% 冲洗，施工现场地面 100% 硬化，拆迁工地 100% 湿法作业，渣土车辆 100% 密闭运输。

② 指节能、节地、节水、节材，环境保护。

工艺源和生活面源是中心城区主要的空气污染源。荔湾区的空气污染状况与广州市总体情况相像，受区位条件和气候因素影响，荔湾区机动车尾气、扬尘、油烟污染较为突出。

一是受区位条件影响，空气质量的改善仍较脆弱。荔湾区位于广佛之心，西部与佛山市接壤；广佛两大经济体污染物排放量大，扩散条件较差，因此荔湾区常年处于污染气团叠加区域。

二是机动车保有量提高，汽车排气污染仍旧严重。近年来，全市通过大力淘汰黄标车等措施持续推进机动车污染控制，但机动车保有量仍呈上升趋势；且外地车本地化使用问题日显突出，据有关部门不完全统计，外地在广州市常用的中小客车约30万辆。

三是扬尘污染控制还需深化管理。随着众多大型工矿企业“退二”，荔湾区南片区的开发楼盘如雨后春笋般不断涌现，尤其是广钢地块，建筑面积高达200多万平方米，但与广东省实验中学空气质量自动监测站的直线距离不足2千米，众多施工工地扬尘对监测数据的影响波动较大。另外，道路扬尘也对PM10（可吸入颗粒物）浓度有较大“贡献”。

三、深入推进空气污染的防治对策

荔湾区始终坚持以习近平新时代中国特色社会主义思想为指导，加快转型升级，持续推进绿色生态建设，继续从“减煤”“控车”“降尘”“少油烟”等多个方面推进大气污染综合防治工作，努力改善大气环境质量，全力保障群众环境权益。

（一）创新环境监管模式，实施污染防控精细化管理

荔湾区将改善环境空气质量作为重中之重的工作来抓，借鉴中央环保督察的工作模式，创新环境管理模式，运用“街道+”平台，将区环境保护局、区住房建设局、区城市管理局、综合行政执法局等部门的执法监管力量整合起来，落实到大气污染防治措施上，常态化开展专项整治行动，提升环境监管效力。认真落实《中共广州市荔湾区委　广州

市荔湾区人民政府关于深化环境监督工作的实施意见》中的有关环保责任，推进环境保护三级监管网络建设，设立街道专兼职环境保护监督检查员，构建区、街、经济联社立体环保监管体系，形成职能部门与各街道（联社）上下联动、齐抓共管、协调配合的环境保护工作机制，进一步提升环境风险防范水平。健全环境隐患排查制度，及时消除本辖区的安全隐患，加快对无牌无证等“小散乱污”企业的摸查和清理整顿，强化日常执法巡查力度，严控污染小作坊落地，从源头上把好关。

（二）巩固“无燃煤区”成效，挖掘能源结构优化潜力

继续巩固工业燃煤污染整治成效，当前全区24台工业锅炉都改燃烧生物质燃料或天然气等清洁能源，加强锅炉日常监管，完善监管台账，定期检查和监测锅炉烟气达标情况，对超标排放行为实施行政处罚。建立科学的管理体系，从源头上构建城市社会经济发展与大气环境保护相协调的基本格局。荔湾区发展和改革局、区科工商信局等部门牵头，按照广州市供给侧机构性改革总体工作部署，制定实施更严格的落后产能淘汰标准，加快推进荔湾区产业结构优化升级，保持燃煤消耗量负增长，提高清洁能源和可再生能源的消费比重。

（三）多部门联手“治气”，共同改善空气质量

施工工地数量增加，交通道路临时改道，造成大型货车流量增加、交通堵塞情况加重，这些对空气污染有直接关联。住房建设、城市管理、交通、公安等部门进一步加强施工工地管理，优化道路交通管理，舒缓交通堵塞，减轻机动车尾气污染排放。一是区住房建设部门牵头，加强施工工地扬尘污染控制。强化巡查制度，确保在建工地落实“六个100%”文明施工措施，积极推广喷雾降尘新技术，工地在出泥阶段安装喷雾降尘系统，在主体建筑阶段实施密闭系统施工，在工地内道路和出口配备道路喷雾系统，严格落实各项扬尘防控措施。二是区城市管理部门牵头，加强道路扬尘污染控制。加大环卫设施建设力度，在常态化作业的基础上，落实夜间市政道路的冲洗工作。增加城区主次干道洒水

频率，加大路面清扫保洁力度，及时清理路面尘土和垃圾，做到日产日清，不留死角。三是区综合行政执法部门牵头，加强对工地泥头车管控。严格落实“一不准进、三不准出”[①]的原则，一经发现违章排放，坚决予以严处。常态化开展路面联合查车行动，禁止出现物料运输沿途泄漏、散落或飞扬现象。四是交通管理部门加快液化石油气汽车的电动化治理，以及对加强大型公交站场的管理，采取如停车熄火等措施，以减少氮氧化物的排放，从而降低其对城区空气质量的影响。五是交警部门牵头，加强机动车排气管理。优化交通信号灯设置，减少拥堵现象，

在穗盐路设点进行汽车尾气监测

进一步加强对黄标车的查控力度。

（四）抓好 VOCs 污染防控，开展油气排放监管

一是建立并完善 VOCs 排放源清单，按照“一企一方案”原则对 VOCs 排放重点企业实施全过程治理，削减臭氧生成前体物。在建设治

① 指无广州市建筑垃圾准运证的车辆坚决不准进入建筑工地；超载、无遮盖、未冲洗干净车轮和车身的车辆，坚决不准驶出工地。

理示范点基础上推广 VOCs 整治经验，从技术和经济角度提出解决方案和服务模式，强化 VOCs 企业监督性监测，大力推进 VOCs 防治工作。二是针对臭氧问题，全面推进 22 家加油站储油库油气回收系统的评估整改工作，定期进行监督执法监察，开展油气排放监督性监测，巩固油气回收治理成果。

（五）加强餐饮业污染整治，减少油烟排放

依据广州市人民政府办公厅《关于全面推进餐饮业环境管理进一步强化污染综合整治的意见》有关精神，紧扣民生热点，集中力量，以重点敏感区域、重点被投诉企业、重点机团单位等“三个重点”为切入点，全面推进餐饮业污染扰民综合整治。全方位提升餐饮企业规范管理水平，促使餐饮业环境污染投诉量逐年下降、群众满意率逐年增加。一是完成餐饮业户餐饮业排污许可证核发。对纳入监管范围的餐饮业户

开展餐饮业污染综合整治专项行动

做好餐饮业排污许可证核发和换证工作，对未持有排污许可证的要及时采取责令整改、行政处罚等措施加以规范和完善。二是督促排放油烟的餐饮业户按照规定安装油烟高效净化设施。所有油烟产生的餐饮业户100%安装油烟净化设施，所有大中型餐饮业户100%安装在线监控设备。鼓励位于环境敏感区、低空排放且引起油烟污染投诉的餐饮业户安装油烟异味处理设施。在线监控、在线监测设施均须与辖区环保部门联网。三是继续加强对环境空气质量自动监测站周边机团单位厨房的油烟治理，根据实际情况，适当安排专项资金，支持学校、社区服务中心和机关单位饭堂油烟治理改造。

（六）加大空气质量监测站周边的环境整治

进一步加强“国控点”周边道路、工地扬尘、餐饮等污染源的管理，加强扬尘污染防控，加大对施工工地的扬尘污染防治力度，督促各工地配置使用喷雾洒水降尘设施等防治措施，提高主次干道洒水保洁和机械化清扫频次，在区辖内探索试用可移动式喷雾降尘设备（也称雾炮车），对重点路段、重点区域实施喷雾降尘，争取保持良好的环境空气质量。

优化道路公交站点和交通信号灯设置，在上下班高峰期加强对环境空气质量自动监测站周边的交通管控，减少拥堵现象，进一步加强对黄标车的查控力度。配合广州市环境保护局加强对广州发电厂的日常排放监管，督促其完成超洁净排放改造的燃煤机组稳定达到燃气机组排放水平。

（七）做好环境空气质量监测和分析研判工作

加密环境质量分析报告发布频率，从以往的每季一报变更为每月一报。通过对空气质量自动监测站监测数据进行统计分析，掌握全区环境空气质量现状和趋势。环保部门加强对天气和环境空气质量变化形势的研判，及时做好预报预警，组织荔湾区各相关职能部门按照气象变化规律实施有针对性的大气污染控制措施，减少轻度以上污染天数。

习近平总书记强调，要自觉把经济社会发展同生态文明建设统筹起来，充分发挥党的领导和中国社会主义制度能够集中力量办大事的政治优势，充分利用改革开放 40 年来积累的坚实物质基础，加大力度推进生态文明建设、解决生态环境问题，坚决打好污染防治攻坚战，推动中国生态文明建设迈上新台阶。荔湾区将认真学习贯彻习近平总书记关于生态文明建设的重要讲话精神，一如既往坚定大气污染防治信心，持续推进生态文明建设，努力在全面建成小康社会、加快建设社会主义现代化新征程上走在前列上作出积极贡献。

党建引领下的茶滘街“城中村”改造

茶滘街

茶滘街地处白鹅潭经济圈，毗邻佛山市南海区，具备融入“中心商务区发展平台”和“广佛同城合作示范区”先天优势。为更好地借力荔湾区的新一轮发展，打造宜居宜业新茶滘，茶滘街党工委坚持加强党的领导，以基层党组织建设为抓手，建强经济联社党组织班子和党员干部队伍，实施“党建+城中村改造”模式，稳妥推进茶滘街“城中村”改造工作。

一、茶滘街“城中村”改造工作的开展

在广州市荔湾区62.4平方千米范围内，分布着21个“城中村”。从2001年开始，广州市政府开始推动“城中村”改造。当时政府在全市138个“城中村”中选中了7个有代表性的“城中村”进行改造试点。其中包括当时芳村地区的茶滘村，但由于政府不直接参与投资，同时也没有房地产公司介入，致使“城中村”改造停滞不前。茶滘经济联社地处广州市西南端，面积0.58平方千米，人口1686人，股民人数1154人，股数20090股。联社与葵蓬、花地、坑口和东漖村接壤，内有花地河、茶滘涌流经，花地大道、东漖北路、花蕾路、浣花路等多条主干道分布其中，地铁1号线花地湾站和多条公共交通线路连接市中心，是交通便利和商业繁华的地带。到2009年，广州市出台《关于加快推进“三旧”改造工作的意见》，为茶滘地区“城中村”改造带来一次重要的机遇。

2009年6月，经广州市政府批准，茶滘“城中村”改造工作正式

茶滘村召开动迁工作例会

启动。根据市“三旧”改造政策关于优先保障复建安置房和公建配套设施建设的要求，以茶滘村原有的 7 个自然村为单位，采取整体规划、分期拆迁、分期建设、全面改造的模式完成改造，总体上分两期分地块进行改造建设。

（一）整体规划阶段

2009 年 10 月，广州市规划局《关于茶滘“城中村”改造修建性详细规划总平面方案意见的复函》，原则同意茶滘“城中村”整体规划：项目总用地面积为 58 万平方米，总建筑面积为 167 万平方米。其中公建配套面积为 5.68 万平方米，保留面积为 9.46 万平方米，住宅面积为 96.28 万平方米，商业面积为 55.57 万平方米。商业面积主要沿东漖北路和茶滘路规划建设，配合花地河东岸电子商务聚集区的规划，从茶滘路沿线调拨 5 万平方米至花地河沿岸搞商业建设。

（二）分期拆迁、分期建设阶段

根据广州市“三旧”改造工作办公室关于先行启动住宅复建安置地

块改造工作并同步启动地块内配套公共项目的要求，茶滘“城中村”改造分两期进行拆迁、建设。第一期改造用地总面积259020平方米，包括汾水旧村等18个地块；第二期改造用地总面积101348平方米，包括大田北等10个地块。在荔湾区委、区政府及相关职能部门的大力支持和具体指导下，茶滘“城中村”改造按计划稳步推进。截至2017年4月，各项工作进展如下：

1. 茶滘“城中村”改造分期拆迁进程

分期拆迁工作自2010年11月启动，荔湾区政府先后发出拆迁公告，由茶滘经济联社实施拆迁。动迁工作扎实推进，已开展动迁和正在动迁拆迁的有10个地块（1、2、4、8A、12A、14、15、16B、16C、16D），涉及600余户，拆迁面积为11万平方米，占整体拆迁面积的20%。

2. 茶滘“城中村”改造分期建设情况

（1）首个安置房项目“汾水花园”已于2013年竣工验收并交付使用。该项目于2010年8月正式动工，是茶滘“城中村”改造第一个动工建设的项目，同时也是荔湾区政府旧城改造安置项目和茶滘“城中村”改造村民安置项目。项目占地面积为3.3万平方米，总建筑面积为13.9万平方米，共9栋高层住宅，安置房1646套。其中第1栋住宅1.1万平方米、裙楼商业6300平方米用作融资；第2～6栋约6.1万平方米住宅用于区旧城改造安置；第7～9栋约3.97万平方米住宅安置茶滘“城中村”改造的拆迁户。

（2）4号地块项目“欣悦湾”已于2016年12月竣工。该项目属茶滘“城中村”改造第一个融资地块，于2014年5月正式动工，占地面积为1.5万平方米，建筑面积7.9万平方米。其中4–1栋用于村民安置，提供安置房126套；满足村民安置面积后，其余3栋用于融资，有住宅4万平方米、商业1608平方米可售，预计销售收入逾10亿元，产生税收过亿元。

（3）有7个地块正有序推进，总面积近20万平方米。其中安置地块3个（8A、16B、1号），建筑面积约12.1万平方米，可提供安置房约 900 套；融资地块 1 个（12A），建筑面积约 4.1 万平方米；公建配套地块 2 个（19a、20A），为垃圾压缩站和变电站，建筑面积约 2800 平方米；联社集体物业综合楼项目（1 号），建筑面积约 3.3 万平方米。

二、茶滘街“城中村”改造的初步成效

2017 年底，茶滘“城中村”改造累计完成动迁 550 户，占整个改造计划的 30%；建设复建安置面积 23.2 万平方米，占整个改造计划的 15%；累计建设融资面积 9.5 万平方米，占整个改造计划的 6%。主要成效有：

一是改善了人居环境，为营造“干净整洁、平安有序”的城市环境奠定坚实基础。经过各级党委、政府和相关职能部门的不懈努力和共同推进，茶滘“城中村”改造项目先后落成，宜居宜业新茶滘的雏形逐渐出现。茶滘街彻底解决了“城中村”脏乱差、消防隐患多等突出问题，改善了人居环境，村民喜迁到带有物业管理的高层小区，越来越多的村民看到了“城中村”改造所带来的好处，纷纷看好改造前景，改造热情也逐渐升高，为全面完成旧城改造奠定了良好的群众基础。

二是促进了土地集约利用，提升村民和集体物业价值。改造后，村民原有 4 层以下宅基地物业，变成了高端的商品房物业；原先比较分散、破旧、低矮的联社集体物业，改造后成为高端、集中的整栋物业或小区裙楼物业。改造后的物业不但能上市交易、抵押，而且无论是价值还是租金均有了大幅提高。

三是拓展了发展空间，促进经济可持续发展。通过改造，联社新增了一批高端产业载体，做好招商策划，争取引进高端服务业、电子商务企业总部，形成花地河茶滘段金融服务、科技服务、商务服务、电子商务聚集带，促进原有产业层次散、小，经济效益低的村级经济转型升级。

四是优化了公共服务，构建平安幸福港湾。改造实施后，将提供建筑面积为 5.68 万平方米的公共服务设施，主要包括街道办事处、社区

服务中心、派出所、居委会、残疾人康复中心、老年人服务中心、居民健身设施、文化活动中心、社区卫生服务中心、幼儿园、小学和中学、肉菜市场等。2017年，已交付了社区卫生服务中心、居委会、老年人服务中心各一处。日趋完善的公共服务网络体系，让群众生活更加便捷幸福，共享经济社会发展成果。

三、突出党建引领，稳妥推进“城中村”改造

在实施“城中村”改造的过程中，茶滘街党工委坚持以经济联社党支部为核心，以党建引领为先导，以村民群众利益为根本，注重发挥好基层党组织的战斗堡垒作用、党员的先锋模范作用和领导干部骨干的带头作用，稳妥推进茶滘“城中村”改造。

（一）坚持支部当家，发挥好党组织统领全局作用

为保证“城中村”改造工作稳妥推进，茶滘街党工委在多方了解、深入调查、反复研究的基础上制定了两条原则。一是提出了“一要两坚持三不”的总体原则，即要让村民成为最大的受益者，坚持阳光改造、坚持和谐改造，不搞个人独断、不准私下交易、不得暗箱操作，为茶滘“城中村”改造把准了方向。二是明确了“支部当家、村民作主、联社落实”的实施原则，对改造方案、拆迁补偿、回迁安置等各重大事项始终坚持党支部领导、集体研究、投票表决、会议决定，保证改造工作的合法性、民主性、可行性。

（二）坚持选好班子，发挥好党组织政治核心作用

茶滘“城中村”改造工作时间跨度大，到2017年6月为止，联社领导班子经历了3次换届选举。为选好配强班子，确保改造工作的稳定性和延续性，街道党工委高度重视，多措并举，顺利完成历次换届选举工作。一是强化领导，由街道党政主要领导亲自挂帅，强化责任落实。成立换届工作领导小组，严格贯彻国家法律法规和党内法规，严肃换届

纪律；严格选举程序，依法依规、有序推进换届选举各个环节的工作，为选举打下坚实的工作基础。二是广泛宣传发动，运用街道、社区宣传阵地，广泛宣传政策法规和换届纪律。印发换届选举宣传横幅，通过召开党员群众座谈会等，听取群众意见，发动群众参与，营造换届选举良好氛围。三是强化依法办事，严格程序，严肃纪律。对选举工作的全过程认真把关和监督，驻点干部深入联社全程对换届选举工作进行指导监督，确保选举程序严密周到，人员分工精细到位，选举工作平稳有序推进。四是明确目标，要求新任班子团结协作、敢于担当、真抓实干、干净干事。不断加强组织、制度、作风建设，大力促进集体经济蓬勃发展，更好地服务民生，推进联社各项事业稳步前进。

（三）坚持党建引领，发挥好党组织思想引导作用

改造启动前，由于对相关政策和实施方案理解不到位，联社党员、群众存在观望、顾虑情绪，思想不够统一。针对这一情况，茶滘街党工委牵头，指导支部班子做好党员群众的思想工作，统一思想、形成共识、凝聚人心，为联社开展改造工作做好充分的思想准备和组织准备。一是定期召开党员大会和股东代表大会，围绕广州市委完善“农转居”和“城中村”改造决策、荔湾区委“统一规范、一社一策”战略部署，与全体党员分析形势大局。二是围绕“三严三实”①“四个服从”②，与全体党员重申组织纪律，就拆迁方案达成共识、形成合力，要求全体党员坚决拥护支部决定，为联社顺利开展改造工作提供组织保障。三是班子成员分头上门走访、宣读政策，特别是发动有威望的老党员、老村干部开展谈心谈话，做通部分党员的思想工作，表明支部的决心，消除他们的疑虑，增强他们对搞好“城中村”改造的信心。

---

①　“三严三实”：即严以修身、严以用权、严以律己，又谋事要实、创业要实、做人要实。

②　“四个服从”：党员个人服从党的组织，少数服从多数，下级组织服从上级组织，全党各个组织和全体党员服从党的全国代表大会和中央委员会。

（四）坚持公开透明，发挥好党组织民主决策作用

茶滘街党工委建立落实“四议两公开”[①]制度，实行重大事项集体决策。凡出台与群众切身利益相关的决策，包括拆迁程序、安置办法、补偿标准等，必须在全面调查研究和广泛征求群众意见的基础上，严格按照“联社党总支部提议、联社两委商议、党员大会审议、股东代表大会决议”4个程序进行决策。公开、民主、科学的决策，充分体现了群众的利益诉求，大大提高了决策的执行力，为稳妥推进“城中村”改造奠定扎实基础。

（五）坚持宣传引导，发挥好党组织凝聚人心作用

总结前期“城中村”改造项目的经验，开展动迁工作的难度最大。究其缘由，不是村民不想拆，而是怕拆得不公，怕损害自己的权益，因而产生抗拒心理。消除村民疑虑、增强村民信心成为拆迁工作的突破口。街道党工委从多方入手，形成强大的舆论宣传攻势，进行深入广泛的思想动员，将宣传政策、消除疑虑、引导群众的工作落到实处，为动迁工作的顺利开展铺开了道路。一是召开联社全体党员大会及股东代表大会，区政府领导到现场进行动员，街道党工委和联社班子就“城中村”改造工作进行宣传和解释，让村民感受到上下同心、共同推进“城中村”改造的力度和决心。二是通过有线广播、张贴标语、逐户派发资料、制作门户网站宣传版面和开设改造规划展厅等多种形式展开宣传，做好思想发动，让村民明白“早拆迁、早安置、早受益”和“拆得越快、成本越低、获利越大”的道理。三是确保拆迁工作公平公正、公开透明。由联社聘请第三方专业队伍负责拆迁面积测量工作，测量结果进行公示；分批对已拆迁村民的补偿情况张贴公布，尤其前期将村干部的补偿情况进行公布，接受全体村民的监督。四是针对个别不同意见人员在

---

① 指党支部会提议、“两委”会商议、党员大会审议、村民代表会议或村民会议决议，决议公开、实施结果公开。

社会上发布不实言论，联社快速反应，向全体村民发出《茶滘经济联社致全体股民的一封信》，进行辟谣和宣传解释，维持改造工作的稳定局面。五是定期将上级政府的通知、公告和改造涉及的相关证照进行现场公布，按照相关规定需办理公证手续的一律严格执行，保障了村民的知情权，赢得了村民的信任。

（六）坚持村民为本，发挥好党组织联系群众作用

茶滘街党工委坚持一手促改造、一手保稳定，把维护村民的权益作为工作的重点，想方设法解决村民在改造过程中遇到的困难和问题，让村民真切地感受到党组织的温暖，增强村民对党组织的认同，稳妥推进改造工作。通过成立专项工作组，定期走访村民，沟通改造工作情况，收集意见和建议，排除不稳定因素；出席联社召开的党员大会和股东代表大会，指导改造工作开展。街道和联社发动党员、志愿者成立后勤保障组，负责搜集房源、联系搬屋公司、调配车辆、帮助搬迁等工作，解决部分村民搬迁过渡的问题；针对部分村民存在的土地、产权历史遗留问题，组织有威望的老党员、老干部组成纠纷调解组，帮助调处家庭矛盾、邻里矛盾，维护了村内的和谐稳定。

荔湾区挂点领导到茶滘经济联社指导“城中村”改造工作

四、茶滘街“城中村”改造工作的经验启示

在荔湾区委、区政府的领导下，在区相关职能部门的指导下，茶滘街把握城市更新的历史性机遇，主动作为、敢于担当，以“城中村”改造为抓手，改善人居环境，拓展发展空间，推动经济转型升级，促进地区均衡发展，提升居民幸福感。总结这几年的工作，主要经验体会有：

一是必须始终坚持党的领导。茶滘“城中村”改造既是民生工程，又是城市更新和发展经济的建设项目，涉及面广、工作量大、时间跨度长，必须始终坚持和加强党的领导，发挥基层党组织的领导核心作用。街道党工委发挥牵头抓总的作用，通过荔湾区委选派的经济联社党组织第一书记示范带动，重点抓好联社班子建设以及“城中村”改造各个环节的审核把关、民主程序和决策过程的监督、建设进度和资金监管；经济联社党组织发挥战斗堡垒作用，带领党员干部围绕既定目标，全力抓好工作落实。

二是始终坚持从维护群众根本利益出发。“城中村”改造，说到底是联社集体利益和村民个人利益的一次再分配。为此，从一开始，街道和联社就始终把维护集体和个人合法利益作为出发点，广泛听取党员群众意见，认真履行决策民主程序，发动群众参与全程监督，强化监管和信息公开，真正把群众利益落实到“城中村”改造各个环节中，让群众满意，使群众支持。

三是始终坚持依法依规。“城中村”改造涉及国土、规划、建设、拆迁多个方面的法律法规，市、区又出台了系列配套政策。因此，一直以来，街道和联社坚持依法办事，严格在政策法规框架内推进各个环节的工作，切实做到法定程序不变通、规定步骤不减少，整个过程规范、公开、透明，确保各项工作不留死角。

四是始终坚持把维护稳定摆在突出位置。“城中村”改造政策性强、涉及面广、耗时长、投入大，稍有某个环节出现问题，就可能导致群体事件，引发社会不稳定。为此，街道多管齐下：组建宣讲小组入户开展

政策宣传解读；街道和联社班子成员入户加强与持不同意见社员的沟通协商，化解矛盾，融合不同意见群体；建立常态化不稳定因素排查调处机制。多措并举，有力地促进了社会稳定，为改造工作开展创造有利的条件。

五是始终坚持争取上级支持。茶滘联社作为全市首批“城中村”改造单位，基本没有可以借鉴的经验，加上前期相关配套政策有所滞后，在推进过程中确实遇到不少困难。为了少走弯路，街道紧紧依靠荔湾区委、区政府和区相关职能部门，积极争取上级支持，定期向区委、区政府请示汇报工作，加强与区内职能部门的沟通协调，及时解决推进过程中遇到的困难，努力促进改造工作提速增效。

茶滘街“城中村”改造工作的实施，对于提高土地集约化利用程度、改善城市面貌、提升城市品位、提高居民生活质量、完善产业结构等方面具有重要意义。在拆迁过程中，茶滘街党工委和相关职能部门积极维护广大村民的利益，解决好改造过程中面临的相关问题，推动了茶滘街“城中村”改造工作的顺利完成。茶滘街党工委也会继续从“城中村”改造工作推进中学习有益经验，并将在今后继续沿用，不断探索优化，打造宜居宜业新茶滘。

荔湾会客厅——沙面

沙面街

沙面，江畔明珠，近代史之窗，有着独特的历史。19 世纪中叶被辟为英法租界，经历百年重归人民怀抱。

一直以来，沙面的建设发展备受社会各界关注。在广东省、广州市、荔湾区的关心和指导下，沙面街积极推进沙面岛的各项建设工作，逐步致力于把沙面打造成为汇集商务、旅游、文化、休闲、美食等多元素的广州会客厅，礼迎八方宾客。

一、留住城市记忆，科学保护利用沙面文物

沙面曾是全国唯一的租界人工岛，有 10 多个国家在沙面设立领事馆，9 家外国银行、40 多家洋行在沙面经营，粤海关会所、广州俱乐部等在沙面成立。沙面，是旧中国半殖民地半封建及广州人民反帝斗争的历史见证，也是西方近代建筑艺术输入中国的一个重要窗口。全岛建筑面积约 40 万平方米，共约 300 栋，其中有 150 多座（处）欧洲风格建筑，53 座（处）为国家重点文物保护建筑，特色突出的新巴洛克式、仿哥特式、券廊式、新古典式及中西合璧风格建筑，是广州最具异国情调的欧洲建筑群。

一直以来，社会各界对沙面这一历史文化遗产给予了高度关注和保护。1959 年，周恩来总理视察沙面时指示："要妥善保护建筑，保护原貌，作为半殖民地的历史见证。"其间，为更好地开展沙面地区的规划设计，对其进行集中管理整治，曾分别于 1959 年、1984 年相继成立了

由当时广州市市长朱光任主任的沙面整理委员会和由赖竹岩、石安海、戴治国等市领导兼任主任的沙面地区管理委员会等特殊管理机构。目前，沙面由荔湾区沙面街道办事处管理地区社会行政事务。同时，沙面街在广州市文物部门指导下，履行国家重点文物建筑群保护职责；并受市有关部门委托，管理沙面直管公房，其中包括多栋重点文物建筑。

历年来，各级政府通过多层次、多维度的制度建设，为沙面文物保护工作提供制度支撑。1984 年，广州市政府发布《关于加强沙面地区管理的通告》，以加强沙面地区的治安、交通及基础设施的统一管理。

1985 年，广州市政府颁布广州市首批古树名木 209 株，其中分布于沙面的就有 102 株，占一半以上；1995 年，颁布第二批古树名木，沙面又占 56 株。1986 年，市政府颁布《关于沙面地区管理暂行规定》，对沙面户籍、交通、绿化、城市维护等管理工作作出规定。1992 年，市政府将沙面列为文物保护区。1996 年，沙面建筑群被国务院列为全国重点文物保护单位。2007 年，荔湾区会同广州市文化局、市国土房管局共同制定《关于加强沙面地区文物建筑管理工作的试行办法》，落实市、区、街三级联动工作机制，加强沙面文物建筑的保护。2010 年，通过广州市规划委员会审议和市政府审批，由市规划局公布实施《沙面历史文化保护区保护规划（详细规划）》，明确了沙面历史文化保护区的保护范围、保护要求及保护目标等要素，提出在维护旧城传统风貌特色的前提下，逐步外迁人口、降低密度，以改善人居环境和优化功能。

二、乘亚运之风，建设高品质沙面欧陆风情区

2009—2010 年，沙面充分利用亚运会契机，全力投入以文物保护为核心的沙面迎亚运环境综合整治工程，夯实打造广州会客厅的基础工程。

此次整治工程是广州迎亚运的重点项目之一。设计理念为“六位一体”。一是文物房建筑立面修旧如旧，不是“穿衣戴帽”，而是露出真容。二是创设防洪花堤：沿岸塑花堤，水患渐远离。三是和谐三维视角：全

岛全覆盖整治，登高鸟瞰，环岛周游，平视细看，量身定做，置身和谐。四是独特绿化景观：百年古树衬映，千米主题花街。五是光亮设计：流光溢彩，自然柔和。六是环岛 SMA[①] 沥青路，内街罗马石铺装。

沙面街注重依靠文物专家，对文物建筑主要进行保养性维护，采用高标准的保护性修复的设计、工艺和材料，建筑外立面统一实行“卸妆复容”，恢复建筑物的原色和原有的外廊、“牛角”等建筑特色。对此，沙面街坚持公开、公正、公平的原则，对全岛整治的设计和施工工程均依法执行公开招投标程序产生。工程设计由具有文物保护设计甲级、建筑设计甲级、园林绿化甲级以及市政道路丙级资质组成的设计单位联合体组织开展；施工由具有文物保护工程施工一级资质和园林古建筑施工一级资质的公司组织实施，文物部分施工由著名文物保护专家汤国华教授全程负责。其中负责沙面文物修缮的汤国华教授获得法国政府颁发的“法国艺术与文学勋章一级骑士勋位”；沙面海关“红楼”获得国家文物局颁发广州海关红楼“修缮工程验收优秀”奖。整治工作中的文物保护做法获得了广州市文化局的肯定，市文化局致函沙面街予以鼓励支持，并在全市文物保护工作大会上予以推广。

沙面粤海关俱乐部（红楼）

沙面街针对沙面实际情况，致力于治理水患，确保文物安全。沙面岛堤高内洼，沙基涌连通珠江，中雨即多内涝，江水常

① SMA，是一种新型的沥青混合料结构，起源于20世纪60年代的德国。

漫堤而来，远在1915年，近至2008年，历经多次全岛水淹，严重危害人民生活和文物安全。我们不断致力完善，充分利用亚运契机，重点根治水患，把迎亚运环境综合整治工程中雨污分流、三线下地和自来水管改造等工程作为民生工程来抓，配合荔湾区建设、区农水部门，通过雨污分流，彻底扭转沙面内涝问题，创设防洪花堤，抵御江水侵入，实现了环境优化与民生工程的两结合，实实在在为居民办实事和办好事。近年来，注重设施维护升级，形成长效机制，数十次成功抵御了暴雨洪峰的考验。2013年8月，强台风“尤特”来袭，珠江流域面临“暴雨、洪水、天文大潮”三大夹击，水位涨至8年来最高点，媒体预测沙面将成“水面”。沙面街启动应急预案，有效利用防洪花堤堵隔珠江水位，没有发生水漫沙面岛的情况；积极联系并在荔湾区水务部门的大力支持下，通过相关技术性措施，对少量的珠江水倒灌现象进一步予以消解。《羊城晚报》对此作了《珠江涨水八年最高，花基“锁岛”成功护卫》的专题报道，人民群众对防洪举措和成就给予充分肯定，文物安全增添根本依托。

在工作中，沙面街着重抓好三方面：一是加强作风建设，将作风建设贯穿于整治工程之中。严格要求进场施工的工程队必须文明和安全施工，便民利民、尽量少扰民，科学合理地安排工程的工期和进度，在组织施工过程中尽量避免出现“拉链路”反复开挖的现象。二是建立群众意见收集反馈工作机制。注意收集施工过程中工地周边群众的意见和建议，对群众反映的问题及时进行处理并反馈，群众满意度高。如沙面南街整治工程实施至完成，群众对工程零投诉。三是加强宣传，为推进整治工程营造良好的氛围。在工程实施过程中，在社区居民中广泛宣传整治工程的目的和意义，得到辖区单位及居民群众的支持和理解，其中辖内的广东省外事办公室、天主教堂等相关单位，积极自筹资金1.13亿元，对自用的房屋进行修复、整治和美化，形成全社会共同参与的良好局面。

在整治工程中，沙面街着力做好“五个监督”：一是法律监督。沙面街在广州市首创聘请专职律师团队，担任迎亚运专项法律顾问，对工程各类合同文书进行审查监督。二是行政监督。整治工程的各个程序环节报送市、区有关部门审查备案。三是媒体监督。定期通过文物专家向新闻媒体及社会公布整治工作的进展情况，电视、报纸等各大媒体前后进行了35次的报道，获得了一致的好评。四是群众监督。先后组织了共1万多份征求意见书，发送到社区群众中征求意见。五是专家监督。根据文物保护法，此次综合整治工作中对文物建筑主要进行保养性维护，上报文物部门审批。文物部门对此高度重视，积极支持，多次组织专家进行会审，整治效果赢得各界肯定并在全市推广。

通过迎亚运环境综合整治工程，沙面的文物建筑保护工作被誉为“清水出芙蓉，天然去雕饰”，水患渐告远离，沙面迎亚运环境综合整治工程既美化了沙面环境，又解决了沙面易犯内涝的百年难题，实现了环境优化与民生工程的两结合，赢得各方称誉。

三、因势利导，赋予沙面历史蕴含的全新活力

在迎亚运环境综合整治工程成功的基础上，在市、区统一部署下，沙面街进一步培育沙面文化休闲氛围，展示沙面特有的中西合璧文化内涵，注重多层次、常态化地打造专属于沙面的文化氛围，让遍布全岛的国家重点文物建筑、交融的中西文化、独特的人文景观成为沙面最大的资源与魅力所在。

根据“政府主导、妥善安置、抽疏人口、改善环境、保护文化”的原则，沙面的整体保护与开发利用坚持与具有欧陆风格的文物建筑结合起来，与商务旅游和推广广州的城市形象结合起来，与加强城市管理、提高城市管理水平结合起来，与保护文化、建设历史文化名城结合起来，与加强地区城市基础设施结合起来，按照“修旧如旧、建新如故”的办法，通过对历史文物的保护以及欧陆文化风情的传承，借鉴国际先进理念，进行主题品牌设计，将沙面打造成具有欧陆风情特色的多元化商务文化旅游区。

沙面街对沙面全岛交通标志、户外灯饰、步行区域路面等硬件设施

进行了升级改造，在保护文物的基础上着力打造中西文化相映生辉的沙面岛。2011年，沙面街启动沙面欧陆风情文化休闲区建设项目，全力培育欧陆文化元素，逐步打造高品位文化休闲区间。2012年，沙面街精心策划组织了贯穿全年的“欧陆风情沙面汇”系列活动。每月以西方知名节日和各国文化为切入点举办一系列文化休闲体验活动，内容涵盖国际交流、文化沙龙、中外美食、高雅演艺等。2013年，沙面街文化站选送曲艺节目《南音新唱十三行》获中国第十届艺术节“群星奖”金奖。2013年4月，星巴克亚太区总机构举办的全球服务月（广州地区）活动在沙面启航；11月，沙面街承办第十届“广东现代舞周”系列活动，让中外艺术零距离与市民全方位接触。运用岛内多个特色文化场馆，吸引和支持沙面百年历史、古树名木、国瓷名画、书法摄影等各种高端艺术展览活动进岛。

通过多年来的努力，沙面岛上整饬有序。近两年，我们着力于沙面历史文化材料的搜集整理和多元展示工作，形成“点、线、面”三结合的展示体系，多渠道、全方位展示沙面特色文化。

为集中直观展现沙面百年风情，沙面街建成了沙面第一座历史文化展览馆，位于沙面大街61号首层，面积为300平方米。展览馆划分为不同功能区域，按照不同主题，运用现代科技、实物模型、多媒体展示等方式，展现沙面的历史价值和人文景观风情；按照总分手法，结合时间与历史进程主线，呈现沙面在百年变迁的大背景下，建筑、人文、环境的不断演变以及亚运后的蝶变和未来发展规划构想，为参观者系统地呈现出沙面的昨天、今天与明天。展览包括沙面古堤、沙面古树、沙面雕塑、沙面往事等专题。汇集沙面文物建筑简介、沙面故事，收集相关历史照片、建筑测绘图等材料，将用于每座文物的语音导游导览系统及建筑内补充展示，与沙面简介及文物标示互补，让老建筑述说沙面故事。馆内设计制作的多媒体触摸投影展示系统，中英双语介绍，全方位介绍沙面历史文化、文物建筑、古树名木、美食推介，为沙面深厚历史积淀作了诠释。

沙面街以把整个沙面岛变为露天博物馆为努力方向，充分运用二维

沙面今貌

码技术，对岛内文物建筑、文化展示场馆、美食餐饮、公共服务机构等85处编译了二维码，在全岛主要进出口4处，建全岛导览介绍牌；沙面南街、沙面公园等3处重要节点区域设全岛、区域导览牌；大街中轴线广场7个节点位置设方向指示路牌及分区域导览介绍牌，介绍全岛53处文物及其他资讯，游客可于各个节点通过扫描二维码了解全岛及地段相关信息。指示牌采用烤漆工艺，内容含沙面岛总体介绍文字，并采用手绘地图形式进行生动展示，颇受居民和游客的欢迎，欧陆风情和自然环境和谐结合，形成了独特的沙面露天博物馆氛围。

2018年6月28日，荔湾区委在沙面南街7号建成全市首个区级党群服务中心并正式对外开放。中心一楼为陈列展馆，设有“印象荔湾”“红色荔湾”“先锋荔湾”“腾飞荔湾”4个板块；二楼为党建交流厅，设置党务服务区、组织生活馆（书记学堂）、党建交流互动区（红色剧场）等。开馆运营以来坚持落实政治功能和服务功能，按照每月有主题的原则组织全区各级党组织和党员开展活动，常态化举办烽火岁月“党旗红”、名医名师名匠志愿服务“党旗红”、身边党员身边事、基层党务微课堂、红色故事会、荔湾青年说、“三会一课”[①]情景剧、西关粤剧圈、电影红茶馆、最美夕阳红等活动，以内涵深刻、底蕴丰厚的红色基因吸引党员、感染群众，打造了党在基层教育管理党员、联系服务群众的综合平台，为服务国家中心城市核心功能区和现代化中心城区建设，为荔湾建设“湾区门户”提供了坚强阵地保障。

荔湾区党群服务中心

同时，沙面街和有关单位合作积极开发“沙面汇”微信群，向社会各界提供沙面岛历史、文化、休闲、美食等资讯和社区动态，扩宽宣传渠道及受众群体。沙面街组织撰写出版《沙面》专著，诠释沙面的深厚沉淀和独特人文气息。

四、展望未来，沙面喜迎各方宾客

历经亚运蝶变与后亚运一系列国际文化休闲元素培育的沙面岛，人

① 指定期召开支部党员大会、支部委员会、党小组会，按时上好党课。

文环境优雅和谐，备受各界关注与好评。2013 年 4 月，由省、市文化文物部门推荐，沙面街参加由文化部、国家文物局批准的“中国历史文化名街”评选活动，经公众投票、专家评审后当选，从全国近百个报名参评街区中脱颖而出，名列前茅，在广州市首获“中国历史文化名街”称号。

近年来，各大媒体对沙面岛的历史文化、街情民意等作了多次的报道。《南方日报》广州文化专版曾将沙面誉作“异国风情世外桃源”；陈丹青、贾平凹、余秋雨等文学大师先后莅临沙面，均深表认同，沙面已成为广州重要游览及展示之地，深受中外人士关注及喜爱。

目前，广东省礼宾府正式设立于沙面，是省委、省政府的重要外事会见场所，沙面成为名副其实的会客厅。波兰驻广州总领馆、朝鲜商务处等现设于岛内；星巴克咖啡华南区总部及品牌店设于沙面，白天鹅宾馆、胜利宾馆等为沙面餐饮旅业代表；岛内现有广东省外事博物馆、沙面历史文化展览馆等多个文化展示场馆，共同构成了丰富多元的沙面文化体系。在沙面，迎来多国元首官员，会晤交流络绎不绝，并多次承办大型会议，2015 年的中美商贸联委会 30 周年大会及 2016 年 9 月中国“对非投资论坛”大会均在沙面成功举办。接下来，荔湾区委、区政府将着力实施沙面岛综合整治提升工程，对全岛物业进行梳理和活化利用，逐步将沙面打造成高端文化创意产业集聚区，进一步提升沙面不可替代的城市文化地位和社会影响力。

沙面，广州的会客厅，喜迎各方来宾。

沙面，不仅是中国的沙面，更是世界的沙面。

（执笔人：高志强）

在变中求发展

——记“一年一小变，三年一中变”城市建设

根据陶子基[①]口述整理

荔湾区实现城市环境面貌“一年一小变，三年一中变，2010年一大变”的总体要求是中共广州市委、市政府1998年根据广东省委的要求提出来的。刚好我这年接任荔湾区委书记。作为书记，我觉得这个总体目标的提出，反映了老百姓在广州经济高速发展到一定时候、温饱解决、生活提高后，对环境、文化和精神方面更美好的追求和愿望，这与我们区委换届后的奋斗目标是一致的。当时区委认为这是荔湾加快发展和提升形象的重要机会，区委、区政府几套班子都对这项工作高度重视，形成合力，大家从不同角度，发挥各自作用。荔湾是历史文化沉淀较丰厚的地方，因而市委、市政府对荔湾工作的要求很高，从小变到中变，荔湾在全市都是个重点，我们每一阶段的工作成效都很好，广州市一些现场会都在荔湾召开。2000年2月，时任中共中央总书记江泽民来上下九步行街视察，以及后来多位中央和省、市领导来荔湾视察，这是对我们小变和中变工作的肯定。民意调查显示，老百姓也非常认同这项工作。荔湾区委从三个方面来整体推进城市面貌的改变。

一、抓中心思变

当时中心工作是抓经济建设，对荔湾区的发展当时在领导中有个是

---

① 陶子基，1998年4月至2002年12月任荔湾区委书记。

内涵发展还是外延发展的争论，荔湾区改革开放后有了新的发展，但制约很多，特别是面积小、马路窄、旧房多、人口密集、公共设施落后，一些工商企业地处横街窄巷和居民区之中，改造和发展困难。在这种情况下如何发展经济？怎样才能提升荔湾的形象？如何改造区街老企业、调整产业结构，让荔湾融进改革发展大潮？是立足旧城抓改造、改善环境、提升文化，“退二进三”，还是弃旧搞新、在区外发展经济？这些问题在当时让人有点茫然。省、市提出“一年一小变，三年一中变，2010 年一大变”的总体要求，使我们重新认识荔湾的优势和短板，认识到环境建设对区经济和社会发展的作用，也认识到历史文化的传承、弘扬是老城区发展的重要资源。班子觉得要抓住机遇把“一年一小变，三年一中变，2010 年一大变”的总体要求和区的中心工作紧密结合起来，实现老城区的蜕变。为明确发展思路，变上级要求为“我想变”，荔湾区委做了几件事：第一是从实际出发制定发展规划。我们邀请了中山大学、暨南大学、广东省社会科学院和广州市委政策研究室的专家学者及城区规划方面的专家，为我们拟定了一个建设商贸旅游区的规划。根据区的优势，我们把经济发展定位放在第三产业。实践证明，这个规划符

陶子基与时任荔湾区区长李文耀在研究工作

合当时荔湾的实际。第二是优化产业结构，提高经济发展质量。要实现环境小变和中变，必然要把区内的污染企业搬出去。荔湾西北部是民国时广州的工业区，需要搬迁的企业有很多，既有市属的也有区属的，大的企业如水泥厂、铜材厂、钢管厂、煤场等，我们通过技改把一批区街工业企业搬出去壮大发展；通过人大提出议案，推动一批污染大户就地改造或搬出去发展。第三也是最重要的一点，是加强领导班子和干部队伍的建设，从思想上、组织上和人才上为“一年一小变，三年一中变，2010年一大变”工作提供保障。1998年换届后区委第一次全会和第二次全会上我们研究的是什么？一次全会是研究如何加强领导班子的建设，并作出相关决定；二次全会是研究如何加强领导班子思想政治建设，并提出落实意见。与此同时，我们还积极探索干部制度改革，我们在干部考核评议、选拔任用、交流轮岗、培养年轻干部等方面制定了一系列制度。1997年，荔湾区在全市率先向社会公开招考副处级干部，此后通过挂职留任、外地调进、公开选拔等措施，引进了一批综合素质高、专业知识强的干部参与到荔湾区“一年一小变，三年一中变，2010年一大变”的事业中来，这使我们的事业蓬勃发展有了人才保证，同时我们也在实干中锻炼培养了一大批干部。

二、抓短板求变

荔湾道路狭窄、交通不方便，马路大都是中华人民共和国成立前建成的。20世纪30年代，陈济棠主政广州时，规定凡建的马路在12米宽的，马路两边建骑楼。所以过去的路窄，下面排水管也小，到80年代仍经常出现“水浸街”的现象，我小时候就是每年夏天都在水浸中度过，人们开玩笑说：荔湾五行不缺水不缺火，就缺金（财政吃紧）和土（地方小）。在整个小变和中变工作中，时任市委书记黄华华、市长林树森等市领导对荔湾区旧城改造、历史建筑保护、改善人居环境等问题非常重视，要求我们把沙面、西关大屋等历史建筑规划好、保护好，发展旅游，并在地铁、内环建设和开路、扩路工程中支持我们改善交通。针对荔湾的短板，我们在小变和中变工作中重点抓开路、添绿、改危（房）、治污。开路方面，当时荔湾的人均道路面积和绿地面积在广州市排在末尾，人均量最少。开路主要是解决交通问题。借小变中变的东风，我们协助广州市大规模进行了地铁、内环路、泮塘路、康王路、中山七路和中山八路等拆迁建设。荔湾历史上形成的路是东西走向多、南北贯通的少，我们考虑“先啃最难啃的骨头”，先开康王路，这样就能把七八条东西走向的路砍短，使荔湾交通循环有效畅通，也可以贯通荔湾未来的旅游景点（如陈家祠广场、华林寺、沙面、十三行等）。地铁、内环路、康王路等工程量大，拆迁户数多，有几千户人家要拆迁，拆迁工作中老百姓非常配合，这点至今让我非常感谢。我们花了大力气开通康王路，荔湾区仅拆迁就出了6000多万元，当时全区财政一年收入才6亿元，我是从各方面盘活了这6000多万元。现在这条路的运行效率是比较高的。添绿方面，我们是通过点、线、面结合开拓了一批绿地和绿化小区，重点是扩大荔湾湖绿地，建设陈家祠绿化广场，搬迁沙面大街的餐饮业，在中央大街搞了个绿化带，仁威庙前面也拆出个小广场。仁威庙前面原来有栋区干部宿舍，当时区委领导和机关干部住在那里，拆迁时干部们很配合，他们讲到小变和中变不但是干部思想要通，还要为开路、添绿牺牲个人利益来服从大局，包括当时搬迁的区集体企业。改危（房）方面，荔湾区最多危房，当时有6000多间等级不同的危破房。宝盛沙地有次突然地陷，一片民居坍塌，引起媒体关注。老市长杨资元对我们说：“危房的维修、改造一定要作为区委一个重要的民生事情来抓，不要等到流血、死人才醒悟，要未雨绸缪解决危房问题。”我们一方面向广州市提出改造危房的意见，同时在市的支持下在宝盛沙地搞了成片的危房改造；另一方面在荔湾地铁施工、内环路拆迁和康王路、泮塘路拆建以及小区改造、绿化建设过程中，利用机会改造、搬迁了一批危房，解决老百姓的民生问题。治污方面，没有后来这么大规模，当时局部对荔湾涌、驷马涌等开始河涌治理工作，开了个头。有污染的工厂，就是用这一方法治理。我记得陈家祠旁边有个污染厂叫电筒厂，它当时是广州市一个重要的出口创汇企业，为使陈家祠成为一个大景区，首先要搬迁它，荔湾区和广州市轻工集团两家各分摊一半费用让它搬出去。荔湾区通过各种渠道三年共筹集近 5 亿元投入小变和中变工作中。

三、抓特色促变

荔湾区有着丰厚的历史文化，比如在饮食文化方面就有很多老字号；建筑文化方面，从建筑形态来讲，荔湾是比较丰富的，有西关大屋、沙面欧式建筑、上下九民国时期中西合璧建筑和现代建筑，而且商业文化、民俗文化、宗教文化各有特色，名人故居较多。在小变和中变工作中，有位市领导反复嘱咐我一定要把荔湾的历史文化看护好。有一次，白天鹅宾馆老总带我到“白天鹅”楼顶，指着窗外对我说：“你看，这是你管理下的荔湾区。”我从上面看下去，呀，那都是一片破旧的平房。这给了我深刻的印象，促使我不断地思考如何在陈旧的老城区中把一些好的东西挖掘出来形成荔湾的亮点。因此我们筹划并抓了 4 个片区建设：建设上下九商业步行街、陈家祠工艺旅游区、沙面欧陆风情旅游区和西湾民居民俗风情区，希望通过抓片区建设把荔湾的历史文化重新整合，加以弘扬。后来经过历届区委、区政府的不断努力，许多来荔湾视察的领导以及国内外人士对荔湾的印象都非常深刻。经过小变、中变和后来的不断打造，荔湾终于蝶变成一个魅力城区，成为广州市文化风情的一张名片。

首先是荔湾区确实有一个团结、务实的班子和一支勤奋、开拓的干部队伍。在困难面比较多的情况下，班子成员起到很好的表率作用。上下都有种很浓的“不进则退、少进也退”的忧患意识和迎难而上的韧劲，敢于面对各种困难和挑战，团结齐心，锐意进取，不断开拓，推动荔湾的发展。当时老市长黎子流对梁秉江（时任荔湾区区长）和我说，你们和天河等城区不同，广州市的主要投资都在那里，同样增长一个百分点的 GDP（地区生产总值），荔湾区付出的要多很多。听了老市长的话，我们都很感动，也深受鼓舞。其次是贴近民生，不急功近利做表面文章，甚至是牺牲群众利益搞政绩工程。很多项目基本上是面对老百姓，利用有限的资金做些谋长远、打基础的工作，改善民生环境，不给后人留负担。比如改造民国时期和中华人民共和国成立初期的下水道工程、治理“水浸街”，荔湾是一任一任地进行改造，钱花在地下，看不出来，但解决了老百姓的疾苦。再次是在各项重大建设和整治任务中坚持依法、公正、利民。这一时期我们实施了很多项目，没有出现群访和闹事现象，包括拆防盗网、拆迁动员等，主要是街道干部一家家地做工作，不回避矛盾，把群众工作做通。由于班子和基层干部掌握了社情民意，并及时解决老百姓的困难和疾苦，跟老百姓形成良性互动，在得到老百姓理解支持后，我们很多工作的开展就很顺利。

2018 年 10 月 24 日下午，习近平总书记到广州考察，来到西关荔湾文化街区永庆坊，这一带原本是挤满老房危房的老社区，2015 年末荔湾区用修旧如旧的理念保留了旧城区的面貌，并把创客空间、文化创意等时代元素引进来，让历史街区再现活力和新意。行走在永庆坊的街区里，习总书记强调，城市文明传承和根脉延续十分重要，传统和现代要融合发展，让城市留下记忆，让人们记住乡愁。展望未来，只要把发挥好荔湾的优势，把岭南文化、西关文化的牌打好，把商住环境改善得更好，新荔湾会更有特色、更有底蕴、更有魅力。

（收集整理人：刘艳华、万蓉蕾）

第三章

坚持问题导向　推动基层治理精细化

创新社区多元治理，共享改革发展成果

——荔湾区社区“多元共治”的实践与发展

荔湾区民政局

习近平总书记强调：“社区是党和政府联系服务居民群众的‘最后一公里’，要把更多资源、服务、管理放到社区。”广州市荔湾区高度重视社区建设，以创新社区服务管理机制为着眼点，以为群众谋幸福为出发点，加强社区建设和大力发展社会工作，实现社会领域的制度创新、社会治理的体制改革、社会事业的加快发展，全力构建多元共治、全民共享的社区治理格局，营造出“干净整洁、平安有序”的城区环境。

一、提高站位，充分认识加强和完善社区治理的意义

伴随着经济社会的发展和社会体制改革的深入推进，城市社区传统的单一行政管理模式逐渐失去活力，社区作为社会的基本单元，不再仅仅是地域共同体的代名词，更是日渐成为人们生活、学习、交流的平台和聚集地，承载着服务居民需求、丰富居民生活、促进邻里和谐等功能。随着社会变迁的加速，“社区”“社区服务”等学术概念上升到政府“社会建设”“和谐社区建设”的战略高度。1999 年中国开始推进社区建设试点；2000 年中国城市社区建设由试点进入全面推进阶段；2013 年党的十八届三中全会通过的《中共中央关于全面深化改革若干重大问题的决定》，用“社会治理”代替“社会管理”，提出坚持系统治理、依法治理、综合治理和源头治理“四个治理”原则，建设“党委领导、政府负责、社会协同、公众参与、法治保

障”[①]的社会建设格局，标志着党和政府的社会建设理念进一步走向现代化、多元化，也为如何创建新的社会治理体制指明了方向。

2017年6月，中共中央、国务院印发《中共中央国务院关于加强和完善城乡社区治理的意见》，明确提出要实现党领导下的政府治理和社会调节、居民自治良性互动，全面提升城乡社区治理法治化、科学化、精细化水平和组织化程度，促进城乡社区治理体系和治理能力现代化。荔湾区全力以赴抓好贯彻落实，全力推动社区建设，工作探索起步较早、社区发展基础扎实、社区建设成效显著。在和谐社区建设、社区服务管理体制改革、新型城市化发展、幸福社区建设等工作中取得了显著成效，近年来先后被评为全国社区建设示范区、全国和谐社区建设示范城区、全国第二批社会工作人才队伍建设试点示范区、首批全国社会工作服务示范地区。特别是全面深化改革阶段，荔湾区深入贯彻执行“创新、协调、绿色、开放、共享”五大发展理念，开展社区多元共治格局的探索，努力让全民共享改革开放成果。在全区上下加油干、齐心干、埋头干的努力下，荔湾区社区治理成效显现，培育了不少工作亮点，也总结出不少实践经验。

二、积极探索，构建多元共治社区治理新格局

近年来，荔湾区针对城市化发展过程中遇到的利益主体多元化、社区发展多元化、社区事务多元化等问题，在党和政府领导下，创新社区治理理念，依靠社区力量，利用社区资源，强化社区功能，解决社区问题，提高服务能力，积极开展社区多元共治发展格局探索。

（一）调动各方参与，实现社区居民自治

荔湾区充分调动社区多方参与，为社区居民自治提供良好的发展环

---

① 《中共中央关于全面深化改革若干重大问题的决定》，《人民日报》2013年11月16日，第1版。

境。一是加大社区党组织建设。以基层党组织为主体，以党建引领社区建设新发展，深化区域化党建，充分发挥“两新”组织[①]和党员在社区发展中的作用，积极建设社区党建平台。二是提高社区自治能力。不断强化社区自治功能，加强社区民主协商机制建设，通过建立居民议事厅、居民代表会议、居民监督委员会等，引导居民广泛参与社区建设，探索“政府统筹、居民自治、群团参与、协商共建”的多元协商模式，打造出“党建引领的金花模式”“三级议事的冲口模式”等特色。三是加强社会组织建设。鼓励社会组织参与公共服务，推行政府向社会组织购买公益服务项目，支持社会组织为居民提供养老助残、慈善帮困、就业援助、教育培训等服务，通过日常监管、等级评估、公益创投等途径，激发社会组织活力，吸纳更多社会组织参与社会建设，构建枢纽型社会组织工作体系。四是建立“三社联动”机制。为共同推动社区建设、社会组织培育、社会工作专业化发展，荔湾区探索建立以社区为平台，以社会组织为载体，以社会工作专业人才为支撑的“三社联动”机制，试点社区逢源街耀华社区“三社联动”以社工链接社会资源，搭建以广

荔湾区探索社区多元协商模式

① 指新经济组织和新社会组织。

州公益市集等为代表的社区互动交流平台。将广州公益市集引入社区，由广州市慈善会、信息时报社、逢源街道办事处联合主办，街道家庭综合服务中心、辖区企业、小学、社会组织等协办，开展“助残”“为老”等多个主题活动，每期公益市集会设立义售、义演、义讲、义捐等区域，集“三社”之力，形成优势互补、资源共享、相互促进、联动共融的良好态势，得到了中央电视台的宣传报道。

（二）整合多方资源，搭建网格社区

在大数据时代，荔湾区筹措社区资源，运用网络信息平台，提高社区治理水平。一是开展“一队三中心”建设。2010 年荔湾区顺利完成逢源街、海龙街、金花街 3 条街道社会管理服务体制改革试点工作，2011 年 4 月在全区全面铺开街道、社区服务管理改革创新工作，按照管理、服务、执法“三位一体”的要求，整合街道原有各类机构和辅助队伍，组建街道综合执法队和街道政务服务中心、家庭综合服务中心、综治信访维稳中心，通过整合资源、优化配置、组建队伍、统一薪酬，实现管理和社区服务职能分离，进一步提高社区治理能力。二是推进网格化社区管理。通过网络科技手段建设信息化数据库，使社区对辖区居民的状况了如指掌，实现部门之间、部门街道与社区之间信息共享。如荔湾区推进社区网格化服务管理工作，设立区级网格化服务管理中心，建立区、街一体的指挥平台，将辖区划分成 1370 个网格，每个网格配备 1 名网格员，负责网格巡查、收集民意等工作，通过网格员手持移动终端，及时反馈社区民情信息，完善社区监管机制，及时解决社区问题，实现区、街道和部门相互联动，形成了“一窗式受理、一网格监管、一队伍执法”的网格化服务管理联动机制，以信息化管理为手段，提高社会服务管理效能。三是畅通居民参与的网络平台。政府加强政务服务能力，让居民在电子触摸屏、网上平台享受智能获取信息、参与管理、反映诉求、获得服务的便利。如打造了逢源街富力西社区智慧社区服务综合体，融合社会、政务、邮政、金融四大服务功能，集中设置居民办事区、信息发布查询区、人工服务区 3 个服务区域，引入“市民之窗”自助服务终端、荔湾证照易、智能机器人“小荔”、邮政蜜蜂箱、邮政金融服务自助终端等信息设备，提高社区多元服务智能化。

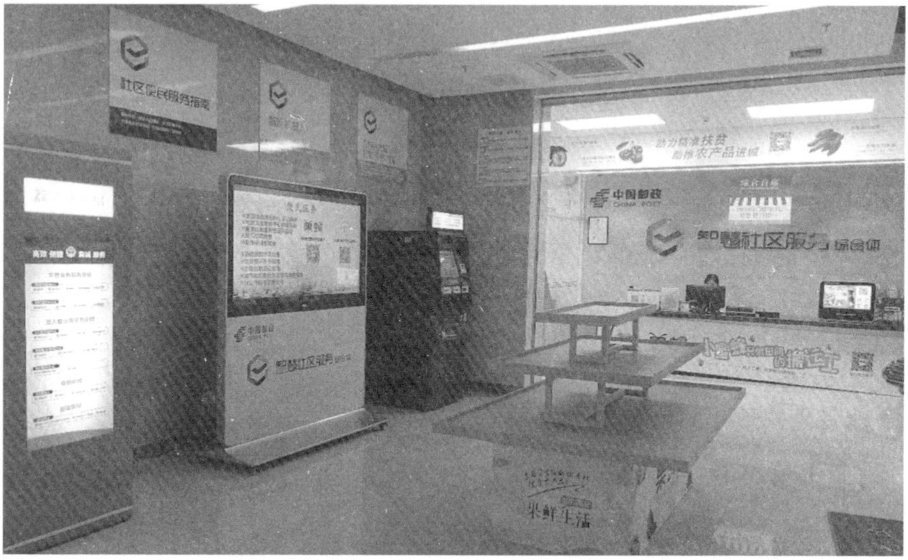

荔湾区逢源街富力西社区智慧社区服务综合体

（三）引入专业人才，提供多元服务

针对社区人口特点，加大基础设施投入，积极推进社区服务管理创新，为社区居民提供多元服务。一是不断丰富社区服务项目。以 22 个街道家庭综合服务中心为平台，通过政府购买社会服务，在社区工作中引入专业的社区服务团队，为社区居民提供青少年、老年人、残障康复等专业化、多元化的家庭服务。荔湾区稳步推进街道家庭综合服务中心建设，加大政府购买服务的创新力度，开展老年人、青少年、家庭、残障康复服务等 14 类 184 项专业服务项目，凸显“失独家庭”“司法矫正”“康龄老年人大学”等服务特色。二是深化科教、文体、法律、卫生“四进社区”工作。推动基本公共服务进社区，满足社区居民的需求。荔湾区探索医养结合的社区养老模式，依托街道家庭综合服务中心和养老机构，推动居家养老服务社会化运行，探索“互联网 + 社区居家养老”“街道＋医疗＋机构＋居民”的服务模式，打造“10分钟就医圈”“10分钟服务圈”等工程，提升社区服务能力。三是大力培育社会工作人才队伍。以专业社工机构为依托，以“社工＋义工”模式，培育社区服务专业队伍，为打造社区综合服务平台提供人才保障。至2018年初，荔湾区共有初、中级社会工作师640人，其中初级482人、中级158人。

（四）加强环境整治，创建干净社区

一是加大城市更新改造力度。做好旧城改造规划，通过建立新楼盘、打造创业园等，打造社区景观与休闲场所。为社区打造儿童公园、儿童活动中心、停车场等公共服务设施建设，创建人本化美丽社区。如借鉴新加坡社区服务管理模式，在大坦沙岛发展健康产业，引入大型物业，优化宜居宜业生态环境，打造“健康生态岛”。二是完成特色社区创建工作。2012年，荔湾区在全市率先开展“十二五”期间打造特色社区建设，实施“一街一品牌，一社区一特色”和“一社区一特色，一社区一亮点”工程，创建凸显绿色环保、旅游文化、文体休闲、自治互助等特色“品牌社区”22个和“亮点社区”164个。三是营造绿色人文环境。荔湾区运用“文化＋”模式，促进文旅商融合，将辖区沙面岛建设成为集商务、旅游、文化、休闲、娱乐活动和消费于一体的欧陆风情旅游区，成为广州市的一张文化名片。搭建本土文化景观，充分运用岭南文化特色，推进“一江两岸三带”①改造，串联陈家祠、上下九步行街、恩宁路、荔枝湾、泮塘五约等文化景观节点，打造西关文化风情景区，为社区居民和游客提供感受荔湾文化、城市文脉的休闲区域，建设特色鲜明的宜居城区和古今相融的活力街区，进一步提升城区空间品质。

（五）凝聚社区力量，共建平安社区

通过加强社会治安动态防控系统，提高综合执法水平，扩大视频监

① “十三五”期间，广州将以珠江为纽带，把沿岸的优势产业资源、创新要素串珠成链，构筑两岸经济带、创新带和景观带，即“一江两岸三带”。

控力度，引导社区居民形成群防群治的意识，打造平安社区。一是建立群防群治队伍。引导社区和驻区单位做好安全防范措施，发动社区居民建立群防群治队伍，提高社区居民安全防范意识，提高社区整体防控能力。二是深入开展治安重点综合整治行动。荔湾区建立综合执法队、流动救助服务队，整治治安重点区域和突出治安问题，做好社会稳定风险评估，完善应急处置工作机制，提高社区应对公共安全事件和应急处置的能力，及时发现和消除影响社会和谐稳定的隐患。三是加强交通环境整治，提高交通利用率，规范网约车管理，强化和完善公交站、停车场等各种交通设施，完善社区公共区域视频监控建设，确保交通便捷、社区居民出行安全。如荔湾区在广州市首推行政执法体制改革试点，成立综合行政执法局，综合了文化、环保、卫生、交通、国土等12个职能部门的18个方面执法职能，对9个行政执法机构和3个行政监督机构进行整合，组建综合执法队开展环境、交通、劳动保障等社区综合执法管理工作，提高了综合执法效能。

（六）加强社区教育，引领社区风尚

加强社区精神文明建设，构建邻里互助关爱圈。一是培育社区先进文化。培育以社会主义核心价值体系为灵魂、以优秀传统文化为底蕴的社区精神，提高居民的社区归属感和责任感，加强社会公德、职业道德、家庭美德、个人品德教育，突出抓好青少年道德养成教育，树立诚信友爱、公平正义、共建共享、互帮互助的社区风貌。二是建设宜居风尚社区。动员社区资源，搭建社区文化宣传教育平台，通过社区文化讲坛、社区志愿活动等，扎实开展各类群众性精神文明创建活动，促进形成知荣辱、讲正气、创幸福的社区风尚，建设社区居民共有的宜居类风尚社区。三是培育社区文化产业。整合社区多元文化资源，发掘文化资本作用，经营文化资本，借助“互联网+”的力量，打造社区“文化+”产业链条。如荔湾区借助“退二进三”项目，在原广州啤酒厂旧址上，打造集休闲旅游、文化创意、文化企业于一体的“原创元素创意园”，引入“互联网+”的力量，培育“互联网+文化创意”，实现经济、文

化、社区建设效益相促进、齐发展，为社区居民奉上了一场丰盛的文化盛宴。

三、直面问题，梳理新时期荔湾社区治理面临的挑战

目前，随着经济社会高速发展、城市化进程加快，社区治理普遍面临着社会结构日益多元、社会诉求不断增多、社会心态复杂化等问题。改革发展过程中，荔湾区多元共治的社区治理探索取得了不少成绩，但社会发展压力越来越大，社区治理面临的挑战越来越多。

（一）人口结构失衡，社区服务压力大

南北片区城区人口密度失衡，人口结构存在“三多”特点，南北片区人口密度比1：4，区内老年人口多、低保户多、残疾人口多。人口结构不合理，严重影响社会发展的进程。北片面临人口密度大、旧城改造压力大、高素质人才少等问题，南片面临城市化发展快、人口增速大、居民服务需求大等问题，社区原有的服务模式和公共资源无法满足居民对社区环境、社区养老、残障保护、青少年服务等的需求。

（二）管理事项繁多，基层治理难度大

随着企业改革和政府职能转变的纵深发展，社区基层工作者承担着众多工作任务。社区居委会和社区服务站存在责权不清、人员管理混乱等问题，随着下沉到基层的行政管理事项不断增多，考核、迎检工作频繁，基层工作者承受着巨大的工作压力。

（三）基础设施不足，社区共治推进难

荔湾区南北城区交通路网、教育医疗等基础设施存在老旧、不均衡等问题，出现交通堵塞黑点、南北融合交通不便、基础设施配套南北不均衡等问题。随着改革的深入推进，牵涉的体制矛盾和利益关系越来越复杂，城市拆迁、征地等引发的社会矛盾增多，房屋拆迁、劳动纠纷、

家庭纠纷等矛盾汇集，而社区居民民主法治意识、自我决策意识、群防群治意识薄弱，加大了社区和谐平安建设的难度。

（四）社区责任缺失，自治功能强化难

在社区建设、社会组织发展和社工人才培育等方面，荔湾区取得了不少成绩。但在推进社区治理过程中，社区、社会组织、社工等治理元素未能形成合力，缺乏资源筹措和多方治理平台，社区居民参与社区治理的意识淡薄，社区单位参与社区工作的态度不积极。

四、牢记嘱托，构建共建共治共享新格局

习近平总书记对广东工作提出的“四个走在全国前列”，尤其是在营造共建共治共享社会治理格局上走在全国前列的指示要求，为社区治理工作划出了工作重点，明确了好方向，提出了具体要求。立足荔湾的历史与现实、优势与不足，荔湾区委十二届七次全会提出打造“湾区门户、广州名片、产业高地、现代商都”，努力实现老城区新活力，推动国家中心城市核心功能区建设全面上新水平，着力建设国际大都市现代化中心城区的发展思路。社区治理方面，需着力进一步完善多元共治社区治理体系，实现社区治理水平的综合提升。

（一）加强党建引领的社区治理合力

1. 加强社区党组织的政治领导

要激发党建活力，调动社区党组织的积极性和创造性，统筹社区党建新格局，推动社区居委会、社会组织、企业等成立党组织，把党建工作延伸到基层组织，充分发挥党组织领导核心作用，规范党组织制度建设和创新党组织生活方式方法，推动社区组织通力合作。

2. 加强社区党组织的思想领导

社区党组织要注重加强思想领导，发挥党员在社区发展中的先锋模范作用，以增强党性、提高素质为重点，强化对社区党员队伍进行教育

管理，推动社区党员为实现社区的多元共治发挥带头作用。社区党组织应积极开展学习中国特色社会主义理论体系等理论课程，对党员群众加强党性修养的教育，不断提升社区党员的党性，积极建设社区党建平台。

3. 加强社区党组织的组织领导

面临社区党员年纪大、流动性强等问题，荔湾社区党组织需加强党在社区的组织领导，推动基层党组织建设。严格对社区党员干部的教育管理和考核监督。严格推进社区“两委”[①]换届，每届选举要按照相关法律法规的要求，有计划、有步骤地及时组织选举，提高社区居委会换届直选率，助力社区自治。

（二）打造多方共治的社会治理网络

针对社区居委会行政化倾向、社区自治功能弱化等问题，在社区规划和社区建设中，运用地区发展模式，引入社区治理多元主体，打造多方共治的社会治理网络。主要体现在构建以政府为主导、以社会组织为桥梁、以群众为主体的多方参与的社区治理网络。

1. 完善以政府部门为主导的社区治理网络

以社区建设工作领导小组为统领，实现民政、人力资源和社会保障等部门工作合力，全力推进社区治理、社区发展、社区服务等工作，监督指导社会服务管理工作，引导社区治理方向，搭建社区多元共治、全民共享发展格局。

2. 搭建以社会组织为主体的社区服务体系

发挥社区社会组织的作用，建立社区居民与政府沟通的桥梁，承接政府下放的社区服务，形成完整、系统的社区服务体系。在政府的指导下，社会组织进一步发挥桥梁作用，为社区居民提供专业的家庭服务、法律咨询等，及时收集民意，向政府反映，使政府能第一时间掌握社情民意，及时解决社区发展存在的问题。

① 指社区党支部委员会和社区居民委员会。

3. 完善社区居民自治体系

以社区居委会为主体，搭建居民议事、居民协商共治平台，采用群策群治的形式，广泛发动党员骨干、居民代表、“两代表一委员”[①]等群众和社会组织参与协商议事，形成社区居民自我管理、自我监督的自治氛围。建立多渠道的民意收集机制，畅通居民群众诉求渠道，提高社区自治功能，以居民自治减少基层政府社区治理的压力。

（三）构建多方合力的社区服务管理格局

针对人口失衡、居民服务需求加大等问题，在开展社区治理中，积极推进“两个融合”，与全市总体战略布局相融合，推进南北片区服务功能深度融合，完善社区服务管理架构，发展政府、社会组织、企业等共同参与的社区服务架构，形成多方合力的社区服务管理格局。

1. 政府加强政务服务

围绕“为民服务”的基本主线，政府提高社区政务服务水平，借助“互联网+”的力量，实现“互联网+政务”模式，加快政务服务标准化、信息化、平台化建设，为社区居民提供房屋登记、税收、就业等社区便民服务。加强社区居委会建设，打造“儿童之家”“妇女之家”等社区活动场所，完善社区医院、养老院等各类福利设施，为社区老弱病残群体提供服务，满足社区居民基本服务需求。

2. 发展社会组织服务

发展培育社会组织，激发社会组织活力，推广政府购买社会服务的方式，依托街道家庭综合服务中心，引入专业社会组织，为社区居民提供全方位的专业社会工作服务，特别是对老年人、“双低”[②]群体、残疾人口等提供有针对性的社区服务，提高社区专业服务水平。

3. 引入企事业单位、个体经营者等参与社区服务

积极调动社区企事业单位、个体经营者等参与社区服务，为居民提

① 指党代表、人大代表、政协委员。

② 指低学历和低收入。

供非营利性或其他多元化服务。对于居民急需的服务，如“城中村”物业管理、老年人居家服务等，采用居民缴费或“居民缴费+政府补贴”等形式，为社区居民提供全方位的社区服务，完善社区服务网络。

（四）形成文化引领的社区人文环境

针对公共资源和社区基础设施缺乏、社区矛盾繁多、居民社区归属感缺失等问题，需通过加大基础设施建设、开展社区文化宣传，形成“文化引领”的良好社区人文环境。

1. 完善基础设施配套

结合社区居民的实际需求，发挥城区更新改造工作的作用，全力推进南北片城区经济发展、环境改造、文化保护、民生事业等发展，增加公共服务设施，完善综合功能，开展微改造工程，创新“城中村”改造模式。优化基本公共服务设施布局，推进南北片区教育、医疗卫生、文化体育、社区服务、民生保障等公共服务均等化，强化“四大抓手”，完善市政交通网络、实施城市更新改造、启动产业平台建设、提高公共服务水平，创建“干净整洁、平安有序”的社区人居乐居环境。

2. 加强多元文化建设

建设传统文化商旅活化提升区、白鹅潭中心商务区和海龙科技创新区三大发展平台，利用滨江资源，打造公园、绿化带、码头等休闲、文化地段，集中打造“西关文化”“十三行文化”“欧陆风情”“水秀花香”的地域文化品牌，实现文化与经济互融共促，深入挖掘社区文化精髓，积极推进公共文化服务体系建设，突出打造文化产业体系与品牌，有效提升了区域文化软实力。宣传树立公正、平等的社会主义核心价值观，提高社区居民对社区的归属感和责任感。

3. 加强宣传教育力度

深化实施区域特色发展战略，深化“体教、艺教、科教、社教”结合，大力弘扬社会诚信精神，坚持正确的舆论导向，净化社会环境，树立爱国、守法、敬业、忠诚、友善的社会风气，深入开展社区诚信教育。建立社区志愿服务体系，加强志愿服务团队和志愿服务平台建设，深入开展志愿服务活动，形成全社会关心、支持和参与志愿服务的良好社会氛围。

在“创新、协调、绿色、开放、共享”发展理念的指导下，社区多元共治、全民共建共享成为荔湾区社区发展的必然要求，需要全区上下开放共融、凝心聚力、突破创新，深化为民服务情怀，不断增进民生福祉，全面构建多元共治社会治理格局，实现全民共享社会改革成果的社会效益，让群众在共建共治共享中收获更多的幸福感。

（执笔人：王伟、陈艾新）

逢雨及时知教化，源流安定重人和

——逢源街社区服务管理事业的探索与实践

逢源街

逢源街地处西关腹地，极尽岭南风情。它位于广州市荔湾老城区中部，东至康王路，西至龙津西路、泮塘路，南至长寿西路、宝源路，北至中山八路、龙津中路，是一个彰显“老广”风土人情的人口密集型社区。街道辖区面积0.78平方千米，设置12个社区居委会，辖区内巷陌纵横，内街巷274条，其中铺着麻石的古老街巷有近百条，闻名遐迩的耀华大街西关大屋保护区就在其中。目前，逢源街大部分社区显现出人口老龄化，孤老、残障人士等困难群体多等特点。

近20年来，逢源街坚持以人为本、服务社区的宗旨，大力发展社区福利和社会服务事业，开设了社区服务中心、文化中心、老人院、社区卫生服务站、残障人士康复中心等多个社区服务机构。逢源街注重加强穗港合作，引进香港社会服务的理念和专业手法，发展具有逢源特色的社区福利事业，培养本土化社工人才队伍。2008年，扶持成立非营利性社会服务组织——逢源人家服务中心，为社区居民提供多层次、全方位、多元化的社工服务，受到服务对象的充分肯定和社会各界的好评。2010年，逢源街家庭综合服务中心作为广州市家庭综合服务中心试点项目开始运营，揭开了广州市社区服务专业化发展的序幕。

“逢雨及时知教化，源流安定重人和”，是社区居民对和谐社区的向往，也是和谐逢源的真实写照。

一、逢源街社区服务管理事业的初步探索

逢源街社区服务管理事业在成长的阶段有三个重要的里程碑，分别是成立穗港及海外婚姻家庭辅导服务中心、文昌邻舍康龄社区服务中心和穗港青少年服务中心。

穗港青少年服务中心 10 周年庆典嘉年华

文昌邻舍康龄社区服务中心 19 周年庆典活动

（一）穗港及海外婚姻家庭辅导服务中心的成立开创了穗港合作社会服务先河

1996 年，正是香港回归前夕，穗港两地的关系越趋紧密，不少香港人眼光投向内地，到内地经商或工作。有些香港人与内地人结婚、生子，配偶和子女需要等待一段时间才能移居香港团聚，因而形成了不少分隔于内地和香港的家庭。由于当时申请移居香港的单程证每天配额只有 150 人，轮候的时间可能会长达 8 ~ 10 年，家庭成员不得不分居两地。长期的等待与苦守，让双方感情逐渐变淡，带着孩子的一方更需要身兼父母职，经济、精神压力不断加大，这期间导致很多家庭问题的产生。由于当时服务设置的空缺，分隔家庭在内地往往无法找到适合的支援，可谓求助无门。

当时的逢源街党委书记在香港偶遇以前的熟人——在香港国际社会服务社任职的社工梁秋莎。双方在交谈的过程中了解了分隔家庭的困境以及两地社区服务发展的现状。在了解社工的工作性质后，逢源街党委

书记向梁秋莎发出了“回内地督导”的邀请，希望能够通过引入香港社工服务理念，在逢源街内开展专业的社区服务，填补两地社会服务的不足，回应分隔家庭的服务需求。

基于合作双方的互信关系，服务筹备工作得以顺利进行。1996年11月23日，荔湾区政府通过了申请文件的审批，广东乃至内地第一个两地合作的社工机构——穗港及海外婚姻家庭辅导服务中心正式诞生，其宗旨在于为分隔于内地和香港的家庭提供社会服务，协助处理其婚姻或家庭困难。1997年3月11日，穗港及海外婚姻家庭辅导服务中心开幕，内地代表——当时的中联办处长、荔湾区委常委、荔湾区副区长、逢源街道党工委书记、逢源街道办主任，以及香港代表——香港国际社会服务社顾问委员会副主席、香港国际社会服务社总干事参与了奠基仪式，正式开启了穗港合作社会服务的先河，成为无数分隔家庭沟通的“桥梁”。

当时中国正处于社会发展的起步阶段，尚未衍生出“社会工作”这一助人职业，而从事婚姻家庭辅导的专门机构更是少之又少。“看的人多，问的人少。”梁秋莎说，最初居民对于从香港而来的人都有着一种警觉，“总觉得我们是来赚钱的。”她回忆，当时的合作模式是：香港方面支付绝大部分费用，内地负责提供场地和大部分工作人员；香港方面还负责免费派出社工，并对内地人员做指导。但是，对于这种公益性质的做法，当时很多人并不理解。最让梁秋莎哭笑不得的是，很多人把这里当成了涉港婚姻介绍所。

自中心设立之后，很快就收到分隔家庭的求助：有的分隔个案，在组成家庭之后不久，妻子却发现丈夫在返回香港后像人间蒸发般地失联了，婚后10年不曾承担照顾家庭的责任；也有的个案，因为香港丈夫突然离世，内地的妻子怀着身孕还带着两个年幼的孩子，求助无门，彷徨无助；甚至有的个案，夫妻双方因为财产问题对簿公堂，几乎挥刀相向……

有些居民通过中心的帮助，联系到了在香港失联多年的亲人；也有的居民因为有了服务平台，为子女争取了合法的就读权利；更多的居民通过接受社工的辅导，从极度无望的状态中重新振作，走出人生的低谷，开始新的生活。中心的成立，是逢源街社区服务探索的第一步，在为无数分隔家庭带来新生活的希望曙光的同时，也为后续的社区服务发展奠定了坚实基础。

（二）文昌邻舍康龄社区服务中心成为逢源街长者第二个家

耀华大街 12 号，承载了逢源街长者的许多回忆。在长长的麻石板铺盖而成的耀华大街上，屹立着多间屋龄有七八十年历史而被列为文物保护区的古旧典雅西关大屋，在这里诞生了由文昌街道办事处（于 1999 年与原逢源街合并为逢源街）与香港邻舍辅导会合办的文昌邻舍康龄社区服务中心。

文昌邻舍康龄社区服务中心的创办，可以回溯到 1994 年。香港邻舍辅导会与广州市民政局合作，交流香港与内地的社会服务发展经验。1995 年，双方共同倡办“广州市老人服务培训班”，为来自广州各区街道办事处辖下老人服务单位的工作人员提供培训，此举得到各方的高度评价。其后，香港邻舍辅导会先后组织员工赴穗与广州市民政局举办大型活动。双方合作基础良好，希望能够拓展市级的服务合作，从而推动社区老人服务经验的提升。

文昌街道办事处曾派员工参加由广州市民政局举办的社会服务考察团赴港考察，由于赞赏香港邻舍辅导会提供的各项社会福利服务，文昌街道办事处向香港邻舍辅导会提出了良好合作的愿望。1998 年，在广州市民政局和荔湾区民政局的支持与鼓励下，文昌街道办事处与香港邻舍辅导会以崭新和实质的合作模式，创办了文昌邻舍康龄社区服务中心，服务社区长者。

在中心开展服务的前期，合作双方不断探索穗港合作的模式。在中心的装修和设计上，广州市民政局给予意见和指导，文昌街道办事处和香港邻舍辅导会一同策划，中心的装修与颜色和设备的添置要尽量保留昔日西关古朴的特色，让社区长者在参与活动的时候仍能感受家乡的亲切。

双方分工合作期间，香港邻舍辅导会主要负责以下事项：中心装修费用及购置中心设施和物资，在香港聘请及长期派驻一位专业社会工作者为中心主任，中心的服务策划推展、管理及运营，督导及培训中心各级员工，支付中心主任的薪酬和安排中心主任级别以下的员工到香港交流及接受训练。文昌街道办事处主要负责以下事项：监督中心装修工程进度，在内地聘请中心主任及以下员工（如中心副主任、活动助理、家务助理等）并支付他们的薪酬，支付中心日常运作的有关开支（如活动经费、水电杂费等和中心主任级别以下的员工到香港交流培训的交通和膳食费用）。文昌邻舍康龄社区服务中心已经成为逢源街长者第二个家。

（三）穗港青少年服务中心成为国务院特批的社区青少年服务中心

随着社区家庭服务的不断推广，逢源街道办事处发现社区家庭内有不少需要关注的青少年。由于社区内以中低收入家庭为主，社区青少年大多来自双职工家庭，父母工作时间长、经济压力大，不少青少年在放学之后缺乏照顾，面临无处可去、无人可管的状态。工作人员在走访的过程中发现，有一些青少年在家里没有独立的房间，甚至没有独立的桌椅可用，受环境的影响难以完成作业，更不用说课余活动空间了。而孤儿、单亲家庭、低收入家庭等特殊群体的青少年，在社区照顾方面的需求更大。

为了能够让社区的青少年有更好的成长环境，逢源街道办事处与香港国际社会服务社进行了多次协商，计划筹备成立穗港青少年服务中心，以回应社区青少年的需求。

由于该中心是穗港双方合作的项目，且关系青少年福祉，逢源街道办事处在向荔湾区人民政府对外办公室提出成立申请后，依照指示先后经广州市人民政府港澳事务办公室、广东省人民政府港澳事务办公室、国务院港澳事务办公室、中央人民政府驻香港特别行政区联络办公室办公厅批复，在一个月后拿到了成立中心的批复。

二、逢源街社区服务管理事业的进一步发展

逢源街自1997年起探索专业的社区服务，至今已有20年历史，在不断摸索、成长的过程中也见证着广州市社区服务发展的历程。逢源街社区服务起步于20世纪90年代末，由于当时没有财政拨款，开展社区服务所需的服务场地、人员配置、服务经费，主要依靠社区热心人士、街道及香港合作方的投入。

2008年，荔湾区政府以单项购买的方式资助开展逢源街的长者服务、青少年服务及残障康复服务，每个单项每年购买的费用为10万元；2010年，广州市家庭综合服务中心试点推行，逢源街作为其中一条试点街道，开始委托第三方机构——逢源人家服务中心开始运营逢源街家庭综合服务中心项目，每年获得政府资助200万元。随着政府购买服务模式的尝试与推广，逢源街社区服务得到了更多资源与平台，政府投入从无到有、服务设置从单项到综合、资金来源从单一到多元化，逢源社区服务的发展历程同时也是广州社区服务发展的一个微小缩影。

（一）不断提升专业服务水平

（1）培育专业人才。逢源街社区服务项目得以高效地推广与深化，与专业人才培育与建立有着极为密切的关系。从创新社会管理体制入手，与时俱进，在社工人才队伍的管理和服务、社区服务的监督和专业督导上狠下功夫，不断提高社工人才队伍的管理水平，着力打造社工人才队伍管理的新体制。

（2）实现管理与服务分离。逢源街探索、建立有利于社区服务开展的管理体制，按照管理、服务、执法“三位一体”的思路，组建了两个中心——社区政务服务中心和家庭综合服务中心，形成各有侧重、互为补充、互相促进的综合管理服务格局。家庭综合服务中心定位为专门统筹街道社区服务的单位，为逢源街进一步推进社工人才发展奠定了坚实的组织基础。

（3）强化服务监督功能。2008年成立逢源人家服务中心，该机构

以更独立的姿态、更自主的运作，全面谋划全街的社区服务工作，直接承接政府购买服务，街道的角色逐渐从直接服务者转变为服务监督者和指导者，逐步实现从直接管理到间接管理的转变，这标志着逢源街社工人才队伍建设迈向了一个新里程。

（4）加强服务专业督导。在上述众多服务的管理上，由逢源人家服务中心担任服务的“统筹”，街道办事处为逢源人家服务中心的“业务主管”，负责指导和监督机构日常运作；聘请香港机构资深社工担任专业督导，负责指导机构的专业服务质量。机构理事会通过定期会议制度，就机构发展方向、服务拓展、人事管理等重大事项进行及时有效的沟通，确保机构持续健康发展，服务质量不断提升。

（二）探索“党建引领、三社联动”的服务模式

逢源街社区服务起步早，有较好的服务根基。随着时代发展的步伐，不断探索社区综合服务的新路子，努力为社区居民提供便利、多元化的专业服务，并通过社工带义工、培育社区领袖、培育社会组织等方式，让居民通过居民自治、“三社联动”等方式共同参与社区的服务管理，营造社区居民参与共融的良好氛围。

（1）发挥社区党组织龙头作用。逢源街注重以党建带社建，总揽全局，协调各方，充分发挥社区党组织的领导核心和战斗堡垒作用。各社区党组织牵头搭建起民情议事厅，组织居民代表、业委会、社区领袖定期开展议事活动，党员带头示范，让社区治理在居民的自我管理、自我服务中完成。社工充分发挥专业作用，把社区、社会组织、社工联合起来，通过“三社融合”，倾听居民的诉求，打造社区共同体。社区党组织牵头搭建的民情议事厅，通过议事、反馈、组织落实等各个环节，定期或不定期召开议事会议，做到“一事一议、一事一落实”，获得群众的支持配合，达到小事不出社区的目标。

（2）发挥社区义工队伍作用。为进一步适应社区及广大居民群众的需要，使社区服务更具活力和生命力，逢源街立足社区，找准切入点，把握关键点，努力挖掘专业社工特色服务的新内涵。在发展初期，

从帮扶社区最有需要的老年人、困难人群出发，集中主要精力、优势资源大力优先发展为老服务内容，后来逐步扩展到助残、帮困、青少年教育等领域，现在已惠及全体社区居民，实现社会服务全民化。通过专业社工传、帮、带，逢源街组建了一支涵盖多层次、多行业、人数达6600多人的义工队伍，如2002年成立了330多人的广州市首支长者义工联队、家庭义工队，设立街道义工联络处和各社区义工联络站，协助社工开展社会服务。义工队伍长期活跃在街头巷尾开展社区活动，涌现出“全国道德模范”陈杰禹、“广州好人”何德言和简艳梅等长者义工。义工成为街道社区服务的重要力量。

（3）发挥社会组织功能作用。逢源街在市、区民政局的领导下，率先探索政府购买服务的路子，于2008年孵化成立了从事社工服务工作的民办非企业——逢源人家服务中心。通过政府购买服务的形式，根据居民的实际需求开展社区服务。孵化“逢源街同心阁残障人士服务站”，探索残障人士再就业的有效途径。社工通过培育辖内残障人士制作糕点、饮品，并帮助他们进行销售，让残障人士成为自食其力的劳动者。孵化“建设管理委员会”，发挥社区领袖作用。社工通过集中居民开展公开、民主的集体讨论，决定社区微改造的相关事宜，调解微改造过程中发生的各类纠纷。截至2017年底，活跃在社区里的公益类、自治类、文体类等社会组织60多个。

巧搭桥，发挥社会组织链接作用。引进“正心（广州）社会工作服务中心”，免费配送“爱心晚餐”。从2014年开始至今，社工带着义工，坚持每周四为困难的长者提供每周一次的送餐和上门探访服务，及时解决长者的实际困难。引进“南方集藏文化研究会”，参与社区文化建设。在不同阶段，根据不同的主题开展“集藏文化”展出；与社工、居委会一起，培育社区领袖；免费收集提供展品在“幸福家园”计划生育展览中展出。引进“学仁社”，链接义工资源。“学仁社”组织义工为社区老人大学教授书法，为残障人士开展“葫芦丝音乐疗法班”，为困难青少年开展“国学班”。

（三）总结提升树立服务品牌

在长者、残疾人、青少年服务中引入“社区照顾”的概念，提出了“全人发展，持续照顾”的服务理念，并打造出“长者义工”“康龄社区大学”“展智义工”“青苹果乐源”“家长俱乐部”“驻校社工”等多个服务品牌项目。

（1）组建永不退休的义工队。成立了广州市首支长者义工队伍，现有队员345人，年纪最大的94岁。他们本着“善用余暇发挥潜能，奉献爱心，服务社群”的理念，活跃在大街小巷，自愿服务困难群体，成为睦邻友爱、幸福社区的一支重要力量。建立了广州市唯一一支全部由智障人士及精神病康复者组成的“特殊”义工队伍——展智义工队，以“我奉献，我成长”为服务宗旨，面向辖区孤寡老人和伤残人士开展慰问和探访，向社会传送一个信息——残障人士也可以奉献社会。

（2）搭建家长俱乐部支援网络。在不断探索服务的过程中，为促进家庭关系，强化家庭功能，协助个人及家庭解决在生活上所面对的困难，加强在子女照顾方面的能力，逢源街道办事处成立了家长俱乐部，现有会员260户。该项目以辖内学校学生及家长为服务对象，服务范畴包括亲子共融、个人成长、家长教育、孩子培育等。通过为家长们搭建一个聚首的平台，建立一个连接家庭、中心、学校和社区的支援网络，鼓励家长善用中心及社区资源和服务，彼此支援，提高家庭生活质素。

（3）发挥青苹果乐源互助作用。逢源街于2006年成立了全市第一个穗港青少年服务中心，社会各界对此充分肯定，觉得对广州市在穗港社会工作交流及关爱青少年成长方面有着典范的作用。在开展服务过程中发现，课后支持与辅导服务需求较大，仅仅依靠社工的服务已经无法满足需求，于是逢源街链接义工资源，成立了青苹果乐源。让义工辅导中心的青少年做作业，陪伴青少年玩游戏，通过建立平台为义工与青少年提供互助成长的机会，帮助彼此建立健康的价值观、社会意识。

（4）创新开展“婚育新姿”服务项目。社工在开展社区探访过程中发现，居民中间涌起了“二孩潮”，服务需求强烈。于是开辟场所，开展逢源街特有的服务——“婚育新姿”。主要服务于孕产期妇女家庭及0~6岁婴幼儿家庭。通过为新婚夫妇提供孕产期的预防性服务，为育儿期的父母提供支援性的服务，提高居民走出家门、融入社区的积极性。与此同时，也提供场地给社区父母带着孩子来参加活动，为社区里的父母相互支持、交流提供平台；社工们也通过观察他们的相处情况，挖掘更深层次的服务需求，开展个案跟踪。通过提供专业社工服务，协助家庭顺利完成家庭周期的任务。

三、展望未来：为改革发展注入新能量

麻石路上洒下欢声笑语，满洲窗上映照着活动身影，街角的石桌旁、街边的亭子下一幕幕都是社区居民和谐相处、关怀互助的生动画面……逢源街已经逐步形成助人为乐、关怀邻里、人人参与慈善的特别具有人情味的社区氛围，逢源街社区服务也取得全国、省、市、区的多项荣誉，这是逢源街社区服务持续努力20年的成果，也离不开探索过程中各级领导的亲切关怀和社会各界的大力支持。在未来，逢源街社区服务将继续秉承“以人为本”的精神，继续加强多方合作，进一步整合资源，全面提升专业水平，为社区居民群众服务、为城市发展大局服务，以无限的生命力在改革浪潮中焕发勃勃生机，写下更加光辉灿烂的篇章。

勇立潮头创平安

——荔湾区社区警务发展纪实

荔湾区公安分局

荔湾区是广州市独具岭南特色的中心城区和广佛都市圈的核心区，面积 62.4 平方千米，常住人口约 92 万人，下设 22 条行政街，有 188 个社区。

荔湾区公安分局在区委、区政府的正确领导下，狠抓公安工作改革和社区警务战略实施，开创了现代社区警务发展新格局，成功探索出一条现代社区警务机制建设的新路子，使得荔湾的社会治安状况极大改观，为全区经济建设快速发展提供了和谐稳定的城市发展环境。到 21 世纪，荔湾区的群众安全感和治安满意度已位居全市乃至全省前列。

荔湾区公安分局取得的成绩得到了省、市、区乃至中央的充分肯定，1991 年和 1993 年先后两次被公安部授予“全国优秀公安局”荣誉称号；2002 年以来先后获得“广东省优秀公安局”“广州市综合治理工作标兵单位”“广州市创建文明城市工作先进单位”“广州市双拥工作标兵单位”等市级以上的荣誉称号 18 个；队伍先后涌现出党的十五大代表宁焕美、党的十八大代表刘奕鹏、“全国先进工作者”邬松君、“全国公安系统二级英模”林云等一大批先进典型。中央领导江泽民、李鹏、温家宝、李长春、张德江、孟建柱等先后到荔湾社区视察、指导工作，并对社区警务工作给予了充分肯定。

一、与时俱进，创新实施社区警务战略

1978年底召开的党的十一届三中全会，把党的工作重点转移到社会主义现代化建设上来，中国进入改革开放的转型期。但是，随着改革开放和商品经济的发展，经济犯罪活动和刑事犯罪活动也随之增加。全国刑事案件发案数自1979年首次突破60万起大关后，1981年一举跃升至89万起，上升48.3%。[①] 人民群众的安全感明显下降，严重影响了国家的现代化建设。20世纪50年代形成和确立的社会治安管理工作体制和方法，已不能完全适应改革开放初期的治安工作需要，如何扭转日益严峻的社会治安问题成为80年代全社会关注的焦点。在此背景下，荔湾公安开始着力于探索有效治理社会治安新问题的方略——社区警务战略。

（一）城市治安困局催生社区警务雏形

社区警务战略的实施是由广州的治安特点决定的。20世纪80年代以后，广州的社会治安状况集中表现为严重性、复杂性和流动性极强等特点，它直接危害着人民生命财产的安全，影响广州迈向现代化大都市的进程。1989年以来，每年的发案量都保持在6万宗以上，其中重大案件保持在2万宗以上，在全国各大城市中排第一位。据1979—1991年统计，犯罪造成公私财产直接损失超过8亿元人民币，直接受害人达5629名，其中死亡1011人。许多贪污、抢劫、诈骗等大案不但造成人民财产严重损失，也给社会造成了极为不良的影响。

面对当时广州严峻复杂的治安形势，荔湾绝不可能偏安一隅、独善其身。事实上，作为广州的中心城区和“西大门”，独特的区位特点加之治安要素的高度关联性，荔湾区的治安状况同样不容乐观，走私贩私、拦路抢劫、入室盗窃、飞车抢夺等犯罪活动十分突出。

荔湾治安的复杂性主要表现在：一是作案种类多样化。广州犯罪种

① 倪小宇、李俊逢、杜育群等：《改革开放30年社会治安综合治理发展历程》，《福建警察学院学报》2008年第6期，第5-8页。

类在全国始终是领先的，新的犯罪种类或手段常常首先在广州出现，作为广州中心城区的荔湾首当其冲。

二是作案手段多样化。除传统作案手段继续盛行外，智能化、现代化的新型犯罪手段也开始层出不穷。

三是作案主体结构复杂。无论本地人还是外地人犯罪数量都很大，并且内外纠合。

四是作案时间、地点无规律。犯罪分子“全天候”“全方位”作案。

荔湾自古以来就是广州传统商贸核心区，进出口贸易频繁，十三行、上下九步行街等繁荣之地众多，对外地人来说极具吸引力，全国各地有大量的流窜犯罪分子来此作案，港澳台甚至国外的犯罪分子也乘机混入荔湾，这些人作案迅速、逃窜迅速，流动性极强。荔湾交通四通八达，非常便利，尤其街面交通路多、车多、人多，内街巷口也多，加上犯罪分子常采用现代化交通、通信工具，极易逃窜。1980 年以后，荔湾每年街面发案量都占到总发案量的 35% 左右，1995 年更达到 40%，其中尤以盗窃、“两抢”[①]等流动性强的案件为多，社会影响极坏。

广州每年都有几百万流动人员，无形中为这些流窜犯罪打了“掩护”，治理非常困难。

警方曾期望能够通过集中的打击行动，遏制犯罪上升的势头，但几次严打的实践证明，尽管实行严打对于维护社会治安大局的基本稳定、保证改革开放的正常进行是非常必要的，但严打并未能遏制犯罪上升的势头，常常是“打一段，少一段”，过后又上升，因此仅靠打击是远远不够的。再加上警力存在着不足的现象，集中打击现行违法犯罪，不可避免地削弱了基层防范工作，结果不但不能遏制犯罪，反而在一定程度上给了犯罪分子可乘之机。重打击轻防范的反应式警务模式深植于公安机关的运行和建设过程中，导致对社区这“第一道防线”的警务资源倾斜不足，造成治安工作功能错位，治安形势得不到有效扭转。

因此，强调以预防为主、走群众路线是极为必要的。密切联系群众

---

① 指抢劫和抢夺。

不但可以缓解警力不足的问题，而且可以充分掌握各类治安动态信息，发现破案线索，给人民生命财产树起坚固的屏障，对犯罪分子张开巨大的法网。

（二）“专群结合”引领警务工作模式的变革

在过去传统时代，荔湾区内社区属典型的街坊型社区。在这些社区中，居民家庭多世代相邻而居，人际交往频繁，关系密切，人口的同质性与稳定性程度比较高，因而自发地秉承与编织了守望相助的人际关系网络。[①]这种具有浓郁人情味的日常市井生活，曾经是旧西关的重要特色。改革开放以来，虽然市场机制在日益强化，传统社区网络不断遭遇破坏，但居民之间密切的街坊关系还是获得了不同程度的维系。

在此背景下，荔湾区公安分局及时调整警务工作模式，变反应型警务为先发型警务。从整个荔湾来说，随着市场经济的快速发展，城区的流动性将越来越强，但具体到每个小的社区，问题则变得相对简单，容易采取对策，从而能够以小区平安促大区稳定。[②]荔湾区公安分局据此创新预防犯罪的对策，实施社区警务战略，通过专门工作与群众工作相结合，密切民警与社区的关系，提高群众守望相助的自治能力，从而提高整个社区机体免疫力，以稳定的部分影响和控制流动的部分。

宁焕美是昌华派出所社区民警，也就是俗称的“片警”。20世纪60年代起，她在社区民警的岗位上默默奉献了35个春秋。她分管的昌华街第二居民区在广州西关的入口处，是水陆交会地、城乡接合部，横贯其中的黄沙大道是通行广州西部的咽喉——珠江大桥的必经之地；辖内居民1000多户，人口3400多人，且流动人口多，是一个治安比较复杂的地段。80年代起，面对辖区复杂的治安状况，宁焕美积极践行

---

① 罗向峰：《荔湾区新老居民结构变迁与社区建设》，北京：群众出版社，2013年版。

② 曾利平：《广州旧城社区改造工程对犯罪预防的启示》，《广州市公安管理干部学院学报》2014年第3期，第13页。

荔湾公安的社区警务战略，坚持以群众为依托，开展社区公安工作，产生了积极效果。

一是向居委会和派出所建议，组建了一支由30多名基干和群众以及聘请的5名保安人员组成的治安防范队伍，坚持日夜巡逻，保证辖区安宁。二是积极动员居民大楼大院安装防盗门、闸式门，每家每户安装防盗窗、防盗锁，齐心协力建设平安小区。三是深入群众了解情况，加强社情信息收集，掌握线索，主动出击，通过群众举报先后抓获吸毒和入室盗窃疑犯7人，破获入室盗窃案件6宗，追缴金饰、现金累计总价值5000多元。由于工作出色、事迹突出，宁焕美当选党的十五大代表，先后受到江泽民、李鹏、朱镕基、胡锦涛等中央领导的亲切接见。

在荔湾，像宁焕美这样的优秀社区民警还有很多。秀丽街派出所责任区民警郑木清因社区工作突出，被授予“全国优秀人民警察”称号；黄沙派出所丛桂社区民警袁艺雄一心为民，荣膺“广东省优秀人民警察”称号……这些先进人物在做好自身工作的同时，还帮助其他社区民警，“发动群众，预防犯罪”的做法在其他各个社区被广泛应用，并收到良好的效果。

改革开放初期，荔湾公安逐渐把治安工作重点向基层社区倾斜，通过“发动群众，预防犯罪”，使工作方式由以前的单纯执法型变为主动服务型。派出所安排专门警力深入小区，与居民建立起信任的警民伙伴关系，在群众中树立良好的形象，从而提高群众参与社会治安的热情，而且成为荔湾社区警务的一个显著特色。不仅治安工作立足于社区，其他公安专业工作也都开始面向社区，以社区为基本工作点。这样从工作机制上就把预防犯罪和发动群众放在了重要地位上，充分体现了社区警务的内涵，大大提升了社会治安工作水平。

（三）公安工作与社区文明建设相结合彰显社会主义特色

随着不断变化的治安形势，荔湾区公安分局根据长期开展公安工作和社会主义精神文明建设的经验总结，于1993年开始全面推行安全文明小区建设。

安全文明小区建设的主题是："同地而居，共保安宁，共促繁荣，共建文明。"一般而言，精神文明的提高必然伴随着社会秩序的好转，只有真正地建设好社会主义精神文明，才能从根本上解决治安问题。[①]推行安全文明小区建设，把公安工作与精神文明建设结合起来，是荔湾区 20 世纪 90 年代社区警务的重要特色。通过严厉打击社会丑恶现象，荡涤污垢、净化环境、扶植正气，弘扬社会主义精神文明，使集体主义、法制观念等深入人心，使人们自觉地遵纪守法和维护治安，实现社区平安的目标。

位于逢源街的耀华社区便是荔湾区全面推行安全文明小区建设的典型代表。该社区面积 0.05 平方千米，常住人口 6028 人，暂住人口 1500 人，辖区巷陌纵横交错，地形复杂，有内街 24 条，出入口 18 个，治安防控难点多。为此，耀华社区民警林青峰结合社区老年人口多、邻里关系密切的社会特点，大力推进安全文明小区建设，在社区内营造了邻里和谐互助的道德风尚，并在此基础上发动全社区的居民参与治安工

社区民警带领群众开展邻里守望

① 吴兴民：《社区警务的理论及其在广州的实践》，北京：中国人民公安大学出版社，2012 年版，第 94 页。

作，取得了明显效果。

一是继承优良传统文化营造文明社区。耀华社区有着唱粤剧、说古书、做慈善等优良传统，林青峰充分利用这一传统文化优势，在开展治安防控工作的同时，积极协助街道和社区居委会组织开展各类健康向上的文体活动，对社区居民起到潜移默化的教化作用。在这里，家庭矛盾、邻里纠纷基本绝迹，没有流失青少年，街巷环境整洁。二是建立警民鱼水之情营造良好风尚。林青峰每周安排两次半天时间，在社区警务室受理警务咨询、群众报警和身份证、暂住证申请以及治安管理初审等业务，既密切了警民关系，又极大地方便了群众。同时，他在社区警务室设置"群众留言簿""警民联系箱"，派发警民联系卡，每天将群众的想法和要求记录在"民情日记"里，想方设法协调解决群众的要求和困难，努力做到群众来访一次、民警回访一次，件件有答复、事事有着落。三是以人为本切实纾解民困、解决民生。以治安纠纷调解不出社区为原则，林青峰打造了治安调解平台，本着以民为本、真诚服务的工作态度向纠纷各方动之以情、晓之以理，巧妙化解社区内各种治安民事纠纷。在重点人口管理方面，他建立了完善的帮教工作制度，由社区民警统筹，实行"多对一"定人、定时帮教。

通过大力推进安全文明小区建设，耀华社区的刑事发案逐年下降，创下了连续5年"两抢"案件零发案的纪录。由于社区工作成效突出，耀华社区先后被授予"全国社区服务示范社区""广东省文明社区""广东省平安和谐红旗社区""广州市群众保卫先进集体"等荣誉称号。温家宝、李长春、张德江等中央领导曾亲临耀华社区视察并给予了高度评价。

实践表明，荔湾社区警务战略是卓有成效的。自20世纪90年代初开展安全文明小区建设以来，荔湾违法犯罪案件逐年下降，社会丑恶现象得到遏制，群众安全感显著提高，社会治安形势趋向稳定。

二、科学谋划，推进社区治安工作系统工程化

对社区警务的定义，尽管理论家们琴箫各弄，千变万化，但都包含

两个基本的原则：预防为主和群众参与。这里的“预防为主”绝非单纯消极地预防，而是体现在对整个社区环境的综合治理上。[①]

针对治安形势严重性、复杂性、流动性强的特点，公安机关必须建立起一种系统化的治安防范网络，加强公安工作的整体性、动态性，才能做到超前防范、有效打击。[②] 20 世纪 90 年代中后期开始，荔湾公安深入推进社区治安工作的系统工程化，充分利用社区资源，使人防、物防、技防有机结合，传统警务工作与现代公共安全技术相互促进，逐渐使全区形成了全时空、多层次、一体化的治安控制网络，提升治安综合治理水平，有效地预防和打击了犯罪分子。

（一）从“大喇叭、小哨子”到“五张防控网”

在美丽的广州城西，有一处被称为“西关大屋”的社区，以其高阔的清末民初建筑、沉郁的趟栊木门等特有的气息流韵，素享“南国奇葩”之美誉。然而，曾几何时，由于历史和现实的种种原因，昔日的“西关大屋”早已风光不再，沦为群众戏称的“西关烂屋”。

西关大屋社区辖区面积 0.39 平方千米，地处城乡接合部，又是旅游商贸结合区，常住人口 5551 人，外来暂住人员 1288 人，每日人流量达 20 多万人次。社区内低矮平房多，街内巷道四通八达，防盗难度相当大，给不法分子提供了可乘之机。社区内“两抢”“两盗”[③] 等多发性案件居高不下，2002 年该社区刑事发案 49 宗、“两盗”案件 32 宗。

从 2003 年初起，西关大屋社区民警刘奕鹏就开始在辖区探索实施“大喇叭、小哨子”工程。

“大喇叭”，就是他带领联防队员在社区内巡逻时，随身携带一个扩音喇叭，提醒居民提高防盗意识；而“小哨子”，则是刘奕鹏自费购买哨子，派发给治安员和社区居民，哨声响起就是报警信号，周围的治

① F.W. 索特：《西方警务管理原理》，北京：人民出版社，2013 年版。
② 蓝宇蕴：《广州现代社区警务机制建设研究》，北京：公安改革，2015 年版。
③ 指入室盗窃和盗窃机动车。

安员、联防队员以及群众都会循声而来，使入侵社区的不法分子不是弃甲而逃就是束手就擒。据统计，仅 2003 年一年，通过“小哨子”抓获的不法分子就有 23 人。

邻里间通过“大喇叭、小哨子”工程这个平台，互相认识，交流感情，消除积怨和隔阂，原本“各扫门前雪”的局面被打破，变成了团结友爱的“大家庭”，为共同防范犯罪，促进社区和谐，发挥了很好的作用。

2004 年，刘奕鹏从建立良好的警民关系入手，不断拓宽群众参与群防群治的途径，迅速地建立起信息、宣传、人防、技防、监督“五张防控网”。通过建立情报信息网，把握防控打击工作的主动权；通过建立宣传网，全面提高居民群众的防范意识；通过完善人防网，广泛发动居民积极参与巡逻守望工作，形成了社区安全的无形网络；通过建立技防网，实现了社区防控模式由单一的防控向网络化防控的转变；通过建立内外监督网，增强了社区警务工作的公开、透明，确保了自己在开展各项工作时得到群众的充分监督。

如果说“大喇叭、小哨子”工程是典型的传统警务工作方式，那么“五张防控网”便是现代社区治安工作系统化工程的代表。刘奕鹏既是防范宣教的“宣传员”，又是情报收集的“信息员”；既是实有人口的“管理员”，又是治安防范的“组织员”，他编织了一张防范严密的社区治安控制网络。在广大群众的积极参与下，刘奕鹏创建的“五张防控网”迅速发挥作用，西关大屋社区的刑事发案数逐年下降，“两抢”“两盗”等多发性案件明显下降，特别是入室盗窃案实现了连续 6 年零发案的纪录。

短短几年间，西关大屋社区彻底摘掉了“西关烂屋”的帽子，先后被评为广东省“文明社区”，广州市“无毒社区”“安全社区”“创安文明社区标兵单位”；中央社会治安综合治理委员会《长安》杂志、中央电视台《焦点访谈》等媒体先后对西关大屋社区警务进行了报道。西关大屋社区警务的成功经验，在全省乃至全国得以普及推广，有力地促进了全国社区警务建设的步伐，换来了“一花引来百花香，万紫千红满眼春”的喜人景象。昔日璀璨的岭南明珠重放异彩，声名远播。

（二）城区合并引来新一轮“百花齐放”

改革开放40年，荔湾区公安分局通过不断改革社区警务机制，构建了具有荔湾特色的治安防控模式。2005年9月，原芳村区与原荔湾区合并成为新荔湾区，城区布局、人口结构、治安状况发生了不小的变化，城乡二元化的结构特点日益突出。在实践中，荔湾区公安分局根据南北片区不同类型的社区特点，坚持因地制宜、分类施策，在基层的沃土根植社区警务模式，取得了全面落地开花、百花齐放的效果。并区以来，主要采取了以下几种模式：

（1）在治安复杂地区采取人防与技防相结合的措施。在安全防范工作要求较高、治安复杂的社区，建立了以治安联防力量驻点出入口和视频监控的治安防控手段，通过人防和技防结合来达到预防犯罪的目的。如花地派出所利用辖区的地理特点，自筹装备了视频监控点2971

泰国考察团到广州市荔湾区考察学习社区警务

个，通过人防与技防相结合的措施，有效提高了社区治安防控的能力。

（2）在条件成熟的社区实施围院、半围院式物业管理。这种管理模式是在不影响社区居民平时出入以及消防安全的基础上，通过物理隔离和围闭，将一定规模的房屋围成封闭或半封闭状态。这种模式可以充分利用小区的资源，并用最小的资源达到最大的防范效用。如侨苑社区民警根据辖内单位机构和纯居住小区众多的特点，组织发动退休人员、低保人员、下岗工人和社区义工，实施全天候物业管理和值班看护，从而建成了覆盖 869 户的围院式小区。

（3）在老城区积极探索邻里联防的治安防控模式。荔湾旧城区集中，居民密集，巷多街窄，荔湾公安坚持“警力有限，民力无穷”的思路，建立健全社区治安保卫委员会、联防队、治安志愿者、治安信息员队伍等组织的培育、扶持、引导、规范机制，开展治安队伍建设、邻里互助、居民自防自治等多种形式的群防群治工作。通过广泛的宣传和发动，全区共组建了 22 个辅警中队、186 个治安保卫委员会、95 个治安联防队、6033 个邻里互助小组，群防群治力量共达到 37171 人。通过以上措施，荔湾公安建立了一张遍布全区的群防群治网络，有效地解决了警力不足的难题，全区群防群治建设走在全市乃至全省前沿。

（4）在“城中村”等外来人口密集地区强化出租屋管理。针对城郊接合部无牌无证出租屋多、流动人员大量聚集的情况，荔湾公安不断规范出租屋和外来人口管理，加大对出租屋主的管理和处罚力度。近年来，按照“边服务、边采集、边建立、边管理、边宣传”的思路，荔湾公安组织开展了大走访活动、出租屋主约谈专项行动等工作，上门访查房屋 132 万间次，复核人员 383 万人次，收集治安基础信息 4680 万余条，有效提升了出租屋和流动人员管理服务水平。

（5）在交通枢纽地区和商业集中地设置警务室。针对商业集中地和交通枢纽地治安复杂多变、人财物流量大的特点，荔湾公安建设了警务室，通过警务室组织单位联防，并通过警务室与各单位保安员的联合管理，加强了社区的警务防控力度。如石围塘派出所分别在滘口客运站、芳村茶叶城和岭南花卉市场建立了警务室，由社区民警组织商户和职工维持区域内治安秩序，在预防和打击犯罪方面取得明显的效果。

三、深化改革，推动社区警务转型发展

进入 21 世纪，随着社会信息化的快速发展，“互联网 +”、大数据时代全面来临，各项公安工作已越来越离不开信息化手段。在改革开放的大潮里，荔湾公安通过不断探索和努力，充分运用“智慧警务”“数据警务”等理念，建立和发展了具有智能化、信息化特色的社区警务机制，走上了一条科技强警之路。

（一）老树发新芽：基础信息化的先行者

2006 年 12 月，以公安部“三基”[①] 工程建设为契机，荔湾公安在西关大屋社区创建了全国第一个社区警务网站，该网站的建立标志着广州市社区警务信息化平台的诞生与发展。在此基础上，荔湾公安搭建了具有强大的查询、比对和管理功能的“社区警务信息平台”，并推出了掌上 app 系统，在库信息达 4675 万条。该平台把社区民警的“口袋信息”“脑袋信息”“纸袋信息”变为“电子信息”，让公安工作插上科技的翅膀，大大提高了警务效能。该平台搭建以来，公安机关借助该平台侦破各类案件 124 宗，抓获违法犯罪嫌疑人 117 人。

2010 年以后，在世界多极化、经济全球化、治安复杂化的国内外环境下，电信诈骗、金融犯罪、网络犯罪等违法犯罪活动不断显现出智能化、技术型、跨区域等趋势，手段不断出新多变，犯罪分子的轨迹闪得快、藏得深。公安机关以往那种凭经验、靠直觉、拍脑袋的决策模式，以及“头痛医头，脚痛医脚”的专项行动已经难以适应治安形势的变化。

2012—2014 年，荔湾公安连续 3 年在全区范围内组织开展了以“情

---

① 指抓基层、打基础、苦练基本功。

暖左邻右里，共筑平安家园”为主题的全警入户大走访活动，全局民警通过上门核查人屋信息、排查治安隐患、调解矛盾纠纷，从源头上扑灭犯罪。此种靠人海战术、警力下沉、全警行动的社会管理方法，在一定时期内强化了社区一线的防范，推动警情和案件持续下降。但是，全警参与的社区工作模式耗费警务资源和成本较大，无法完全满足新形势下治安防控工作动态化、全天候、全覆盖的要求。

社区民警下沉社区服务群众

（二）改革潮涌西关城：智慧警务驱动创新发展

2016年9月，荔湾公安全面实施“智慧警务”工程，以信息科技为纽带，抢占大数据时代制高点，力争在新一轮警务变革中赢得发展先机。12月，荔湾区按照统一管理模式、统一管理平台、统一硬件标准“三个统一”的工作思路，以“街道牵头、公安主导、依托村居、多方参与”十六字方针为指导，大力推进出租屋门禁视频系统建设，借助信息化手段，强化基础信息采集和应用，逐步探索“城中村”物业式管理。

门禁视频系统是一种带有身份识别功能、数据储存传输功能、人员房屋管理、视频联动、事件关联以及轨迹采集分析的智能门禁系统，是信息化时代下的智能管理方式，能够为综治工作和社区警务提供有力的科技支撑。

2017年以来，荔湾公安明确工作思路，制订工作方案和指引，以岭南街、桥中街、石围塘街为试点，通过以点带面，在全区范围内实行统一安装、集中管理。在运行模式上，与区政务信息系统相兼容，与“人屋”信息管理、安全管理相结合，用一条“门禁”钥匙登记一条出租屋信息、采集一条流动人员信息、办理一张居住证、进行一次安全巡查，形成“科技管屋、制度管人”的信息化管理模式。

随着门禁视频系统的普及安装，全区居民住宅、“城中村”一栋栋“握手楼”的大门都安装了电子门禁。电子门禁的作用在于改变流动人员的登记方式，大大提升了登记率和准确率。通过对钥匙取得权的控制，变过去被动的巡查登记方式为现在的流动人员主动前来登记，在已安装电子门禁的地区，流动人员登记率由原来的不足70%提升到现在100%。同时，门禁钥匙可实现身份证或居住证开门，就是门禁卡开门，门禁卡也捆绑了使用人的信息，确保门禁钥匙的唯一性和专用性，还实时记录进出时间，为定量分析人员进出规律提供数据支持。

通过门禁视频系统，全区实有房屋数据和人口居住情况随时都可以掌握。有多少房子出租，里面住了什么样的人，每天的行动情况怎样……不需要亲自上门，民警就可以了解得一清二楚。截至2017年10月，全区已有1019栋41523套房屋安装了电子门禁，覆盖范围内流动人员登记率提升至100%，大大提升了社区治安工作的智能化水平，让犯罪分子“无处可藏、无地可逃”，发案率骤减，社会效果立竿见影。2017年以来，全区案件类警情同比下降15.6%，全区社区“四类可防性案件”[①]创下了连续6年同比下降的喜人成绩。

自实施社区警务战略以来，全区的社会治安状况持续向好，荔湾刑事治安警情实现了连续6年同比下降。荔湾公安与全区4.1万多家单

① 指入室盗窃、入室抢劫、撬盗机动车、盗窃电动车。

位机构、100多万居民群众之间的互动互信进一步增强，群众安全感和治安满意度大幅提升。根据近年来中山大学、广州社情民意研究中心等机构调查结果，荔湾区是全市乃至全省群众对治安状况最为满意的城区之一。

四、几点启示

启示一：推动警务改革发展，要敢于“摸着石头过河”。

改革没有现成模式可以照搬，必须采用实践、认识、再实践、再认识的方法论，邓小平将这种方法论形象地概括为“摸着石头过河”。当初为了扭转严峻的治安形势，荔湾公安选择“摸着石头过河”，蹚深水、过险滩，做警务改革的先行者，率先实施社区警务战略。他们从西关独有的“街坊文化”入手，构建和谐警民关系，通过社区民警与社区群众相互作用，共同发现和解决社区的治安问题，从而打开了改革的突破口。从20世纪80年代初到90年代，一批“安全社区”“文明社区”“无毒社区”犹如雨后春笋般涌现出来。进入90年代，面对治安变化，荔湾公安推行安全文明小区建设，实现了治安工作和精神文明建设的双丰收。21世纪的社区治安工作的系统化工程，更是将荔湾区的社会治安带到了一个崭新的高度。社区警务的实施，扭转了地区治安形势，推动了公安工作的转型升级，保障了经济建设的快速发展，这一切都离不开“敢于创新，不断超越自我”的荔湾公安精神。

启示二：确保公安事业取得实效，必须坚定地依靠广大人民群众。

人民警察的权力来源于人民，坚持群众路线是全面深化公安改革的力量源泉、胜利之本。改革开放的实践还告诉我们，人民群众是改革开放的主体，决定了改革事业的前途命运。荔湾公安从长期的基层公安工作实践中深刻体会到，改革过去以打击为主的警务工作模式，实施“预防为主，群众参与”的社区警务战略，才能全面、长效地维护社区治安秩序。以宁焕美、林青峰、刘奕鹏为代表的荔湾公安社区民警，坚持紧紧依靠人民，通过“警民联防队”“民情日记”“大喇叭、小哨子”等方式，从人民群众中凝聚力量、汲取智慧，使人民群众成为警务工作的积极参与者、监督者，有效地加强和改善了社区治安工作。在西关老百姓的大力支持和配合下，荔湾公安在警务改革的过程中攻克了一个又一个治安工作难题，取得了对犯罪分子一个又一个的胜利，推动全区治安实现了明显改观，为老百姓创造了平安和谐的城市环境，改革成果最大地惠及了民生，这正是社区警务的内涵所在。在改革开放的征程中，加强公安工作，不断提升社会治安治理水平，最重要的还是要始终坚持以人为本，最广泛地将群众动员和组织起来，依靠人民群众的巨大力量和无穷智慧，创造深化改革、创建平安、保障发展的新成就。

启示三：改革攻坚要具备逢山开路、遇水架桥的智慧和勇气。

《人民日报》曾发表社论《长期执政安于现状终将积重难返》，当中提到，今天的中国，正处在改革发展的关键阶段，执政党能否唤起改革攻坚的巨大勇气，关系到一个民族的未来，关系到13亿人的幸福。曾几何时，荔湾公安站在改革开放的历史地平线上，作为身处西关热土的平安卫士，也遭遇了各种发展难题——从“以打为主”到“预防为主，群众参与”的警务模式转型之难，从犯罪智能化、信息化冲击下的困境到社会治安综合治理的瓶颈……但是，荔湾公安始终保持改革攻坚的勇气和决心，不为任何风险所惧，不被任何难关所挡，奋力攻克重点领域和关键环节的难关险隘。荔湾公安40年以来的社区警务实践证明，改革越深化、矛盾越复杂，越需要拿出更大的勇气和智慧，不畏难，不躲闪，敢啃硬骨头，这样才能取得警务改革事业的成功，实现公安工作的突破，为经济建设、城市发展和民生幸福创造平安和谐的环境。身处现今的我们，无论是相比100多年前的先辈还是40多年前的父辈，都真切地看到了民族复兴的前景，更应该义无反顾地推进改革攻坚，不折不扣抓出成效，不断把改革红利转化为发展动能和民生福祉。

启示四：社会治安工作是一个系统工程，必须循序渐进、因地制宜。

社会治安工作是一项复杂的系统工程，不可能一蹴而就、一劳永逸，必须稳步推进，做好“慢”功课，防止急功近利、拔苗助长。[①]在社区警务的改革实践中，荔湾公安40年来一以贯之、毫不动摇地予以推进和深化。20世纪80年代构建和谐警民关系，扎扎实实地为公安工作长远发展奠定基础；90年代推行安全文明小区建设，为下一步的创新实践提供强有力的保障；进入21世纪利用信息化手段，筑牢社区治安系统化工程，有效地解决了荔湾社会治安存量和增量问题。这种持之以恒、善始善终的改革精神，不论是过去还是现在，都是值得我们坚持和传承的。除了循序渐进之外，改革也必须注重因地制宜。“解放思想，实事求是”虽具有普遍的指导意义，但受不同区域、不同环境等因素的影响，各地在改革广度、深度、程度、力度上的实际需求也都不一样。不顾实际情况进行改革，盲目复制、简单嫁接，势必导致南橘北枳、大相径庭。改革开放以来，荔湾公安始终坚持同课异构，从本地的区位特点、人文特色、治安实际出发，因地制宜推行社区警务机制，在实践中取得了很好的成效。例如，针对旧西关居民的人文特点，先后推出治安队伍建设、邻里互助小组、楼宇党支部、居民自防自治等举措，很好地借助民力开展社区治安工作，提升了社区自治能力和防范水平。又如，针对老城区、城乡接合部、交通枢纽地区、商业集中地等不同的社区类型，分门别类采取了人防、物防、技防，以及围院式管理、设置社区警务室、治安联防等工作模式，促进地区治安持续好转。

启示五：要正确处理好继承发展与改革创新的关系。

在改革开放的历史进程中，警务改革创新必须处理好“老”与“新”的关系：既要继承发扬过去的好经验、好做法、好传统，坚持入户走访、警民恳谈、邻里互助等“老”方法，进一步推动警力下沉、警务前移，这些公安工作的“老底子”和好传统一定不能丢；又要尊重基层首创精神，创新警务模式、机制、手段和办法。面对改革开放以来不同历史阶段的世情、社情、警情，荔湾公安在坚持继承好的做法、发扬好

---

① 田扬畅、社区警务：《现代警务制度变革分析》，《公安研究》2015年第3期。

的作风、坚持好的精神的基础上，创新实施了社区警务战略，并利用社区视频监控建设、社区警务信息平台、门禁视频系统建设等科技手段锻造了不少“新武器”，打造出“传统群众工作与现代信息化科学结合”的新型警务模式，取得了明显成效。当前，荔湾面临的共同任务就是打造“湾区门户、广州名片、产业高地、现代商都”，努力实现老城区新活力，推动国家中心城市核心功能区建设全面上新水平，着力建设国际大都市现代化中心城区。这也是荔湾在改革开放 40 年之后奏出的又一时代强音。因此，面对这个新的课题，在构建幸福荔湾、平安荔湾的过程中，荔湾社区警务 40 年发展的历程就不仅仅是历史，更不仅仅是一句口号，它应该也必然给我们一点启迪、一点借鉴。

（执笔人：刘深）

基层治理的“西村探索”

——基层党建引领社区自治　社区自治助推基层治理

西村街

西村街隶属广州市荔湾区，位于广州老城区的西北郊，原是广州近现代的老工业区，辖内分布着各种各样的旧家属区、老社区，社会管理存在不少历史欠账问题。党的十八大以来，西村街坚持以人民为中心的发展思想，坚持以解决居民群众最迫切的现实问题为导向，积极探索“以党建为引领，采取多元参与、多元治理、多元服务”的基层治理模式，即在“单位型社区”楼宇片区中成立党支部，再通过党支部引领片区成立建设管理委员会（简称“建管委”），以此助推社区治理工作不断取得新进展、新成效。该举措受到了居民群众的普遍称赞，开创了“单位型社区”基层治理的“西村探索”。

一、“西村探索”的背景

西村历史上既是老居民区，又是旧工业区。20世纪，广州水泥厂、广州啤酒厂、红旗轧钢厂等20多家近现代知名工业企业先后落户西村。到了20世纪末期，随着广州“退二进三”和住房制度改革进程的深入推进，重污染的工业企业陆续迁离，单位分配房转为房改房，旧家属区楼宇便形成典型的“单位型社区”。

2014年，西村街“单位型社区”有居民楼262栋，涉及大大小小单位60个。其中超过30年楼龄的居民楼有156栋，占60%；社区居民30480人，占全街居民总人数的50%。这些“单位型社区”长期缺乏物业公司管理，楼龄较长的居民楼化粪池管网因年久失修而经常出现堵塞爆管现象。加之自来水管网老化水压低、消防设施缺失等问题，已直接影响居民的正常生活和获得感、幸福感。

此外，“单位型社区”也愈来愈呈现出老龄化和底层化趋势。据2014年统计，全街“双低”[①]家庭227户，其中在“单位型社区”有170户，占75%；失业人员总数864人，其中“单位型社区”701人，占81%；残疾人总数559人，其中“单位型社区”403人，占72%；流动人员总数8389人，其中“单位型社区”4693人，占56%；60周岁以上老人总数8290人，其中“单位型社区”6644人，占80%。从上述统计情况看，各项占比都超过了全街比重的50%。这样一个人口结构，必然要求政府在社会管理，特别是在基础生活设施保障方面给予更大的投入和关注支持。

二、“西村探索”的起源

党的十八大以来，从中央到地方，基层治理工作都被提到一个前所未有的重要位置。对于如何提升基层治理水平，不同的地方有不同的探索模式，但有一点已成为共识，即提升基层治理水平离不开党建引领和居民群众的广泛参与。对此，西村街在充分调查研究的基础上，按照市、区组织开展的“干净整洁、平安有序”综合治理工作部署，选取历史形成的“单位型社区”为综合治理工作对象，将基层党建与居民自治有机结合，构建起“以社区党支部为引领，以社区建设管理委员会为主体，以民生实事为载体”的基层治理体系，并通过近三年时间一步一个脚印地探索与实践，已取得了一定成效。

（一）从“一事一议”起步

西村街的基层治理探索，以“一事一议”的形式起步。2014年，

① 指低学历和低收入。

原是广州冷冻厂和广州铁路等单位员工宿舍区的西村街长乐社区冰厂后街片区，现有15栋楼龄都已超过30年的居民楼，居住着410户街坊（基本都是原单位的退休职工）。20世纪90年代，单位分配房转为房改房后，该小区物业维护转为由居民自理。由于长期缺乏专业的物管维护，不少楼层出现管网老化、化粪池堵塞等问题，居民经常忍受着污水漫地、粪水倒灌之苦，且频率呈逐年上升趋势。但由于小区物业属于居民自有，社区道路、化粪池管网等公共设施均不属于市政设施，其维护改造都需要居民自筹资金来解决，这对于以退休职工和流动人员聚居为主的小区而言并非易事。这一时期，街坊们也曾商议共同筹钱进行管网改造，但工程款估算超过百万元，大家力有不逮，最终只筹到一笔小额资金进行局部修护。由于改造不彻底，没过两年化粪池堵塞问题又频频出现，并引发居民反复投诉，寻求社区和街道解决这一问题。据统计，此类民生问题引起的投诉，从2009—2013年连续5年在该社区投诉总量中均超过一半。其间，社区居委会和街道对居民反映的问题也非常重视，每次投诉都及时安排人员进行筹资和组织抢修，但由于筹资困难，加上没有物业公司，很难从根本上彻底解决居民反映的问题。对此，为彻底解决这些问题，西村街经过反复论证，决定从2014年开始，探索每年由街道自筹一定经费，先在长乐社区搞试点，重点从解决居民群众反映最迫切的“老旧居民楼化粪池及排污管道堵塞爆管”小连片整修为突破口，成功后在全街逐年推广，以彻底扭转过去“头痛医头、脚痛医脚”的被动抢修局面，为居民群众真正办好事、办实事。

2014年5月，冰厂后街社区67岁的社区党员、国企退休职工张克均在长乐社区党总支学习党的群众路线专题教育会议上提出，希望社区党总支和街道党工委在教育实践活动中，能够在基层民生方面有更多的为民之措、务实之举，能够更加重视老旧社区类似化粪池堵塞、水压不足等这些看似微小却事关居民幸福感而居民又无法独力解决的民生问题。随后，在党的群众路线教育查摆问题专题会议上，街道党工委查摆出“在开展一些基层工作中重效率、轻过程，街道与社区居民缺乏良性互动”的问题。会上，包括长乐社区党总支在内的5个社区党支部共同向街道党工委提出，希望街道能够重视并改善老旧居民小区基础设施老化问题的意见和建议。这也进一步坚定了西村街开展老旧社区基础设施微改造探索的决心。

6月上旬，一场暴雨过后，冰厂后街化粪池又爆管，居民生活在臭气熏天的环境之中，出入只能靠垫着砖头或木板，行人避开冰厂后街经过，其间不断有冰厂后街的街坊到居委会投诉。居委会与张克均等几位热心街坊商量，决定一起到街道办事处反映问题。他们向街道领导传递了冰厂后街居民希望政府支持小区化粪池改造的诉求，同时也表达了如果项目能够启动他们将参与到发动协调工作中的意愿。这无疑是西村街介入冰厂后街化粪池改造工作的良好时机。随后，街道领导班子经商议后迅速作出决定，一次新的尝试由此开始。

6月底，在西村街道和长乐社区居委会的组织下，冰厂后街社区挂出告示：鼓励居民报名参加以小区化粪池改造为具体任务的社区居民监督咨询委员会。西村街道向社区承诺，改造资金申请问题由街道统筹解决，但施工监督和今后的日常养护需要社区居民自己负责。经过半个多月的报名、筛选和公示，7月上旬，由张克均等17人组成的冰厂后街居民监督咨询委员会正式成立，委员会中有社区居民代表、居委会代表、党代表、人大代表，人大代表陈应章担任委员会主任，负责事项的整体统筹；居委会主任曹国权和社区党员张克均担任副主任，他们分别负责与街道、居委会、居民的联络和协调片区的居民共同参与化粪池的改造和日常养护工作。

就这样，政府出钱、居民出力，资金有了着落，推动更有力量。投资130万元的化粪池管网改造工程于7月底完成立项，并按程序顺利完成了招投标和确定施工单位等工作。11月，施工队进场施工。工程开工之前，曹国权还担心改造工程将耗时两个月，小区道路需全面开挖，会给居民出行带来不便或引发更多的抱怨和投诉。为此，张克均等热心居民的一席话给他吃了定心丸："都是几十年的老街坊，况且这事能解决大家最为迫切的生活起居问题，大家一定理解支持，而且还愿意为工程做点事。"就这样，居民监督咨询委员会成员分头深入各栋居民楼做

长乐社区冰厂后街社区党员现场宣传社区化粪池小连片改造项目

起项目宣传和施工解释工作，确保工程顺利推进。

在历时两个月的施工期内，街道和居委会没有收到任何关于工程建设的投诉，反而有不少居民主动加入监管队伍，当起“监工”，还为工程顺利施工提供诸多宝贵的建议和协作，比如“某家管网要一并换管改造”“某处地面要有纹路增加摩擦，方便轮椅进出”“某个斜坡需要加装老年人扶梯”等。针对这些建议，居民监督咨询委员会积极主动协调和做工作，尽最大所能帮助居民解决相关问题，使得整个工程更贴近居民需求。2015 年春节前夕，整个施工提前圆满完成。2 月 13 日，在工程验收总结工作会议上，居民代表无一不对街道、居委会的这一番为民举措点赞。与此同时，经冰厂后街居民监督咨询委员会共同商议拟定的《长乐社区无物业管理老旧居民楼下水道和化粪池日常维护保养暂行办法》正式通过，明确了冰厂后街社区化粪池今后日常管养职责，也是西村街在基层治理探索中首次出现由居民自己商定的社区民生事务自我治理规则的文字规范。

冰厂后街化粪池管网改造工程皆大欢喜，消除了冰厂后街 1300 多位居民化粪池堵塞的长久烦恼。西村街道因促成了一件得民心的民生实事，从而感受到社区居民参与社区治理的积极性。经过这一次尝试，西村街道尝到了居民参与社区治理的“甜头”，也有了进一步探索的动力。不久后，这一模式形成运作机制，并开始被复制。

（二）“西村探索”的实践

2015年4月，由于西湾东菜市场周边和村尾街占道经营、流动摊贩乱摆卖等问题，西村街虽大力整治仍时常反复，周边居民不时投诉，该区域也被荔湾区列为“六乱”[①]黑点之一。西村街有感于冰厂后街化粪池小连片改造“一事一议”的成功经验，决心尝试在城市管理方面也问计于民，发动市场周边的居民群众参与到身边市容环境的整治工作中，以期收到意想不到的效果。4月13日，经西村街和西湾东社区研究，以解决西湾东菜市场周边“六乱”问题为议题召开西湾东社区居民议事会，邀请西湾东菜市场周边居民代表、商户代表等参会。果不其然，居民代表提出了诸多宝贵信息，如市场周边流动摊贩的聚集情况和内部关系，沿街铺户占道经营规律，甚至是流动商贩如何对抗执法队整治的方法，这些以前街道、居委会、执法队都没能完全掌握的内容却被当地居民摸得清清楚楚。同时，他们根据所存在的情况，向街道提出借助社会力量来协助管理的建议。西村街充分听取居民意见和理由后，决定尝试聘请物业公司协助街道做好西湾东菜市场周边和村尾街的市容环境管理群防群治工作，对服务区域的“六乱”行为进行劝阻和整治。同时，成立西湾东城市管理群防群治监督咨询委员会，由社区居民代表和商户代表共同参与到周边社会环境的管理工作中。

5月27日，西湾东社区召开市容环境自治监督咨询委员会会议，就聘请物业公司进驻市场周边进行市容环境管理的工作情况进行讨论。由于社区居民和商户代表在市场周边关注的利益不同，涉及关系较为复杂，在讨论和监督过程中时有不同的声音出现，或者是与街道引导的方向相悖，甚至委员会内部出现了激烈的争吵。而以梁基国为代表的几位社区

---

① 指乱搭乱建、乱堆乱放、乱设摊点、乱拉乱挂、乱贴乱写乱画、乱扔乱吐。

退休党员，他们原本就是所在单位的领导，平时也热心于社区事务，在居民中有较高的威望，立场也较为坚定，每当大家的意见未能统一时，他们总能够将大家的思路引导到理性的轨道上来。就这样，经过激烈的讨论，在居民代表的监督和努力下，由物业公司接管后，多年来流动摊贩占道经营的“老大难”问题基本杜绝，真正还居民一个“干净整洁、平安有序”的居住环境。此次的成功探索也让西村街进一步加以思考。如果这种“一事一议”的基层治理模式要在辖区全面铺开，街道干部不可能全程跟进，无法实时把握理性导向，因此在一些存在分歧的事项上，在居民内部一定要有一帮热心且立场坚定的人来带头和引导。而以张克均、梁基国为代表的社区党员，他们本身就是社区居民，政治立场坚定，在居民中也有一定威望，对参与社区事务也有较高积极性，且在参与社区事务过程中，他们作为党员的先锋模范作用也能体现出来，这也是基层党建去虚就实的现实需求。因此，将社区党组织建设进一步向基层延伸，由社区党员来引领基层理性治理的思路也逐渐清晰起来。

7 月，西湾东社区公安宿舍区楼长、社区党员梁德根和黎沛华等向西湾东居委会提出，也希望能把社区“一事一议”制度复制到他们大楼，来协助解决长年影响居民出行的大楼门前路面坑洼不平问题。他们几个老街坊都有意愿参与到改造的发动、协调、筹资工作中。广雅路公安宿舍区兴建于 20 世纪 80 年代初期，居住着 137 户公安、城市管理系统的退休人员，20 世纪 90 年代房改后，宿舍区日常基本没有物业管理，住户每月缴纳 20 元管理费，再加上二楼活动室棋牌服务收取费用，也仅勉强支付小区门岗值班人员工资。同时，宿舍区在 9 栋居民楼选出了 9 位楼长，由他们负责协调邻里事务。但楼长们无法“协调”的是，因无法筹措足够资金，宿舍区门前道路年久失修问题得不到解决。西湾东居委会将这一情况反映到西村街，希望街道将其纳入街道 2015 年度自筹资金保障民生项目。8 月 6 日，经街道研究同意，西湾东居委会召开社区民情议事会，就广雅路公安宿舍区门前道路修整进行商议。街道主要领导、属地企业鸣虹宾馆、卓凌公司负责人、公安宿舍 9 位楼长及部分居民代表参加了会议。会上商议决定，公安宿舍区门前路面改造资金，由场地使用者之一的属地企业承担部分，大楼楼长发动住户再筹集部分，街道自筹资金进行兜底。同时，决定在宿舍区成立广雅路公安宿舍党支部，由党支部在原先“楼长制”的基础上，再吸收部分热心居民，成立公安宿舍居民监督咨询委员会，共同参与到路面修缮工程中。10月13日，广雅路公安宿舍成立了西村街第一个片区党支部，首次实现在党支部的引领下成立社区居民自治组织，并经居民和街领导根据社区自治组织的职能定位，讨论决定将社区居民监督咨询委员会更名为社区建设管理委员会（简称“建管委”），而后建管委也正式成为西村街探索基层治理的主体并沿用至今。居民、辖内企业、街道共同努力，筹集到6万元的改造资金。工程于2015年国庆后正式动工。其间，梁德根、黎沛华带领小区居民积极参与到施工监督工作中，特别是针对该小区常有货车停放的现象，在门口坡度、水泥厚度、钢筋型号选取方面都向工程队提出改进意见，这些专业意见甚至是连施工队都意想不到的。10月底，在社区建管委和居民的共同监督之下，道路翻新项目顺利完工。同时，在西村街党工委的支持下，宿舍区二楼部分以前承担棋牌功能的活动室被改造为党员活动室和阅览室，宿舍区党支部和建管委议事、活动有了固定场所，片区党支部的成立和议事规则以及党支部引领成立社区建管委的方法也正式确定下来。就这样，西村街“单位型社区”基层治理正式形成了“基层党建引领社区自治，社区自治助推基层治理”的工作思路，即在需要进行基础设施升级改造的居民小区，逐步建立以社区党支部为引领，以社区建管委为主体，以民生实事为载体，政府大力支持、居民广泛参与的基层治理体系。通俗地说，就是社区党员率先站出来，带动热心居民，在政府的大力支持下，参与并推动解决与自己生活息息相关的民生问题。

11月3日，西村街大岗元社区桥荫坊片区同样为小区路面平整问题，由辖内社区党员、热心居民、人大代表和居委会工作人员成立了桥荫坊片区建管委。根据初步形成的工作思路，11月4日，大岗元党总支决定将桥荫坊片区中社区党员集中起来成立桥荫坊片区党支部，发挥片区党支部在开展桥荫坊路面修复工程中的引领作用。在桥荫坊片区建管委的协调发动下，由街道筹资的路面修复工程于11月16日正式动工。施工过程中，桥荫坊片区建管委成员在施工路段充当了临时交通疏导员和施工监督员，确保了施工过程中居民出行安全和工程质量问题。工程于11月24日顺利完工，整个过程都是由桥荫坊片区建管委监督完成，街道和居委会工作人员基本实现在施工过程中抽身出来。在工程验收总结会议上，桥荫坊建管委根据该路段坡陡弯急的实际情况，向街道提出希望能够安装减速带和凸面镜的申请。在施工过程中也曾向施工队和居委会提出该申请，但由于资金预算有限，未能在施工过程中加装。11月25日，荔湾区委领导到西村街大岗元社区进行工作调研，在桥荫坊修复路段视察时听取桥荫坊片区建管委对社区治理的意见和建议，并作出了工作指示，这是“西村探索”第一次受到上级领导的关注。12月中旬，在街道的支持下，桥荫坊修复路段减速带及凸面镜安装完成。

12月21日，西村街趁热打铁，组织全街主要领导干部、社区居委会主任、片区党支部书记、建管委主任和部分社区热心居民，到已完成微改造项目的冰厂后街、广雅路公安宿舍、桥荫坊开展社区自治工作现场交流，听取已完成改造项目片区建管委的经验介绍。随后，在大岗元社区居委会召开推进西村街基层自治暨社区微改造工作研讨会，西村街主要领导同与会片区支部书记、建管委主任和居委会主任共同探讨社区自治工作规范。会后，西村街根据一年多的探索经验和多方意见和建议，拟定了《西村街社区建设管理委员会委员产生及工作条例》《西村街社区建设管理委员会议事机制》《西村街社区微改造项目操作流程及说明》等通用办法。并在此基础上，由各个社区的建管委根据自身社区需要拟定自己的“村规民约”。譬如，长乐社区冰厂后街建管委在化粪池连片改造完成后，拟定了《长乐社区无物业管理老旧居民楼下水道和化粪池日常维护保养暂行办法》。至此，西村街片区建管委由一个松散的社区自治主体，逐步形成了有引领、有抓手、有规范、有指引的居民自治主体，并逐步走上良性运转轨道。随着建管委工作的深入开展，更多针对本社区的“村规民约”不断涌现，各项微改造项目进入标准化进程，基层治理的“西村探索”逐步走向成熟。

（三）“西村探索”的完善

“西村探索”正式确定之后，大岗元社区的广啤雅苑化粪池小连片改造工程成为第一个完整践行“西村探索”的项目，它的成功也正式标志着党建引领“单位型社区”基层治理的“西村探索”从“摸着石头过河”到成熟确立的转变。

广啤雅苑是原广州啤酒厂宿舍区，小区楼龄接近40年，退休、下岗是小区217户居民最主要的职业标签。由于小区房改后一直没有物业管理，小区平时管理是一种放任自生自灭的状态，是西村街物业管理缺位、基础设施老化的“单位型社区”的典型代表。西村街也一直想去改变这种情况，但在资金筹集、居民意见等方面都遇到困难，也让街道一直没能找到好的办法。2013年春节前两天，小区化粪池堵塞爆管，在街道和居委会的共同努力下，出资请来清通队和抽粪车及时处理，居民才避免在臭气熏天中度过春节。当西村街决定全面铺开党建引领社区微改造这项工作时，广啤雅苑化粪池小连片改造项目自然也被列为重点项目。2015年11月26日，在西村街党工委和大岗元社区党总支的指导下，广啤雅苑片区党支部成立，支部党员平均年龄接近70岁。片区党支部经过一个月的发动和酝酿，于2016年1月4日，由片区党支部中相对年轻的党员、热心居民和居委会工作人员共9人，成立了广啤雅苑建管委。1月11日，大岗元社区居委会、广啤雅苑建管委根据街道资金意见和近年来居民反映强烈的化粪池堵塞爆管问题，经现场察看和初步听取部分居民意见后，起草了广啤雅苑化粪池小连片改造竞争项目动议，由居委会上报街道城管科进行评估。1月15日，街道城管科根据资金安排和项目具体情况进行综合评估，确定该项目动议可以执行，并由居委会和建管委联合在小区内公告。1月17日，大岗元居委会、广啤雅苑建管委联合在小区内开展为期一天的现场咨询会，广泛征询动议意见，并动员30户（超过10%）住户在项目动议上签名，意见达成一致后向街道正式提交动议报告。1月22日，街道城管科会同广啤雅苑建管委及专业工程设计单位在初步征询意见的基础上，制订了广啤雅苑化粪池建设施工方案，并由建管委商议拟定《广啤雅苑化粪池管养维护办法》，一并报街道办公会议研究，并获得通过。1月29日、30日，街道组织将项目建设方案和管养维护办法在小区内部进行公示，由小区建管委和居委会全面入户征求意见，向所有住户发出《关于广啤雅苑化粪池小连片改造建设方案致居民的一封信》，收集统计每户的表态回执和补充意见。全小区217户中有208户参与小区化粪池小连片改造项目表态，205户同意，3户保留意见，另外还收集到更换信报箱、安装消防设施、安装门禁系统、修建小区活动室、配置小区物管等微改造意见33条（后面作为第二期改造项目参考），达到80%以上同意率，于是1月31日，西村街决定将其列为街道微改造竞争项目。2月2日，西村街办公会议根据项目和资金情况，决定同意该项目实施。2月3日，由街道城管科和小区建管委在全面征求住户意见的基础上，会同工程设计单位，进一步完善确定施工方案，并将方案在小区进行为期5天的公示，赶在2016年春节来临之前全面确定下来。施工方案公示后，街道城管科立即牵头组织项目立项和招投标工作，经招投标于2月中旬确定施工单位。随后，街道城管科、居委会、小区建管委和施工方成员联合组成施工工作小组，居委会制作社区微改造工程公示牌，公布项目工期、施工单位、施工工作小组、施工问题反映途径等信息，全面接受居民监督。2月25日，工程队进场施工，小区建管委负责协调好物料、施工人员进场。由于前期宣传发动工作到位，居民已经主动将小区内个人堆放物品自行整理完毕，施工队进场未受到任何阻碍。在施工过程中，部分居民需要施工队协助处理的问题，或者是施工队存在影响居民出行的问题，居民不再跟以前一样直接找居委会投诉，而是主动向建管委反映，紧急问题或小问题由建管委与施工方协调解决，一时无法解决的问题则由建管委在每周召开的施工工作小组施工碰面会上向有关方面反馈，整个施工过程中出现的问题都得到及时处理，未有投诉，也未有居民与施工队出现摩擦的情况。2016年4月，工程施工完毕，由街道小额工程验收小组会同施工工作小组组织验收，并由广啤雅苑建管委按照原先制定的管养办法组织小区住户对项目进行后续管养。在这个过程中，居民理性，进展有序，政府省心，广泛好评，标志着西村街党建引领基层治理的微改造模式正式走向成熟。

西村街组织各建设管理委员会主任到大岗元社区广啤雅苑交流党建引领社区微改造工作情况

（四）“西村探索”的推广

从 2014 年到 2016 年，从“一事一议”到“基层党建引领社区自治，社区自治助推基层治理”，西村街社区微改造从起步探索到成熟运作，得到诸多媒体的关注报道，受到多位上级领导的指导和鼓励，最终在街道全面铺开，在区里得到推广，在社会层面受到广泛关注。

2015 年 3 月 31 日，“西村探索”首见报端，《广州日报》以《公咨委做桥梁，化粪池不再塞》为题，报道了西村街尝试社区居民监督咨询委员会处理社区民生事项。12 月 16 日，《南方日报》以《“单位型社区”基层治理的“西村探索”》为题，对西村街以建管委为主体的社区治理模式进行介绍。

2016 年 3 月 9 日，荔湾区区长刘捷带队到广啤雅苑调研，对西村街党建引领微改造工作进行指示，并要求在全区范围内对老旧社区基础设施老化进行微改造。随后，“西村探索”也被荔湾区更新局借鉴为全区微改造的模板，在全区范围内进行推广。西村街正在进行的大岗元

（含广啤雅苑）、协和、环市西苑3个社区的微改造项目纳入“荔湾区2016年十大民生工程”，微改造项目资金来源也由原来街道自筹转为政府财政支持和街道自筹相结合，使得西村街微改造的资金更加充裕、范围更为广泛。西村街也根据上级部门对社区微改造工作的部署，及时制定了西村街老旧社区微改造“三年计划”：计划2016年完成大岗元社区、协和社区、环市西苑社区微改造，2017年完成广雅社区、增埗社区、西湾东社区微改造，2018年完成长乐社区和西湾社区微改造，预计三年总投入资金1200万元，到时将覆盖全街老旧社区。2016年3月中旬，协和社区华业里小区党支部和建管委先后成立，并提出小区化粪池小连片改造和小区路面修复动议；3月下旬，环市西路钢管厂宿舍党支部和建管委成立，片区化粪池改造和自来水管网改造升级项目提上议程；4月上旬，西湾东社区西湾东大楼、广雅路114号大院的党支部和建管委相继成立，西湾东大楼加装治安防控系统和广雅路114号大院门前小公园改造项目动议相继进行征询意见。

5月，中共广州市委副书记陈如桂在《广州改革》《荔湾区西村街探索基层党建引领社区自治新模式》上作出批示，并于5月19日亲临西村街调研指导，在广啤雅苑实地调研后，对西村街这种专注于居民切实生活保障的微改造之举的探索模式给予肯定，并勉励西村街要继续开展探索，多办一些与居民幸福感提升密切相关的实事好事，逐步提高老旧社区居民生活水平。同时，还拨付50万元专项资金支持西村街用于社区微改造探索工作，这给西村街的微改造工作带来了极大的鼓舞。

6月上旬，大岗元社区广啤雅苑安装消防设施、门禁系统和改造党员活动室等小区硬件设施改造的二期微改造项目被提上议程；协和社区华业里化粪池小连片项目进场施工。7月上旬，广雅路公安宿舍二楼平台防滑整修方案被提上议程；协和社区西湾西街党支部和建管委成立，并在小区范围内开展化粪池改造的意见征集。

7月15日，中共广州市委组织部部长王世彤等领导带队到西村街调研以社区微改造为抓手的基层党建创新工作，对西村街基层党组织进

华业里小区居民现场监督施工

一步下移、调动社区党员参与社区事务的探索工作给予肯定，多家省、市主流媒体记者跟随现场采访。7月21日，《人民日报》以《广州西村街道社区党组织全覆盖，夯实基层治理——社区工作好，党员作用很重要》为题，对西村街基层治理探索模式进行报道，得到社会广泛关注。8月21日，在全市城市更新工作会议上，党建引领基层治理作为全市微改造案例进行经验介绍。9月19日，中共广州市荔湾区委书记危伟汉亲临指导，“西村探索”作为荔湾区的书记项目，形成经验材料。10月，荔湾区委组织部联合广州电视台拍摄介绍“西村探索”的纪录片《改造》完成拍摄，作为全区范围内的党建创新和微改造交流资料。

10月12日，协和社区银行宿舍党支部和建管委成立，通过了银行宿舍楼下花园、大楼铁门、单车棚和化粪池改造的决议；环市西路59-63号自来水管网改造、华业里小区微改造工程进行初步验收。10月21日，西湾西街小区微改造进场施工；12月底，西湾东大楼门禁工程完成。整个2016年，在社会的大力支持、媒体的广泛关注、领导的悉心指导下，“单位型社区”基层治理的“西村探索”遍地开花，硕果颇丰。

2017年7月4日，“西村探索”再一次成为焦点，人民网发表了题为《广州市荔湾区：基层党建引领老旧社区自治》的文章，对西村街的探索经验进行专题报道，并将其列入2017年全国创新社会治理案例，在人民网平台上进行投票推举。10月12日，《广州日报》更是在《砥砺奋进的五年，迎接党的十九大胜利召开》系列专题报道中，以西村街社区微改造案例作为双首页开篇报道。西村街用一个个成功的案例和居民的微笑点赞，印证着由基层党支部引领、群众广泛参与、居民自己主导身边民生事务解决探索的可行性和优越性，并在社会各界的关注和鼓励下不断前进。

（五）“西村探索”的延伸

当2017年西村街党工委、办事处还没在新一年微改造项目上行动起来时，广雅社区、增埗社区的党支部和建管委早就成立起来，化粪池改造、自来水管网升级、消防实施安装等议题早就在居民中展开讨论。社区服务管理工作不再只是街道和居委会的事，而是变成居民群众的自觉行动，这种氛围在两年多的探索实践中已经悄然形成，并向社区垃圾分类和旧楼宇加装电梯等这些更需要居民自觉和自力的工作延伸。

环市西苑社区钢管厂宿舍，早在2014年就有居民提出要为这幢9层的旧居民楼加装电梯，但因居民意见一直没能统一而搁置。2016年5月，在化粪池改造中，居民还通过建管委向施工队提出要给他们预留加装电梯位置，要求管网改造。8月，随着小区自来水管网更换完成，由党员带头、居民参与、政府支持的微改造工程基本完工，眼见困扰多年的“老大难”问题终于解决了，小区居民切切实实地获得实惠，参与热情空前高涨，推动小区加装电梯的有利时机出现了。但这事却与化粪池和自来水管网改造不同，街道明确表示，政府无法提供资金支持，需要居民自筹。小区党支部和部分热心加装电梯的居民经讨论认为，此次是推动加装电梯的良机，如果这次都推动不了，以后恐怕就更难了。因此，决定在小区建管委人员基础上，再吸纳一部分热心加装电梯的居民，成立小区加装电梯工作小组，对加装电梯项目进行筹划。11月13日，经工作小组发动，小区住户意见基本达成一致，并在小区贴出加装电梯公告，供大家商议讨论。2017年1月13日，钢管厂宿舍加装电梯工程项目正式确定；6月，工程方案获批通过；8月，施工队进场施工；9月，电梯安装完成。钢管厂宿舍成为西村街第一个由居民自发完成的加装电梯项目，也实现了基层党建引领社区事务解决的探索从政府资金支持到居民自筹资金的延伸发展。

随着全区“百梯万人”旧楼宇加装电梯项目的全面推进，西村街长乐社区、西湾东社区、大岗元社区这些已经有完整的党建引领社区自治探索经历的社区，反响积极，行动迅速，由社区党员带头，居民自发行动，加装电梯工作小组犹如雨后春笋般涌现，加装电梯项目遍地开花，短短两个月时间就收到加装电梯意向超过30份。9月底，为了保障加装电梯项目更高效、更有序推进，西村街决定在全街范围内以基层党支部为核心，由已成功加装电梯楼宇中的社区党员为主，再加上街道城管科、居委会代表及电梯公司代表，成立西村街电梯助建服务队，为居民提供义务志愿服务，帮助、引领居民参与老旧楼宇加装电梯。

10月17日，《南方日报》《新快报》《信息时报》等多家报纸同时刊登对“西村街党建引领推动旧楼加装电梯，成效显著”的报道。正如钢管厂宿舍退休党员何叔在接受媒体采访时所言，参与社区事务，他就是抱着“三不”的态度，“不要有私心，不要怕吃亏，不然做不成”。就这样，西村街社区治理探索逐步实现了由“政府包办”到“政府推动”再到“居民自觉”的深化演变，居民的获得感和幸福感不断提升，基层政府的工作效率和与群众的互动也不断提高。

三、经验与成效

（一）“西村探索”的经验

一是构建好社区自治工作主体。既然是社区自治，就自然不能再是政府大包大揽唱主角，而必须有一个社区自治工作主体。首先，这一主体的自治范围应具有可行性。范围的确定，要优先考虑该社区居民是否符合熟人社会的特点。在此基础上，再考虑不能过大，否则难以形成居民群体利益最大公约数。其次，这一主体的人员组成应具有代表性。不仅包括社区居民，还应有居委会代表，甚至可以吸纳“两代表一委员”[①]参与，以便形成社会合力。最后，这一主体的功能定位应具有递进性。这一工作主体，可以定位为政府基层治理的有效组成部分。为此，最初功能可定位为填补物业管理缺位，优先解决眼前困扰居民生活的民生问题。随着自身在居民中的被认可，再考虑更高层次的自治内容，譬如社区文化建设、守望相助的邻里关系重构等。

二是选取好社区自治工作载体。推动社区自治，组建建管委并不难。难的是如何使其有事干，并且能干成事。否则，一个只是定期开开会、唠唠嗑的建管委，最终必将沦为摆设；一个只是议事，而不能解决事的建管委，最终也必将耗尽委员和居民的热情。因此，建管委的工作载体选取既要实实在在，又不能好高骛远。西村街党工委结合群众路线教育实践活动、“三严三实”[②]、“两学一做”[③]学习教育和“不忘初心，牢记使命”主题教育的要求，引导建管委把解决居民身边“最后一公里问题”作为社区自治的工作载体。譬如，结合街情，优先选取化粪池整治、自来水管网改造、消防设施维护和社区内路面修整等项目作为社区自治的工作载体。这些项目听起来不大，但对于受其影响的居民而言则是天大的事，直接影响其生活质量和幸福感。

三是规范好社区自治日常运行。俗话说，无规矩不成方圆。对城市而言，社区建管委虽然只是一个松散的社区自治主体，但要想使其良性持续运转，则必须有一些相应的条约作为基础。在社区自治推进过程中，西村街边探索、边实践、边总结，拟定了《社区建设管理委员会委员产生及工作条例》《社区建设管理委员会议事机制》等通用办法。在此基础上，各个社区的建管委还根据自身社区需要拟定自己的“村规民约”，从而有效提升本社区的治理水平。

---

① 指党代表、人大代表、政协委员。

② 指既严以修身、严以用权、严以律己，又谋事要实、创业要实、做人要实。

③ 指学党章党规、学系列重要讲话，做合格党员。

四是引导好社区自治良性发展。社区自治，不是放任不理的自治，也不是放任不管的自治。如果任其自生自灭而不给予大力扶持，那么建管委通过自治来解决民生实事的能力将大打折扣，甚至发展难以为继；如果任其自发生长而不给予积极引导，那么建管委的发展方向就有走入死胡同甚至走上歧路之忧。对这一问题，西村街从一开始就非常重视。社区自治从构思到推进，街道的引导和支持都贯穿始终，只不过其表现从过去的台前大包大揽转变为了幕后引导和支持。西村街把基层党建向下延伸，将支部建在社区建管委上，使得建管委核心成员与党支部核心委员合二为一。此外，建管委会议议题的调研、确定和探讨，也会积极邀请街道相关业务科室参与。这种做法，从一开始就注重发挥建管委的主体作用，把多方的工作方向和步调协调起来。街道在其中则是积极发挥引导和支持作用，促事成而不居功，逐步树立建管委在居民群众中的影响力，夯实社区自治体系的组织基础。

（二）“西村探索”的成效

一是解决了问题。截至 2017 年 6 月，经过三年的摸索和实践，西村街分别建立起 15 个社区党支部和 16 个社区建管委，覆盖居民户数 5017 户，占全街“单位型社区”的 50%。在街道的大力支持下，建管委作为工作主体主导参与并完成了长乐社区冰厂后街化粪池小连片改造、广雅路公安宿舍区路面改造、大岗元桥荫坊社区路面改造、广啤雅苑和华业里小区化粪池整治、环市西苑钢管厂宿舍区自来水管网改造等民生项目 21 项，涉及改造资金约 900 万元。这些看得见摸得着的民生实事的解决，大大密切了党和政府与居民群众的血肉联系。并且通过参与和主导解决这些民生问题，建管委这种工作模式逐步得到居民的认可，大大提升了居民参与社区自治的热情。

二是做好了好事。如何把好事做好，使得居民认可和满意，是基层工作一直面对的课题。引入建管委作为民生项目实施主体，将过去“发现、拍板、实施”的三部曲改变为“发现、沟通、拍板、公示、实施、反馈”这六步走。其中“沟通、公示、反馈”环节由建管委主导。“拍板”环节根据事情大小，由建管委、居委会甚至街道在前期充分沟通的基础上共同决策。“实施”环节由专业单位负责，建管委和街道专业科室共同监督。正是这种思路的转变，在各个阶段都有了居民的广泛参与，使得决策实施的民生项目更贴近居民实际需求，同时施工阶段的居民参与，使得一些小调整能够及时进行，将施工扰民降到最低。事情还是原来的事情，但由于思路的改变，达成了把好事做好的初衷。基层工作者收获的不再是不被理解的委屈，而是居民群众发自内心的笑脸和锦旗。

三是夯实了党建。基础不牢，地动山摇。开展基层党建，不缺基层党员，特别是在社区中有诸多愿意贡献力量的退休党员。难在如何将他们凝聚起来，在社区中发挥作用。西村街通过将党支部建在片区，实现了基层党建的重心下移。又将其与建管委有机融合，使得党建工作有了抓手，实现了从虚到实的跨越。从目前实践来看，基层党员在建管委中发挥了很好的先锋模范作用，有力地推动了一系列民生实事的解决，赢得了居民的认可。

借力三级党员民情议事会，推动社区基层治理

冲口街

党的十八大以来，荔湾区冲口街立足辖区实际，探索建立“街道—社区—网格（片区）”三级党员民情议事会制度，形成“街道层面议事协调办好事、社区层面议事为民解难事、网格（片区）层面上门常议身边事”的工作格局，实现以党内民主带动人民民主、以党的基层组织建设带动其他各类基层组织建设、以社区党建带动社区治理和服务创新，有力推动地区经济社会协调发展。

一、冲口街搭建三级党员民情议事会的背景

随着经济社会的转型发展，城市基层社区出现不少新的问题：一是外来人口不断涌入使人口结构出现变化，使社区治理工作面临新的更大挑战。二是越来越多“单位人”变成“社会人”，以前由单位统一解决的生活问题落到了社区，已关停并转国有单位的家属楼基础设施陈旧、物业管理长期缺位，化粪池堵塞爆管、自来水管网老化水压低、消防设施缺失等问题长期困扰居民生活。三是社区治理和服务水平越来越不能满足居民日益增长的美好生活需求，特别是居民民主管理意识和参与管理愿望的不断增强，过去政府单一服务、被动服务的治理方式越来越行不通。

针对这些问题，冲口街党工委从推进迎亚运环境整治工程入手，在杏花社区实行一系列改革措施，赋予社区自治的人权、财权、事权，率

党员民情议事会场地

先探索“居站分离、议行分设”模式，设立社区议事厅，议事厅每月举行一次议事会，由辖区各网格（片区）党员群众代表、驻区单位代表等参加，共商社区大小事务。在迎亚运环境整治期间，网格（片区）议事会召开 96 场、社区议事会召开 23 场、街道议事会召开 9 场，参与党员民情议事会的党员和居民达 2689 人次，提出社区建设大小事情 128 件，社区、街道自行或协调解决 106 件，其余 22 件也分别对社区居民进行了答复，做到件件有落实、事事有回应，群众满意度高达 97%，大大减少了社会矛盾等问题。既方便了群众，又避免上访问题发生，从源头上消除了群众上访问题，居委会不再是“传声筒”，街坊对社区事务“说得上话”，居民通过社区自治形成认同感和归属感。街坊们将社区议事会称为微型“议会”，真正做到自己家门口的事情自己来决定。

在此基础上，为引导全街党员群众自觉参与地区事务的管理，冲口街把杏花社区这种工作模式全面推广到其他 9 个社区，每个社区均建有专门的议事厅，每月举办一次议事会，并全程公开议事主题、议事进展、整改情况，接受群众监督，搭建起街道、社区、网格（片区）三级开放公共议事平台，让社区党员、热心居民亮出身份参与治理，破解社区自治难题。广东省委组织部将该项目纳入2012年度全省基层党建创新示范“书记项目”，杏花社区党支部被广州市委组织部评为“2010—2012年全市创先争优先进基层党组织”，社区党支部书记刘艳华当选为市第十一次党代会代表、区第十一次党代会代表。

二、冲口街推进三级党员民情议事会的主要举措

（一）完善组织，实现上、中、下三级联动

在街道、社区、网格（片区）三级都建立了党员民情议事会，定期开展民主协商议事。

（1）网格（片区）层面议事会。社区下面分成多个网格（片区），有的设党小组，有的不设党小组，各片区分别选举1名片长，党小组组长或片长为网格议事会召集人。每次召开议事会之前发出公告，党员和居民可以提前报名、自由参加。不论大事小事，只要涉及居民生活、社区公共环境都可提出商议，寻求解决方法。杏花社区养狗人数比较多，难免会出现无序养狗遛狗的问题。涉及杏花社区文明养狗这一问题时，冲口街杏花社区片区小组组长珍姨将“文明养狗”这个议题摆上议事会。针对这一问题，社区党员民情议事会决定引导居民成立一个养狗俱乐部，对养犬居民定期进行培训，一方面传授养犬知识，一方面教育大家要文明养犬，签订文明养犬公约，改掉养犬陋习，提升居民文明养犬的自觉意识和责任感；同时，在社区养犬居民中，成立文明养犬志愿者队伍，担当起社区环保的志愿服务，通过志愿服务建立并强化主人翁意识，自觉杜绝各类不文明行为，共同维护社区和谐。社区通过在辖内悬挂横幅和在宣传栏张贴海报等形式，对养犬户进行潜移默化的引导。定期组织青少年学生志愿者向遛狗居民发放倡议书。杏花社区通过党员民情议事会加强引导社区居民对养犬户多一分理解、多一分包容，为社区

营造和谐氛围。

（2）社区层面议事会。社区设置党员民情议事厅和成立党员民情议事会，成员从社区“两委”[①]中的党员、社区自管党员、居住在社区的在职党员、经济联社党员和流动党员、驻社区各类单位的党员、社区党组织管理的“两新”组织[②]党员中推荐产生，设召集人2名（社区党组织负责人是当然召集人，另外1名召集人由议事会在全体成员中民主推荐产生）。议事会每季度召开一次，对需要提交社区居民代表大会表决的事项，依法办理，并由社区党组织督促落实；对需要提交街道层面解决的事项，经社区党组织审核，由街道联络服务机构提交街道党工委、办事处研究办理；对需要提交区委、区政府统筹协调的事项，按程序提出议案，经街道党工委研究，视实际情况报区委、区政府审核，转交区有关职能部门办理。杏花社区还针对老人多，特困、低保低收入家庭多的特点，在党员民情议事会上提出“结对子”建议，通过动员社区内生活状况较好的家庭与困难家庭结对子互助的形式，对困难家庭提供及时和长期的帮助。这一政策从2015年实施以来，在杏花社区共结对24对，通过“以强带弱”这种方式，鼓励困难家庭树立战胜困难的决心，增强了通过自身努力改善家庭生活状况的意志。

（3）街道层面议事会。发挥街道党工委统揽全局、协调各方的领导核心作用，把辖区内的党政机关、各类企事业单位、“两代表一委员”[③]、党员志愿者及热心的居民代表凝聚起来，建立地区党员民情议事会，打造凝聚党员的新载体、联系服务群众的新网络、夯实辖内基层组织建设的新平台，让辖区各方代表参与到街道党工委、办事处的决策和服务当中，解决社区议事会无法解决的问题。杏花社区议事会建立以后，不时收到居民反映社区体育设施较少，希望增添新的体育设施。针对这一问题，社区向冲口街道反映，冲口街道协调相关单位，召集相关

---

① 指社区党支部委员会和社区居民委员会。

② 指新经济组织和新社会组织。

③ 指党代表、人大代表、政协委员。

科室（部门）召开街道党员民情议事会。最终，街道党工委在杏花居委会广场增加了一批健身器材，建起两个羽毛球场和半个篮球场，分别在杏花居委会广场、明丽街小区以及芳村大道东91号后面的空地安装了3条体育路径，满足了社区居民日益增长的精神文化生活需求。

（二）整合资源，协调各方面力量参与

借助三级党员民情议事会这个“桥梁”和“纽带”，充分发挥党建引领作用，有效整合辖区各类党建资源。

（1）不断扩大党员民情议事会的“朋友圈”。2017年开发运营党支部微信公众号，创建社区“互联网+议事会”模式，拓展党员议事活动平台，打造宣传基层党建的窗口、服务党员群众的平台，将党组织的力量不断往基层延伸、向外拓展，实现“互联网+党建”的创新举措。通过运营党支部微信公众号，开辟了网络议事新阵地，积极引导广大党员群众特别是年轻党员参与“微议事”、汇聚“微力量”，在线上和线下互动中建设美好社区，丰富了传统议事模式，使社区党员民情议事会更好地发挥作用。

（2）积极培育多元服务队伍增强“服务力”。发挥三级党员民情议事会、党代表工作室、党员志愿者服务队和“两代表一委员”作用，引进外地志愿组织服务社区，并引入志愿服务理念，每年投入200万元用于购买家庭综合服务中心的服务项目，开展长者“孝心”服务、残疾人“信心”服务、青少年“欣欣”服务、家庭“温馨”服务、义工“暖心”服务。鼓励和支持社会组织、企事业单位和社区居民参与社区服务，发挥多元主体在社区服务体系建设中的作用。建立健全公益服务项目运作体系，动员引导各方力量为社区治理献计出力。

（3）充分完善需求资源找准对接“融合点”。依托三级党员民情议事会主动联系走访辖内单位，定期了解社区居民、驻区单位、商务楼宇、青年白领等各类主体对象的诉求，整合机关党员、社区党员、非公党员、社会组织党员和地区单位党员的先锋力量，开展在职党员进社区、党代表进社区、结对帮扶等服务。同时，还结合网格化管理和组团

式服务，成立志愿者服务队、合唱队、乒乓球队、书法社、花毽队、舞蹈队、老年人协会等组织，针对居民反映的养狗问题成立养狗俱乐部等。

（三）完善机制，打造幸福社区服务平台

（1）建立“三定”工作模式。定场地，明确会议载体。每个社区建立专门的党员民情议事厅。以固定的场地开展议事会议，保证了会议顺利有序地召开。定人员，明确会议主体。社区及网格（片区）议事会议每月举办一次，社区工作者、党员、居民群众积极参与，居民自治意识明显提高，形成了社区党组织、社区事务工作站、社区居委会以及社区居民群众“一体联动”体系。定主题，明确会议主旨。每筹备一次社区及网格（片区）议事会议，先确立会议主题，就不同的会议内容展开激烈的讨论。

（2）建立“幸福树”模式。在荔湾区委组织部指导下，创新打造“幸福树”模式，以直观的模式公开群众反映的问题以及整改跟进结果。在杏花社区议事厅旁，由社区居民与街道干部栽种“幸福树”。树上的“苹

杏花社区党员民情议事会里的“幸福树”

果”代表居民反映强烈的问题：“红苹果”表示已解决，“绿苹果”表示正在解决中。对于简单的问题，通过现场协调、当场处理，将问题解决在社区，充实幸福树“红苹果”数量；对于复杂的问题，通过召开街道层面党员民情议事会，由分管领导负责，落实责任科室和责任人，明确整改期限，减少“绿苹果”数量。

（3）建立议事标准化机制。按照荔湾区委组织部《关于印发〈荔湾区社区党员民情议事会制度（试行）〉的通知》《关于印发〈荔湾区社区党员民主议事标准化规程〉的通知》精神，对需要提交社区居民代表大会表决的事项，依法办理，并由社区党组织督促落实；对需要提交街道层面解决的事项，经社区党组织审核，由街道联络服务机构提交街道党工委、办事处研究办理；对需要提交区委、区政府统筹协调的事项，按程序提出议案，经街道党工委研究，视实际情况报区委、区政府审核，转交区有关职能部门办理。议案办理部门须在接办议案之日起15个工作日内作出明确答复，对不能马上办理的，答复后跟进落实和反馈。

（4）建立有效反馈机制。通过在社区公告栏公布及党员、社区负责人上门走访、约谈等途径，让社区居民了解问题处理情况的进展，推动议事常态化。在社区出现门牌脱落以及小巷地砖松动问题的时候，议事会及时向街道反映情况，街道迅速协调相关科室、组织人员修缮并做好卫生清理工作，并由社区党支部书记在下一次党员民情议事会上给予答复，且及时在民情议事会公告栏张贴该事项进程及完成情况等，让群众第一时间得到反馈。依托议事会建立起来的反馈机制，让群众切实感受到党和政府、社区用行动保障着与群众息息相关的利益。

三、冲口街三级党员民情议事会取得的成效

通过三级党员民情议事会的探索与实践，推进党建工作重心下移，充分发挥基层党组织在现代化城区建设中的主力军作用，让党员带动居民积极参与议事，找准群众关心关注的热点难点问题，主动想办法解决

问题。积极探索建立“小事不出社区、大事不出街道”的社会治理民主机制，使辖区刑事治安类警情下降7.6%，以党员先锋模范行为影响和带动社区居民参与社区自治管理，使党组织的活动与发展经济、服务群众等中心工作紧密结合，从体制和机制上密切党群、干群关系，进一步增强党组织的凝聚力和号召力。

（一）“议高”了共建美好家园愿景，基层党组织的思想引领力不断增强

议事会千方百计帮助群众排忧解难，让群众享有自我管理、平等协商的尊严，让群众享受党组织和党员干部的亲切服务，社区群众普遍感受到党心与民意相互激荡的温馨。老街坊说，以前不知道居委会是做什么的，现在聊聊天就知道了，还把自己想办的事给办了，轻轻松松就当了家做了主。党员民情议事会召开以来，党员群众积极发挥聪明才智，为社区的管理与发展贡献自己的力量。如社区有名党员在议事会上提出，要在社区角落贴上让群众“一目了然又铭记于心”的温馨提示。这个议题一经发布，社区就收到很多热心党员群众的“温馨”。有名党员这样写道：“上班，上学，家无人；停火，停电，锁好门；创平安，我参与。”这个提示一贴出，社区的党员群众纷纷表示这些“温馨”让人感觉到人情味，既不枯燥又生动有趣。自从有了党员民情议事会，昔日不愿意亮身份的党员主动亮出身份关注身边事、关心身边人，带动形成友爱互助的新气象，昔日街坊邻里亲密无间、其乐融融的景象重焕光彩，昔日游手好闲的失业青年在社区“大家庭”氛围熏陶下转型为志愿者，在帮人的同时提升个人价值。

（二）“议顺”了党员群众的诉求之道，基层党组织的群众组织力不断增强

议事会坚持群众诉求就是执政力量的原则，每个参与议事会的人员平等交流、共享信息、相互支持，会前居民可根据公告提前报名、自由参加，通过民主讨论、民主决议作出安排和决定，使群众感觉有说话的

地方和表达的机会，乐意来议事会参加讨论、畅所欲言、积极献策。街道社区党组织与议事会之间相互支持又互不干涉，更多地充当组织、协调和想办法落实的角色，从倾听民众诉求中改善治理，在及时回应中引导公众参与，在良性互动中促成社会共识。

（三）“议来”了和谐稳定大好局面，基层党组织的社会号召力不断增强

通过社区、网格（片区）二级议事会沟通，将居民各种诉求及时反映到居委会、街道，将矛盾化解在基础、解决在萌芽状态。对不能在街道社区层面解决的问题，一方面由街道争取区一级部门解决，一方面通过辖内议事会成员单位或“两代表一委员”协助向上反映，使问题和矛盾得到有效解决。区委、区政府以及区有关职能部门领导也定期深入街道、社区旁听居民议事，现场了解群众的利益需求、评价态度，为改进工作、做好服务掌握第一手资料。项目实施近7年来社会稳定，党群、干群关系良好。截至2017年底，冲口街杏花、罗涌、汇兴、联合围、兄弟园、聚龙、鹤松等7个社区已被评为市级幸福社区，其余3个社区也正在创建当中。

以冲口街为试点的区委书记项目“构建党员议事会联动机制”被评为省级示范“书记项目”和首届“广州党建十大品牌”，周边国家35个主流媒体对冲口街杏花社区党员民情议事会进行了采访报道，冲口街党工委应邀在幸福广东现场会上作了经验介绍，《南方日报》《广州日报》《羊城晚报》《南方》杂志等省、市主流媒体先后多次报道冲口街以党员民情议事会带动基层党建创新的做法，杏花社区荣获“军民共建社会主义精神文明先进单位”、国家级“人口计生基层群众自治示范村居”、“广东省绿色社区”、“广东省环境教育基地”、“广东省健康促进示范村（居）”等称号。

法治宣传教育在荔湾的探索与实践

荔湾区司法局

习近平总书记强调，要坚持把全民普法和守法作为依法治国的长期基础性工作。法治宣传教育是法治建设的基础性工作，承担着普及法治知识，弘扬法治精神，培养法治观念，引导法治行为的社会责任。荔湾区法治宣传教育始终围绕党的中心工作，推进了党的建设，促进了党委、政府依法决策和依法行政能力的整体提升，增强了全民尊法学法守法用法意识。大力建设法治化荔湾，为荔湾区经济社会发展营造了良好的法治环境。

一、荔湾区法治宣传教育的历史进程

（一）法治宣传教育工作的开展

从1979年下半年到1982年，全国司法行政机关集中力量宣传了《中华人民共和国刑法》《中华人民共和国刑事诉讼法》这两部与人民群众密切相关的基本法律。中国第四次修订宪法前后，在1981年开展的严厉打击刑事犯罪活动和1982年开展的严厉打击经济犯罪活动中，各级司法行政机关结合典型案例，大力宣传有关法律，教育广大人民群众学法用法。一次由政府组织的法制宣传教育活动，有领导、有计划、有步骤地开展起来，各级法制宣传教育机构也应运而生。

1985年11月，中共中央、国务院转发了中央宣传部、司法部《关于向全体公民基本普及法律常识的五年规划》。同年12月，全国人大常委会作出了《关于在公民中基本普及法律常识的决议》，规定从1986

年起，争取用五年左右的时间，有计划、有步骤地在一切有接受教育能力的公民中，普遍进行一次普及法律常识的教育，并且逐步做到制度化、经常化，由此开始了中国法制史上的“五年计划”的普法教育活动。“一五”普法规划由此启动，堪称中外法制建设史上一项伟大创举的普法工程“破土动工”，社会主义的法治之根，逐步扎入广大人民群众这一肥沃的土壤之中。

荔湾区法制宣传教育工作随着全国法制宣传教育的不断深入逐步规范。1981 年 8 月原荔湾区政府司法科改称为荔湾区司法局，按照上级统一部署，设立法制宣传教育科（简称宣教科）。荔湾区普及法律常识领导小组（简称区普法领导小组）于 1985 年成立，下设办公室（简称区普法办）设立在区司法局，与宣教科合署办公。区普法领导小组各成员单位及街道相应设立领导小组及办公室组织实施本系统、本单位法制宣传教育工作。原芳村区成立时正值全国“一五”普法规划开始实施，原芳村区司法局成立之初便设立宣教科，原芳村区普法领导小组同时成立，原芳村区普法办同样设在司法局，同样是两块牌子一套人马，负责全区公民的法制宣传工作。2005 年原荔湾区与原芳村区合并，两区司法局及下属部门合并，现在的区普法办和宣教科也由此衍变而来。

2016 年 8 月，按照上级要求，区普及法律常识领导小组改称区法治宣传教育领导小组，下设办公室改称区法治宣传教育领导小组（简称区法宣办），下属各级法宣部门统一更名。法制宣传教育规划改称为法治宣传教育规划。

（二）五年普法规划的实施

自 1986 年“一五”普法规划实施以来，中国的法治宣传教育已走过 30 多个年头，历经 6 个五年普法规划，目前正在实施第七个五年规划。每一个五年普法规划的启动实施，既是对前一个五年普法的总结，也是明确下一轮普法目标和内容，把法治宣传教育工作推向更高层面的开篇之举。在法治宣传教育工作中，荔湾区紧跟时代步伐，结合地区特点，开展多形式的、有针对性的全民法治宣传教育活动。

“一五”普法教育是从1986年至1990年开展的。其内容以“十法一条例”为主，即《中华人民共和国宪法》《中华人民共和国民族区域自治法》《中华人民共和国刑法》《中华人民共和国刑事诉讼法》《中华人民共和国民法通则》《中华人民共和国民事诉讼法》《中华人民共和国婚姻法》《中华人民共和国继承法》《中华人民共和国经济合同法》《中华人民共和国兵役法》《中华人民共和国治安管理处罚条例》。普法对象是工人、农（渔）民、知识分子、干部、学生、军人、其他劳动者和城镇居民中一切有接受教育能力的公民。这期间，荔湾区初步完成了对全区普法对象的法律启蒙教育，普法工作有了良好开端。通过普法教育，辖区公民初步填补了法律知识的空白，干部逐步树立了依法办事的观念，促进了全区各项公共事务的依法管理。

“二五”普法教育是从1991年至1995年开展的。此次将普法规划改为法制宣传教育规划，其内容以宪法为核心、以专业法为重点，重点对象是县团以上各级领导干部，特别是党政军高级干部、执法人员，包括司法人员、行政执法人员、青少年，特别是大、中学校的在校生。此期间依法治理“一五”规划施行，荔湾区普法工作开始逐渐向法治实践的方向延伸，普法活动开始转向学用结合、依法治理的轨道，推动了全区各层次、各行业的依法治理。

“三五”普法教育是从1996年至2000年开展的。1996年，党中央提出把加强社会主义法治建设、依法治国作为我们党和政府管理国家和处理社会事务的重要方针，将普法工作的最终目标确定为推进依法治国、建设社会主义法治国家。普法对象是县团级以上领导干部、司法人员、行政执法人员、企业经营管理人员、青少年，领导干部学法明确为学法重点。此期间，区各级领导干部学法制度开始建立，区“三五”普法始终围绕推动区各级领导干部学法和依法治理工作两条主线进行，取得良好工作成效。

“四五”普法教育是从2001年至2005年开展的。此期间，党中央明确提出了努力实现“两个转变、两个提高”的目标，即努力实现由提高全民法律意识向提高全民法律素质的转变，全面提高全体公民特别是各级领导干部的法律素质；实现由注重依靠行政手段管理向注重依靠运用法律手段管理的转变，不断提高全社会法治化管理水平。这一目标的确定，标志着法制宣传教育工作开始进入一个新的发展时期。“四五”普法规划将中国现行宪法实施日即12月4日确定为每年一次的全国法制宣传日。“四五”重点对象是各级领导干部、青少年学生、企业经营管理人员。这一时期，紧紧围绕党委、政府的中心工作，荔湾区围绕群众关心的热点、难点问题，把法制教育和思想道德教育紧密结合，通过宣传社会主义市场经济特别是与整顿市场经济秩序相关的法律法规，宣传与维护社会稳定相关的法律法规，宣传社会发展迫切要求普及的各项法律法规，为荔湾区改革、发展、稳定创造了更加良好的法治环境。

“五五”普法教育是从2006年至2010年开展的。此次普法的重点对象是领导干部、公务员、青少年、企业经营管理人员、农民。“五五”普法工作更加注重公民普法中的学用结合，提出深入开展的“一学三讲”①为主要内容的公民法制宣传教育，注重丰富和活化教育形式，提出开展“法律六进”活动②，并首次提出把农民作为法制宣传教育的重点对象，首次提出开展法治城市和法治区、县（市）创建活动。“五五”普法期间，荔湾区着重做好社会主义法治文化的创新，注重教育活动形式方法的创新，通过家庭法律知识竞赛、法律宣传志愿者送法进社区等普法新形式开展多样化普法。此期间，荔湾区普法工作相关单位先后被评为广州市司法行政系统“五五”普法先进集体、广东省司法行政系统“五五”普法先进集体、2006—2010年广州市法制宣传教育先进单位、2006—2010年广东省法制宣传教育先进集体。

“六五”普法教育是从2011年至2015年开展的。此期间，中央提出，加强普法教育，形成人人学法守法的良好社会氛围，加快建设社会主义法治国家。此次普法重点是领导干部、公务员、青少年、企事业经营管理人员和农民，领导干部和青少年是重中之重。“六五”普法期

---

① 指学法律、讲权利、讲义务、讲责任。

② 指法律进机关、乡村、社区、学校、企业、单位。

间，荔湾区突出学习宣传宪法，深入学习宣传社会主义法治理念、中国特色社会主义法律体系和国家基本法律；深入学习宣传促进经济发展，保障和改善民生、社会管理的法律法规；加强反腐倡廉法制宣传教育，深入推进依法治理；继续深化“法律六进”主题活动，积极推进社会主义法治文化建设。“六五”普法期间，荔湾区普法工作相关单位先后获评2012年广州市法制宣传信息工作先进单位、全国“六五”普法中期先进集体、2014年“法治广州　普法同行”优秀组织奖、2015年全国法治县（市、区）创建活动先进单位、2015年广东省法治县（市、区）创建活动先进单位。

2016年，“七五”法治宣传教育规划启动，第七个五年规划将实施至2020年。此期间，荔湾区法治宣传教育重点对象是领导干部、公职人员、青少年和来穗人员。2017年中央全面深化改革领导小组第三十二次会议审议通过的《关于实行国家机关“谁执法谁普法”普法责任制的意见》，全面实行国家机关“谁执法谁普法，谁主管谁负责”的普法责任制，建立普法责任清单制度、以案释法制度。

二、法治宣传教育实践取得的成效

法治宣传教育工作是“润物细无声”的工程，通过有目的、有组织的活动，运用多种形式和手段开展法治教育和法治实践，推进整个社会的法治化进程。经过30多年的全民普法，荔湾区法治宣传教育工作在深度和广度上都取得了巨大进展，以宪法为核心的法律知识得到较为广泛的普及，公民的法律素质逐步增强，各项事业的法治化管理水平逐步提高。

（一）法治宣传教育机制日益完善

法治宣传教育工作领导机制逐步规范。法治宣传教育工作是一项社会系统工程，涉及方方面面，所以从国家到地方都建有高规格的负责这项工作的组织领导机构。“一五”普法初期，荔湾区根据全国、省、市普及法律常识领导小组及下设普及法律常识办公室成立了区普法领导小组及办公室。区普法领导小组设组长一名，由区委副书记兼任，副组长若干名，由区委组织部部长、宣传部部长、区政府分管司法工作的区领导及区司法局主要负责人兼任，成员由公、检、法、司、民政、教育等涉及法治宣传教育工作职能部门主要或分管领导兼任，办公室设在区司法局，由区司法局局领导兼任办公室主任。每一次党政领导换届或人事变动，区普法领导小组及下设办公室都要调整。从“一五”普法开始，荔湾区始终坚持以党委统一领导，人大监督，政府实施的领导体制，逐步充实完善了以区委、区政府为核心的法治宣传教育领导机制。

法治宣传教育工作组织保障机制不断加强。区委、区政府始终坚持把普法工作列入重要议事日程，纳入维护社会稳定和治安综合治理责任的考核范围，统一实施目标管理。区人大对普法工作不定期考察，听取普法部门的工作汇报，掌握工作进度，解决疑难，协调处理有关问题。在经费保障上，普法经费列入了财政预算，并按照逐年提高的原则，普法经费的投入不断加大。至2015年，普法专项经费达90万元/年，达到上级部门要求的常住人口1元/人的标准。在专项宣传活动时，如举办“12·4”宪法专题普法活动，还通过各种渠道筹划活动经费。2015年开始投入215万元专项经费支持“一社区（经济联社）一法律顾问”工作，为区法治宣传教育工作的开展开拓了新的渠道，注入了新的力量。

荔湾区组织全国法制宣传日主题活动

法治宣传教育工作资源整合机制不断提升。普法工作涵盖了各阶层、各行业、各种类的法律法规，必须要全社会来共同参与，既动员全民参与，又要加强与有关部门的衔接协调，才能取得更好的效果。荔湾区在普法责任机制上不断探索，明确全民普法教育是全社会的共同责任，通过制度来明确各职能部门的责任，争取各部门的支持配合，整合资源，逐步将普法工作任务进行分解，使普法教育与其他教育相互渗透，克服部门、单位之间工作不沟通、不协调、不配合的现象，逐步形成了全区各部门配合，全社会共同参与的大普法格局。

（二）重点对象学法用法日益深化

法治宣传教育针对的是不同群体，其文化教育程度、工作履历、生活环境、社会地位迥然有别。荔湾区针对不同普法对象，特别是重点对象逐步采取不同方式，分类引导、因材施教，并逐步形成了不同特点。

对领导干部及其他公职人员主要从规范学法用法上着手，着眼于学法用法制度的建设和落实。荔湾区坚持不断完善党委中心组学法、领导干部学法、国家工作人员学法等重点对象学法制度，逐步推进区各级领导干部及其他公职人员法治宣传教育工作规范化、制度化建设。多年来，荔湾区坚持不定期举办副处级以上领导干部学法培训，组织公职人员参加荔湾大讲坛、全市法治知识讲座、“百名法学家百场报告会法治宣讲活动”基层干部专场报告会等活动，把法治教育课题列入区委党校主体课程，公职人员学法实行与岗位培训相结合、与执法业务宣传相结合、与廉政建设相结合，坚持做到公职人员每年每人至少一本学法资料，每年组织公职人员学法统一考试，不断增强区各级领导干部及其他公职人员学法用法的实际效果。

对青少年主要依托学校开展适合学生年龄和生理特点的宣传教育活动。针对不同年龄段、不同层次青少年群体的特点，不断创新宣传模式，采取模拟法庭、法治书画大赛等多种有效形式，使青少年法治教育更加丰富多彩，更加生动活泼，更加易于接受。为不断完善学校、家庭、社会“三位一体”的青少年法治教育网络，荔湾区逐步在区属中小学校建立“一校一法官”制度，并实行法治副校长双轨制，分别负责法治宣传和治安管理，通过宣讲法治副校长深入学校开展形式多样的法治宣传教育。同时依托区青少年劳动技术学校，打造区青少年法治教育基地，通过法治宣传标式警句、法治宣传橱窗（栏）、法治图书、教案研讨等开展中小学生法治教育活动，引导青少年在自主参与、法治实践中树立起崇尚法律、尊重法律的自觉意识。

每年印制的各类法治宣传教育画册

对外来人员主要采取生动性、娱乐性、创新性和大众化的宣传活动。荔湾区逐步巩固和完善了外来务工人口法治宣传教育工作体系，坚持认真组织开展专题普法活动，在上下九商业步行街、大型商业广场、社区群众娱乐场所等有电子显示屏的地方，巡回滚动播出相关法律警句、法律条文。每年通过人民调解宣传月、“6·26”国际禁毒日、“12·4”国家宪法日，充分利用三八妇女节、“3·15”消费者权益日等纪念日、传统节假日，开展维护来穗人员权益、保护妇女儿童等专项法治宣传活动。通过调研座谈、法治培训、执法检查、法治讲座、播放普法教育影视作品、赠送法律书籍、派发普法资料等“法律进企业”形式，引导企业、经济组织诚信守法经营。组织律师、公证员、法律工作者、人民调解员等专业人士，进企业、进社区开展“订单式”法治宣传教育活动和法律服务，并结合提供法律志愿服务、落实法律援助措施等，逐步加强来穗人员法治宣传教育。

（三）“四个结合”工作实效日益凸显

荔湾区法治宣传教育始终坚持围绕区委、区政府中心工作，通过

"四个结合" 深入推进，不断提升法治宣传教育工作的成效。

将法治宣传教育与重点、难点工作相结合。将法治宣传工作与党的建设、精神文明建设、基层民主自治等重点工作相结合，并逐步完善和落实重大决策合法性审查制度。针对征地拆迁、劳资用工等矛盾比较突出的重点工程、重要领域，不断加强《中华人民共和国人民调解法》《中华人民共和国信访条例》《中华人民共和国治安管理处罚法》等法律法规的宣传教育，引导居民群众依法表达利益诉求，依法维护自身合法权益，从源头上预防和减少社会矛盾的发生和激化。

将法治宣传教育与日常工作相结合。经过多年的探索和实践，逐步形成区法治宣传教育工作各部门通力协作机制，在消费维权、安全生产、劳动就业、社会保障、信访维稳等工作中寻找普法契机，以群众关心的焦点、热点问题为切入口，开展专题法治宣传教育活动。

将法治宣传教育与法律服务、法律援助相结合。逐步在开展法律服务、法律援助中，通过调解个案、援助实例，有针对性地宣传相关法律法规，通过以案释法、以案普法、以案学法，让群众在受援过程中知悉解决问题的途径和程序，增强群众的法律意识，达到法律服务、普法教育双丰收。

将法治宣传教育与法治实践活动相结合。法治实践活动包括全体公民的学法用法活动，依法治理活动，法治城市、法治区县（市）创建活动。在法治宣传教育中，荔湾区广泛开展"民主法治示范社区""民主法治示范学校""诚信守法示范企业"等创建活动。经过多年的努力，荔湾区推选出冲口街杏花社区、站前街站西社区、金花街蟠虬社区等三个社区为广州市民主法治示范社区。"六五" 普法期间，康有为纪念小学、美华中学、华侨小学等学校被评为"广州市依法治校示范校"，荔湾区大翔药业被评为广州市"诚信守法示范企业"。

（四）法治宣传教育载体日益丰富

坚持传统阵地的维护和拓展。多年来，荔湾区坚持巩固传统阵地建设，逐步在各街设置法治宣传橱窗（栏），目前实现每月分主题制作安全生产、反家庭暴力、禁毒、消防安全、平安创建等专题的宣传橱窗（栏）张贴于全区各街道法治宣传橱窗（栏）。另外，还陆续在花地大道、荔湾湖公园、西焦生态公园设置了法治宣传长廊。并充分利用橱窗（栏）、黑板报、流动图片展、公益广告等各种传统载体广泛开展法治宣传，为辖区居民群众在生活休息活动中提供学法阵地。

开展新媒体法治宣传教育。积极推进执法普法工作的理念创新、方式方法创新和载体阵地创新，逐步加大了新媒体技术运用，充分利用政府网站、手机短信、微博、微信等现代信息传媒平台开展法治宣传。荔湾区“荔湾普法”微信公众号，坚持以法治热点追踪、以案说法、新法速递、普法学堂、以图释法等形式宣传和普及法律知识，为公众提供方便快捷的学法用法平台。

打造示范单位。注重法治文化与校园文化、廉政文化相结合，积极打造普法示范社区，打造法治文化示范点，以点带面促进法治文化大发展。逐步在区内广泛开展“普法示范社区”创建活动，积极发挥典型单位的示范、辐射作用，通过“普法示范社区”这个平台，充分发挥社区法律顾问的作用，结合民众关心的热点问题，不定期开展法治讲座、

举办不同主题的居民法治宣传咨询活动

法律咨询服务等宣传活动，不断扩大法治教育的覆盖面。在示范学校创建活动中，荔湾区的鸿图苑小学和环翠园小学在“六五”普法期间被授予“广州市法治文化建设示范点”称号。

三、在新的历史时期，加强法治宣传教育的对策

社会发展日趋多元化，群众法律意识逐步增强，运用法律武器维护个人利益，已成为广大群众学法、知法、守法、用法的最大驱动力，法治宣传教育引导法治行为的社会责任日益重大。在新的历史时期，荔湾区法治宣传教育工作要更好地把握规律、创新理念、转变方式、破解难题，不断推进和谐荔湾、法治荔湾建设。

（一）切实增强对法治宣传教育工作重要性的认识

中央对普法工作是非常重视的。党的十四届六中全会决议强调：要抓好全体人民遵守宪法和法律的教育，抓好普及法律常识的教育。党的十八届四中全会作出了《中共中央关于全面推进依法治国若干重大问题的决定》，这是党中央在新形势新任务下作出的治国理政战略部署，彰显了中央对法治的高度重视，党的十八届四中全会把依法治国上升到治国理政战略的新高度。

习近平总书记高度重视法治宣传教育工作，多次就深入开展法治宣传教育作出重要指示，系统深刻地阐述了新时期法治宣传教育的重大理论和实践问题。习近平总书记指出，要深入开展法治宣传教育，在全社会弘扬社会主义法治精神，引导全体人民遵守法律、有问题依靠法律来解决，形成守法光荣的良好氛围。并进一步明确了法治宣传教育的目标任务，习近平总书记明确要求，要通过深入开展法治宣传教育，在全社会弘扬社会主义法治精神，树立法治的权威，使全体人民都成为社会主义法治的忠实崇尚者、自觉遵守者、坚定捍卫者，引导全体人民遵守法律、有问题依靠法律来解决，使尊法、信法、守法、用法、护法成为全体人民的共同追求，形成守法光荣的良好氛围。

习近平总书记系列重要讲话，对加强法治宣传教育提出了一系列重要措施。在宣传对象上，强调要抓住领导干部这个“关键少数”，提高领导干部运用法治思维和法治方式的能力，推动领导干部做尊法学法守法用法的模范；要坚持法治教育从娃娃抓起，把法治教育纳入国民教育体系和精神文明创建内容，由易到难、循序渐进，不断增强青少年的规则意识。在宣传内容上，强调加强宪法宣传，加强社会主义法治精神培养。在学用结合上，强调要坚持法治教育与法治实践相结合，广泛开展依法治理活动，提高社会管理法治化水平。在方式方法上，强调创新宣传形式，注重宣传实效，以群众喜闻乐见的形式宣传普及宪法法律。

贯彻落实习近平总书记关于加强法治宣传教育的重要指示精神，首先要充分认识法治宣传教育的重要意义，把法治宣传教育放到坚持依法治国、依法执政、依法行政“三个共同推进”和法治国家、法治政府、法治社会“三个一体建设”大背景中去谋划，切实增强责任感、使命感，坚定做好法治宣传教育的信念，不断推进法治宣传教育创新发展。

（二）切实落实“谁执法谁普法、谁主管谁负责”责任制

《中共中央关于全面推进依法治国若干重大问题的决定》指出，实行国家机关“谁执法谁普法”的法治宣传教育责任制。这是第一次以党的纲领性文件形式明确了国家机关是法治宣传教育责任制的主体，是强化法治宣传教育党委政府重视、部门积极配合、社会广泛参与的重大制度创新，是加快建立法治政府、法治社会的有力举措。同时也说明国家机关的法治宣传教育责任将以责任制形式予以落实，国家机关法治宣传教育工作不再是附带的衍生性工作，而是一项基本的职能工作，先普法后执法将成为执法新要求、新方式。

由国家机关面向社会开展本部门本行业相关法律法规的宣传教育，可以很好地避免职责不清、相互推诿的现象，但这一责任的落实还需要建立健全一系列相关制度。在制度的设立方面，有些制度显得尤为重要，比如法治宣传教育责任清单公告制度，对落实法治宣传教育责任清单拟组织开展的年度法治宣传教育活动进行公告，接受社会监督；工作

项目制度，按照项目化管理要求，拿出法治宣传教育工作任务书，列出时间表，像抓项目落地一样抓好法治宣传教育工作；内容订单制度，根据法治宣传教育对象的群体类别、层次及不同的法律需求，推行“订单式”法治宣传教育模式，实施精准普法，增强法治宣传教育的针对性和实效性；以案释法制度，执法司法通过案例整理编辑，面向社会公众发布行政执法典型案例，向社会公众传递法治理念和法治信心；科学评价机制，将“谁执法谁普法、谁主管谁负责”法治宣传教育责任制情况列入工作考核评价体系，引入法治宣传工作社会评估机制，制定科学、量化的评估考核指标，公平客观评价法治宣传教育工作实效。

强有力的检查督导必将促进工作制度的落地，落实“谁执法谁普法、谁主管谁负责”普法责任制，有必要提高普法责任制督查指导力度。在这点上，区法宣办应切实加强对工作的指导，加大检查力度。适时邀请人大代表、政协委员视察，组织新闻媒体跟踪调查，督促各单位严格履行“谁执法谁普法、谁主管谁负责”的工作职责。此外，应定期对各部门的普法工作进行抽查，对工作突出的先进集体和先进个人予以表扬，对措施不力、工作不到位、目标未完成的单位，予以通报。还应定期召开专题会议，听取工作汇报，通报有关工作情况，研究解决工作中的重大问题，确保“谁执法谁负责、谁主管谁负责”各项工作任务的落实。

（三）切实转变观念，创新开展法治宣传教育

突出针对性，从法治宣传教育工作要求向受众需求转变。不同的法治宣传教育对象对法律的需求也不尽相同，法治宣传教育内容只有根据受众需要、紧密联系实际才能发挥最大效能。在法治宣传教育工作中按需服务和宣讲，通过深入社区发放调查问卷，对社区居民群众的法律需求进行调查研究，围绕居民群众普遍关心的热点难点问题，致力于帮助居民群众解决疑难问题，将法治宣传教育与解决实际问题相结合，使群众切身体会到学法、守法、用法的好处，提高群众学法的积极性，增强法治宣传工作的针对性和实效性。

突出创新性，从“灌输式”教育向“服务式”教育转变。法律知

识浩如烟海，博大精深，即便是专业的法学人士，也未必能准确地理解和运用法条。为避免居民群众走入法律解读的误区，需要突出法治宣传教育的服务性，特别是在法治宣传教育中加强对群众表达合理诉求的方式和渠道的引导，突出对矛盾纠纷解决途径的宣传，确保其在纠纷发生时总能找到正确的方法、通过合法的途径解决问题，在通过法治手段解决问题的实践中，提升群众的法律认知水平。

（四）切实落实普治并举，统筹推进法治宣传教育

法治宣传教育的最终目的，是推进法治建设的实践。虽然已经实施了六个五年普法规划，公民法律素质有了显著提高，但是，与依法治国的要求还有相当大的差距。群众“信访不信法”的惯性思维在一定程度上构成了对调解、诉讼等社会矛盾解决主渠道的挑战，社会治安压力增大，安全维稳形势错综复杂。作为法治建设重要基础环节的法治宣传教育工作，既不能松懈，也不能急躁，必须长期坚持下去。

法治宣传教育工作必须扎根法治实践，必须紧密结合居民群众的法治实践来展开。30多年的法治宣传教育的经验说明，能坚持把普法和依法治理相结合，法治宣传教育工作就能搞得有声有色，群众就满意，成效就明显。凡是脱离群众的法治实践，学用脱节，普治分离，就收不到应有的效果。因此，必须坚持普治并举、学用结合的途径，切实把法治宣传教育与地区、行业、基层的依法治理结合起来，用法治宣传教育的手段推进依法治理，以依法治理的成果检验法治宣传教育的成效，推进法治宣传教育的深入开展。

法治宣传教育是功在当代、利在千秋的大事，任重道远。作为一项长期而持久的工作，荔湾区法治宣传教育需要进一步明确目标，落实责任，全民参与，坚定不移地扎实推进。

（执笔人：李小彤）

第四章

对标人民对美好生活的向往　推动民生事业新发展

荔湾区户政管理工作改革实践与思考

荔湾区公安分局

户政管理①是国家行政管理的重要组成部分和重要基础性工作，关系人民群众的切身利益。中华人民共和国成立以来，随着国家政治经济文化的发展，户籍制度经历了二元户籍制到一元户籍制的变迁，户口登记工作也经历了一个由分散、手工管理到统一、规范、系统管理的发展历程，公安户政管理实现了由管理型向服务型跨越。广州市作为全国超大型城市、省会城市和改革开放前沿城市，在户政管理改革方面推出了一系列政策措施，荔湾区结合实际，积极贯彻落实，积累了一些成功的经验。本文结合荔湾区户政管理实践，重点回顾21世纪特别是党的十八大以来荔湾区户政管理变化与发展的历程，以期展现我国改革开放以来国家在户政管理工作、服务型政府建设方面取得的伟大成绩。

一、认真贯彻执行户籍制度改革，实现户籍制度由二元制向一元户籍制转变

中华人民共和国成立以来，为适应中国政治、经济建设的发展需要，中国户政管理制度经历了二元户籍制到一元户籍制的变迁。在破除二元户籍制的壁垒、建立一元户籍制的重大改革过程中，国家采取了一

---

① 指户籍管理、户口管理。

系列重大举措。如2001年3月国务院批转公安部《关于推进小城镇户籍管理制度改革意见的通知》，2012年2月国务院办公厅发布《关于积极稳妥推进户籍管理制度改革的通知》，2013年11月中央作出《关于全面深化改革若干重大问题的决定》，提出“创新人口管理，加快户籍制度改革”，2014年7月国务院发布《关于进一步推进户籍制度改革的意见》，提出取消农业户口与非农业户口性质区分，建立完善积分落户制度。作为改革开放前沿阵地的广州，进行了大量创新改革和探索实践，率先实现户籍制度由二元户籍制向一元户籍制转变。荔湾区结合实际，积极贯彻落实，积累了一些成功的经验。

（一）破除城乡户口壁垒，实行一元化户口登记改革

1. 广州市改革常住人口调控管理，“城中村”农业户口人员就地办理“农转非”

2003年，广州市政府出台《关于改革我市常住人口调控管理制度的若干意见》，实行人口准入条件与年度人口计划安排相结合的调控常住人口管理办法，建立了新生婴儿登记、人才引进、家庭团聚等十类准入人员的人口准入条件，组成规范的、统一的全市常住人口准入条件政策体系，改革广州市农业户口人员就地“农转非”，形成了与广州市经济社会发展相适应、有利于逐步改变城乡二元经济结构的常住人口总量控制与结构优化相结合的人口综合调控体制。据统计，2003年至2004年间，由于“城中村”改造，荔湾区（含原芳村区，下同）21个自然村农业人口全部办理了“农转非”手续。

2. 促进农业户口人员到中心镇和城区就业落户

2004年，中共广州市委作出《关于进一步加快中心镇建设的决定》；2006年6月，广州市政府又出台了《关于促进我市农业户口人员到中心镇和城区就业落户的相关政策》，进一步加快农村户籍制度改革，放宽户口限制，鼓励农民进入中心镇或中心城区落户。该政策的实施，对推进广州市建立城乡统一的户口登记管理制度，加快中心镇人口集聚和社会经济发展，促进农村劳动力转移就业和农村城市化进程，改变城乡二

元经济社会结构具有非常重要的意义。[①]

3. 实施一元化户口登记制度

2009年，广州市委出台《关于加快形成城乡经济社会发展一体化新格局的实施意见》。提出分三步走推进“城乡户籍一体化”进程：第一步是将两者统一登记为广州市居民户口，形成一元化户籍制度的“总体框架”。第二步是在登记为居民户口的基础上，公安部门将在广州市居民户口底册上对原农业和非农业户口人员加注相关标识，社保、劳动就业、计生、国土等各相关职能部门也相应加注标识，根据不同身份适用不同政策。各职能部门逐步改革配套政策，实现城乡“同是居民、同等待遇”。第三步是取消农业和非农业户口人员标识，真正实现“户籍一元化”。2010年5月1日开始，荔湾区公安分局在全区积极开展换发新居民户口簿工作，取消农业户口和非农业户口划分，统一登记为“广州市居民户口”。

（二）积极推进户口迁移政策改革

1. 出台积分入户办法

2010年，广州市政府出台《广州市农民工及非本市十城区居民户口的城镇户籍人员积分制入户办法（试行）》，建立农民工积分制入户城镇的通道。据统计，2012年9月1日至2017年5月15日，荔湾区共办理农民工积分入户928人。

2. 调整户口迁移政策

2014年2月25日，广州市政府发布《关于加强我市人口调控和服务管理工作的意见》，以及《广州市户口迁入管理办法》《广州市积分制入户管理办法》《广州市引进人才入户管理办法》等配套文件。提出“构建政策准入与积分入户相结合、公共服务逐步向来穗人员延伸的人口调控与服务管理政策体系，实现人口规模适度、结构优化、分布合理、素质提升”的工作目标。进一步完善户籍迁入管理政策、积分制入

① 户政处课题组:《大力推进我市户籍制度改革有效促进城乡一体化新格局》,《公安研究》2008年第3期。

户管理政策，合理简化户口登记、迁移手续，规范审批行为，提升户政管理水平。

3. 出台户籍制度改革实施意见

2016年，广州市政府出台《关于进一步推进户籍制度改革的实施意见》，明确广州市户籍改革总体目标：一是全面取消户口性质的划分，建立新型的城乡统一的户口登记管理制度；二是按照国家、省有关严格控制超大城市人口规模的工作思路，加快广州市城镇化发展；三是完善居住证制度，健全基本公共服务均等化，促进来穗人员的进一步融合；四是加强全市人口基础信息库建设，促进人口信息的社会化运用，更好地为政府决策服务；五是加快农村产权、城乡教育、社会保障、卫生计生、住房以及财政保障等相关政策措施改革，促进户籍制度改革的落实；六是有序解决来穗人员的落户问题。重点解决进城时间长、长期从事特殊艰苦行业一线、为广州作出特殊贡献的人员落户。按照该实施意见要求，荔湾区公安分局在光复中路和鹤洞路两个办证点设置了办理专窗，积极推进审核、登记工作，有序解决来穗人员落户问题。

二、创新人口管理，实现户政管理由管理型向服务型跨越

21世纪以来，荔湾区公安分局围绕区委、区政府服务型政府建设的新要求，按照市局的部署，加强户政管理，创新管理模式，健全工作机制，优化服务手段，提升服务效率和质量，实现荔湾区户政管理向服务型跨越。

（一）创新管理模式，实施户政业务“一窗式”“一站式”办理，最大限度提高警务效益、便捷群众

2000年，荔湾区公安分局在光复中路245号设立综合办证中心、2002年原芳村区公安分局在鹤洞路42号之三设立综合办证中心，打破传统一所一警模式，设置“一体化”户口受理窗口，“一站式”办理全

区户籍业务。

2005年，按照市局的部署，率先在全国大中城市创新推出市内户口“一站式”迁移。2008年，进一步升级推出户政业务一网办。2014年，继续调整、规范一网办业务，实现了核心户籍业务“一站式”就近办理，如死亡注销、变更次要户口登记项目、新生婴儿姓名查询等户政业务可在全市任一分局办证中心或可办理户政业务的派出所办理，居民身份证换领、补领业务可全城通办。2015年11月1日，按照省厅、市局的部署，启动省内户口迁移“一站式”办理工作，本省户籍居民在办理户口省内迁移时，只需到拟迁入地公安机关申请并提交材料，通过审核后即可办理。实现“让数据多跑路，群众少跑路”的便民惠民利民目标。

（二）健全工作机制，实行“首接责任制”“限时办结制”“一次性告知制度”，落实民警岗位责任

2008年，荔湾区公安分局制定《荔湾区公安局办理户口责任制》，要求户籍民警办理户政业务全部利用广州市常住人口信息系统及户口二

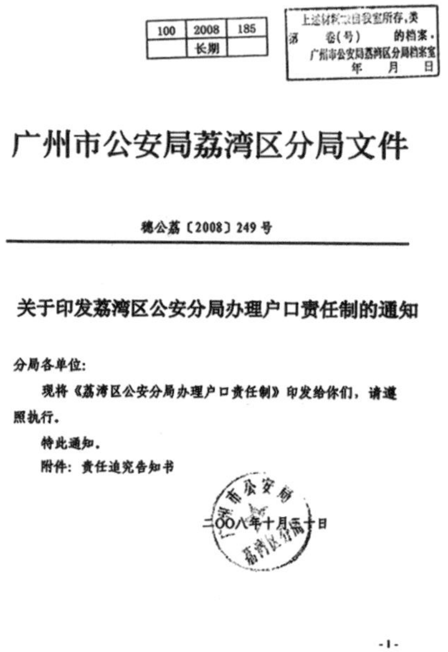

100	2008	185
	长期	

上述材料系自我室所存，系 卷(号) 的档案。广州市公安局荔湾区分局档案室 年 月 日

广州市公安局荔湾区分局文件

穗公荔〔2008〕249号

关于印发荔湾区公安分局办理户口责任制的通知

分局各单位：

现将《荔湾区公安分局办理户口责任制》印发给你们，请遵照执行。

特此通知。

附件：责任追究告知书

二〇〇八年十月三十日

-1-

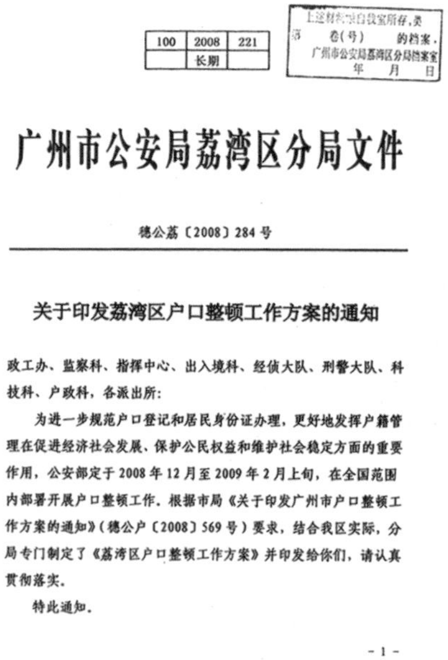

100	2008	221
	长期	

上述材料系自我室所存，系 卷(号) 的档案。广州市公安局荔湾区分局档案室 年 月 日

广州市公安局荔湾区分局文件

穗公荔〔2008〕284号

关于印发荔湾区户口整顿工作方案的通知

政工办、监察科、指挥中心、出入境科、经侦大队、刑警大队、科技科、户政科，各派出所：

为进一步规范户口登记和居民身份证办理，更好地发挥户籍管理在促进经济社会发展、保护公民权益和维护社会稳定方面的重要作用，公安部定于2008年12月至2009年2月上旬，在全国范围内部署开展户口整顿工作。根据市局《关于印发广州市户口整顿工作方案的通知》（穗公户〔2008〕569号）要求，结合我区实际，分局专门制定了《荔湾区户口整顿工作方案》并印发给你们，请认真贯彻落实。

特此通知。

- 1 -

级审批系统完成，业务材料上的承办人签名要与系统登记的经办人姓名吻合。接待群众咨询、办理有关事项的首位民警是首问责任人，首问责任人对属于职责内的事项应当及时办理；对不属于自己管辖或职责以外的事项，要向群众说明情况，并做好引导工作。对群众办理户口、居民身份证件的事项，接待民警应当一次性告知所必须具备的材料、办理程序和时限；对群众提交的材料不齐全或不符合规定要求的，经办人应一次性书面告知其应当补办的材料。对符合条件应当受理而不受理的，违反程序、时限审核的，因证明材料不齐全未一次性告知群众需补充的材料而被有效投诉的，实行责任追究。这些举措进一步规范了户政管理工作，提高了办事效率和服务水平，增强了办理户政业务的透明度，使户政管理走上制度化、规范化的轨道。

（三）实行警务公开制度，实现阳光执法

荔湾区公安分局综合办证中心采取上墙或电子显示屏滚动告示等方式公开户籍窗口民警基本情况，包括姓名、照片、警号、联系电话；公开各类户口、居民身份证件的业务受理范围、办理条件和程序、办理时限；公开办理户口、居民身份证件的收费标准、收费依据和批准机关；公开办公时间、预约服务内容以及咨询、投诉电话等。办证中心设群众意见簿供群众进行评议，使户政业务办理实现阳光执法。

（四）优化服务手段，提升服务群众水平

1. 加强窗口接待服务

荔湾区公安分局出台了《户政窗口民警规范用语》和《关于进一步加强窗口接待服务工作的通知》，全面规范民警的服务态度和行为，做到着装规范，执证上岗，用语文明，热情礼貌，杜绝不具有执法资格的协管人员直接办理户政业务。将户政服务纳入制度的框架下良性运行，全面提升服务质量。

2. 实行弹性上班制

荔湾区公安分局综合办证中心全年 365 天从早上 8：30 至晚上 9：00

提供服务。正常工作日，视当日办证、办事群众多寡情况，科学、合理调整窗口工作人员数量及岗位设置。对于当日办证、办事群众较多的，视情况延迟下班时间或增加窗口工作人员，尽量让前来办证、办事的群众能够当天办结，极大地满足各类群众办理户政业务的需求。

3. 提供特殊困难群众上门办证服务和开通绿色服务通道

2013年，荔湾区公安分局综合办证中心在居民身份证办理中实施登记指纹信息工作，并积极推行“居民身份证指纹离线采集”便民服务举措，上门为行动不便的老、弱、病、残人员采集指纹信息、受理和发放居民身份证，受到了广大群众的欢迎和高度赞誉。2016年，搭乘市局推出的“爱心办证服务车”，进一步为居住在辖内行动不便的老、弱、病、残等困难群众提供更为便捷的服务，上门为其办理居民身份证业务。同时，对学龄前儿童升学报名，学生参加中考、高考等开辟绿色通道，提供快捷便民服务，解决其实际困难。

4. 推出居民身份证自助办理

2016年8月，荔湾区公安分局制定《居民身份证自助办证设备推广应用实施方案》，购买居民身份证自助办证设备4台，在荔湾区公安分局综合办证中心（光复路、鹤洞路两个办证点）和石围塘派出所、昌华派出所西关大屋社区推广应用。2016年12月30日，荔湾区公安分局在昌华街西关大屋社区警务室举行自助办证点揭幕仪式，将身份证自助办证机和港澳通行证自助签注机放置在该社区警务室，居民群众只要携带相关证件和银行卡或羊城通，即可以在该警务室自助办理身份证换证业务、港澳通行证自助签注。这是全市首个集“户籍、出入境、车管、个人政务”等多种与居民群众密切相关的证照业务于一身的社区警务室，实现了“足不出户办证照、服务就在家门口”，将警务室打造成一个深受辖区居民群众喜爱的“家”。

5. 启动全省、全国居民身份证异地受理、挂失申报和丢失招领工作

按照公安部印发《关于建立居民身份证异地受理挂失申报和丢失招领制度的意见》的要求和上级公安机关的部署，2016年4月1日，荔

湾区公安分局综合办证中心正式启动省内居民身份证异地受理工作，开展跨辖区换领、补领、领取居民身份证业务，积极响应群众需求。2016年7月1日，启动居民身份证全国异地受理、挂失申报和丢失招领工作。各受理窗口配齐居民身份证阅读器、指纹采集及核验仪、高清摄像头等设备，统一使用公安部开发的居民身份证挂失申报丢失招领系统，开展居民身份证挂失申报和丢失招领工作，进一步拓宽公安机关便民服务的路径，让信息多跑路、让群众少跑腿，进一步提升公安机关服务管理水平。

6. 推出户政业务网上预约

2013年6月，荔湾区公安分局综合办证中心应用市局开发的户政业务系统，推出居民身份证办理网上预约。群众可以预约办理居民身份证，还可以在户政业务系统上查看到每个办证中心的所有业务的排队等候情况。2016年，随着市局户政业务预约系统进一步开发完善，进一步为市民提供出生登记、市内迁移、“三投靠”①等14项户政业务预约服务。预约服务的推出，一方面变革了群众到现场取号排队办事模式，避免了到窗口现场无号可取和排长龙的困境，节约了出行与办事成本；另一方面，广大市民可通过各种终端设备直观掌握拟办理的户政业务在受理时间段内有无“空位”，方便自行科学安排办事时间。②

7. 推出便民短信温馨提示

2014年6月27日起，荔湾区公安分局综合办证中心应用市局开发的短信平台，对申办居民身份证的群众提供自动发短信服务。对申办居民身份证的群众，在证件制好到达后第一时间通知其领取；对年满16周岁以上应办证但未办证以及证件有效期满需换证的人员，自动发短信提醒。避免部分急于用证的群众频频跑到办证窗口询问，同时减轻了窗口压力，防止大量已经制好的证件积压在服务窗口。

---

① 指夫妻投靠落户、子女投靠父母落户、父母投靠子女落户。

② 《广州公安五大创新措施多快好省优化户政服务》，《广州公安简报调研专刊》2016年第7期。

8. 开通居民信息查询

2016年10月1日起，荔湾区公安分局综合办证中心设立对外服务窗口，安排专人负责受理个人因诉讼或寻亲、企事业单位和律师因诉讼需要，以及司法机关、行政机关、纪委等国家机关单位因侦查办案等工作需要，查询全省户籍人口和本行政区内居住的来穗流动人口信息的申请。

（五）抓住重点，着力解决群众反映强烈的户口登记管理问题

1. 设立公共集体户，解决部分迁户人员无落脚点的问题

按照市、区发展改革部门的要求，荔湾区公安分局积极行动，协调辖内22条街道，分别设立街道公共集体户，利用街道社区服务中心现有服务窗口负责公共集体户管理工作。据统计，2015年底、2016年初全区22条街道分别设立了公共集体户，并安排人员专职负责日常管理。截至2016年6月30日，已有昌华、南源、西村、站前、东漖、石围塘、冲口、茶滘、中南等9个街道共63人办理了入户公共集体户。

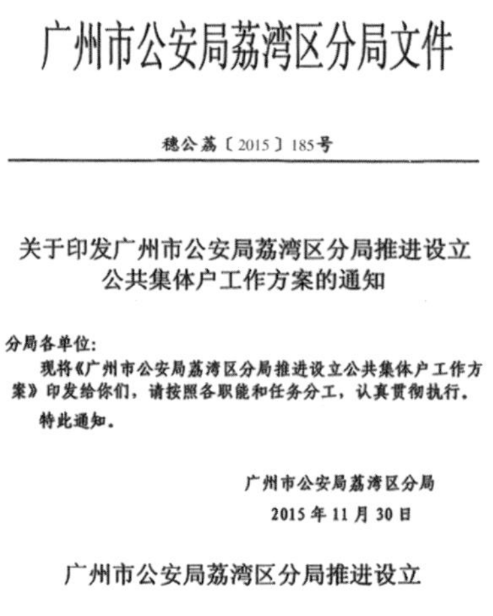

广州市公安局荔湾区分局文件

穗公荔〔2015〕185号

关于印发广州市公安局荔湾区分局推进设立公共集体户工作方案的通知

分局各单位：

现将《广州市公安局荔湾区分局推进设立公共集体户工作方案》印发给你们，请按照各职能和任务分工，认真贯彻执行。

特此通知。

广州市公安局荔湾区分局

2015年11月30日

广州市公安局荔湾区分局推进设立

—1—

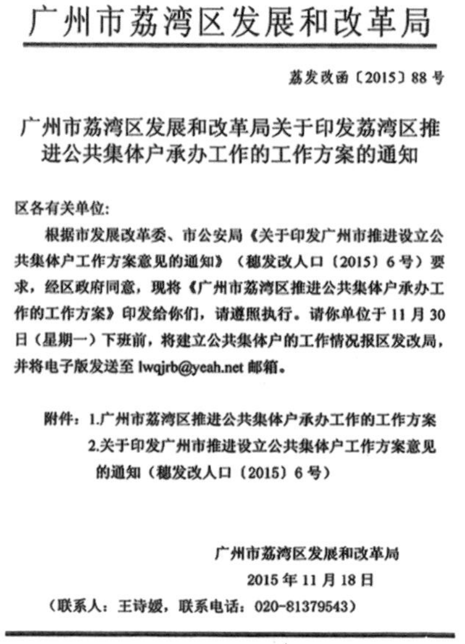

广州市荔湾区发展和改革局

荔发改函〔2015〕88号

广州市荔湾区发展和改革局关于印发荔湾区推进公共集体户承办工作的工作方案的通知

区各有关单位：

根据市发展改革委、市公安局《关于印发广州市推进设立公共集体户工作方案意见的通知》（穗发改人口〔2015〕6号）要求，经区政府同意，现将《广州市荔湾区推进公共集体户承办工作的工作方案》印发给你们，请遵照执行。请你单位于11月30日（星期一）下班前，将建立公共集体户的工作情况报区发改局，并将电子版发送至 lwqjrb@yeah.net 邮箱。

附件：1.广州市荔湾区推进公共集体户承办工作的工作方案

2.关于印发广州市推进设立公共集体户工作方案意见的通知（穗发改人口〔2015〕6号）

广州市荔湾区发展和改革局

2015年11月18日

（联系人：王诗媛，联系电话：020-81379543）

2. 深入摸查，分类施策，解决无户口人员登记户口问题

近年来，按照上级政府的政策文件和上级公安机关的部署要求，荔湾区公安分局组织派出所民警深入基层，走访群众，全面摸清掌握本辖区无户口人员底数、分布及产生原因，逐一登记造册，在认真审核把关的基础上，分类施策，及时为无户口人员办理户口登记。据统计，2016年3月至2017年4月，共办理无户口人员入户53人。大量长期无户口人员解决了落户问题，其参与社会事务、享受基本公共服务的权利得到保障，感受到了实实在在的获得感。

3. 集中清理整顿，解决身份证、户口“假、重、错”问题

按照上级公安机关的部署，荔湾区公安分局连续多年开展户口登记管理清理整顿，发现、核查、清理注销重复虚假户口、身份证，查处打击伪造、贩卖户口、身份证违法犯罪行为，实现户口和身份证号码唯一性。如2008年，分局制订了户口清理整顿方案，核查整改户口登记和居民身份证管理中存在的问题。2014—2016年，持续三年开展户口登记管理专项清理整顿，截至2016年底，完成人像比对核查任务2719人，完成率100%；完成无相片人员清理任务170人，完成率97.7%；清理纠正居民身份证重号5人次，完成率100%；对经调查证实为重复、虚假的户口坚决予以注销。2014—2016年，共查处打击涉伪造、变造居民身份证犯罪案件13宗，抓获犯罪嫌疑人13人（其中刑事拘留7人，逮捕5人，取保候审1人）；查处购买、出售、使用伪造、变造的居民身份证，冒用他人户口证件、居民身份证，骗领、使用骗领的居民身份证案件30宗，行政拘留25人。

三、对进一步完善户政管理的几点思考

（一）户籍制度改革要服务经济社会发展

中华人民共和国成立以后，为减少城市人口压力和就业压力，保障城市经济发展，中国实行计划经济的政策，将居住在城市和农村地区的

人口划分为“非农业户口”和“农业户口”，从而建立起二元户政管理制度。改革开放以来，中国社会经济迅速发展，计划经济体制逐渐被社会主义市场经济体制所取代，大量农村劳动力向非农产业转移，农业人口向城镇和城市聚集，限制人口迁移的二元户政管理制度已越来越不适应经济社会发展需求，甚至在一定程度上阻碍了社会经济发展。经济基础决定上层建筑，经济社会发展提出了改革户籍制度的迫切要求，户籍制度改革必须服务于经济社会发展。同时，对于进城务工的农业人口，其子女就学应当得到保障，其卫生医疗、养老保险、社会保障、住房保障、基本公共服务财力保障等应当得到妥善安排。因此，推进户籍制度改革，要合理考虑资源、环境、社会问题等因素，从当地经济社会发展水平、城市综合承载能力和提供基本公共服务的能力等实际出发，保持合理的人口迁移比例，避免城市承载能力突破极限带来的种种社会问题。①

（二）推进户政管理改革，修订户口登记管理法律已是当务之急

户政管理是国家行政管理的一部分，它应随着国家政治、经济、文化、法制的发展而不断发展。但是，中国现行户政管理的主要法律依据仍然是1958年第一届全国人大常委会通过实施的《中华人民共和国户口登记条例》（简称《条例》）。该条例在计划经济条件下制定，已严重不适应当前社会经济发展的要求。执法实践中，地方公安机关户口登记管理主要依据上级政府和公安机关的政策文件。但是，由于各地对政策规定理解不一、执行标准不一、贯彻落实不同步，出现了许多政策之间相互冲突现象，让公安户政部门无所适从，也容易引起群众不满，产生新的社会矛盾。随着群众文化水平、法律知识的提高，不少群众对公安机关户口登记管理提出了质疑。随着国家户籍制度改革的全面推进，

① 陈伯恩、杨枫、许四萍：《对于户籍制度改革精神的解读和实施建议》，中国公安信息网，改革论坛，2015年9月18日。

修订《条例》，制定适用于全国的户口登记管理法律法规，已是当务之急。[①]

（三）加强和改进新形势下户政管理工作，必须坚持服务跟着群众走，最大限度便民惠民利民

近年来，公安机关积极创新户政管理模式，相继推出了一系列合乎民意、群众认可的实招、硬招，真正把方便送到群众身边。同时，加强窗口单位规范化建设，开展窗口单位专项整治，推进服务窗口标准化、便捷化、国际化建设，不断健全工作机制，优化窗口服务，增强群众满意度。但是，由于主客观因素影响，公安户政管理工作仍存在一些问题和不足，距离人民群众的期盼还有差距。一是户政管理服务信息化水平需要进一步提高。二是荔湾区户政业务办理窗口——办证中心办公场所亟须改善。荔湾区公安分局综合办证中心及原芳村区公安分局综合办证中心分别建立于2000年、2002年，2005年荔湾区与原芳村区合并后，办证中心仍按南北两个办证点分开办公，存在场地小、容量不足、配套设施老化、安全隐患突出、分散办公、交通不便、群众意见大等问题。三是民警服务群众的观念需要进一步转变，民警宗旨意识需要进一步增强，工作责任心需要继续提高。

"治国有常，而利民为本。"全面深化公安改革，必须最大限度便民惠民利民。为进一步改革和加强户政管理，特提出以下几点建议：一是整合全省乃至全国网上服务资源，进一步推进"互联网＋政务服务"，拓宽信息惠民领域。运用大数据等现代信息技术，加快推进部门间信息共享和业务协同，推进"一门式一网式"政府服务。二是改善办证中心办公条件。现办证中心，无论是南片办证点还是北片办证点都存在场地狭小的问题，改善办证中心的办公条件，必须物色新的比较宽敞的场地，使两个办证点的民警员工合署办公，既节省资源，方便管理，也为

---

① 佘梅芳：《浅析〈户口登记条例〉存在的问题及立法完善》，《南粤警坛》2015年第3期。

群众办事办证提供舒适、便利的条件和环境。三是加强户政队伍建设。要把思想统一到“为人民服务”的根本宗旨上来，真正转变执法理念，摒弃老旧思想，做到管理和服务并重。强化各项规章制度，规范业务办理，杜绝发生户口登记、身份证办理错误。进一步抓实窗口工作作风，坚决杜绝冷横硬推和“四难”问题。进一步做好警务公开，树立窗口良好形象。对窗口建设情况要加强抽查、督导、检查，引入第三方评议，检查、评议结果要与单位和个人年终评先评优、个人晋级晋职挂钩。

（执笔人：佘梅芳）

广州市荔湾区社会工作人才队伍建设探索与发展

荔湾区民政局

荔湾区位于广州市西部，辖区水陆面积62.4平方千米，现有22条行政街，188个社区居委会，常住人口约92万人，是广州市人口老龄化程度较高的老城区。荔湾区人口结构存在“三多”特点，区内老年人口多、低保户多、残疾人口多。为攻克人口结构瓶颈，构建平安幸福港湾，荔湾区坚守民生情怀，推进社会工作人才队伍建设。十年来，我们秉承“先试先行”服务理念，从“小专项”“大专项”“综合服务”到“三社联动”一步一个脚印实现了社会工作专业服务引领全国、政府购买全面良性铺开、社会工作人才济济的发展态势。

一、荔湾区社会工作人才队伍建设的背景

2011年11月8日，中央组织部、中央政法委、民政部等18个部门和组织联合发布了《关于加强社会工作专业人才队伍建设的意见》（简称《意见》）。《意见》是中央第一个关于社会工作专业人才的专门文件，是当前和今后一个时期全国社会工作专业人才队伍建设的纲领性文件，在我国社会工作事业发展史上具有里程碑意义。“社会工作”被连续3年写入政府工作报告，2015年，政府工作报告中提出“发展专业社会工作、志愿服务和慈善事业”；2016年，政府工作报告中提出“支持专业社会工作、志愿服务和慈善事业发展”；2017年，政府工作报告中提出“促进专业社会工作、志愿服务发展”。体现了政府对这项工

作的重视。加强和创新社会管理，培养造就一支高素质的社会工作专业人才队伍，为加强和创新社会管理、构建社会主义和谐社会以及巩固党的执政基础提供有力的人才支撑，是当前一项重大而紧迫的战略任务。

在总结、评估过去10年社会工作经验的基础上，以推进街道家庭综合服务中心项目建设为契机，继续推进荔湾区社会工作人才队伍建设向广度和深度开展。大力培育和发展公益类社会组织，扩大政府购买社工服务项目范围。继续探索社工的使用、培训、评估制度，全面提升荔湾区社工的专业化、职业化水平。建立一支适应荔湾区社会发展需求的社会工作人才队伍，为构建幸福荔湾提供坚强有力的社会工作人才支撑。

二、荔湾区社会工作人才队伍建设的重要举措

（一）依托社区发展，为社会工作人才队伍建设提供基础平台

（1）率先引入社工。1997年荔湾区逢源街率先与香港国际社会服务社合作在耀华社区开办了“穗港及海外婚姻家庭辅导服务中心”，以专业的社会工作手法为穗港分隔家庭提供辅导服务，开创了广州市社会服务引进香港社会工作专业机构的先河。此外，其他街道近几年也积极与香港合作，为荔湾区社工队伍的健康发展注入了新鲜活力。

（2）建立服务机构。早在1999年荔湾区已在22条街道建立了社区服务中心，内设有社区服务热线、居家养老服务部、长者平安钟服务平台等，满足居民群众的日常生活和文化娱乐的基本需求，为广大辖区居民住户提供社会福利与公益服务，敬老助残、扶弱恤孤，关怀、帮助社区困难群体，努力实现社会福利社区化。

（二）完善运作机制，为社会工作人才队伍建设提供保障平台

（1）加强组织领导。2007年成立由区委副书记担任组长，区有

关部门以及街道主要负责人为成员的试点工作领导小组，下设办公室在区民政局。并在区民政局设立社会工作科，配备人员编制，明确职责任务，确保试点工作扎实有效开展。

（2）制定工作规范。2008 年荔湾区先后制定印发了《关于印发荔湾区开展社会工作人才队伍建设试点工作方案的通知》和《中共广州市荔湾区委 广州市荔湾区人民政府关于学习借鉴香港先进经验推进社会管理改革先行先试实施意见》文件，为荔湾区试点工作提供了可靠保障。

（三）加强培训管理，为社会工作人才队伍建设提供专业平台

（1）开展职业培训。2008 年开始先后组织区两批处级干部参加社工知识培训，组织 2000 多人次社工和居委会人员进行社工业务知识培训。组织发动 1100 人参加全国社会工作职业水平考试，共有 482 人取得全国助理社会工作师资格，158 人取得全国社会工作师资格，为开展社会服务工作储备了人才。

（2）成立专门机构。在 2009 年 6 月成立了广州市第一个区级社会工作协会——荔湾区社会工作协会，加强对各试点街道社工服务机构开展服务项目的检查、督促和指导，引导社会工作人才队伍向职业化、专业化和规范化发展。

（四）引入政府购买，为社会工作人才队伍建设提供实践平台

（1）合理选定项目。2009 年，荔湾区根据各街道的显著特点，按照先易后难、先点后面、各具特色的总体思路，选取了金花街、南源街、逢源街、昌华街、岭南街、华林街、花地街、冲口街和东漖街等 9 条街道作为荔湾区试点街道。通过推动成立街道、区级或引入市级社会工作服务类社会组织，推行“政府购买，民间运作”的政府购买服务模式，着重开展了居家养老服务、青少年辅导服务、长者服务、残障康复服务、婚姻家庭辅导、社区戒毒（康复）服务等试点工作。

（2）扩大服务范围。2010年，荔湾区进一步扩大试点范围和领域，在多宝街引入广州市奉慈社会工作服务中心开展“多宝夕阳红，欢乐满社区”养老服务。在石围塘街引入广州市星空社会工作发展中心开展未成年人成长干预服务。区司法局成立友善社会服务中心，开展了社区服刑与刑释解教人员社会适应指导服务的试点，并取得了显著成效。

（五）家庭综合服务，为社会工作人才队伍建设提供发展平台

（1）创新社区管理。2010年，荔湾区顺利完成社会管理服务体制改革试点工作，逢源街、海龙街、金花街3条试点街道“一队三中心”组织架构基本成型。其中家庭综合服务中心建设是荔湾区推进街道社会服务管理改革创新的重要内容，以家庭综合服务中心为载体，为居民提供了家庭服务、长者服务、青少年辅导服务、残障康复服务、社区矫正服务、社区戒毒（康复）服务、党员服务、外来人口服务、义工培训及服务等具有本土特色的社会服务。

（2）开展试点工作。荔湾区金花街、逢源街、海龙街作为广州市社会管理服务开展街道家庭综合服务中心建设的首批试点单位，通过“政府出资购买、社会组织承办、全程跟踪评估”的方式，引入政府购买社会服务机制，向市民提供有针对性、专业性和有效性的各项社会服务。同时还引入了督导机制，邀请香港督导为社工进行定期培训。

（3）全面推进改革。2011年，根据《中共广州市委办公厅 广州市人民政府办公厅印发〈关于加快街道家庭综合服务中心建设的实施办法〉的通知》的要求，按照成熟一个审批一个、分批次的原则，推进荔湾区街道家庭综合服务中心的建设工作。2016年，在区委、区政府的高度重视和领导下，22条街道根据实际需要制订各街道家庭综合服务中心相关服务质量指标，突出各街道特色服务的质量指标，并通过整合场地、设备购置、政府采购、签订协议等流程，目前22条街道家庭综合服务中心已全面铺开，并进入实质性服务阶段。

（4）完善运作机制。为了加大对承担政府服务项目的社工服务机

构及社工的监督管理力度，荔湾区先后制定了《广州市荔湾区社工服务机构及项目评估指标》《广州市荔湾区社会工作者工作表现评估》《荔湾区街道家庭综合服务中心相关服务指标参照标准》《荔湾区街道家庭综合服务中心购买社会服务专项经费使用管理暂行办法》《广州市荔湾区街道家庭综合服务中心资助及服务协议》，为下一步政府购买服务项目的运作提供依据。

（六）探索“三社联动”，为社会工作人才队伍建设提供创新平台

（1）探索服务理念。加快发展专业社会工作，深入推进社区、社会组织、专业社会工作“三社联动”，是深化社会体制改革、建构现代社会服务体系的新手段，是提升基层社会治理水平、巩固党执政基础的重要抓手。党中央、国务院高度重视加强和创新社会治理，李克强在 2015 年政府工作报告中对深化社会组织管理制度改革、加强社区建设和发展专业社会工作作出重要部署，为推进“三社联动”、创新基层社会治理指明了方向。荔湾区立足区情，超前谋划，发挥社工建设在社区中的作用，以社区、社会组织、专业社会工作“三社联动”为主线，谋发展，惠民生，形成了别具特色的荔湾经验和荔湾模式，先后获得“全国社区建设示范区”“全国和谐社区建设示范城区”等多项荣誉称号。

（2）打造品牌服务。进入 2015 年，荔湾区提出采取有策略、有重点、有思路、有计划的方法，紧贴居民的需求，建设和推广服务品牌。如金花街、逢源街和龙津街家庭综合服务中心的“爱心送餐服务”，通过链接辖区内餐饮企业，每周为辖区内有需要的居民提供免费爱心午餐或晚餐，让超过 1000 人次的经济困难居民受惠，小小的一份爱心餐让他们感受到来自社会的关爱和温暖；华林街家庭综合服务中心在辖内社区医院设立社工站，为病友及其家属提供医疗政策咨询、医疗资源链接及转介、情绪辅导等服务，得到合作方的高度好评；南源街家庭综合服务中心为社区青少年提供“专注力训练”、白鹤洞家庭综合服务中心

为残障人士设计“彩色园艺计划”等，均得到居民的一致好评。在打造品牌的同时，让居民享受服务质量之精华，也让居民享受到社区自主自助的乐趣。

（3）壮大义工团队。社工的介入，促进了社区居民的转型，从服务对象转变成为家庭综合服务中心义工，为荔湾区带来了一批“社工+义工”志愿服务队伍。随着家庭综合服务中心义工团队的不断壮大，义工的水平也高低不同。因此，各家庭综合服务中心十分注重义工培训和义工领袖培育，分别开展技能培训、岗位培训和社会专业培训等，通过各项活动促使义工在服务中不断成长和进步，在服务他人的同时实现自身价值，也把义工的爱心和精神传遍整个社区。目前，义工队伍已成为社区服务管理中不可小觑的一支新生力量。

（4）建立转介平台。随着家庭综合服务的深入开展，荔湾区开始打造“全民宣传、重点服务”的服务理念，联合区社工委、区妇联、区司法局开展心灵直通车志愿服务、妇女儿童之家、社区矫正社会工作等服务平台，为特殊需求群体提供深度专业服务。荔湾区民政局还启动了“荔湾区失独家庭服务项目”，通过社工专业手法为失独群体提供心理辅导、情绪管理、功能重建、资源链接等服务，为失独家庭注入关爱

2017 年，荔湾区举行国际社工日主题宣传活动

和希望。

三、荔湾区社会工作人才队伍建设的创新点

作为全国社会工作人才队伍建设先行地区，荔湾区立足自身发展实际，注重提炼、归纳、概括实践经验，逐渐形成具有全国示范性的社会工作人才队伍建设经验。荔湾区先后在全国机构社会工作人才队伍建设会议、全国东部地区社会工作座谈会、全国民办社工服务机构发展推进会上介绍经验。随着项目的深入推进，荔湾区社会工作人才队伍建设经验在全国的示范性逐渐显现。2016 年 11 月全国社会工作推进会在广州成功举办，考察团定点考察了荔湾区逢源街家庭综合服务中心和失独家庭社会服务项目，《中国社会报》还对荔湾区社会工作作了专版专题报道，中央电视台也专门到逢源街进行了现场采访，充分肯定荔湾区社会工作人才队伍建设。历年来，荔湾区接待来自全国各地社会工作考察团 1 万多人次，项目创新点主要有：

（1）完善工作机制，保障经费投入。成立“荔湾区加强社会工作人才队伍建设工作领导小组”，制定了相关配套文件，安排专项经费，实现组织领导、制度建设、经费保障全面到位，2008—2016 年区财政共投入政府购买服务资金近 1 亿元。

（2）大力扶持民办社会工作服务机构发展。2008 年荔湾区社工机构不足 5 间，2017 年底在册登记民办社会工作服务机构共 60 间。其中广州市荔湾区逢源人家服务中心、广州市新跨越社会工作综合服务中心、广州市大同社会工作服务中心，被民政部评为首批全国社会工作服务示范单位。

（3）率先推行“政府推动、民间运作”的政府购买服务模式。2008 年选取了金花街等 9 条街道开展了居家养老服务、青少年辅导服务、残障康复服务等 9 个单项服务试点工作。2011 年全面铺开 22 条街道家庭综合服务中心的建设，开展 14 类 184 项专业服务项目。

（4）形成政府与社会组织共同治理和服务社区的新格局。率先探

索以家庭综合服务中心为平台，以社会组织为载体，以社会工作专业人才为支撑的“三社联动”机制。截至2016年底，社工共提供个案工作17831个、小组工作24501次、社区工作17409次，社区参与和享受服务的居民达到184.1万人次。

（5）打造项目品牌特色，不断提升服务质量。2015年开始紧贴居民的需求，建设和推广服务品牌共22个，其中有“暖心行动”“爱心送餐服务”“医院社工站”“康龄社区大学”“彩色园艺计划”等多个荔湾特色项目。

（6）加强与香港等相关社会工作机构合作，大力培育社工人才。全区共培养社工人才1.2万人次，其中取得全国社会工作师（中级）资格158人，取得全国助理社会工作师（初级）资格482人，社会工作员376人，心理咨询师34人。截至2016年底，荔湾区本土社工及进驻服务的社工人数达1050人。

（7）大力发展义工队伍，形成社工引领义工、义工支持社工的社工义工联动机制。截至2016年底，全区共有义工33292人，组织专项服务活动10667次，社区义工开展关爱和慰问老人活动111632人次，义工参与服务的总时间达45.9万小时。2012年10月，荔湾区被确定为全国志愿服务记录制度试点地区之一。

荔湾区荣获“全国社会工作人才队伍建设试点示范区”称号

（8）居民的幸福指数不断攀升。荔湾区于2009年和2014年两度获得“全国和谐社区建设示范城区”称号。2011年2月，荔湾区被民政部命名为第二批全国社会工作人才队伍建设试点示范区。2012年10月起，全区共有92个社区参与广州市幸福社区创建活动，目前，金花街蟠虬社区等66个社区获得“广州市幸福社区”称号。2014年1月荔湾区又被民政部评为首批全国社会工作服务示范地区。2015年和

2016年，区民政局连续两年被民政部中国社会报社评为年度社会工作宣传先进单位（领军奖），是广东省唯一获此殊荣的单位。

四、荔湾区社会工作人才队伍建设的经验启示

经过长期实践探索，荔湾区社会工作人才队伍建设经验概括起来是“构建一个发展格局、融合两地服务经验、突出三类服务人群、做到四个互相促进、建立五项发展机制”。

“构建一个发展格局”，即建立起一个“政府引导、社会组织承担、社会公众参与”的社会工作发展新格局；

“融合两地服务经验”，即以逢源街家庭综合服务中心为依托，引入香港经验，发展本地经验，并将穗港合作服务理念辐射全区其他街道，承接街道政府购买服务项目；

“突出三类服务人群”，即针对老城区服务人群“三多”的显著特点，依托街道家庭综合服务中心，以重点个案服务为主，为困难群体提供深度个性化专业服务，提升服务质量；

“做到四个互相促进”，即与党建工作互相促进、与精神文明创建工作互相促进、与维护社会和谐稳定互相促进、与扶贫济困互相促进，充分发挥社会工作人才队伍在“加快转型升级、建设幸福荔湾”中的积极作用；

“建立五项发展机制”，即政策经费保障机制、组织培训考试机制、政府购买服务机制、社工义工联动机制和宣传引导激励机制，确保项目可持续发展。

从项目实施产生的实际效果和总结出的实践经验来看，荔湾区“社会工作人才队伍建设”项目具有推广价值，体现在“三个有利于”：一是有利于深化社会治理体制改革。荔湾区顺应全省推动社会治理体制改革的趋势，在加快社会工作人才队伍中构建“政府主导、民间运作”机制，加快转变政府职能，推动政府购买社会工作服务，扶持培育民办社会工作服务机构，逐步形成“小政府、大社会”的治理格局。二是有利

于升级民生幸福。荔湾区通过增加社工服务项目，丰富社工服务内容，拓展社工服务领域，扩大群众受理面，社区逐渐成为居民群众生活的“幸福港湾”。三是有利于形成“人人参与”的社区治理格局。荔湾区建立健全了“社工引领义工、义工支持社工”的联动服务机制，强化社区协同共治，“我参与、我志愿”的氛围几乎处处可见。

荔湾区卫生事业在改革中发展

荔湾区卫生健康局

党的十八大以来，以习近平同志为核心的党中央，始终把人民的身体健康摆在重要位置，党的十九大报告更是提出了“实施健康中国战略”，把“人民健康”提升到了战略层次，为我国的卫生健康事业的发展提供了遵循，指明了方向。一直以来，荔湾区卫生战线全体人员始终坚持党的领导，认真贯彻党中央的决策部署和省委、市委的工作要求，在区委、区政府的正确领导下，不忘医者初心，牢记健康使命，紧紧扣住“为广大人民群众提供优良的卫生健康服务”这个根本目标，抓住机遇，团结奋斗，锐意改革，不断发展，取得了显著的成绩。尤其是近40年来，在全体卫生计生系统人员的共同努力下，逐步建起了一个以“三级综合医院为龙头、以二级综合医院为骨干、以专科医院为特色、以社区卫生服务中心为基础”的四位一体医疗卫生服务体系和“小病在社区、大病在医院、康复回社区”的分级诊疗模式，擦亮了“养生保健到荔湾，延年益寿在西关”的中医中药传统特色品牌。全区卫生专业技术人才辈出，医疗卫生队伍综合素质不断提高，行风建设效果明显，得到了社会和群众的认可。

一、改革开放以来荔湾区卫生事业的发展举措

（一）紧跟改革步伐，深化医药卫生体制改革

从1997年中共中央、国务院作出《关于卫生改革与发展的决定》，到2009年中共中央、国务院下发《关于深化医药卫生体制改革的意见》，

新一轮医改方案正式出台，荔湾区卫生系统始终紧跟政策脚步，紧密贴合实际，及时出台改革方案，有效落实改革措施，有力地促进了荔湾区卫生事业的全面发展。

1. 医疗卫生管理体制改革

改革开放以来，特别是新一轮医改以来，荔湾区卫生行政部门立足于卫生管理体制改革发展，逐步转变职能，推进“管办分离”，实行政事分开，运用法律法规、方针政策、规划指导、信息服务和经济手段，逐步实现卫生工作全行业管理，并将辅助性、技术性、服务型的工作委托或授权有关单位承办。逐步减少对区属医疗机构不必要的行政干预，实行综合目标管理责任制，不断扩大经营自主权，逐步建立起有责任、有激励、有竞争、有诱惑力的运行机制，提高了科学管理水平。简化审批程序，扶持民营医疗卫生机构健康发展，推进多元化办医格局的形成。同时，加大卫生监督执法力度，加强行业监管，清理、查处和打击各种违法医疗行为，营造平安有序的医疗环境。

2. 医疗机构运营机制改革

随着中国经济体制由计划经济向社会主义市场经济的转变，医疗卫生机构的性质、社会地位与其经营环境、投资主体、补偿机制及管理模式等也随之发生变化。荔湾区卫生行政部门按照“根据不同条件、区别不同类型、重组生产要素、调整经营行为、增强发展活力”的思路，以人事分配制度改革为重点，以转换经营模式为契机，在改革运行机制上进行了一系列的尝试和探索，一定程度上解决了医疗机构求生存、求发展遇到的困难，以更好地适应国家政治经济体制改革和人民群众的医疗保健需求。

3. 深化办医体制改革

荔湾区卫生行政部门在原有的医疗机构运营机制上探索实行股份合作制、租赁承包、联合办医等改革尝试，还实行了综合目标管理的积极探索，调动起基层医疗机构经营的积极性。2001 年，荔湾区政府与广州医学院签订协议，将原区中心医院委托广州医学院全权管理，开辟了区属医疗机构重组与合作的新途径。其后，在统一规划指导下，通过公开招投标，选取了3间大型、中型医院承办了东沙街等3家社区卫生服务中心；推进原荔湾区第二人民医院、荔湾区骨伤科医院、荔湾区口腔医院三间集体所有制医院完成转制工作；成功与广州中医药大学合作创办广州中医药大学第三附属医院，有效解决芳村中医院改制遗留问题；完成荔湾区中医医院与荔湾区第二人民医院合并组建荔湾区中医医院新院工作，进一步实现资源的优化整合；完成与广州医科大学合作办荔湾医院补充协议的签订，基本实现广州医科大学附属第三医院荔湾医院（原区中心医院）与广州医科大学附属第三医院管理一体化融合发展模式，促进荔湾医疗卫生事业持续健康发展。

4. 深化人事制度改革

荔湾区卫生行政部门建立用人新机制，实施了后勤人员社会化管理、岗位人才聘任、外聘专家等方法，并通过不断对专业技术人员的培训、交流，引进、使用对口的高素质人才，改善荔湾区医疗卫生人员的年龄、学历和专业技术职称的结构，提高卫生队伍的整体素质和水平。

（二）坚持预防为主，提高公共卫生服务水平

荔湾区卫生行政部门坚持预防为主的原则，在区委、区政府的领导下，通过不懈努力，荔湾的公共卫生体系进一步完善，疾病预防控制水平进一步提高。特别是在2003年抗击“非典”疫情时，充分发挥了公共卫生和医疗救治系统的作用，做到立足社区、依靠科学、规范防治、群防群控，构建起防治“非典”的快速反应网络，有效地控制疫情的传播。

1. 完善公共卫生服务体系建设

荔湾区卫生行政部门按照国家、省、市有关法律法规，逐步建立了以卫生行政部门为主导，以3个专业公共卫生机构（区疾病预防控制中心、区卫生监督所、区妇幼保健院）和21个社区卫生服务中心为依托，以辖区内各医疗机构（如区中医院结防门诊、各医院口腔科承担窝沟封闭项目、原区中心医院及原区第三人民医院精神科等）承担公共卫生职责为补充的公共卫生服务体系。近年来，政府对公共卫生投入不断加大，

2015年人均基本公共卫生补助经费提高至50元，服务项目增加至12大项41小项及市5小项[①]，承担基本公共卫生服务的机构多数为公益一类事业单位或参公单位，资源配置得到加强。同时，随着2011年基层医疗卫生改革的推进，各社区卫生服务中心标准化建设得到加强、业务用房不断完善，进一步夯实公共卫生服务体系的网点建设。此外，在一些重大公共卫生问题（如登革热、艾滋病、人感染高致病性禽流感等传染病防控）的联防联控工作机制上，也取得了较大的突破。进一步完善“一案三制”[②]卫生应急体系和机制建设，全力做好突发事件医学救援处置工作和重大活动卫生应急保障工作。健全突发公共卫生事件监测网络和信息报告网络，建立突发事件风险隐患排查和突发公共卫生事件风险隐患评估分析机制。

2. 不断扩大基本公共卫生服务受益面

荔湾区启动了健康城市建设、国家精神卫生综合管理试点，有效落实儿童免疫接种、六龄齿窝沟封闭等公共卫生服务项目。基层社区卫生服务机构全面开展健康档案、健康教育、预防接种、0～6岁儿童健康管理、孕产妇健康管理、老年人健康管理、高血压患者健康管理、2型糖尿病患者健康管理、重性精神疾病患者管理、传染病及突发公共卫生事件报告和处理、卫生监督协管、中医药健康管理等12个基本公共卫生项目服务包，对基层公共卫生服务质量提高起到很大的保障作用。截至2016年12月，常住人口居民健康电子档案建档率82.01%；落实流动人口卫生计生服务均等化项目，为13.7万流动人口建立了电子健康档案，0～6岁来穗儿童10512人接种国家免疫规划疫苗，家庭访视率达99.59%，定期健康检查率达90.96%。

3. 建立健全妇幼保健网络

改革开放以来，在各级政府的重视和大力支持下，荔湾区妇幼保健

---

① 市5小项：严重精神障碍患者管理、儿童健康管理、癌症患者管理、艾滋病防治、孕产妇健康管理。

② 指应急预案，应急管理体制、机制和法制。

事业有了长足发展。特别是从1994年开始，荔湾区按照《中国妇女发展纲要》和《九十年代中国儿童发展规划纲要》的要求，逐步建立健全妇幼保健网，充实妇幼保健工作队伍，提高产科、儿科质量，荔湾区被评为省级妇幼健康优质服务示范区。

（三）开创荔湾模式，夯实社区卫生服务网络

社区卫生服务是在政府领导、社区参与、上级卫生机构指导下，以基层卫生机构为主体，全科医生为骨干，合理使用社区资源和适宜技术，以人的健康为中心，以家庭为单位，社区为范围，需求为导向，以妇女、儿童、老年人、慢性病人、残疾人为重点，以解决社区主要卫生问题，满足基本卫生服务需求为目的，融预防、医疗、保健、康复、健康教育、计划生育技术服务为一体的，有效、经济、方便、综合、连续的基层卫生服务。从1997年首次开始开展社区医疗卫生服务以来，荔湾区认真贯彻党中央和国务院的有关政策规定，在社区卫生服务方面深入调研、制定规范、加大投入，取得了明显的成效。从2011年起，荔湾区坚持以“保基本、强基层、建机制”为主线，全面推进基层医疗卫生机构综合改革，并得到省、市的高度肯定，形成“荔湾经验”在全市推广；荔湾区连续两年在广州市社区卫生服务市级绩效考评中排名第一，连续5年在市医改考核中排名前列。荔湾区在夯实社区卫生服务网络方面采取了以下措施：

1. 积极探索，建立科学管理新机制

为推进社区卫生服务工作的规范化和科学化，荔湾区卫生行政部门建立起管理新机制，明确“公益一类”定位，推行“绩效考核”，实施财务集中管理，有效地解决了改革前荔湾区基层医疗机构面对编制不足与工作任务不减反增、收支两条线与迫切调动社区人员工作积极性、历史问题与新机构管理体制难以对接三大矛盾。

荔湾区卫生行政部门先后制定出台了《荔湾区社区卫生服务工作的意见》《荔湾区开展社区卫生服务实施方案》《荔湾区街道社区卫生服务站管理体制若干问题实施意见》《荔湾区政府举办社区卫生服

务中心考评奖励实施办法（试行）》等多项管理规定。一是明确“公益一类”定位。将原来合办、托办、管办的社区卫生服务中心全部剥离，重新核定21个社区卫生服务中心并确定为“公益一类”事业单位，有效解决社区卫生服务机构的地位从属和管理缺位的问题。二是落实资金保障。落实政府对基层医疗卫生服务机构的经常性收支差额补助，有力保障基层医疗服务中心的正常运转。三是全面实施“收支两条线”管理。有效解决了社区卫生服务中心的生存压力与公共服务的公益性之间的矛盾。四是实施财务集中管理。成立“荔湾区社区卫生服务管理中心”，负责对全区社区业务进行统一集中管理。改革后社区卫生服务中心的资产属于国有资产，实行全区政府办社区卫生服务中心，集中财务管理和结算，进一步加强财务管理。五是创新人事管理。实行全员聘用、合同管理、全员参保的人事管理制度，实现从“身份管理”到“岗位管理”的转变。推行社区卫生服务中心正（副）主任“试用考核”制度、“区级绩效考核制度”和“机构绩效工资分配方案”双层考核，统筹全区社区卫生服务机构收支结余，100%作为全科医生、中高级专业技术人员和中心主任管理绩效奖励经费。基层医疗服务人员收入显著提高，工作积极性得到增强。2015年在编职工月均净收入10856元，与医改前2011年（在编职工月均净收入5260元）相比增长106.39%。推行外聘专家制度，有效改善基层卫生机构“人手缺、人才更缺”的情况。实施后勤人员社会化，将改革后有限的编制用到技术岗位上。六是建立保障新机制。进一步理顺改革前后人员劳动关系，退休人员集中“固化管理”，促使社区卫生服务中心“轻装上阵”。

2. 全市率先，开展医疗联合体建设

2014年，荔湾区在全市率先建立医疗联合体，对辖区医疗资源进行纵向整合，2017年底已建立起由8间三级医院、7间二级医院和21个社区卫生服务中心组成分工合理、资源共享、互为补充的一体化医疗联合体，建立起响应及时、流程畅通的双向转诊机制，上级医院对社区卫生服务中心能力建设支持（专家坐诊、培训）机制，医联体内部检验、影像诊断资源共享机制。医疗联合体运行三年来，从社区上转医院 6630 人次，从医院下转到社区 1089 人次；到社区坐诊的专家共有 24856 人次，专家坐诊看病约 45.9 万人次；共举办知识讲座 180 次，临床培训 1711 人次；居民群众在家门口就可以享受到优质的专家服务，切实享受到方便和实惠；通过医院专家的传、帮、带，社区卫生服务机构服务能力和服务水平切实提高。

3. 固本培元，加强基层医疗人才队伍建设

优质的社区卫生服务必须是以高素质的基层医疗人才队伍为支撑的。随着社区卫生服务网络的不断健全，荔湾区的社区卫生服务队伍不断壮大，素质逐步提高。2016 年，荔湾区社区卫生服务中心共有医疗卫生专业人员 621 人（含租赁人员），全科医师 242 人。在基层医疗人员的培育培养工作方面，一是按照“5+3”模式选送全科医生参加规范化培训；二是强化全科医生国际化交流学习，华林街、多宝街社区卫生服务中心建成广州·伯明翰国际化社区卫生服务示范基地；三是加强在岗培训，组织开展了全科医生、网格化团队、中心主任综合管理技能培训，华林街、龙津街社区卫生服务中心被选为国家级、省级中医类别全科医生规范化基层培训基地。

世界卫生组织官员赞扬华林街社区卫生服务中心的中医药服务

（四）不断与时俱进，提升医疗卫生服务质量

1. 加强重点学科建设

经过多年的探索创新，荔湾区属各医院在各个诊疗领域中发挥了积极作用，一些技术填补了区内的空白，一些项目达到或超过同时代同级医院的水平。荔湾区中医医院妇科被评为国家级重点专科、广州市“十二五”重点专科；男科获评中西医结合的广州市“十二五”重点专科；“治未病”中心获评国家中医药管理局特色试点单位；脑病专科获评广东省中医特色专病建设单位、广州市中医名科。荔湾区骨伤科医院拥有国家级技术发明专利 6 项，省市重点专科 3 个，正骨专科被评为广州市中医重点专科项目建设单位，是广东省、广州市非物质文化遗产保护单位和传承基地，是广州市卫生局“十二五”重点专科建设单位、广东省中医药管理局授予“颈肩腰腿痛中医特色专科”建设单位。区人民医院在急诊医学、妇产科、儿科、重症医学科、康复医学科及心脑血管等学科建设上取得了长足的进步。区妇幼保健院围产医学中心、妇女健康中心、儿童健康中心、妇科、产科为重点打造的五个特色专科。区口腔医院口腔正畸、口腔种植、口腔修复、牙周牙髓科等专科达到国内外先进水平。区第三人民医院打造出糖尿病专科、康复综合科两大重点专科。

2. 优化医疗服务流程

区卫生行政部门结合开展“平安医院创建”“三好一满意”[①]“优质护理服务示范工程”“阳光用药制度建设专项整治工作”等活动，组织区内各医疗卫生机构落实医院内部管理和基础医疗质量管理，改善服务态度，优化服务流程，提升服务水平，保障医疗质量和医疗安全；严格规范医师处方行为，促进合理检查、合理用药、合理治疗，控制医疗费用不合理增长；进一步健全医疗技术准入和管理制度；加大医德医风教育力度，完善医德医风制度规范，建立对医务人员有效的激励和约束机制，大力弘扬高尚医德。

---

① 指服务好、质量好、医德好，群众满意。

3. 加强医疗器械临床使用安全管理

区卫生行政部门在区属各医院建立和完善了医疗器械的准入和评价制度、临床使用管理制度和临床保障管理制度，并从准入、采购、使用等方面加强了监督检查，提高医院购置设备的合理性和使用的安全性。目前，各医院新设备的采购都要进行严格的可行性分析，加强了对新进设备安全使用培训和安全使用监测。

（五）弘扬传统特色，中医药事业蓬勃发展

荔湾区中医药文化历史悠久，中医药事业源远流长。近年来，荔湾区卫生计生系统坚持医药卫生事业为人民健康服务的宗旨，以保障人民健康为中心，坚定不移地实施“科技兴医”“中医强区”战略，全力推进特色专科品牌建设和中医“三名”[①]建设，有效地促进荔湾区卫生事业又好又快发展。

荔湾区中医医院和荔湾区骨伤科医院被命名为广州市中医名院，广州医科大学附属第三医院荔湾医院成为全国综合医院中医科示范单位，区中医医院不孕不育专科成为国家“十一五”中医重点专病建设项目，区中医医院脑病专科、区骨伤科医院颈肩腰腿痛专科成为省中医特色专科，“西关正骨”品牌入选广东省、广州市非物质文化遗产保护名录；区中医医院和区骨伤科医院分别被市卫生计生委列入市中医名科项目（妇科）、重点专科项目（正骨专科）；龙津街、多宝街社区卫生服务中心被市卫生计生委列入市中医药特色镇街建设单位；中医药特色示范社区卫生服务中心建设扎实推进，11 个社区卫生服务中心被评为广州市有中医药特色社区卫生服务示范中心，荔湾区被评为全国社区中医药工作先进单位。中医队伍建设人才辈出，先后涌现出有“神针”之称、在广州市医务界被传为佳话的优秀共产党员梁杏财，被誉为“送子观音”、在治疗不孕不育方面独树一帜的主任中医师沈坚华，有“黔南第一针”称号的孟杰等。同时，通过开展中医师承工作，荔湾区的中医事业不断传承和发展。

---

① 指名医、名科、名院。

目前，荔湾区初步形成了以中医医疗机构为龙头、综合医院中医科为辅助、社区卫生服务中心为主体、国医馆为补充的中医药特色服务网络。区内有广州中医药大学第三附属医院、市慈善医院、市中医医院、区中医医院、区骨伤科医院、芳村中医医院和广州中医药大学热带病研究所中西医结合医院等 7 家中医医疗机构，共有床位 1861 张。

（六）强化党建引领，助力卫生事业改革发展

近 40 年来，随着荔湾卫生改革的不断深化，卫生事业的蓬勃发展，荔湾卫生计生系统的党建事业也不断迈向新台阶。

1. 坚持全面从严治党

荔湾区卫生计生系统高举中国特色社会主义伟大旗帜，深入学习贯彻习近平新时代中国特色社会主义思想，加强理论学习，抓好领导班子建设，建立基层党组织和党员双目标管理制度，在基层党组织中实施“固本强基”工程，深入开展反腐倡廉，同时积极稳妥地以技术骨干、优秀青年为重点，做好培养、发展党员工作，全面推进区卫生计生系统的党建工作，不断提高党组织的凝聚力和战斗力。涌现出以省党代表张瑞珠、“神针”梁杏财为代表的一批优秀共产党员。在抗击“非典”的战役中，区卫生计生系统内的广大党员更是以身作则，充分发挥党员先锋模范作用，共有 84 名共产党员受到省、市的表彰，分别被评为抗非模范、抗非标兵和抗非先进工作者，成为广大医务人员的标杆和榜样。

2. 坚持全心全意为人民服务的宗旨

荔湾区卫生计生系统始终坚持全心全意为人民服务的宗旨，以病人为中心，加强医务人员的理想信念教育，树立“以人为本”的服务理念，大力开展党的群众路线教育实践活动、“三严三实”专题教育活动、“两学一做”学习教育等专题教育活动，强化党员党性修养。同时，以“巾帼文明岗”“青年文明号”等为载体，大力开展“文明医院”“平安医院”创建活动，“岗位学雷锋、行业树新风”等创建文明行业活动。系统涌现了广州市“三八红旗手”李东健、耿秀荣、佘玉韶，享受国务院特殊津贴专家沈坚华、广州好人卢菊芬等一批先进个人，以及获“广东省执业道德优

秀团体”“广州市最佳服务单位标兵”称号的区妇幼保健院，获“全国百强社区卫生服务中心”称号的多宝街社区卫生服务中心等一批文明单位。

3. 坚持纠正行业不正之风，常抓不懈

早在20世纪90年代初，荔湾区卫生计生系统就把行风建设作为一项重要工作来抓。多年来，荔湾区卫生计生系统扎实推进系统党风廉政建设和反腐败斗争，建立了内部约束机制和群众监督机制，有力推动了行风建设。成立了医务监督委员会，充分发挥其“再审核、再监督”作用；要求系统各级党组织主动将“三重一大”① 决策事项作为党务主要内容主动公开，堵塞腐败滋生漏洞；发挥“曝光台”作用，主动查处曝光系统“四风”问题，通过违纪典型个案通报和标兵榜样示范作用，有力推动了党员队伍先进性教育工作。

二、荔湾区卫生事业改革取得的新成效

（一）构建起医疗卫生服务新体系

随着社会经济的发展和群众对医疗卫生保健的需求，合理配置卫生资源，进行医疗服务供给侧结构性改革，实现医疗服务供需平衡，成为卫生改革的一项战略性任务。荔湾区卫生计生系统依照“分工合理、功能明确、层次清晰”的原则和“明确重点，合理配置，依靠科技，发展特色，面向社会，开拓服务”的总体思路，30多年来，以优化配置资源为主线，依据区域卫生规划和卫生资源现状，通过对区内卫生资源在结构上、功能上、规模上、布局上的多次调整，逐步建立起一个健全的公共卫生服务网络，以社区卫生服务机构为基础，综合医院和专科医院分工合理的区域医疗服务新体系。截至2016年末，全区共有各类医疗卫生机构210个，其中，医院23间，社区卫生服务中心21间、社区卫生服务站12个、门诊部57个，区卫监所、区疾控中心、区社区

---

① 指重大问题决策、重要干部任免、重大项目投资决策，大额资金使用。

卫生服务管理中心各 1 个。全区共拥有床位 5570 张，每千名常住人口拥有床位数 6.02 张，达到社区卫生服务中心 8 人 / 万服务人口和每张康复病床配置 0.7 人的编制标准。华林街社区卫生服务中心被评为全国示范社区卫生服务中心、国家级（同时是省级首批）中医类别全科医生规范化基层培养基地和国家“群众满意的社区卫生服务机构”，多宝街社区卫生服务中心被评为全国百强社区卫生服务中心，龙津街社区卫生服务中心被评为省级首批中医类别全科医生规范化基层培养基地，起到了很好的示范作用，进一步促进了社区卫生服务的规范化开展。

（二）疾病防控工作成效显著

一是传染病防控效果显著，荔湾区的国家免疫规划疫苗接种率维持在 95% 以上，传染病疫情形势总体平稳，落实预检分诊制度，有效应对登革热、诺如病毒感染性腹泻、H7N9 禽流感等传染病疫情。重大疾病得到有效防控，病毒性肝炎、艾滋病、结核病等疾病防治工作扎实推进，并参与了广州市全国艾滋病综合示范区创建工作。二是慢性病综合防控能力得到进一步提高，开展全民健康生活方式行动。食品安全风险监测涵盖各种食品种类，食品检验检测综合分析及食品安全风险评估能力得到进一步提高。

（三）全区形成健全的妇幼保健网

构建起以市妇女儿童医院为三级网、区妇幼保健院为二级网、社区卫生服务中心（站）为一级网的妇幼保健网络。在一级、二级网络，通过招聘医药院校、卫生学校妇幼专业的高校毕业生，对在职人员进行培训，形成一支由各级卫生人员组成的妇幼卫生技术队伍，人员力量不断充实，素质也有较大提高，保证了荔湾区妇幼保健工作人员的全面落实。2015 年，荔湾区活产儿 13202 人，7 岁以下常住儿童 48936 人，产科医生达到约 6.5 名 / 千活产儿，儿科医生达到约 1.7 名 / 千常住儿童，产科床位每千名常住人口配置 0.33 张，每千名儿童儿科床位数达到 1.41 张，较好地满足辖区居民的健康需求。

（四）智慧医疗水平持续提高

近年来，荔湾区卫生信息化建设取得了突破性进展，明确建设目标、投入逐年加大、规范日趋统一、作用日益明显。一是在全市率先成立区级互联网医院（荔湾七乐康互联网医院），承办荔湾区“精准医疗＋互联网”大健康产业发展策略咨询会，推进远程医疗、精准医疗服务。二是推进区域信息化建设。已完成社区卫生服务管理信息系统二期建设，基本实现社区卫生服务机构基本医疗、公共卫生信息共享和业务协同，完成与市级信息平台对接。同时，区属各医疗机构积极利用互联网技术，进一步完善诊疗流程，方便群众，如区人民医院已实施健康卡管理，信息系统升级和接入社保卡数据也正在进行；广州医科大学附属第三医院荔湾医院开展了远程医疗；区中医医院开设网上挂号、微信支付等；区第三人民医院新信息系统已上线。三是推进医联体内信息共享。目前部分社区卫生服务中心可与省、市医院实现点对点影像、心电图数据互联互通，实现远程实时诊断反馈。2016 年 11 月中共广州市委书记任学锋到多宝街、金花街社区卫生服务中心调研时，对社区卫生服务中心信息化建设表示认可。

（五）以西关国医馆为代表的国医馆品牌享誉国内外

西关国医馆

荔湾区于 2002 年首先创办了西关国医馆（由区中医医院承办的非独立建制单位），凸显岭南中医特色，成为传统中医药疗法服务群众的一个新阵地。其后，多元化办医催生的沙面、荔港、十三行等多间国医馆相继在荔湾开业，使荔湾区的中医医疗服务机构不断壮大。自2002年创建以来，西关国医馆坚持中医中药为特色的办馆宗旨，以“弘扬民族优秀文化，振兴中医中药事业”为己任，赢得了区内外、珠江三角洲、港澳同胞的信赖，受到社会各界的关注，并先后接待国家、省市主管部门领导、同行及国内外中医学术团体。西关国医馆，对于振兴荔湾区中医事业、推广中医药文化交流发挥着重要作用。

三、荔湾区开展卫生事业改革与发展的主要经验

（一）坚持党的领导

坚持中国共产党的领导，是中国特色社会主义最本质的特征，也是中国医疗卫生事业改革发展的独特优势。只有坚持党的领导，才能保障卫生计生事业改革发展的正确方向，始终抓住从思想政治建设上掌握卫生事业改革发展的核心要义和本质要求，为深化医改凝聚力量。只有坚持党的领导，才能充分发挥党总揽全局、协调各方的领导核心作用，为保持卫生事业持续健康发展提供坚强政治保证。只有坚持党的领导，才能动员系统党员群众团结奋斗，为凝心聚力建设健康荔湾汇聚起强大力量。

（二）坚持以人为本

健康是促进人的全面发展的必然要求，是经济社会发展的基础条件，是民族昌盛和国家富强的重要标志，也是广大人民群众的共同追求。随着社会经济的发展，人民群众对健康的需求不断提高，保障人民群众的健康、提高国民健康素质成为国民经济和社会发展的重要目标，也是卫生工作的首要任务。荔湾的卫生事业发展始终坚持以人民的健康为中心，把实现好、维护好、发展好人民群众的健康利益作为出发点和落脚点，不断提高辖区居民健康水平，努力全方位全周期保障人民健康。

（三）坚持围绕大局

卫生事业的发展离不开经济社会发展提供的基础，卫生事业的发展又为经济社会的可持续发展提供了支撑和保障，两者相辅相成。荔湾的卫生工作一直围绕区委、区政府的发展目标和发展战略，立足自身，发展符合荔湾区区情和发展阶段的医疗服务，增进民生福祉，为荔湾区经济社会平稳发展提供可靠保障。

（四）坚持以政府为主导

公益性是医疗卫生事业发展必须牢牢把握的大前提。卫生公平和公民基本健康保障不能由市场机制解决；提供基本卫生服务，是政府不可推卸的重要责任。通过政府财政投入，维护医疗卫生的公益性，实现以全民资源服务于全民，有效促进卫生公平。改革开放以来，荔湾区发挥好政府办医职能作用，特别是在基本公共卫生服务和基础医疗服务方面，为维护医疗卫生事业的公益性，促进居民平等享有基本医疗卫生服务做了大量工作；同时依靠政府力量，有力推动关键领域改革取得突破性进展。

（五）坚持以基层为重点

基层医疗卫生服务具有经济、可及、便捷等优势。荔湾的医疗卫生发展一直牢牢把握基层医疗卫生服务，着力促进荔湾区医疗卫生资源的均衡发展，促进医疗卫生服务的可及性。通过基层医疗卫生机构综合改革，有效建立起基层医疗机构运行新机制，探索出一条有荔湾特色的社区卫生服务机构综合改革之路，形成了“荔湾经验”，构建与群众健康需求相适应、与健康荔湾目标相衔接的基层医疗卫生服务体系，实现了居民健康水平的不断提高。

长风破浪会有时，直挂云帆济沧海。40 多年来，荔湾区卫生事业的改革和发展走过了不平凡的一段路，它留给人们的有经验也有反思。今后，荔湾区卫生系统将认真总结改革开放以来荔湾区卫生事业改革发展的成功实践，正确把握新形势下改革的方向与重点，仔细分析当前面临的机遇和挑战，朝着“使全区医疗卫生服务格局更加科学合理，服务能力明显提升，使群众享受更加公平、便利、优质的医疗服务”的目标，继续深化改革，加快荔湾卫生事业的发展，为生命拓展更大的绿洲，为保护人民的健康，建设社会主义和谐社会谱写新的篇章。

真情教育，光耀荔湾

——广州市真光中学课程建设回眸

荔湾区教育局

党的十九大从新时代坚持和发展中国特色社会主义的战略高度，作出了优先发展教育事业、加快教育现代化、建设教育强国的重大部署。百年大计，教育为本。教育是民族振兴、社会进步的重要基石，是功在当代、利在千秋的德政工程，对提高人民综合素质、促进人的全面发展、增强中华民族创新创造活力、实现中华民族伟大复兴具有决定性意义。习近平总书记多次强调，要坚持立德树人，不断使教育同党和国家事业发展要求相适应、同人民群众期待相契合、同中国综合国力和国际地位相匹配。

位于珠水之滨的广州市真光中学，历经百年沧桑，裹挟着厚重的文化传承。一直以来，广州市真光中学固守“以人为本”的初心，致力于“培养能适应社会发展、具备终身学习能力的人，为社会和国家作出贡献的人”，深度契合了习近平总书记关于教育的重要讲话精神。其在课程改革中作出的创新、突破乃至成就，凝聚了一代代真光人的心血，为教育的发展提供了优秀样本。

一、真光中学课程改革的历史背景

真光中学前身为真光书院，始创于 1872 年。书院取名“真光”，校名出自《圣经》“是乃真光普照乎万世之人人”（《约翰福音》一章九节），真光校训为“尔乃世之光”。真光书院开创了广州女子教育之先河。相对于当时目标是科举考试、课程设置为四书六艺和词章经史的男校，真光书院作为女校，教育的主要内容为缝纫、家政、《女则七篇》，目标是培育贤妻良母。

1881 年，毕美意（E.M.Butler）女士到真光书院担任教员，开设算术和体育课程。1911 年，真光学生罗有节由岭南学堂毕业后回书院任教，教授新式体育，如“徒手操”“印度槌”等，学生们乐于接受，收到了较好的教育效果。由此，打下了真光书院体育教育特色的坚实基础。

1917 年新校建成后，健全的运动场、游泳池等现代体育设施，使真光的体育教育更上一个台阶，达到一个空前的程度。热衷参加体育锻炼的人数不断增加，涌现出一些拔尖的体育人才。

1934 年，岭南大学教育系何荫棠教授担任真光中学校长。何荫棠提出了“创造建设精神”，提出 Hand（手）、Head（脑）、Health（身）、Heart（心）“4H 教育”。

抗日战争时期，真光中学辗转香港肇辉台、连县三江圩、曲江县的上窑、连县双喜山等地坚持办学。1945 年 8 月，抗战胜利，真光中学滞留连县的师生返回广州复课。这个阶段课程内容配合时势国情，积极开展抗日救亡支前宣传和训练活动。

中华人民共和国成立后，真光中学部分师生迁徙香港，选定九龙塘窝打老道 115 号为校址，并向香港政府登记注册，定名为“九龙真光中学”。广州白鹤洞真光中学归广州市文教局管理。

1952 年至 1954 年秋，广州白鹤洞真光中学先后被改办成中山大学工农速成中学和粤秀师范初师部，1954 年秋又改办为中学，并易名为广州市第二十二中学。在 1966 年至 1976 年的“文革”期间，广州白鹤洞真光房舍及教学设备遭受严重破坏，真光堂部分建筑也被损毁。而香港真光仍在继续办学并且不断壮大，在港九共创办了四所“真光”系列学校。

到 1969 年秋，学校复课招生。1976 年，搬往海珠区洪德路继续办校，原校址改办广州市外国语学校。1981 年秋，广州市第二十二中学

真光堂正面广场

迁回原址，在海内外校友的关心和要求下，1984 年 10 月 14 日，经广州市人民政府批准，广州市第二十二中学复名为真光中学，但已不再是女子中学了。

二、真光中学课程改革的历史过程

（一）德育立项，体育强校

1999 年真光中学根据广州市政府城市体制改革的要求，下放原芳村区管理以后，学校被定位为芳村教育的龙头学校、窗口学校。这个时期，真光中学继续弘扬“4H”教育精神，重点培养学生创新精神和实践能力，学校也在继承和创新中不断地发展和进步。对教学目标、教学模式、评价模式、管理模式、教师培训模式、教研模式作了新的调整。

课堂教学是实施素质教育的主渠道。学校狠练内功，更新教学理念，优化课堂教学，提高教学效率，重点培养学生的创新精神和实践能力，引导学生在日常生活中养成良好的学习习惯。这些习惯涵盖了学生学习的整个过程：一是制订计划，合理用时，提高效率的习惯；二是预习新课，记录要点，思考分析的习惯；三是专心听课，主动学习，积极思维的习惯；四是独立思考，规范作答，完成作业的习惯；五是善于质疑，抓住要点，知识归类的习惯；六是参加测试，提高能力、纠正失误的习惯；七是细心回顾，掌握知识、总结提高的习惯。

为创建广东省一级学校，真光中学在“特色”二字上下功夫。千人广播操、英语与网络德育，是当时真光中学的教育特色。多年来真光以“发展体育运动，振奋民族精神”为口号，严抓千人广播操质量，加强学生的纪律性，锻炼学生的体魄、意志、竞争意识和团队精神，以良好的校风促进办学质量的提高。在真光中学，有专门的外籍教师上课，各种双语宣传、英语角活动、英语节活动精彩纷呈，英语高考成绩在同类学校中名列前茅。为了创建“网络德育”特色，学校成立了“现代教育技术与资源中心”，建设了校园网，各处室、学科分别建立网页，还分别开设校园网管理互动 BBS（论坛）、校园心理教育互动“心语”等专题网页及“红岩魂”“学生党校”等多个红色网页。实践证明，以现代化手段育人，更适合当今青年学生的成长需要，从而深受学生欢迎。由于“体育兴校”“德育强校”工作显著，学校连续十余年荣获市广播操比赛冠军，市、区有关部门多次在真光中学召开体育、德育、网络德育、心理健康教育工作现场会。

（二）名师带校，科研兴校

随着知识经济时代的到来，各经济发达国家都陆续进行了旨在提高教学质量、培养更多优秀人才的教育改革与课程改革，不少国家将人才培养看成国家安全的重要保障，通过主导课程改革确保民族优秀传统文化的传承。

当时的中国基础教育，正站在备受瞩目的新课程改革这个新的生长点和突破口。随着 2001 年 2 月，国务院批准《基础教育课程改革纲要（试行）》，中国基础教育为适应时代发展和实施素质教育的需要，乘势而上，掀起了一场空前的课程改革运动。

为推动学校的跨越式发展，办区属龙头学校，2002 年和 2003 年，真光中学在区教育局的大力支持下连续两年面向全国公开招聘数十名高级（特级）教师，为学校的发展注入新的活力。

2004年开始新的课堂改革，其后每一年都在前面的基础上进行推进，从2004年“稳妥、积极”、2005年“积极、求真”、2006年“求真、求效”，到2007年“求效、互动”、2008年“互动、示范”、2009年“示范、辐射”，再到2010年“辐射、反思”、2011年“反思、整合”、2012年“整合、推广”、2013年“推广、银幕”、2014年“银幕、特色”。每年四个字，前面为后面打基础，后面是前面发展的过程。每一次新的四字目标提出的背后，真光中学都将素质教育逐渐融合到学校的核心教育理念上。

2004年，首先在语文、物理学科进行国家课程校本化的尝试。尝试将学校的文化传统、特色活动课程化。如校歌、校史、OM① 等“走出去、请进来”，对真光中学课程进行系统开发。主要成效：开展“质疑、探究、创新、评价”课题研究，深化课堂教学；编制了语文、物理校本教材；面向全体高一、高二学生开办校歌、校史、OM、学法指导、逻辑学等校本选修课程；整理学校资源，完成课程校本化的前期论证工作。

2005年，认真实施国家、地方课程，对学校课程进行整体规划。校本课程的重点放在“限定性选修”和“特长类选修”的实施上。开展研究性学习探索。取得了一定成效：形成课程管理体系，完成学校课程体系的规划；以行政班为建制推进“限定性选修”，将有兴趣、有专长的学生组织起来，开展“特长类选修”；以班级小组为单位开展研究性学习。同年，真光中学的高考评价进入广州市十强行列。

2006年，真光中学为打造良好的校园文化氛围，以学校爱的文化为主线开发系列校本课程，进一步完善研究性学习的实施和评价机制，借课程改革推动办学水平和教学质量的提升。主要成效：“六大节日”活动、社会实践活动等常规化、制度化；分别以爱校、爱学习、爱环境为主题，形成3个系列的校本课程教材、资料；探索总结了3种研究性学习开展模式，研究性学习在校园内蔚然成风。同年10月，真光中学

---

① 即头脑奥林匹克竞赛，英语为Odyssey of the Mind（缩写为OM），它的创始人是美国的米克卢斯（Micklus）博士。

高分通过国家级示范高中初期督导评估。

2007年，真光中学着手研究课堂教学的实效性问题。认真实践校本、研学，重点打造学生社团，使学生成为学校的主人。加强拓展性校本课程选课的互动性，就校本课程走班上课的教学管理进行论证。尝试由团委、学生会全面接管“六大节日”和社团活动的策划、组织、实施。取得的主要成效有：完成“切问近思、主体发展”课题研究；成立了50多个社团，数量空前；形成一定数量的研究性学习成果；开发校本选课的互动网络平台；同年12月，以高分通过广东省教学水平评估暨国家级示范性普通高中验收确认（首批）。

2008年，真光中学尝试增开更多的校本课程，满足面向全体学生开课需要的同时，探讨互动式校本课程的管理模式。小结课程改革的经验教学，在区域内进行互相交流、学习。取得的主要成效：采用小学段教学，开出20多门拓展性选修课程，10多门特长性选修。应用校本选课的互动网络平台，全面启动拓展类选修课程，走班上课。真光中学成为华南师范大学教育科研实践基地、教育部华南师范大学新课程改革实验学校、华南师大课程与教学论研究生创新实践基地、广州市新课程样本学校。同年，真光中学高考又获丰收，总体评价居全市第9位。

2009年，进一步推进课程改革，向课堂要效率。完善走班制校本课程授课模式，监督校本课程的整体质量和水平。立足本地，与外地、外省、港澳等地进行课程改革的交流和沟通，分享成功的案例。课程改革取得新突破：进一步完善校本、社团等课程的评价机制；学生参加综合实践活动的积极性高涨；组织教师、学生外出学习，接待来自省内外的课程改革考察团体的来访。真光中学的一些做法成为许多地区的参考。同年高考成绩再上台阶，总体评价居全市第8位。

2010年，进一步扩大课程改革的成果，教学、教育、教研、教辅全面开花。总结、反思6年来的课程改革历程，谋求更大的突破和发展。接待国内外各级各类考察团体，派出教师、学生外出交流，共同探讨进一步深化课程改革之路。取得的主要成效有：成功申报“真光教育研究”课题，以课题为载体在全校开展课程改革的反思。同年高考成绩喜人，总体评价居全市第 6 位。

2011 年，学校注重整理、反思真光中学课程改革的阶段性成果。围绕“真光教育研究”课题，深挖真光教育传统，梳理真光文化，凝练真光教育哲学。同年真光中学高考成绩辉煌，总体评价居全市第 3 位。

（三）课程改革，辐射全国

2012 年 10 月 29—31 日，《中国教育报》连续三天刊登整版系列报道《“宽银幕”破解名校课改迷局》。

“每件事都知道一点，有一件事知道得多一些”是真光中学的课程理念，我们借用“宽银幕”这个名词来描述课程理念。与 4∶3 比例的普通银幕相比，宽银幕更符合人眼视觉特性，真实感更强。

“宽银幕”课程既是一种“广见识、宽基础、厚人格、雅气质”的古典课程追求，也是符合时代特征的新的学习方式的代名词，是一种凝聚着时代诉求的学习方式，其中有记忆、接受、体验、想象、凝思、融合、忘我……课程就是要为学生的发展提供丰富的知识储备、思想锤炼和情感生成经历。

为更有效达成培养全体学生张扬个性、健全人格、全面发展、终身发展的目标，我们把“真光课程”的目的设置为“丰富学习经历，增进学生才干”，其关注点从学科内的局部整合到学科间的主题整合，再到“全课程”的统整。

在“宽银幕”思路指导下，真光中学构筑了包括基础必修课程、综合选修课程［包含大文化素养课程和“科学、技术与社会”（STS）系列课程］、研究性学习课程和社团活动课程在内的课程结构，统称为“一轴三线”课程。

综合选修课程是一种发展性的课程，在基础课程的基本知识、基本技能训练基础上，从广度和深度上对基础课程相关的教学内容进行拓展，面向每一个学生，全面发展学生的个性特长。在本质上，综合选修课程是一个由众多“微型课程”组成的选择大平台。这两个选修课程平台，一是 STS 系列选修课程平台，以科学发展史为主线，其内容主要有：

科学方法论、科学发现过程剖析、学科拓展专题、有关科学学科的发展史、科学专题探讨、现代科技进展。从学科课程分离出来的专题，均需要围绕这样的主线，安排到一定组成部分中，将有关内容进行拓展。二是大文化选修课程平台，文科的综合选修课程围绕中华文化这样的主线展开，文科的全部学科都可以包括在内，从不同的学科角度探讨有关中华文化方面的问题，主要的课程形式包括道德文化、科技文化、政治文化等。《广州，你也懂的》正是真光中学历史科组教师们集体开发的大文化素养课程之一。

所谓“大文化”，意味着课程内容贯通政治、语文、外语、历史、音乐、美术等学科领域。真光中学的大文化类课程以当代文化发展、社会文化热点、学生文化需要和教师文化关注为课程设计的出发点，旨在使学生具有丰厚的文化知识、全面的文化认识、健康的文化行为、宽广的文化胸怀和深远的文化视野，形成现当代社会所需要的文化素养。

《广州，你也懂的》对历史学科的国家课程标准进行有针对性的延伸和拓展，全面发展学生的综合素质。在拓展与深化的基础上，增加了活动课、探究课，为每一个学生创造开发潜能的天地，达到充分发展学生潜能的目的。

（四）课程重构，特色发展

1. 溯源历史，开发文化课程

2014年3月3日，在2014年广州市普通高中重点立项特色课程建设专家评审会上，专家们肯定了真光中学一年来特色课程建设所取得的成绩，并给予了高度评价。3月6日上午，在广州大厦四楼会展厅举行的广州市第二批普通高中特色学校授牌仪式上，校长荀万祥从广州市教育局副局长江东手上接过了沉甸甸的“广州市特色学校”这块牌子。“为世之光——香梅计划”特色课程正式成为“广州市第二批普通高中特色学校”重点立项学校，并在提前批独立招生。

2014年11月，广州市荔湾区真光实验学校和广州市荔湾区真光中英文小学以“真光教育”课程双双成为“广州市义务教育阶段特色学校”

（第二批）。

2. 着眼未来，重构课程体系——真光课程体系

真光中学从 2004 年至 2014 年十年磨一剑，构建的“宽银幕”课程取得了引人瞩目的成绩；在新的时期，为适应国家提出的学生核心素养的培养目标，根据学校特色和学生特点课程进行再造具有重要意义。百年真光，教育文化积淀深厚，形成了真光行的文化、爱的文化、创的文化、和的文化；这四大文化相辅相成，互为表里：行的文化是真光教育的核心，爱的文化是真光教育的灵魂，创的文化是真光教育的基石，和的文化传承着真光精神。真光人要以真理和光明为毕生的追求，生活在世界上发光发热。

建构真光教育“天平”课程体系。基于对真光文化的精准分析，由于真光文化的土壤孕育了真光人独特的气质和教育追求，因此“践行之力、博爱之心、创造之才、群处之德”就成为真光中学学生发展的四大核心素养。故围绕核心素养，真光中学建构了以“天平”为意象的真光教育新课程体系。真光教育新课程体系以“爱、行、创、和”真光文化为土壤；以蕴含真光的育人追求的“尔乃世之光”校训作为“天平”的指针和刻度盘，用以衡量教育成效的标准和依据；以“求真理、爱光明”的教育哲学、“创造、践行、博爱、群处”四大素养作为“天平”的横梁，将各个系列的课程有机地连接在一起，成为课程的纽带；以公共必修课课程作为“天平”的底座，成为课程体系的基础；以“体育健康特色课程”“心理健康课程”作为保障系统，“学业和生涯规划课程”作为动力系统，成为“天平”的主干，关注每位学生的身心健康及未来发展；以“真系列课程”“光系类课程”作为“天平”的左右托盘，关注科技与人文的融合，让学生自主选择，适性发展。

2016 年 12 月 14 日，由中国教育科学研究院基础教育研究所和广州市荔湾区教育局主办的全国第五届“学校文化内生和课程再造”论坛在广州召开，会上真光中学校长陈秋兰作为中学唯一代表，向大会作了“求真理，爱光明，建课程，培素养——核心素养的真光化表达和培育”主题发言，陈校长系统地阐述真光中学基于 140 多年文化积淀与教育理

念以及在此基础上构建的具有真光特色的课程体系，展示了教育戏剧课程、仪式课程、行走课程、体育特色课程、学业和生涯规划课程等的教育教学场景。真光中学课程体系细致完善，课程内容精彩纷呈，有创意，有深度，令在座的老师们耳目一新，赞叹不已。这也标志着真光中学“真光教育课程2.0版”正式确立。

三、真光中学课程改革所取得的成绩

（一）学业成绩优

真光中学有着良好的校风学风，学校连续18年荣获广州市高中毕业班工作一等奖，自2005年起9次进入一等奖的10强行列。2014年高考重点本科上线人数突破二百大关，达213人，位居全市第十；2015年高考重点本科上线人数突破三百大关，达310人，位居全市第七；2016年高考再创佳绩，重点本科上线人数持续增长，突破四百大关，上线达422人，重本率达54.24%。真光中学凌浩楠被清华大学录取，真光中学二本率达97.94%，778人实现全部上线，上线率达100%。所有选择真光中学的孩子都圆了大学梦！而张若冰以文科609分、陈振翔以理科665分分别包揽荔湾区文理总分状元。2016年，真光中学获广州市高中毕业班工作一等奖第5名。2017年，真光中学高考成绩再创新辉煌，骆雨阳以理科673分、全省理科排位64名的成绩，被清华大学录取；柯立奇以理科665分、全省理科排位121名的成绩，被北京大学录取。首次突破一年高考2人以上被清华大学、北京大学录取。6人超香港中文大学（校本部）录取资格排位。文理科600分以上19人。国际班程柏豪考取全球排名第四的加州大学伯克利分校。真光中学是当之无愧的“尖子生摇篮”。2个大成智慧班平均分分别超重本线86分和81分，重本率分别为100%和98%；文科实验班重本率超过90%。总上线达100%，再一次让所有选择真光中学的孩子都圆了大学梦，实现了“一个都不能少”的承诺。

真光中学已成为高中教育跨越式发展的典范。

（二）竞赛显身手

在学科竞赛方面，真光中学学生近年来获区级以上各类奖励达 1388 项，其中国家级 196 项、省级 718 项、市级 419 项。在体育竞赛方面，真光中学在田径、游泳、射击等比赛中独领风骚。近年来，有 15 位同学代表广东省中学生足球队，勇夺全国中学生足球锦标赛冠军，代表广州市参加全国 U–15 足球锦标赛，荣获全国冠军！学生社团的成员积极参加各级各类的比赛，先后荣获丘成桐数学竞赛一等奖、全国创新大赛一等奖、亚洲国际合唱节金奖等学科、艺术、体育奖励 1600 多项。

（三）科技展风采

作为全国科技创新十佳学校、广东省科学教育特色学校，真光中学以通用技术课、综合实践活动、学科教学中的科学教育三大板块为主阵地，以综合实践、科技创造、科学探究为活动载体，以校园科技节为展示平台，以培养发明创造的科技新星为突破口，积极开展各项科学教育活动，走“普及 + 提高”之路，全面提高学生的科学素养。通过科学教育和人文教育，真光中学学生崇尚科学、敢于创新，近年来荣获区级以上奖励 290 项，其中国家级奖励 13 项、省级奖励 34 项、市级奖励 125 项。真光中学先后培养出 6 位“中国少年科学院小院士”。

（四）艺术成果丰

“真光之爱，自能发展”是真光中学特色教育的总体特征，学校特色教育的理念是“让学生‘人格健全，主动发展，个性和谐’”。在艺术教育上，形成“三美”特色，积极倡导学生学会发现美、鉴赏美和创造美，践行艺术“三美”教学理念。近年来，真光中学合唱团获得广州市第十二届学校合唱节中学组一等奖、第二届亚洲国际合唱节同声组金奖、广州市第七届学校艺术节声乐项目中学组一等奖第二名、广州市第十三届“唱响校园”合唱节“混声组”特等奖。真光中学舞蹈队获广州市第七届学校艺术节舞蹈专项中学创编组一等奖。

（五）核心素养好

真光中学关注学生的成绩，更关注学生的成长。重视养成教育，全面培育核心素养。真光中学拥有全市数量最多、活动最丰富的学生社团，现有五大类56个，实现学生“自主管理、自能发展”，学生社团成员积极开展活动，在省、市颇具影响。“香梅杯”模拟联合国大会，已经成为省、市多所知名中学模联精英讨论国际热点的盛事，真光模拟联合国社已经成为省、市知名的学生团体；而真光好声音也已是广州市校际乐社团体传统项目。另外，真光最强大脑、霁明文学社、蓝天之翼、戏剧社已经成为学生展示自我的平台。学生大课间活动、广播操连续十九年荣获广州市一等奖。真光中学学生会获“广东省优秀学生会”荣誉称号。

（六）教师团队美

真光中学具有很强的教师团队，他们爱岗敬业，铸造了真光中学近十年跨越式的发展，创造了真光质量的奇迹。他们是最美的团队，是充满爱的团队。现有教职工277人，专任教师267人，特级教师1人，中学高级教师110人，研究生学历82人。真光中学语文科、历史科、化学科组等被评为广州市优秀科组，2016年11月真光中学历史科荣获第二届广东省中学历史学科示范教研组称号。真光中学教师曾获“羊城十大杰出女性”、最美教师团队、荔湾区十大杰出青年、全国最美家庭、广东省“三八红旗手”等称号；历史科获“巾帼文明岗”称号，还拥有广州市中小学名班主任工作室主持人。

四、积极有为，真光中学课程改革的“启示录”

（一）稳扎稳打，步步为营

早在2001年2月，国务院就已批准《基础教育课程改革纲要（试行）》，但真光中学没有冒进，而是经过充分的酝酿和精细的规划之后才稳步开展。

首先为配合课程改革，面向全国公开招聘数十名高级（特级）教师，为学校的发展注入新的活力。其次从2004年开始新的课堂改革，其后每一年都在前面的基础上进行推进，真光中学将素质教育逐渐融合到学校的核心教育理念上。这样稳步推进，步步为营，是真光中学课程改革成功的关键之一。

（二）溯源历史，文化滋养

真光百年，教育文化积淀深厚，校祖那夏理“行胜于言”的训示，第一任华人校长罗刘心慈“真光就是爱，爱就是真光”的宣言，留美博士何荫堂校长“创造建设”的理念，传灯、级社等传统的延续，形成了真光行的文化、爱的文化、创的文化、和的文化。

真光文化的土壤孕育了真光人独特的气质和教育追求，“践行之力、博爱之心、创造之才、群处之德”成为真光中学学生发展的四大核心素养。

改革开放以后，真光中学各个阶段的课程建设都以这四大文化为基础，都围绕这个四大核心素养而展开，一脉相承，使真光人拥有了独特的气质和风貌。

1. 立足真光背景，寻根溯源

自1872年“真光书院”的创办开始，真光中学近147年的发展历程，是“真光”二字真义的演绎与发展史。真光中学的“真光教育”立足于此，其深厚的文化积淀和办学经验，为“真光教育”的实施提供了个性化的发展资源与实践平台，使“真光教育”成为“千校”教育中具有独特魅力的“那一个”。

2. 挖掘真光内涵，与时俱进

校祖那夏理女士引《圣经》马太福音中的“尔曹乃世之光，尔光当照人前”，确立为校训，从“那光是真光，要照亮一切生在世上的人”中提取出“真光”二字作为校名。虽然“真光”原指基督耶稣，但在发展历程中，一代代真光人传承了“真光”所蕴含的教育真意，并与时俱进地发展了“真光”的教育思想。“求真理，爱光明”“真光教育”的提出，是对“真光”内涵的挖掘与提升，必将促进真光中学的跨越发展。

3. 拓展真光教育，实践创新

“真光教育”，从两个方面拓展外延，构建真光中学的教育体系：一是以“真光”为追求的教育，即以“求真理，爱光明”为教育价值，并将这一价值追求延展于学校日常工作之中；二是以“真光”为内核的教育，即以“求真理，爱光明”为教育样态，并在学校课程教学中，开展相应“求真理，爱光明”的教育教学活动。

（三）抓住机遇，敢为人先

2012年广州市启动特色课程申报活动。真光中学积极筹划，延续真光女校传统，重启单性别教育，并在校内先行先试，经过实践、研究，2013年3月，真光中学申报的“‘为世之光——香梅计划’特色课程”高分通过了专家评审，并且也引起了社会各界的广泛关注。特色课程取得了丰厚的成果，其中旨在培养“女界之光”的两个香梅特色班108人，更是成为学校一道靓丽的风景。

（四）面向世界，着眼未来

进入21世纪后，国际化教育已逐渐成为真光中学教育教学的重要特色之一，学校早在2003年就引进外籍教师担任口语课教学，国际交流与合作纳入市、区教育局的规划和指导之中，在继续发挥原有的对外交流合作项目之外，国际课程班的开办被实质性地提上日程。真光中学国际课程班通过官方主办，不通过任何中介机构。

2013年9月，真光中学的中美高中国际课程班正式开班。在课程设计方面，结合真光中学学生的实际情况和合作学校的优势，在满足人民群众对教育日益增长的多元化、国际化需求上做文章，在保证学生中方科目优势的同时，选修部分美国高中课程及大学先修课程。按普通高中毕业要求开设中方课程语文、数学、英语、政治、历史、地理、物理、化学、生物、体育、艺术、IT（信息技术）、心理，美方课程包括 AP[①] 微积分预备、环球时事、世界历史、英语语言与文学、AP 宏观经济学、AP 微观经济学、AP 环境科学、AP 微积分、美国文学、AP 世界历史、AP 心理学、AP 环境科学等多门课程，以高标准培养学生的科学精神，全面提升学生的综合素质，为学生升入美国一流大学创造条件，实行学分制评价并提供成绩单和颁发毕业证。

国际课程班已举办两届，学生 100% 直接申读全球 300 强大学，近 50% 的学生被美国排名前 60 名之内的学校录取。

五、结语

深厚的校园文化孕育出先进的学校课程，作为学校发展的一种潜在力量，推动人们积极进取，战胜困难，开拓创新。

展望未来，新校区扩建，“百年真光”必将焕发更加耀眼的光芒，“尔乃世之光”，真光中学秉承“品牌化追求、优质化发展、真光化特色”战略追求，给每一个学生提供最适合的教育，使每个学生都获得成功。

① AP 为 Advanced Placement 的缩写，AP 课程即美国大学预修课程，是由美国大学理事会提供的高中授课的大学课程。

“三雕一彩一绣”[①] 非物质文化遗产保护工作的探索与实践

荔湾区文广旅体局

文化是一个国家、一个民族的灵魂。习近平总书记高度重视传承发展中华优秀传统文化，他强调：“优秀传统文化是一个国家、一个民族传承和发展的根本，如果丢掉了，就割断了精神命脉。我们要善于把弘扬优秀传统文化和发展现实文化有机统一起来，紧密结合起来，在继承中发展，在发展中继承。”非物质文化遗产（简称“非遗”）作为中华传统文化的重要组成部分，汇聚了传统文化的精髓，肩负着不断满足人民日益增长的美好生活需要，铸就中华文化新辉煌的责任。一直以来，荔湾区的非遗传承人始终以初心致匠心，坚守着传承非遗技艺、传播传统文化的光荣使命。在过去十多年时间里，荔湾区的非遗保护工作也经历了从无到有、从弱到强的特色探索之路，在工作机制、保护名录、基础设施建设和普查、宣传、传承、教育、研究等方面都取得了显著成绩，成为广州各区非遗保护工作的标杆。

一、荔湾区“三雕一彩一绣”非遗保护的十年历程

2006年，荔湾区按照广州市开展全市第一次非遗普查工作的要求，启动了区第一次非遗普查工作。2014年，荔湾区又在辖区内开展了第

---

① “三雕”指牙雕、玉雕、木雕；“一彩一绣”指广彩和广绣。

二次广州市非遗普查。通过两次认真仔细地摸查，基本摸清了荔湾区非遗资源的家底，先后公布了区级非遗项目和区级传承人，申报了五批市级非遗项目和四批市级非遗传承人。其中以“三雕一彩一绣”为主，搜集整理了各类档案资料，积极组织国内外展示宣传活动，认定并建设了10个非遗传承基地，许多申报活动取得了丰硕的成果，动员了更多的社会力量参与到荔湾区非遗的传承传播中。

2006年至2012年，尽管荔湾区在非遗保护上也做了一些工作，但遗憾的是，受机制不畅、经费不足等制约，这些工作更多地仅是停留在完成上级部门布置的任务上，与市内进展较快的海珠、越秀等区相比，出现了明显差距，非遗工作成绩一直排在全市末尾。2012年3月，时任区长唐航浩专门批示“要研究荔湾区在非遗申报中存在的问题，要确保在下一批申报中把荔湾区特有的报上去”，充分显示了荔湾区领导对非遗保护工作的高度重视。

荔湾区文广新局迅速地以《非遗还是非常遗憾》为题向区主要领导作专题报告。报告中陈述了“非遗工作有三大制约：一是未建立工作机构；二是未有专职人员；三是缺乏工作经费”。该报告得到了当时区委书记唐航浩、副区长邹璇等区领导的重视，唐航浩批示“非遗是文化荔湾的重要载体之一，要加快推进此项工作！”，随后成立了由副区长牵头的区非遗工作领导小组，区各相关部门负责人任组员。区财政局从2012年开始安排20万元非遗专项工作经费，并且逐年增加；区宣传文化资金也对非遗工作进行支持；区编办同意区非遗保护中心挂牌成立（无单独编制，与区文物管理所一套人马两块牌子）；区文广新局安排2名专职非遗干部从事非遗保护工作，初步建立了荔湾区非遗工作架构。

2012年至2016年，在区领导、各相关部门的大力支持下，荔湾区非遗保护工作突飞猛进，取得全面发展。在非遗普查、项目申报、非遗传承基地建设、非遗进校园、非遗展览展示等方面均取得了优异成绩，一改多年落后的局面，成为广州市非遗工作的排头兵。荔湾区优势项目“三雕一彩一绣”非遗保护也得到了快速发展，主要得益于以下几点：

（1）对非遗资源通过认真细致地摸查，基本摸清了荔湾区丰厚的非遗资源家底。荔湾区先后公布了 3 批区级非遗项目，3 批非遗传承人。现有非遗项目 27 个、区级以上传承人共 40 名，市级以上项目及传承人数量均是广州市最多的区。非遗线索摸查成果被广州市文广新局纳入《广州市非物质文化遗产摸查成果汇编》和市地志办出版的《广州市非物质文化遗产志》等书籍。

广彩省级传承人谭广辉 16 寸圆盘作品《童趣》

牙雕国家级传承人张民辉四十层猛犸牙球作品

玉雕国家级传承人高兆华玉雕作品《日月同辉》

（2）积极以“三雕一彩一绣”为抓手，在申报更高级别的非遗项目与传承人方面取得丰硕成果。荔湾区“三雕一彩一绣”非遗大师实力雄厚，人才济济，在广州市各区中数量最多。荔湾区的非遗国家级传承人有 3 人，省级传承人有 10 人、市级传承人有 10 人、区级传承人有 4 人。牙雕张民辉、玉雕高兆华、广绣陈少芳为国家级传承人。广彩项目在广州市仅有 9 个省级以上传承人，其中 4 个都在荔湾区。另外，在荔湾区非遗传承人中，有 3 位享受国务院特殊津贴专家（张民辉、高兆华、谭广辉）、5 位享受区政府特殊津贴。

（3）推动非遗传承基地建设快速发展。从 2012 年开始，荔湾区逐步加大非遗传承基地建设工作。先后公布两批共 10 个区级非遗传承基地，成功申报 6 个市级非遗传承基地、2 个省级非遗传承基地、3 个广东省示范性大师工作室。

二、荔湾区“三雕一彩一绣”非遗保护的主要措施

（一）建立健全荔湾区非遗保护工作机制

《国务院办公厅关于加强我国非物质文化遗产保护工作的意见》指出，非遗保护的工作原则是：“政府主导，社会参与、明确职责、形成合力；长远规划、分步实施、点面结合、讲究实效。”《中华人民共和国非物质文化遗产法》第七条规定：“县级以上地方人民政府文化主管部门负责本行政区域内非物质文化遗产的保护、保存工作。”因此，建立以政府为主导、社会各界广泛参与的非遗保护工作机制，是非遗保护工作科学有效和可持续发展的保证。早在 2012 年，荔湾区就已经制定了《荔湾区非物质文化遗产保护工作方案》，这是广州市第一个以区政府名义颁布的区级政府非遗保护工作方案，该方案也被吸收进 2016 年广州市颁布的《广州市保护非物质文化遗产　弘扬岭南文化工作方案》。随着工作方案的颁布实施，荔湾区的非遗保护工作机制得到完善。

（二）建成荔湾区非遗保护中心

荔湾区非遗保护中心于 2012 年成立，挂在荔湾区文物管理所，受

区文广新局直接领导，主要负责全区非遗保护规划以及规范的制定，并指导和组织全区非遗普查、认定、申报、保护和展览、宣传、推介及交流传播工作。相对于早在2007年经编办批准成立区非遗中心的越秀区、海珠区、天河区，2009年经编办批准成立非遗保护中心的番禺区，荔湾区成立专门机构的时间较迟。虽然成立机构时间迟，但是荔湾区非遗中心成立伊始，就奋起直追，取得了一系列申报的好成绩。在人员配备方面，2012—2014年，荔湾区非遗中心有一名专职干部，2015年，新增一名专业干部，进一步增强了荔湾区非遗工作力量。2012年，荔湾区成立了区非遗保护工作专家组，举办了非遗保护工作专家聘任仪式，聘请了包括民间工艺、民俗、曲艺等10位专家，并向受聘的专家颁发证书。专家组负责为荔湾区非遗保护工作提供咨询，主要包括以下几个方面：工作规划、普查方案的制订和实施，区级非遗保护名录的评审、保护与管理和区级传承人的认定等。这为荔湾区非遗保护工作提供了强有力的智力支持。荔湾区财政加大经费扶持力度，从2012年开始，每年荔湾区财政安排20万元非遗专项经费，2015年安排经费55万元，2016年安排近80万元。2014—2016年，荔湾区文广新局积极争取到广州市文广新局安排给荔湾区非遗项目扶持经费共52.6万元。

（三）开展“三雕一彩一绣”项目普查工作

在2006—2009年、2013—2015年间，荔湾区参与了两次广州市非遗大普查，尤其是2013年的大普查，全面了解和掌握了荔湾区“三雕一彩一绣”非遗资源的数量、分布状况、生存环境、保护现状及存在问题，对全区“三雕一彩一绣”进行了真实、系统和全面的记录。通过此次普查，荔湾区非遗中心积极建立健全了“三雕一彩一绣”项目保护档案，将全区工艺美术类项目、传承人的信息、实物照片等资料全部录入电脑，初步建立起了荔湾区非遗项目的档案体系，并融入数字化的档案管理模式，使“三雕一彩一绣”非遗的保护资料更具生动性与活态性，也为“三雕一彩一绣”的保护奠定了扎实的基础。

（四）进行“三雕一彩一绣”非遗申报工作

据统计，2017 年广州市有 27 项传统技艺、传统美术类非遗项目，其中传统美术 7 项、传统技艺 20 项。包括 7 个国家级项目，20 个省级项目，6 名国家级传承人、25 名省级传承人、22 名市级传承人。截至 2016 年，广东省共公布了六批省级非遗代表性名录。

到 2016 年底，荔湾区有 12 项市级以上传统技艺、传统美术类非遗项目，其中传统技艺 8 项、美术 4 项，总数量居全市之首，显现了荔湾区作为广州传统文化中心城区的非遗资源优势。而且，在全部非遗项目申报中，荔湾区每一批次成功申报的项目数量均在 2 ~ 4 项之间，较为均衡，显示出荔湾非遗保护工作不断取得进步。对比同为老城区的越秀区、海珠区，以及财力雄厚的天河区，荔湾区的“三雕一彩一绣”一枝独秀，国家级、省级、市级传承人，均多于其他三区。

2013 年，广州市第四批非遗项目申报，荔湾区象牙雕刻、广彩、广绣等 5 个项目申报成功，数量居全市各区之首；第五批省级非遗项目申报（广州市有 6 个项目入选），荔湾区占 2 个。2014 年，申报第四批省级非遗传承人，荔湾区共有广彩、广绣、玉雕项目 4 人晋级，位居各区之首，占广州市省级非遗传承人数量的三分之一。第二批省级非遗传承基地申报，荔湾区组织申报 2 个牙雕和玉雕大师工作室入选（广州市共 6 个）。各级非遗项目及传承人申报与专业性密切相关，展现了荔湾区非遗保护工作的成效。

（五）宣传推广“三雕一彩一绣”

非遗是一种生活方式，它来源于人民群众且与市民生活密切相关。文化部非遗司副司长马盛德指出：“非遗的核心是‘人’，人的需求是第一位的；若脱离了生活需求，无疑把非遗当作目的，把人当作实现手段，使文化凌驾于人之上，这样不可能走得太远。”“三雕一彩一绣”要得到有效的传承与发展，单靠政府的一厢情愿显然不够，还必须得到市民的认可，形成广泛传播，重新让非遗成为生活的一部分，促进良性循环。为此，一直以来，荔湾区始终贯彻执行国家非遗相关法律法规，积极开展以“三雕一彩一绣”为代表的非遗展演、对外交流等多种传播推广活动，促进“三雕一彩一绣”重新回归民众生活，提升了市民对非遗的认知度，增强了市民对非遗的保护意识。

在宣传“三雕一彩一绣”方面，荔湾区主要做了以下工作：首先，在荔湾区开展各种“三雕一彩一绣”等传统工艺展示展演活动，使市民近距离了解身边的非遗大师，绝大多数活动都是在社会各界共同参与、非遗大师们鼎力支持努力打造的文化品牌。一是与民俗活动相结合开展非遗展示活动，如在每年的迎春花市、黄大仙祠庙会、三月三荔枝湾、水上花市等节庆日举办“三雕一彩一绣”现场展示活动。二是积极参加广州传统工艺美术精品展等。三是在区文化艺术中心、荔湾区博物馆、荔湾区图书馆等场所举办“三雕一彩一绣精品展览”“谭广辉广彩精品展览”等大型展览活动。四是开展非遗开放日活动，将平时神秘的大师工作室向社会开放。

其次，加强与国内外进行非遗交流活动。不仅“走出去”，把荔湾区非遗向外推介；同时也积极“引进来”，让其他省市的非遗来荔湾传播推广。“走出去”包括组织荔湾区非遗参加历届成都国际非遗节、深圳文博会等活动。2012年，荔湾区非遗工作者赴天津参加第二届全国非物质文化遗产展示会。2014年，玉雕传承人高兆华、刘矩华参加在杭州举办的中国非物质文化遗产展览，使南派玉雕在国家大型展览中有了一席之地。玉雕传承人高兆华、广彩省级传承人谭广辉携作品参加中国海上丝绸之路展览，为荔湾区非遗品牌大放光彩奠定了基础。2015年8月，组织10位荔湾区“三雕一彩一绣”传承人参加第五届广府文化节工艺展活动。2015年，组织传承人前往山东参加“中国非物质文化遗产博览会”。2016年，推荐谭广辉、许恩福等分别代表荔湾区非遗参加法国、埃及等国家的非遗展示活动。“引进来”，则包括2015年在陈家祠博物馆举办潮绣大师杨坚平潮绣精品展，以及在三月三荔枝湾、穗港澳粤剧日等活动中，广邀各地非遗团体前来展示展演，让荔湾区一享文化多样性的盛宴。

再次，为加强荔湾区“三雕一彩一绣”等非遗项目与市民的联系，荔湾区非遗保护中心开展了各种非遗培训宣传活动，让更多青少年不再局限于通过媒体接触荔湾区非遗，而是直接参与到非遗中。如2012年开始，荔湾区非遗保护中心每年开办的“非遗青少年暑期培训班”，用一个月时间集中对青少年进行广彩、广绣、剪纸等体验课培训。邀请“三雕一彩一绣”非遗大师亲自授课，活动充满互动性、体验性以及灵活性，文化馆、图书馆、传承人工作室和民俗节庆地都成为课堂所在地。至2016年，荔湾区共举办广绣、剪纸、粤剧、广彩、木鱼书说唱等主题培训活动24场，有500多人参与,《南方日报》、《广州日报》、《南方都市报》、广州电视台等媒体多次报道荔湾区非遗活动，为培养广大青少年爱国爱乡情怀发挥了应有的作用。

纵观荔湾区近年来非遗的传播推广历程，荔湾区相关部门不断推陈出新，取得了可喜成就。首先，改变了以往“博物馆式”重实物精品展示的方式，更关注非遗活态性的特征，注重“三雕一彩一绣”传承人的活态展示，同时加强了与市民的互动，增强了他们的直观体验，使市民领略到非遗真正的活态美丽，在民间构建了文化自觉意识。其次，正逐步改变以政府为主要力量的传播方式，更多引导社会参与，鼓励传承人、保护单位、社会企业、媒体、学校等社会力量自发地开展多种形式的非遗推广活动，扩大非遗的影响范围。

（六）做好“三雕一彩一绣”传承教育工作

人是非遗传承的载体，“非遗传承应以传承人为核心，以持续传承为重点”，荔湾区非遗保护工作，通过对“三雕一彩一绣”传承人的认定、传承方式的与时俱进、传承基地的建设、“非遗进校园”青少年非遗教育工作等方式、“三雕一彩一绣”传承人传承权利的保障，使得非遗得以持续传承。

截至2016年底，国家、省、市分别公布了四批非遗代表性传承人名单。据统计，荔湾区共拥有国家传承人3人（广州市共8人）、省级传承人10人（广州市共52人）、市级传承人10人（广州市共59人），获第四批非遗代表传承人中绝大部分是“三雕一彩一绣”项目的传承人。其中四批市级传承人中，堪称广州文化名片的广彩共 9 人，有 5 人在荔湾区；广绣项目共 7 人，有 3 人在荔湾区。这都体现了荔湾区“三雕一彩一绣”在申报非遗传承人、保障传承梯队的雄厚实力。

荔湾区重视非遗的传承工作。自 2006 年以来，荔湾区共进行过两次传承基地评审，其中 2009 年评选出的传承基地共有 6 个，2012 年评选出的传承基地共有 4 个。荔湾区“三雕一彩一绣”传承基地以大师工作室为主，是贯彻荔湾非遗保护工作，鼓励大师参与的重要举措。

荔湾区委、区政府积极贯彻“非遗进校园”的传播理念来进行非遗传承，根据学校特色，因地制宜传承非遗项目，这对非遗扎根青少年群体极具意义。值得一提的是，在过去的 5 年中，经过区文化部门和各中小学不断努力，荔湾区的“非遗进校园”活动已经常态化，在全市属于先进行列。全区共有 7 所中小学正将非遗教育（除剪纸外，全部是“三雕一彩一绣”）纳入长期的教学工作规划当中。荔湾“非遗进校园”全面开花，巧妙地将非遗与学校课程相结合，促进了教学的多样化与灵活性，受到学生和家长的好评，为全区非遗的传承与传播工作奠定了良好基础。

（七）建设“三雕一彩一绣”场馆设施

《中华人民共和国非物质文化遗产法》第三十六条规定：“国家鼓励和支持公民、法人和其他组织依法设立非物质文化遗产展示场所和传承场所，展示和传承非物质文化遗产代表性项目。”场馆建设成为荔湾非遗保护工作的重中之重。十年来，荔湾建立了包括粤剧艺术博物馆、丝织行业博物馆（锦纶会馆）、传承基地等在内的多项非遗基础设施。2015 年，花城博雅工艺厂、高兆华玉雕艺术工作室已被省政府公布列入省级非遗传承基地（广州市仅 6 个），广辉彩瓷设计工作室、逸彩彩瓷工作室等 4 家非遗企业被公布为市级非遗传承基地。这些基础设施为非遗的传承和传播提供了广袤的土壤。

为给以“三雕一彩一绣”为主的非遗项目一个优秀的展示平台，荔湾区认真落实市政协重点提案第1053号《关于加强工艺美术类非遗保护，推动广彩广绣产业发展的建议》，开展“三个一工程”[①]。在建的荔湾区非遗馆由原西关美食博物馆改建，主体建筑沿用原西关美食博物馆架构，选址于荔湾区核心地块，风景如画的荔枝湾畔，正对老字号泮溪酒家。非遗馆建筑面积约5000平方米，为岭南园林式建筑群，内有亭台楼阁，回廊水榭。荔湾区文广新局正积极推进以非遗项目为内容，以实物静态展示为主要形式的非遗展示馆和以动态展示为主的非遗园区建设。

除建成的粤剧艺术博物馆和在建的非遗展示馆外，荔湾区“三雕一彩一绣”各保护单位基本都建成了非遗展示厅。非遗馆以综合性非遗展览为主，“三雕一彩一绣”大师工作室所附设的展厅以专业为主，但都为荔湾区非遗的公众传播起到了直观而有效的展示作用。

当前，荔湾区公益性的非遗基础设施，相对于荔湾区丰富的非遗项目总数和资源来说，尚算有限。而随着区委、区政府对非遗工作的推进和社会各界对非遗保护理念的更新，多元化的非遗场馆必然如雨后春笋般兴起。

（八）加强“三雕一彩一绣”非遗资料的研究与出版

荔湾区历来重视非遗资料的研究、搜集、编纂和出版。非遗本身具备活态流变性，而正是通过收集不同时期编写的非遗读物，人们才得以从字里行间重现它们的历史原貌。荔湾区作为岭南文化的核心区，历来颇受学者关注，如清初屈大均《广东新语》便记载了荔湾民俗，这也是了解荔湾区的“三雕一彩一绣”非遗文化的重要史料。

荔湾区依托市内高校资源，尤其是与中山大学中国非物质文化遗产研究中心举行学术研究，并于2012年与该中心合建了省内第一个“高校+政府”形成合力的“研究生实践基地”，与广州美术学院、广州大学、

---

① 指一个非遗馆、一个非遗园区、引进一批非遗企业。

广州轻工职业学院等美术专业合作开展“三雕一彩一绣”非遗大师收徒活动。高校师生的踊跃参与，极大拓展了荔湾区非遗的研究力量，为荔湾非遗的保护与传承带来颇具前瞻性的理论指导。

近年来，随着荔湾区非遗工作的深入开展，相关书籍著作更是层出不穷。其中由荔湾区人员主编或者参与编著的有关“三雕一彩一绣”著作主要有《广州非物质文化遗产志》《荔湾区非物质文化遗产》《广州玉雕——高兆华玉雕作品精选》《广彩——谭广辉广彩作品精选》等，这些著作的出版深入细致地填补了“三雕一彩一绣”项目的空白，力图直观展示工艺美术的魅力。

三、荔湾区非遗保护工作的启示

荔湾区非遗保护工作历经十年砥砺前行，目前依然存在一些不足，政府财政支持力度还有待提高等问题，都有待于在进一步的深化改革中予以逐步解决。即便如此，在荔湾区强烈的文化自觉的感染下，随着荔湾区“三雕一彩一绣”非遗保护工作的开展，荔湾区非遗保护体系日益完善，保护举措切实有效，非遗项目保护与传承、宣传等工作依然取得了长足发展，最终一改过去长期落后的局面，在近几年一跃成为广州市各城区的排头兵，开创了荔湾区非遗保护工作新局面。主要经验与启示有：

（一）高度重视，多措并举夯实非遗工作基础

非遗保护概念传入中国，只有十来年时间。如何在快速城市化过程中保护非物质文化遗产，可供借鉴的经验并不多。作为非遗资源大区，荔湾区把非遗保护工作当大事来抓，明确“以传承促保护”的思路，在机构设置、人、财等方面给予支持。

2006年荔湾区启动非遗保护工作，其间历经了曲折发展过程，2012年，在区领导的高度重视下，建立了区非物质文化遗产保护工作领导小组会议制度，同年，挂牌成立区非物质文化遗产保护中心，建立区非物

质文化遗产保护工作专家小组。2012年6月，《荔湾区非物质文化遗产保护工作方案》经区政府批准下发正式施行，这是《广东省非物质文化遗产保护条例》颁布实施后第一部以区政府名义下发的非遗工作方案。

领导给力，非遗保护工作方能加速。要建立非遗保护工作长效机制，除了有精简高效的工作机构，还要有与之相匹配的“人”与“财”作为支撑，工作才能落到实处。区文广新局安排了两位专职非遗干部，2017年全区专职、兼职非遗保护工作者近50人。区财政从2012年安排20万元非遗工作经费开始，做到工作经费逐年有所增加，到2017年，增至每年80万元。这在荔湾区殊为不易。

“三雕一彩一绣”，本是岭南文化的杰出代表，只因过去重视不够，传统工艺美术事业日渐式微。为了振兴传统工艺，区文广新局制定《关于进一步扶持非遗发展实施方案》，定期举办非遗展示活动，加强传统工艺的交流与合作。

非遗保护是功在千秋的文化基础事业，荔湾区认真盘点“家底”，建档立卡，分清缓急，梳理轻重，有计划、有步骤、有重点地开展保护工作，而不是“眉毛胡子一把抓”。尤其是对一些珍稀濒危文化项目，区予以重点关注，抢救保护，尽量减少“人绝艺亡”悲剧的发生。

（二）以市场促保护，变传统工艺“体外输血”为“自我造血”

“三雕一彩一绣”不能仅仅依靠政府的抢救保护，最终使其保护传承下来，还一定是要经受住市场洗礼。传统工艺美术要焕发活力，必须符合当代人的审美需求，创作出更优秀的工艺精品。“三雕一彩一绣”的艺术性和商品性的双重属性，决定了其传承与保护必须是政府主导和市场运营相结合，这就要求“三雕一彩一绣”企业要学会自我造血。荔湾区在极力推动传统工艺美术精品进入博物馆的同时，也积极引导企业开发适合市场需求的工艺产品，开展生产型保护工作，并收到一定的成效。

“三雕一彩一绣”传承人数量稳中增长，是荔湾区尝试非遗项目市场化的最好注脚。因工艺复杂、人工制作，费时耗力以及产品良莠不齐，

20世纪曾为国家创汇立下汗马功劳“三雕一彩一绣”从历史巅峰滑落，很多著名工艺美术大厂关停并转，一批大师纷纷出走。然而，随着荔湾区商业环境的不断成熟、政府对传统美术工艺行业的大力扶持与引导，出走的大师们又纷纷聚集在荔湾开办工作室，在工艺美术行业的沉浮中捕捉到了文化商机。以精益求精的匠人精神为内核，以质量管理与品牌建设为两翼，开发出一款款散发文化韵味的工艺精品，实现了文化与市场的对接，传统工艺与现代审美的衔接，取得了良好的经济效益。

生产性保护，有利于增强非遗保护项目的活力，提高传承人的积极性，促进文化消费，扩大就业，推动区域经济社会发展。目前，荔湾区的“三雕一彩一绣”等非遗项目，通过生产性保护已经形成生产力，实现了能设计、会制作、有销路。其中，玉雕、牙雕和广彩三个项目入选广东省非物质文化遗产生产性保护示范基地。

（三）政策引领，打造适宜非遗传承人生存发展的环境

非遗传承，人才是关键。后继有人，才有发展活力。荔湾区根据文化创意产业、非遗产业等区战略性发展领域的需求，围绕“三雕一彩一绣”产品高端化、精品化、品牌化的发展理念，在具体的扶持经费分配上向省级以上非遗大师倾斜。在此基础上，制定并实施非遗传承基地、“非遗进校园”等保护传承措施，搭建起切实具有地方特色、系统而完整的传承培训体系框架。政府以非遗高层次人才为重要抓手，着力传承人培养与非遗展示平台搭建，打造适宜荔湾区非遗传承人发展的环境。

享受国务院特殊津贴专家、玉雕国家级传承人高兆华，这些年在政府部门支持下，先后接纳200多名青年从事玉雕艺术创作——既言传身教，还免费提供食宿、生活费用。这当中，有40多人已成长为工艺师。

荔湾区注重扶持中坚力量，奖掖后起之秀，精心培养优秀的非遗项目传承人。广彩大师谭广辉、翟惠玲等一批坚守传统技艺与信念的传承人，为传承、发展和弘扬非遗作出了重要贡献，他们每周都抽出时间到区内部分中小学讲课，传承技艺，展示传统工艺的艺术之美。

十年，在历史长河中不过短暂的一瞬。但这十年却是荔湾区非遗保

护事业从无到有、从弱到强、逐步壮大、欣欣向荣的十年，是“三雕一彩一绣”产业发展大步流星、突飞猛进的十年。这十年中，在荔湾区委、区政府正确领导下，荔湾区文广旅体局探索出一条合乎自身特点的科学发展道路，发挥荔湾区深厚非遗资源的优势，深入开展非遗的传承保护工作，构筑了荔湾区非遗品牌未来发展的坚实基础和腾飞的平台。

在新的历史时期，每一位文化工作者都应感受到一种压力，一种鞭策，迸发出保护非物质文化遗产之激情，响应区领导的号召，去谱写荔湾区辉煌壮丽的文化发展新乐章，建设文化繁荣的新荔湾。

不忘初心，推进发展

——记原芳村区委书记在改革开放初期亲历的几件事

根据曹应波[①]口述整理

原芳村区是广州市辖区一级政权机构，它位于广州市西南部，北、东面与白云区石井镇、原荔湾区、海珠区隔水相望，三面临江，为珠江所环绕，属珠江三角洲北缘，总面积42.6平方千米。自1949年以来，芳村区经历了三次建区。第一次建区是1949年11月15日根据中共广州市委、市政府的决定，崇文、芳村合并为芳村区，1954年6月18日广州市委决定撤销芳村区。第二次建区是1960年中共广州市委决定成立芳村人民公社（相当于现在的区），1962年，中共广州市委、市政府决定把芳村、江村、黄埔三个区合并为郊区，芳村区再次撤销。第三次建区是1985年5月，国务院正式批准成立广州市芳村区，2005年中共广州市委、市政府将原芳村、原荔湾区合并为荔湾区。恰逢第三次建区，曹应波作为第一任区委书记，在10多年里白手起家，“摸着石头过河”，在芳村的建设和发展过程中，大胆改革，敢闯敢干，推进了芳村的稳步发展。

一、宣传教育　解放思想

“文革”结束后，我在郊区区委宣传部工作，当时国内正进行“拨乱反正”的政治改革。在我们宣传干部眼中，那时正是发挥宣传部门作

---

① 曹应波，1985年9月至1990年5月任中共芳村区委书记。

用，宣传干部大展拳脚的时候，我们把它称作宣传工作的春天。

批判“两个凡是”。粉碎“四人帮”后，“两个凡是”错误方针的提出，给“拨乱反正”工作设置了障碍。如果按“两个凡是”继续走下去，那就什么也不能动了。直至1978年12月十一届三中全会召开，中央明确批判了“两个凡是”错误方针，要求停止使用“以阶级斗争为纲”这个不适用于社会主义社会的口号，认真纠正“文革”错误，把全党工作重点转移到社会主义现代化建设上来。我们当时的主要工作就是揭露和批判“两个凡是”，大力宣传邓小平提出的“强调学习毛泽东思想体系来指导我们的工作，特别强调实事求是和群众路线”。

宣传“实践是检验真理的唯一标准”。1978年5月《光明日报》刊登《实践是检验真理的唯一标准》文章，接着胡耀邦在中央党校倡导理论界开展大讨论。我们这些从事理论宣传工作的干部看了这份材料，积极性都很高，认为是理论上拨乱反正的号角。组织上决定，马上召集全区机关干部进行学习。于是我们在南方戏院组织了一场隆重的报告会，会上由我作学习辅导报告。出乎意料，干部对报告会的反映非常好，很多人都说报告说出了大家的心里话！后来我分析，这场报告的确是一个突破，这么多年来宣讲语录或文件的报告会已经使干部感到麻木和厌倦，他们太需要新鲜的思想和进步的理论指引了。

宣传加快发展农业，推行联产承包责任制，纠正长期在农村“左”的错误。当时郊委书记吕刚要求坚决执行中央的决策，我们受到他这种思想解放、敢于创新精神的鼓舞，在干部中间和农村基层进行大力宣传，到农村调查研究，培训公社宣传干部，积极为农村改革摇旗呐喊、推波助澜。推行联产承包责任制有个过程，起初是农民普遍拥护，但又怕别人说是分田单干，搞资本主义。当时农民支持改革就像孩子放鞭炮——既喜欢又害怕。不过，通过宣传和实践，政策越来越开放，农民中涌现出一大批“万元户”，农民尝到了甜头，形势一片大好！个别人担心政策会变，怕好景不长。我们又着重宣传“改革是为了解放生产力、使农村富裕，政策五十年不变”的思想，给农民吃“定心丸”。

宣传《关于党内政治生活的若干准则》。当时的党风问题已经比较突出，陈云强调“执政党的党风问题是有关党的生死存亡问题”，向全党敲响警钟。我本人对贪污腐化现象是深恶痛绝的，宣传工作中我一直坚持：要解决党风问题，必须在全党大抓“三年”工作，即“教三年、检三年、带三年”。特别是“带三年”尤其重要，我认为好的作风一定是靠“带”出来的，直至今天我还坚持这一观点。

1978年以后，从批判“两个凡是”到真理标准大讨论，以及宣传中央关于推行联产承包责任制，城市和经济改革“对外开放，对内搞活”的方针，是当时宣传工作的重要任务。我认为真理标准大讨论是第一次思想解放的先声，是拨乱反正、改革开放、中国特色社会主义的思想和理论基础。

二、身担重任　筹建新区

当时的芳村地区是广州西南的工业基地，有广船、广钢、市柴等70多家企业工厂，但由于这里的城市基础设施相当落后，甚至连一条完整的马路都没有，只有一路（19路）公共汽车，居民过江要么过珠江大桥，要么靠轮渡，人们在这里工作生活非常不便。另外，广州老城区人口日益稠密，这一问题亟待解决。基于这两点考虑，市委、市政府决定建立芳村区。

1984年11月，市委调我到芳村负责筹建新区工作。当时筹建芳村区，连我在内共四位同志，我任工委书记，孙华策任副书记、办事处主任，蔡如发任副书记、办事处副主任，陈法任办事处副主任。1985年5月24日，国务院下文批准芳村区为广州市辖区。1985年7月底芳村区与郊区正式完成交接手续。同年9月，召开芳村区第一次党代会。

新区成立时，只有225名干部，到1986年发展到522人、41个正式机构。除公安局、检察院、法院、武装部、工商局等部门有广州市支持单独建办公楼外，所有部、委、办、局、人大、政协机构都集中在新建的机关大楼办公。1990年以后，有些与市对口的部门逐渐搬出大楼。

根据市的部署，建立新区伊始，我们就在制定《芳村区城市建设发展总体规划》时把修路、建桥工作放在首要位置。一共规划新建花地大道等南北向道路5条、东西向道路4条，过江隧道、鹤洞大桥、如意坊大桥也在规划内。同时对发展经济、改善城市设施、治理污染等提出明确目标和要求。当时广州市要求芳村的定位是建成“花城中的花城”，总的目标是朝着“最适宜居住、最适宜创业”的路子走，20多年来，“两个适宜”的发展定位一直没变。

三、大胆改革　发展经济

建区初期，适逢全国从农村改革进入城市改革和全面经济改革时期，提出“对外开放，对内搞活”方针，对发展镇、村经济非常有利。因此我们大胆灵活变通，“筑巢引凤”，利用农村土地优势，大规模兴建厂房，招商引资发展工业，兴办商贸、发展花卉产业。镇、村缺少资金，区政府采取“放水养鱼、贴息贷款”政策，帮助镇、村兴建和改建一批厂房，大力发展乡镇企业。为了发展经济，我们积极借鉴珠江三角洲先发展起来的经验，组织队伍到南海、顺德等地取经，加强内引外联办经济：一是尝试房地产销售进入香港市场，花卉盆景打入欧洲市场；二是组织商委到四川成都办肉食加工厂；三是号召外经委到香港组建公司，构建对外联系点；四是由东滘镇和科委到美国加利福尼亚州开办东方菇场。

在多项措施并举的推动下，1988年，东滘镇已进入工农业总产值亿元镇行列，被广东省政府命名为“重点工业卫星镇”。到1990年，全区工农业总产值已由1985年6525万元发展到20097万元，增长2.08倍，平均年增25.2%；工业总产值由原来2360万元发展到1.7亿元，年递增33.7%，提前两年实现“七五计划”提出的工农业总产值翻一番的目标。

1992年，邓小平发表南方谈话，批判了妨碍改革开放“左”的东西，号召进一步解放思想，进入经济大发展时期。省、市领导非常支持我们大胆去闯：“水路不通走陆路，陆路不通走山路，山路不通就开出一条路！”后来证明，当时的大胆变通是有成效的。

经过几年的努力，芳村的经济工作已经有了一定的基础，我们开始考虑一些较大的项目。之前考虑了许多项目，比如开发海北医药城、海南对外加工区、冲口 90 亩（6 万平方米）街道工业基地等，但经过反复研究探讨，这些项目规模小且分散，“村村点火”式地搞工业，会给将来实施城市建设规划带来麻烦。

因此 1992 年初，区委在花县（今花都区）召开常委会议，重点研究如何进一步发展芳村区经济问题。我在会上大胆建议：开发总面积为 8.93 平方千米，位于芳村东南部与广船、广钢相邻的东塱、沙洛、南漖、西塱、海南的 5 个自然村，并将其命名为“东沙经济区”。我的建议很快得到区委、区政府的支持，区委、区政府拨出 20 万元经费，着手筹建“东沙经济区”。

1992 年 4 月成立“东沙经济区”筹建指挥部；5 月 29 日，东沙经济区的规划设计意向和可行性研究资料，经四次修改定稿，提供给专家作可行性论证；7 月 20 日，邀请武汉市建设学院设计完成总体规划。在此基础上，把规划连同可行性报告、专家论证意见以及经济区自然地理、地质、地貌、工程概况等有关文件，报市政府审批。市政府非常重视，黎子流市长专门召开市长办公会议，并请市属各有关部门进行研讨，同年 10 月，开发“东沙经济区”的项目正式批准下来，同意在经济区内划出 300 亩地（20 万平方米），给我们开发房地产，并允许把所得利润用在基础设施建设上。

从组建筹建班子到批准项目，仅用了短短 6 个月时间，这已经是改革开放初期高效的办事速度了。

四、多措并举　发展花卉

芳村建区初期，发展花卉业是很成功的。党的十一届三中全会的召开，对作为千年花乡的芳村花卉业发展非常有利，我们抓住机遇，采取多项措施，大力发展花卉产业。

芳村区盆花基地夜景

一是在珠江大桥头建成一间占地 3.1 万平方米的花卉研究中心，用来带动芳村花卉生产。二是改革花卉销售体制，调整销售网络，拓宽销售市场。1986 年 3 月，在海南村举办全国花木盆景展销会，与全国 20 多个省、市花木产销单位建立业务联系，每年北运花木 400 多节火车皮，大力拓宽北运市场；芳村花木、小盆景远销北美、西欧国家和港澳地区，建区以来，逐年扩大出口量。三是制定土地向种田能手集中政策和有关请帮工、带学徒（其实就是雇工）政策，推动 153 户花卉生产专业户和花卉生产联合体，办起花场 185 个，从分散经营逐步过渡到规模经营。四是制定政策，鼓励港商、台商到芳村办花场。五是组织各类参展活动，增添芳村花卉知名度。1986 年开始，组织花农到香港参加一年一度的花展，是年，广州市举办花卉评选，芳村有 37 种花卉得奖，其中插花“剑兰”获一等奖。1988 年郭培的“榆树盆景”获香港国际花卉展览会冠军。1989 年 12 月，陆学明栽培的“耸云叠翠”“峭壁凌空”盆景，在中国盆景评比会上获奖，陆学明被授予“中国盆景艺术大师”称号。1990 年，东滘镇叶志德的扎菊“骏马奔腾”“年年有鱼（余）”在香港维多利亚公园举行的花卉展览会上获季军。1991 年，叶志德的扎菊“金羊贺岁”在香港举行的国际花卉展览会上获中国组第一名，亚洲组第二名，国际组第三名。通过这些比赛，花乡名声大振。六是为了鼓励种花精英，评选“芳村花卉十杰”。

新区建成后的前 5 年，由于采取以上有力措施，给芳村花卉业带来空前兴旺。那时小盆景、鲜切花的出口量，占了全市70%以上，年出口创汇达250万美元，成为芳村的主要出口产品。当时芳村农村涌现出一大批“万元户”，花农开始富了。

五、修路架桥　建设新城

建区初期，谢非书记来芳村区检查指导工作时，鼓励我们要认真解放思想，用活政策，大胆开拓前进。我们也认识到：改善芳村的城市落后面貌，确实要扎扎实实下一番苦功。

首先是修路、架桥。1985年修建龙溪路、建成葵蓬桥，使龙溪、葵蓬两村通上汽车。1987年接通陆居路、改造明心路。1987年开始改造芳村大道、东漖北路和广中公路。1988年6月，全长3.29千米、宽40米的主干道——花地大道开工，到1990年接近完成。1988年12月过江隧道举行奠基仪式，1990年配合广州市过江隧道工程，全面完成隧道口的拆迁工作。接着地铁芳村段也开始动工……历经5年时间，共兴建桥梁6座，修建乡村道路4.1万平方米；新铺地下排污、排水管1.8万米。

在修路建桥的同时开发房地产。房地产开发可算得上是我们建区初期白手兴家的一项最成功的项目，也是我们当时的一项大胆实践。区政府还未成立，我们就与省国投合作，开发珠江大桥东至塞坝口地段占地70公顷的桥东小区。后来自立门户，发展为区城建开发总公司。区政府成立后，我们一直把房地产开发作为区发展经济的突破口。接着乘隧道口拆迁之机，成立区房地产开发总公司，开发合兴苑小区。房管局属下的区房产开发经营公司，也建了乌石墩等一批大楼。这3个公司，建筑总面积达20万平方米，在建面积40万平方米，售房收入2.6亿元，境外售房1.6亿元。

1988年，广州市首例用投标方式进行招投的地块在芳村区举行。当时在花地大道一带划出1500亩（100万平方米）地建“花地湾”新城，同市政府签订合同约定10年建成。“花地湾”新城占地总面积150万平方米，总建筑面积600万平方米，集居住、商贸、金融、旅游、饮食、娱乐于一体，可容纳人口10万人。

六、求实开拓　实干创业

建区初期，百业待兴。当时，群众对我们寄予较高期望。我们也确实想多干点工作，搞快一些。但由于我们手头的资源就是那么多，这决定我们的工作不能胡思乱想，必须从实际出发，鼓实劲，凭实干，求实效，那时叫"求实开拓，实干创业"。

我们从芳村的实际出发，一开始就先打好两个基础。一个是经济基础，另一个是改善"两个环境"[①]，增强芳村的吸引力和凝聚力。

打两个基础，要做的事情大概可分成两种类型：一种是要上面牵头，上面投资或经过上面立项、批准才能做的；一种是要我们自己或下面基层做的。根据这两种类型我们采取了两种不同办法：第一种办法叫作"两个一点"，即跑勤一点，做好一点。跑勤一点是往上多汇报、多争取。不外乎是要钱要地要项目。比如搞基础设施的大项目，搞路搞桥，这些由市来建的项目，能跑到"立项"、跑到"全面动工"那就算完成十之八九。另一个一点是做好一点。我们跑回来的东西也好，自己要做的东西也好，一做就要把它做好。项目做好了，向上面汇报，请上级部门领导下来看看，他们看了很高兴，说声："干得不错呀！"我们又趁这个机会提出新项目，又继续跑另一个"新里程"。这一条，环卫部门最典型，他们跑得最多，做得也好，1986年芳村区就夺得了"羊城环卫杯赛"外围区第一，摘掉"芳村最脏"帽子。这一种主要是靠上面。另一种主要靠下面，靠各部、委、办、局及街、镇、村。大量工作要靠下面基层去做。一般工作，开个会布置下去，不用花很大气力，下边是会干开来的。那时部门和基层的干部业务虽然还不够熟，但还是有战斗力的。

---

① 指投资环境和生活环境。

对一些“老大难”问题，对一些要出钱、出力、伤感情、冒风险的问题，那就不那么容易了。对“老大难”问题，我们当时采取的办法是：多做细致发动工作。归纳起来是四句话：“深入调查研究，层层思想发动，借鉴先进经验，五套班子现场办公。”这是工作方法，也是我们求实开拓的工作作风。

农村的“老大难”问题特别多，我举几个农村的例子，比如发展镇村经济，我们组织干部到顺德、南海学习。当时镇村没有资金，就采取“放水养鱼”“贴息贷款”政策。经过一两年努力，一个个企业上马投产。到1990年已经有50多个企业上马，工业总产值由原来的2360万元发展到1.7亿元，年递增33.7%。到1987年，东滘镇进入工农业总产值亿元镇的行列。又如计划生育，由于有一段时间放松了，我们的副区长要到省开“落后分子”会议。1987年我们五套班子带街、镇、村干部到番禺开会，请番禺镇、村干部介绍经验。回来大抓三年，摘掉“落后分子”帽子。到1990年被评为省、市先进单位。又如农村三级办学问题（即农村学校由区、镇、村三级来办）一直没有解决好，我们把镇村干部带回老家（郊区）最穷困的九佛、太和两个镇参观，请村干部介绍他们对三级办学的体会。他们表示：“三级办学既然是国家的既定政策，我们考虑到花了钱办教育也是为了自己的子孙后代成长，怎么困难也要把学校办好。你们可以看我们村，最大最靓的建筑就是学校。我们当干部的不努力把教育办好，也对不起群众。”经过这次参观，大家心服口服，回来纷纷作出规划。经过三五年努力，把全镇十几间破烂校舍全都改建，而且越建越漂亮。东滘镇的教育质量也赶上来了。

“求实开拓”还包括解放思想、大胆探索、勇攀高峰问题。1985年，当时处于农村改革取得成功、进入城市改革时期。当时很多政策还在逐步制定和完善，非常强调用足用活政策，在政策上做文章，对政策搞灵活变通（俗称“打擦边球”）。当时我们着重抓两件事。

一是抓学习。我们的干部来自四面八方，加上有不少干部提拔很快。常言道：“熟能生巧”“艺高人胆大”。他不熟、艺不高，变通怎么变？我们鼓励干部学习邓小平理论，学经济、学管理、学业务、学政策、学法规，联系实际，尽快把自己变为内行。

二是抓实践。我们经常鼓励干部学中干，大胆实践，改革问题，只要有利于发展生产力的都可以大胆去探索，反复提倡“刻苦学习，深入基层，灵活变通，开拓前进”。我们大胆修订束缚农民独家经营向专业化规模经营过渡的农村政策，大力扶持一批种花、养殖专业大户，搞规模经营，搞出口经营。每年鼓励他们到香港参加一年一度的花展拿大奖。我们修订了农村征地款分配、使用政策，制定了引资招商政策，引进外资办厂、办场。现在台湾的大汉花场、香港的广缤花场就是那时引进的。现在那几间工业亿元大户如美业、高得制衣厂及海中印刷厂等就是那个时候办起来的。

20 世纪 80 年代，芳村海南村与香港有达实业公司合资建立玩具厂

七、大胆改革　狠抓作风

从建区开始，我们就非常重视干部的作风建设，提出要培养“求实开拓、廉洁高效”的干部作风。通过理想信念教育活动，鼓励党员、

干部、群众大胆改革，主动认识芳村、热爱芳村、建设芳村，做新区建设开荒牛。

由于干部缺乏经验，一时也“大胆”不起来，怕犯错误，因而我们当时在区委的文件上也写上“对改革问题，只要是利国利民，有利于发展生产力，都可以大胆去探索。只要不是违法乱纪（当时俗称“以袋为界”），在工作上犯一点错误是允许的，不要过多地追究个人责任”，鼓励干部大胆干。

首先是领导带头。当时在那“解放思想、灵活变通”“打擦边球”的年代，稍不注意，就容易出问题，尤其是房地产开发，利用手上权力，替亲属在芳村划块地、接项目工程，“发财”是很容易的。所以我们作为领导干部，必须要严格要求自己，我们区委班子一班人，一定要作出榜样。其次是团结一致。团结才有凝聚力，我们要求100多个单位500多名干部心往一处想，劲往一处使，发扬民主，走群众路线。那时环境虽然苦一点，但大家团结一致，同甘共苦，工作十分愉快。

我在改革开放的前10年，特别是到芳村建区前8年，虽然过的是“艰苦奋斗”的日子，但能在十一届三中全会改革开放的浪潮中，为党、为老百姓做点好事也属万幸。目前芳村区已在区划调整中并入荔湾区，我坚信，在荔湾区委、区政府领导下，荔湾经济社会各项事业发展会更完美、更辉煌！

（采访整理人：陈银飞）

第五章

突出改革创新　加强城市基层党组织建设

荔湾区构筑城市基层党建“3456”新格局的探索与实践

荔湾区委组织部

截至2016年底，荔湾区有基层党组织1753个（区属党委3个、党工委25个、党组37个，区二级党委14个、基层党总支170个、基层党支部1504个），有党员41640名（在职党员10778名、离退休党员19083名、其他党员11779名）。

近年来，荔湾区各级党组织在以习近平同志为核心的党中央坚强领导下，把党员干部思想行动统一到建设国家中心城市核心功能区上来，积极探索城市基层党建“3456”新格局，为建设市场化法治化国际化的营商环境、干净整洁平安有序的城市环境和风清气正干事创业的政治生态环境提供了坚强的组织保障。

一、坚持“三个适应”抓覆盖，增强基层党组织渗透力

荔湾区始终把基层组织建设作为推进社会治理体系和治理能力现代化的重要举措，创新组织设置，释放服务功能。

一是适应城市社区新环境，打造“横到边，纵到底”组织网络。社区内每个网格、每栋楼都成立党组织，截至2016年底全区共成立网格和楼宇党组织1650个，形成“区委—街道—社区—网格（片区）—楼宇”五级分工协作党组织网络。街道党工委牵头成立地区党建联席会、协调会等议事协调组织共同讨论解决地区事务，社区兼职委员制度、辖区单位和

党员群众代表共商社区建设问题。网格党组织书记及时调处邻里关系、家庭纠纷，扶贫济困。楼栋楼长或党小组组长常态化联络服务每一名党员。据统计，2016 年全区案件类警情下降 3.3%，群众安全感指数达 96.3%。

二是适应经济发展新常态，推动党建工作沿产业链条发展。坚持“两新”[①]领域“独立式”（条件成熟独立组建党组织）、“集约式”（针对专业市场，如站西鞋城集约组建党支部）、“联合式”（针对小微企业多情况，如华林街成立地区民营企业联合党委）、“挂靠式”（党员流动性大的挂靠社区、商会或行业党支部管理，如岭南街专业市场流动党员挂靠社区管理）、“网络式”（依托单位网站把支部建在互联网上，如立白集团、唯品会）组建党组织，实现党的工作全覆盖，这些党组织共培育出 229 户专业批发市场党员示范户，成立引资引技引智党员突击队 16 支、项目建设党小组 23 个，为成功引进七乐康、国药医疗器械、奇虎 360 大健康等知名企业总部或区域总部落户作出突出贡献。

三是适应基层治理新形势，把各种类型党员集结在党旗下。坚持“四同”[②]组建法，分类成立下岗失业党支部、复退转党支部、大学生党支部、中青年党支部、长者义工党支部。坚持“四型”[③]组建法，在广佛数字创意园组建社区党组织牵头的“新广州人服务站”，在和业广场设立物业管理公司牵头的党建联络站。据统计，“四同”“四型”党组织 2016 年共开展城市综合执法整治 2.8 万宗、拆除违建 5.2 万平方米，使全区城镇登记失业人员就业率每年保持在 70% 以上，打造产业升级“助推器”、社会和谐“稳压器”和党群沟通“润滑器”。

二、构筑“四个体系”强服务，增强基层党组织凝聚力

荔湾区坚持以人民为中心，提高基层党组织和党员了解群众真实愿

---

① 指新经济组织和新社会组织。

② 指同诉求、同类别、同志愿、同地缘。

③ 指园区型、商厦型、市场型、专业型。

望的能力、组织发动群众的能力、为群众解决实际问题的能力及协调关系、化解矛盾、促进和谐稳定的能力。

一是建立直接联系服务群众工作体系。先后建立“市—区—街”三级联动机制、区几套班子党员领导干部挂点联系基层制度、街道领导干部驻点普遍直接联系群众制度，区几套班子党员领导干部每人挂点联系一条街道、一个社区、一家企业、一所学校和一户居民，每月到联系点指导工作一次以上，区直机关党组织“一对一”或“一对多”与街道社区共驻共建，机关党员干部进社区入家庭开展志愿服务，为群众送信息、送技术、送医送药、送学习培训，形成一条条为民服务、带民创业服务线。街道领导组团驻点社区，每周四接待或走访社区群众，每年每家每户、每个个体工商户和每个驻社区单位至少走访一遍，2016年，全区22条街道200个驻点团队累计深入社区（联社）接待群众54766人次，走访联系群众、商户59326户次，解决各类问题1618个。

二是建立便民利民的党务政务服务体系。针对群众反映强烈的门难进、脸难看、话难听、事难办问题，变政务大厅按部门设窗为按事项设窗，变各自审批为分类分块分区办理，在全国首创“工程类、经营类、公民类”三大类区、街两级分类综合受理模式，在全市率先推行“三集中、三到位”[①]综合受理模式，破解过去办事群众在各部门各窗口之间团团转困局，实现前台综合受理、后台联合审批、终端统一出件。同时改变各部门派驻和管理前台窗口人员传统，由政务办直接掌握窗口人员管理权，彻底打破窗口受理与后台审批的职权利益垄断，既提升服务质量又确保廉洁。政务窗口数量压减率、窗口人员压减率以及区级政务服务功能数量位列全市第一，群众满意度评价100%。

三是建立群众评价党组织的考评激励体系。在出台《中共广州市荔湾区委关于加强领导班子建设的实施意见》《荔湾区贯彻落实党和政府

---

① “三集中”指行政审批职能向一个科室集中、承担审批职能的科室向行政服务中心集中、行政审批事项向电子政务平台集中；“三到位”指做到事项进驻大厅到位、审批授权窗口到位、电子监察到位。

重大决策部署情况监督检查暂行办法》《荔湾区“转作风，抓落实，促发展”行动实施方案》《荔湾区深入开展“四风”[①]突出问题专项整治方案》基础上，把创先争优活动中形成的群众评议和万人大讨论机制固化，并运用到企业评价政府、基层评议机关、群众评价基层党组织工作中，还借鉴淘宝买家评价卖家模式让群众对基层党组织的服务质量进行评价，形成组织评价和群众评价有机统一的服务绩效评价机制。同时注重考核结果运用，把服务成效作为党员干部考核奖惩、选拔任用的重要依据，引导党员干部真正把服务承诺落到实处。

四是建立关爱帮扶困难党员工作体系。制定《开展党内关爱扶助工作方案（试行）》，成立帮扶困难党员领导小组及其办公室，建立党内关爱扶助金，每年区财政划拨30万元、党费划拨一定数额作为经费，建立区几套班子党员领导挂点联系、走访慰问困难党员制度，组织各党委（党工委、党组）与全区400多名困难党员结成对子，还形成“敬老式”“探望式”“联络式”“谈心式”“慰问式”等服务机制。2010以来每年七一建军节组织开展党内关爱捐款，截至2016年7月1日，共为党内关爱基金募得超千万元资金，共有1902名特困党员每人每月享受300～500元特困补贴，共有85名困难党员享受一次性500～3000元临时救助，有力地激励他们融入社会、回报社会，积极参与大众创业万众创新的伟大实践。

三、探索“五种模式”促统筹，增强基层党组织战斗力

荔湾区因地制宜探索基层党建与基层治理融合发展的共驻共建、民主协商、民主自治、多元融合、“四工联动”等五种模式，被广东党建网和《广东组工通讯》转载报道，增强了基层党组织的战斗力，充分

① 指形式主义、官僚主义、享乐主义、奢靡之风。

发挥了基层党建在基层治理中的先锋模范和战斗堡垒作用，促进基层党建与基层治理的融合发展。

一是共驻共建模式。以逢源街等地处西关腹地的街道试点，针对辖区“三多一少”[①]的人口结构和机团单位较多的实际，建立以街道党工委为核心的地区党建协调委员会和“八联互动”[②]机制，构建“1+N+G”区域化大党建[③]，打造凝聚党员的新载体、联系服务群众的新网络、加强辖内基层组织建设的新平台。荔湾区“共驻共建幸福家园”获首届广东省组织工作创新项目奖，逢源街被评为广东省区域化党建先进单位。

逢源街建立“八联互动”党建创新平台

① 指老年人多、残疾人多、弱势群体多，年轻人少。

② 指事务联办、组织联建、教育联抓、治安联防、服务联手、文明联创、工作联动、军民联心。

③ 指“1”为区域内党建核心，即街道党工委，在区域化党建工作中发挥统揽全局、协调各方的领导核心作用；“N”就是区域内的党政机关、各类企事业单位党组织、服务资源共同体；“G”是指“两代表一委员”、社区党组织兼职委员、党建社工、党员志愿者、党员义工及热心居民代表。

二是民主协商模式。区委组织部先后印发《荔湾区社区党员民情议事会制度（试行）》《荔湾区社区党员民主议事标准化规程》，以街道为单位分别建立街道—社区—网格（片区）三级党员民情议事会，街道层面议事会定期召开共商地区党的建设和经济社会建设，整合资源、协调各方共推地区发展，实现党建引领经济社会发展“在基层”。社区层面议事会定期召集党员群众代表共商社区服务管理问题难题，实现民生问题解决“在社区”。网格（片区）层面党小组长或片长及时调处邻里关系、家庭纠纷，扶贫济困，甚至把议事会开进居民家中，实现群众表达意愿“在家中”。议事会成员不仅仅反映群众意见、提出对策建议，而且负责做好群众工作，增强党群干群、政民政企沟通，对于化解社会矛盾、促进社区稳定作出了贡献。议事会成为助推科学发展诸葛会、提升城区品位大讲坛和长治久安新阵地。据统计，每个社区党员民情议事会平均每年为辖区居民群众解决各类问题 651 个、办好事实事 228 件，助推数字经济快速发展，花地河电子商务集聚区成为国家电子商务示范基地。

三是民主自治模式。以民生问题为落点，以西村街等“单位型社区”较多地区为试点，针对单位型社区普遍存在基础生活设施落后、因长期缺乏物业维护而造成的生活环境脏乱差、居民老龄化底层化等问题，探索基层党建与基层治理融合发展新路。首先是支部建在建设管理委员会（简称“建管委”），构筑党建引领、精耕细作的自治体系。社区党总支下面成立片区党支部，片区党支部发起成立由居民代表组成的社区建管委，按照街道制定的《社区建设管理委员会委员产生及工作条例》《社区建设管理委员会议事机制》运作，成为上级党组织和社区党员群众之间上传下达的沟通桥梁。其次是党员在一线，探索党群互动、寓管理于服务的治理模式。街道领导和机关党员干部借驻点直联平台、建管委平台和党内服务平台下沉一线，还把社区党员和带头人组织起来，采集基础信息、了解社情民意、化解矛盾纠纷，并把群众需求作为服务管理切入点，实现党群面对面沟通交流互动。最后是群众齐参与，形成党组织领导、公众参与的治理新格局。变过去社区整治“发现、拍板、实施”

三步曲为“发现、沟通、拍板、公示、实施、反馈”六步走，政府工程首现居民零投诉，树立了党支部和建管委在群众中的良好形象，提升了居民参与自治的热情，时任市委副书记陈如桂专门带队深入西村街调研，充分肯定单位型社区党建工作的“荔湾探索”。

四是多元融合模式。在老城区腹地金花街试行以“楼宇党支部”为依托、“民情议事厅”为阵地、“党员志愿者队伍”为中坚力量的“三位一体”多元融合党建模式。首先是以楼宇党员、社区网格员、城市管理员为支点，充分发挥“党政领导、两代表一委员[①]接访日”、“社区法官工作室”和“社区律师”优势，聚焦社区微改造、社区治安、市容环境卫生等问题，每周召开工作会议，邀请专家、相关负责人、楼宇党员、居民代表，对居民热切关注的问题进行协商讨论、专题论证，进一步深化党群沟通。其次是突出党建引领社区治理，通过打破传统党建工作局限，充分调动“两新”组织年轻党员积极性，创新党建工作，开设手机微学堂，组织“两学一做”[②]答题闯关活动，开展社区涂鸦亲子活动、组织金花文化探索，制作“会说话的路牌”等，展现社区新貌、促进社区共融。再次是深挖街道服务特色，组织居民、企业常态化开展“金花跑”系列公益活动，展示政务动态、倡导公益理念、传递社区正能量，如蟠虬文化广场被广州市慈善会授予荔湾区首个“五星级慈善广场”称号。这“三位一体”的党建模式，居民楼宇党支部有效破解单位党员变成社区党员后的组织管理和组织生活问题、民情议事厅掌握社情民意把矛盾纠纷解决在萌芽状态、志愿服务队伍结合社区微改造精准服务，及时掌握社情民意，把矛盾纠纷解决在萌芽状态，同时满足不断增长的社区服务需求。

五是“四工联动”模式。在保障房小区东漖街芳和花园探索依托街道家庭综合服务中心、社区居民议事服务站，构建社区党建“4G”[③]服

---

① 指党代表、人大代表，政协委员。

② 指学党章党规、学系列重要讲话，做合格党员。

③ 指党工、关工、社工、义工。

务体系。首先是强化“四工联动”协同善治，依托街道家庭综合服务中心、各社区居民议事服务站和智慧党建平台等有效载体，党工协调联系社区单位、社会团体和个人，关工协调联系教育机构多层面关爱青少年成长，社工运用专业知识技能给有需要的群体和个人提供专业化服务，义工（志愿者）协助社工开展服务，实现“服务他人、提升自我”的愿望。其次是抓实重点项目促党建，将“四工联动”融入支部重点项目，确保“四工联动”模式常态化，开展“深化党员服务日、推广党员志愿服务作奉献”等志愿服务项目，将“四工联动”不断深化与延伸，通过重点立项促党建品牌建立建强建优。最后是整合资源促优服务，整合驻辖区省、市机关事业单位力量，特别是发挥市直机关宿舍在职党员多优势，组建助残敬老、心理咨询、家电维修、环保宣传、法律援助五支志愿者服务队伍，开展“结对子”帮困和“连心桥”帮扶活动。“党工+关工+社工+义工”的联动服务机制，实现党工引领社区管理方向、关工关爱青少年成长、社工提供专业服务、义工（志愿者）协助社工开展服务。

东漖街“4G”关工队伍进行业务知识培训

四、积极推进城市基层党建“六个一”标准化体系建设

为贯彻落实全面从严治党要求，以基层党组织党建标准化建设为突破口，不断提高荔湾区基层党建工作规范化、标准化、科学化水平，为全面推进发展战略，加快建设国家中心城市核心功能区提供坚强的组织保障。

一是搭建一个基层党建信息化平台。依托区政务办资源，建立全区党建信息管理平台，推动网上党建质量管理系统、手机信息系统、党员教育系统、党建网络系统、党员信息管理系统、党员干部现代远程教育系统等功能整合融合，重点打造六大功能平台，实现党务政务事务网上办理，推动基层党组织服务方式转型升级，层层压实各级党组织责任。打造党建网站服务新平台。推动荔湾党建网改版升级，实现党员网上查找党建资料、党员在线学习、党员实时视频交流、党员网上交流谈心、党员思想汇报、党建论坛等六大服务功能，实现网上党建业务咨询和党员交流。打造党员干部在线学习新平台。建成全区党员领导干部“24 小时学堂”，把荔湾大讲坛、西关大学堂搬上党群服务网，实现党员干部在西关党群服务网的“24 小时学堂”平台查找学习资料、交流学习经验、发表学习体会、开展学习讨论、发表学习微博等功能。打造党建信息传播新平台。建成全区党员手机信息系统，具备流动党员管理、手机党报、手机党课等功能模块，实现党务管理、信息发布、信息收集、学习培训、社会动员五大作用。打造“互联网 +”办公新平台。把支部建在互联网上，区、街、社区三级党组织全面覆盖互联网，创建党员 QQ 群、党员博客、党员论坛等，党事网办，党组织、党员实现零距离沟通。打造远程教育直通新平台。区、街、社区三级逐步开通视频会议直播，推动远程教育进网格、进家庭、进企业，实现服务功能大提升，使咨询党的路线方针政策、发布创业创新技术信息和联系服务群众零距离直通。打造党员管理信息新平台。全面核准已经全部录入全国党员管理信息系统的全区党员基本信息，使全区 4 万多名党员全部实现电脑化

管理，党组织及党员信息管理、入党申请人员信息管理、党员组织关系转接、党员党费收缴管理等全部实现电脑化操作。

二是形成一套基层党建工作标准体系。按照质量认定标准的理念，制定一套基层党建工作标准体系，包括党组织设置、“三会一课”①、民主生活会、组织生活会、发展党员、党员关系接转、党组织换届、佩戴党员徽章、党费收缴使用管理等标准化文件，将每一项党建工作按照“干什么、为何干、谁来干、何时干、怎么干、干到什么程度”要求进行分解，明确每项党建工作的目的、任务、时限、标准、程序、责任人等，确保各级党组织和广大党务工作者按照要求规范工作，使基层党建工作的内容、步骤、时间、要求标准化，确保基层各项工作有要求、有标准、有方法、有责任。同时对每一项党建工作都按照“计划、实施、检查、改进”方法实行过程控制，使各项工作处于受控状态，做到有计划、有实施、有检查、有改进，及时发现不足，纠正失误，总结提高，促进决策部署的跟进落实，达到不断完善、不断进步的目的。

三是完善一个基层党建工作考核体系。按照党组织、党员类别分类建立科学的检验和评价体系，制定完善考核标准，明确党组织、党员责任和义务，对党组织、党员履职尽责情况进行考核，考核依据作为民主评议党员、选拔任用、评先评优的重要依据。在检验和评价党建工作成效时，依据文件资料、计划配档、会议记录、工作档案等材料，对每一项党建工作的程序标准、措施落实、工作成效、群众反映等多方面情况进行客观评价，形成党建工作“凡事必规定、规定必执行、执行必记录、记录必考核、考核必结果”的评价体系。

四是培养一支标准化党务干部队伍。加强党务工作者队伍建设，选好配强党建工作“一把手”和分管党建工作副书记以及组织干部，配齐配强社区党建工作指导员和社区党务专职副书记，推动建立基层党建工作人才库、社区（联社）后备干部培养计划及队伍建设考核机制。加

① 指定期召开支部党员大会、支部委员会、党小组会，按时上好党课。

大培训力度，把党务干部的培训纳入业务培训计划，借助国家标准化委员会分期举办全国党建标准化培训班平台，利用区委党校、荔湾大讲坛、西关大学堂等平台，分类分层分批组织基层党组织书记、基层党务工作者、新发展党员等进行标准化党建专题轮训，切实提升基层党务干部队伍的综合素质和能力水平。加强政策扶持，制定和落实相应的政策措施，包括提高党务干部待遇，解决好党务干部实际困难，提供队伍建设所必需的财力、物力支持，在实行精神激励的基础上，把抓基层党支部建设的成效作为干部评优、调整、提拔和解决其他政治待遇的重要依据，有计划地把分管党务工作的优秀干部提拔到更高的岗位进行锻炼。

五是打造一批基层党建工作创新品牌。突出特色亮点抓示范创建，组织开展“一街道一品牌”创建活动，近年来探索积累了金花街“三位一体”党建、站前街民情“BRT”[①]、西村街单位型社区建设管理委员会、逢源街“八联互动”区域化党建、冲口街社区党员民情议事会、东滘街社区党建“4G”服务体系等特色品牌。2017年以来把学习推广百步

东滘街微心愿启动仪式

---

① 指民情快速处理机制。

亭社区党建工作法与荔湾区不同类型社区的典型经验结合起来，融合到“六个一”城市基层党建标准化建设、“百梯万人”党旗红旧楼宇加装电梯书记项目等工作当中，形成百花齐放、生动活泼的基层党建引领基层治理新局，实现以党建工作项目化抓实基层党建，打造了一批“看得见、摸得着、推得开”的党建工作品牌，推动全区基层党建工作上层次、上水平。

六是实现一批引领发展的成果。围绕发展抓党建，抓好党建促发展。在大型社区方面，拟打造多宝街御景壹号、桥中街悦江上品、白鹤洞街广钢新城、海龙街高尔夫地块等大型社区示范点，对在建大型社区，要求有关部门提前介入把硬件规划提上议事日程。在商务楼宇方面，拟打造多宝街逸翠湾（西城都荟）、龙津街和业广场、站前街步云天地鞋城、花地街立白大厦、东沙街广州圆等示范点。在市场商圈方面，结合专业市场升级改造，打造多宝街黄沙市场、岭南街西堤电子城和药材市场、华林街上下九步行街、东漖街广佛数字创意园、冲口街1850创意园、石围塘街茶叶市场和花卉市场等商圈党建示范点。在互联网方面，着力打造以立白集团和唯品会为龙头的花地河互联网党建示范带。同时注重总结经验、归纳提升，形成社区党建特色品牌和工作法，不断开创社区党建工作新局面。

永葆初心　不断前行

——并区以来荔湾区委党校党性教育工作纪实

荔湾区委党校

一、党校大力开展党性教育的重要意义

（一）开展党性教育是巩固政党性质的根本要求

任何政党在本质上都是特定阶级利益的代表者，其特定阶级的基本政治特性决定着政党的党性，也即党性是一个政党固有的本性，是其阶级性最高最集中的表现。[①] 中国共产党作为执政党，是中国工人阶级的先锋队，同时是中国人民和中华民族的先锋队，是中国特色社会主义事业的领导核心，代表中国先进生产力的发展要求，代表中国先进文化的前进方向，代表中国最广大人民的根本利益。习近平总书记指出："党性是党员干部立身、立业、立言、立德的基石，必须在严格的党内生活锻炼中不断增强。"要全心全意为人民服务，要实现中华民族的伟大复兴，要自觉遵守党的组织纪律、维护党的团结统一，要为实现共产主义远大目标而奋斗终身，就需要永葆党性，需要不断学习。通过学习了解党的性质，了解党的目标，了解党的思想，巩固对党的信仰，增强党的凝聚力和号召力，彰显出区别于其他政党的特质。

---

① 《论党性修养》课题组：《论党性修养》，北京：中共中央党校出版社，2014 年版，第 7 页。

（二）开展党性教育是党校办学目的的根本要求

世界上没有一个政党像中国共产党这样高度重视干部教育培训工作。在中国共产党成立的早期，由于党员对马列主义缺乏系统的了解，马列主义理论水平也不高，党就把学习马列主义理论作为重要学习内容，不断提高党员的理论水平。之后革命战争年代，不管物质条件多么艰苦、战事多么频繁，我们党仍然建立了党校和各类干部学校，开展干部教育培训。及至中华人民共和国成立之后，我们党始终没有放松干部教育，通过不断加强干部理想信念和执政能力教育培训，培养了大批领导骨干，为党的干部队伍建设作出重要贡献。可以说，在党的事业的每一个重要历史关头，党总是从抓好党员干部的思想理论工作入手，总是充分利用党校教育，用马克思主义中国化的最新理论成果来武装干部、统一全党的思想认识。在这个过程中，党校成为党员干部党性锻炼的大熔炉，成为党性教育的主渠道、主阵地。这就是党校的根本任务之所在，也是党校同一般性学校的根本区别之所在，党校教育的重要内容就是党性教育。《中国共产党党校工作条例》明确指出，党校是干部党性锻炼的熔炉，“党性教育是党校的必修课”，“党性教育要贯穿于党校教学全过程”。习近平指出：“党校是党员领导干部党性锻炼的大熔炉，党性锻炼是党校教育培训的鲜明特色和最大优势，是党校姓党原则的集中体现。”①

（三）开展党性教育是党员干部队伍建设的根本要求

就一个政党的整体而言，党性是政党固有的本质属性和内在规定性，是区别于其他政党的最本质的特征；对党员个体来说，党性是每个具体党员理解党的性质、宗旨、理论、纲领、路线的自觉性，是每个具体党员执行党的目标和方针政策的能动性，它们具体体现于党员思想、学习、工作、生活之中。一个合格的党员干部的养成，一靠自身努

① 习近平：《领导干部要爱读书读好书善读书》，《学习时报》2009年5月18日。

力，二靠组织培养。党性修养不会随着党龄的积累而自然提高，需要时刻用党章、用共产党员标准要求自己，时刻自重自醒自警自励。随着党所面临的执政考验、改革开放考验、市场经济考验、外部环境考验的推进以及“80后”“90后”成为党员的重要组成部分，党性教育显得愈发重要。只有大力开展党性教育，才能帮助广大党员干部认真学习马克思主义理论特别是中国特色社会主义理论体系，才能帮助广大党员干部完善知识结构、打牢履职尽责的知识基础，才能为经济和社会培养出一批信念坚定、敢于担当、勤奋务实的党员干部队伍。

二、并区以来荔湾区委党校党性教育工作的主要做法

（一）坚持党校姓党，发挥党校教育补钙壮骨、立根固本作用

1. 把握方向，坚持将理论学习作为党校党性教育的基础

党校的教育方针是，以中国特色社会主义理论和党的基本路线为指导，以研究社会主义现代化建设的实际问题为中心，坚持理论联系实际，培养忠诚于马克思主义、德才兼备的党员领导干部和理论人才。这就决定了党校教育的主业主课是抓党的理论教育和党性教育，而不是其他。如果设置过多其他方面知识、技能类的东西，就在教育方向上发生了偏差。荔湾区委党校在教育培训过程中始终高扬党的理想信念旗帜。2005年以来，在主体班教学中开设了学习党章、党史、经典原著等课程。在党章学习方面开设了“学习党章，提高思想理论水平”“学习《中国共产党党章》”等课程，通过对党章修改变化的历史的简述和新修订党章的具体内容的阐述，让广大党员领导干部明确了党章的历史和新党章的要求；在党史学习方面开设了“关于马克思主义中国化的几点思考”等课程，通过讲述党的历史过程，让广大党员领导干部明确党的路线、方针、政策的形成过程，激发广大党员争做先锋模范的热情，增强广大党员领导干部的党性；在方法和纪律学习方面开设了“加强纪律建设的

几个问题”和“《中国共产党党内监督条例》解读”等课程，通过这些课程，让广大党员领导干部明准则、知条例、守纪律，增强广大党员领导干部的纪律意识、底线意识；此外，区委党校还精心准备开设了“《共产党宣言》解读”课程，通过对马列经典著作的解读，让学员在思想上坚定对共产主义的信仰、坚定对中国特色社会主义的信念、坚定对党和人民的忠诚。

2. 分门别类、与时俱进，增强党性教育的针对性

（1）紧跟党中央决策部署，做好基层单位的宣传工作。作为区县级党校，教育培训的主要内容除了高扬党的理想信念旗帜，就是向广大基层单位宣传党的最新的路线方针政策。荔湾区委党校一直以来自觉同党中央保持高度一致，坚持党校一切工作都必须围绕党中央决策部署来进行。围绕党的十六大开设了“学习贯彻十六届六中全会精神，构建社会主义和谐社会”；围绕党的十七大开设了“学习党的十七大专题”等课程；围绕党的十八大开设了“社会主义核心价值体系是建设和谐文化的根本”“深入学习贯彻习近平总书记关于党的建设的重要论述”等课程。通过这些课程，把党和国家最新的路线方针政策传播到广大基层单

2015 年 5 月，在荔湾区处级公务员任职培训班上进行“全面从严治党”专题授课

位，让广大党员领导干部能够及时了解中央的路线、方针、政策，增强了广大党员领导干部的看齐意识、核心意识、大局意识。

（2）夯实基层党建工作基础，促进全区经济社会的发展。自2005年以来，荔湾区委党校针对社区党建开设了“新时期如何当好党支部书记”等课程，基层社区可以说是党组织建设的基础堡垒，基础不牢、地动山摇，荔湾区委党校在社区党建方面投入了非常多的时间和力量，通过大量的课程和宣讲，让广大基层党员了解党组织的新形势、新要求、新任务，增强广大基层党员的业务知识和理论修养。针对非公企业党建，荔湾区委党校开设了“非公党组织党务业务知识”“市第十次党代会精神与荔湾实践——党建带侨建”“如何发挥非公企业党组织作用，推动企业发展”等课程，随着市场经济的不断发展，非公企业党建工作已经成为党领导经济社会发展工作的重要组成部分，针对荔湾区非公企业党建工作的实际，区委党校精准设置专业课程，帮助区内非公企业加强党建工作、强化党组织的领导功能。针对机关党建，荔湾区委党校开设了“机关效能和党风廉政建设”“新形势下机关党建工作”等课程，通过课程的讲授，把党建业务知识宣传到荔湾区区属机关，帮助广大党员领导干部提高思想认识，通过打牢党建工作促进荔湾区经济社会工作的发展。

（3）与时俱进，增强课程的丰富性和针对性。随着时代的发展，国际形势诡谲多变，中国发展面临的国际形势日益复杂。在这个过程中，了解国际格局的变化成为党员干部必不可少的知识背景。在此情况下，荔湾区委党校在主体班次中开设了“国际格局的新变化与中国的战略机遇”“‘一带一路’背景下的中国国家安全”等课程，让学员对中国发展的环境和形势有了更全面的认识，从而更加坚定对中国特色社会主义的信念、坚定对党和人民的忠诚。此外，随着网络时代的来临，发展中的矛盾和问题有了新的呈现，为了让广大基层党员干部能够掌握解决问题的基本方法和技巧，荔湾区委党校开设了“突发事件应对与危机管理”“群众接访经验与技巧分享”等课程；另外，与此搭配开设了“党风廉政建设工作”“职务犯罪的惩治与预防”等课程。引导并促进广大学员了解在突发事件的处理中如何锤炼党性，尽职尽责。

2017 年 10 月，在荔湾区处级公务员任职培训班上进行“我国海上安全形势分析”专题授课

3. 创新载体，在移动课堂上进行党性教育

党性教育除了要加强理论学习之外，也要注重发挥先进典型的作用，通过多讲革命烈士和英雄人物的崇高风范，用革命先烈和英雄人物的崇高理想信念诠释党性教育理论。让党员干部在生动形象的历史事实和真实场景中去感知和体验，可以有效地把外在的教育内容内化为自身的党性修养，促使其党性修养、政治品质和道德境界有效提升。荔湾区委党校组织学员去西柏坡纪念馆追寻历史足迹重走“赶考之路”，去焦裕禄干部学院进行体验式教学，去三河坝战役纪念馆重温入党誓词、缅怀革命先烈，去古田会议纪念馆、才溪乡调查纪念新馆进一步加深党员干部对思想建党、加强调查研究和坚持群众路线等党史党建理论和现实问题的认识，去梅州大埔县委党校开展党性锻炼与革命传统教育，去瞿秋白纪念馆了解革命烈士的崇高风范，去红旗渠纪念馆感知自力更生、艰苦创业、团结协作、无私奉献的精神，去常熟蒋巷村体验党员干部的先锋模范示范作用。除了正面教育之外，还非常注重加强警示教育，把一些反面典型跌入违纪违法泥坑的教训给广大学员说透，让大家引为镜

鉴、自觉自律。

（二）坚持从严治校，巩固党校教育“打铁还需自身硬”的阵地作用

（1）认真开展主题教育活动。主题教育活动的开展可以加强干部职工的党性修养，提高干部职工的理论水平。从“先进性教育活动”“科学发展观”“创先争优”“群众路线”“三严三实”[①]到“两学一做”[②]，荔湾区委党校都认认真真做好。虽然这些教育活动都有各自的内容和侧重点，但是它们的根本目的都是一致的，就是要求广大党员干部牢记宗旨、坚定信念、永葆共产党人的初心和本色。荔湾区委党校牢牢把握各个主题教育活动的宗旨，针对每个阶段的主题教育活动中进行贴近党校工作实际的创新，保证活动取得预期效果。一是搞活学习教育，夯实思想理论基础。领会主题教育活动的精神是开展好工作的基础，荔湾区委党校在每次主题教育活动中都认真做好宣传讲解，通过召开班子会议和全校大会，及时传达学习中央、省、市、区委有关实践活动的系列会议、文件精神，让全体党员形成正确、具体、深刻的认识。二是深入查摆剖析，从严从实找准问题。查找问题是活动开展的关键，在教育活动的开展过程中，荔湾区委党校全体党员认真对照党章，对照先进典型，查找自身不足，力争做到见贤思齐。三是立行立改毫不含糊，做到边查边改完善制度措施。查找问题不是目的，解决问题才是目的，荔湾区委党校对查找出的问题建立工作台账，确保各项整改内容能够按时按质完成。对其他不能马上整改的问题，荔湾区委党校制订了整改计划，规定整改时限，确保整改工作达到预期目的和效果，让群众满意，确保整改工作取得实实在在的效果。通过主题教育活动的开展，增进了全体党员之间的团结，进一步提高了部门之间的密切配合程度，提高了荔湾区委党校整体团队的战斗力和凝聚力。

---

① 指既严以修身、严以用权、严以律己；又谋事要实、创业要实、做人要实。

② 指学党章党规、学系列重要讲话，做合格党员。

（2）严格开展党组织生活。加强党性教育的其中重要一环就是加强领导班子内部的监督。对于如何切实促进干部职工对领导班子的监督，荔湾区委党校注重利用组织生活会这一形式，通过民主生活会上批评与自我批评的切实开展，强化对领导班子的监督。首先是做好会前部署。每次召开民主生活会之前，荔湾区委党校党总支要求班子成员梳理自身一年来的工作，撰写民主生活会发言稿并召开党员谈心活动，通过谈心活动更深刻地查摆自己存在的问题。其次是做好会中指导。会上采取“先班子、后个人，先主要领导、后副职领导，先开展自我批评、再逐一开展批评”的方式，做到切切实实谈问题、认认真真找办法、真抓实干促落实。最后是做好会后督促。会后督促是问题解决的有力保障，根据工作台账定期对党员干部存在的问题进行跟踪检查，确保各项问题能够按时得到解决。

三、对提升荔湾区委党校党性教育工作的思考

党性教育不同于一般学校教育的知识传授和技能锻炼，它是一种思想信念的树立和行为态度的塑造。这种本质就决定了党性教育比较难以深入推进，要做到入脑入心需要在教育倾向、教育内容、教育资源、教师队伍等方面作系统调整。

（一）教育倾向的实践化

在革命战争年代，无数英雄先烈抛头颅、洒热血，用他们的生命践行了对党和国家的忠诚与担当。进入和平发展时期，广大党员很少面对这种直接的生与死的考验，相反更多的是执政考验、改革开放考验、市场经济考验、外部环境考验，这些考验是长期的、复杂的、严峻的。克服这些考验，不仅需要广大党员干部掌握马列主义理论和马克思主义中国化最新理论成果，也需要广大党员干部充分认识国际、国内发展形势的变化，充分认识经济社会发展的实际情况。这就需要在教育设计上坚持理论联系实际的原则，立足中国当前的基本国情，引导广大党员领

导干部把学习党的最新理论成果同把握中国当前经济社会发展的阶段性特征结合起来，围绕经济社会发展的重大理论和现实问题以及人民群众关心的热点问题、难点问题，进行研讨和引导。通过理论学习的碰撞和实际工作的再思考，把自身工作同党和国家当前的发展紧密结合。在教育方向把握中，要深入开展调研，准确把握干部队伍建设存在的突出问题，以及干部关注的热点难点问题，有针对性地开展党性培训，进行党性分析，解决思想疑虑，把理论与实践、改造客观世界与主观世界有机地结合起来。

（二）教育内容的科学化

党校集中教育的时间比较短，要更好地实现教学目的，就需要在教学内容方面做得更加科学合理。一是要坚持分层分类，增强教育培训的针对性。党性教育实践过程中，不同的受教育对象对党性教育的需要不完全相同。“夫子教人，各因其材。”党性教育作为一个整体，是针对所有党员来说的，对每一个党员的要求也都是一样的。但是作为一个拥有 8900 多万名党员的集体，其中不同岗位、不同年龄、不同层次的个体对党性教育的需求是不一样的，对党性锻炼的认知是不一样的，同样，他们面对的问题也是不一样的。在实际的教学过程中，可以考虑不同年龄段、不同层次的党员，分别制订不同的教育培训计划。对老党员重点进行理论政策的宣传教育，引导他们明白为什么必须采取现阶段的发展方针，从而加强他们对改革方向的坚定性认知；对年轻党员，因为他们从小生活条件优越，没有过苦日子的经历，革命战争和改革难题对他们来说都比较遥远，针对这种实际情况，要多开展党史党建等方面知识的教育，增加他们对党的发展历程的认知，增强他们的宗旨意识、责任意识、初心意识；对各级领导干部，要重点开设理想信念、宗旨意识、优良传统、服务本领等方面的课程，切实发挥他们作为中流砥柱的作用；对基层一线的党员，要重点加强岗位胜任力的培训，通过爱岗敬业来激发基层党员干事创业的激情。二是要紧跟时代，突出教育培训的灵活性。党性教育不是一次党校学习就可以完成的，需要坚持理论与实际、学习与需求相结合，在课堂教学、实地调研、新媒体平台利用等各项工作的过程中始终不渝地坚持党性教育。

（三）教育资源的丰富化

教育资源是开展党性教育的重要支撑。要增强广大党员领导干部的党性修养，必须整合出一系列优质教育资源。这就需要根据党性教育的要求，与其他地方和部门联建共享，开发建设一批锤炼党性的教育基地。一要充分利用好红色教育资源。红色教育资源是锤炼广大党员领导干部党性修养的重要依托，真实的党史资料是引导广大党员领导干部提升党性修养的得天独厚的条件。二要加强课程教育体系的科研力度，注重把丰富的历史素材、实践经验同课堂教学结合起来，把掌握省情、市情、区情同提高党性修养结合起来，在理论学习和实践锻炼的结合中提高课程的吸引力和说服力。三要开发利用好实践性、参与性强的党性教学资源。在近40年的改革开放和经济社会发展过程中，全国各地涌现出大量立足实际、大胆创新、务实肯干、卓有成效的做法，把这些先进典型转化为党性教育的鲜活课堂，可以切实提升广大党员领导干部对党性教育的感受。此外，还可以在对口帮扶地区建立党性教育基地，让广大党员干部真正去到艰苦、困难地区，亲身体验劳动人民的生产生活状况，进而真正认识广大基层人民，明确作为共产党人的宗旨意识、服务意识。

（四）教育队伍的多元化

“先天不足，后天失调”是荔湾区委党校师资队伍呈现出的两个问题。“先天不足”主要是教研人员理论研究的深度不够、根基不牢，导致他们对经济社会发展的前沿趋势的把握比较欠缺；“后天失调”主要是因为教学内容的变化较快、教学对象的变化较大，以致教师的基本素质和所承担的任务不协调。要加强党的理论教育和党性教育，就需要有一支素质比较好的师资队伍。这就需要大力加强师资队伍建设。一是要加强科研，科研对于教学来说是基础也是根本，要做到传道授业解惑，必须要有深厚的积累，这就需要通过科研把困扰学员的问题搞明白、讲清楚，进而提出解决方案。二是要提高教学质量，教学是党校工作的中心任务，也是进行党性锻炼的重要载体，只有讲好每堂课，才能为广大党员领导干部解疑释惑，才能增强党校课堂的吸引力。此外，建立多元化的教师队伍也是一个有效的教育路径。政府机关、国有企业、高校等单位有大量既有深厚理论功底，又有丰富实践经验的专业人士，可以根据课程安排合理邀请相关专业人士进入党校课堂，特别是党委常委和纪检领导等到党校授课，可以极大地提升教学效果。

（五）教育机制的常态化

党性教育不是党校一家能够完成的，它是一个系统长期的过程，需要常态化的教育机制。推进“两学一做”学习教育常态化制度化可以成为党校党性教育的一个重要结合点。今后荔湾区委党校将在坚持融入日常、抓在经常，精心安排学习内容，引导党员做到“四个合格”[①]，联系党员干部思想工作实际经常查找解决问题等方面认真谋划。通过与各部门的密切配合，力争为荔湾区培育知敬畏、存戒惧、守底线、重实干、敢担当的好干部。

---

① 指政治合格、执行纪律合格、品德合格、发挥作用合格。

花地街“两新”组织党建工作的探索与实践

花地街

自1978年党的十一届三中全会作出了实行改革开放的重大决策以来，社会主义市场经济不断发展，作为其中重要组成部分的新经济组织和新社会组织（简称“‘两新’组织”），已经成为推动中国经济社会发展的重要力量。不同类型“两新”组织的蓬勃发展，也对基层党建工作提出了更高更细的要求，“两新”组织党建作为党建工作中的新领域，存在许多新情况和新问题。

广州市荔湾区花地街党工委面对“两新”组织党建工作带来的新形势和新要求，结合街道实际情况，以开拓“两新”组织党组织设置模式新思路为立足点，在日常工作中不断探索符合当前社会发展和地方区域特点的“两新”组织党建新模式和新途径，通过不断积累“两新”组织党建工作中发现的一些行之有效的具体做法和工作经验，不断推进和深化“两新”组织党建工作。近年来，花地街辖内涌现出多个先进基层党组织，“两新”组织党建工作呈现出良好的发展态势。

一、“两新”组织党建工作概念的由来及其发展

1994年9月，党的十四届四中全会通过的《中共中央关于加强党的建设几个重大问题的决定》提出，“各种新建立的经济组织和社会组织日益增多，需要从实际出发建立党的组织，开展党的活动”。这是党内首次运用了新经济组织和新社会组织的名称。

“两新”组织的快速发展，使其逐渐成为新形势下经济社会发展的

一个新领域，也成为党的建设的一块重要新阵地。党的十六大把非公有制经济组织中党组织的职责任务写入了党章。党的十七届四中全会明确指出，“抓紧在非公有制经济组织建立党组织，加大在中介机构、协会、学会以及各类新社会组织中建立党组织力度”，“积极做好在非公有制经济组织、新社会组织中发展党员工作”。中央领导同志也多次作出重要批示，要求适应新的历史时期的需要，大力探索推进“两新”组织党建工作。落实中央关于“两新”工作的指示和要求，扎实做好“两新”组织党建工作，既是一项严肃的政治任务，又是加强和改进党的建设的根本要求和现实需要，具有非同一般的意义。

党的十六大以来，从中央到地方各级党组织高度重视“两新”领域党建工作，花地街“两新”组织党建工作也随着辖内“两新”组织的快速发展壮大，经历了一个不断发展和推进的过程。一般来说，“两新”组织党建工作都会面临以下难题：一是由于其非公有的性质特征，人员构成多样，利益关系复杂，党的领导和党的工作基础比党政机关与国有企事业单位要薄弱得多；二是由于其高度市场化的性质特征，受供求关系和企业盈利为目的的本质影响，配置对接工作人员比较困难，企业内员工流动性强；三是作为经济社会发展的一个新领域，“两新”组织的重要性和紧迫性日益突出，其党建工作既不能照搬传统领域党建模式，也没有现成经验可遵循。

要做好“两新”组织党建工作，必须根据“两新”组织的实际情况，在日常“两新”组织党建工作中不断探索符合当前社会发展和地方区域特点的新模式和新途径，走出一条特点鲜明的“两新”组织党建创新之路。

目前，花地街党工委下属25个基层党组织，其中“两新”党组织数量13个，辖内共有党员1813人，“两新”组织党员657人。“两新”组织党支部分别为立白集团党委、广州市穗芳工程造价咨询中心党支部、一笑堂党支部、名津房地产公司党支部、广州市芳村建筑工程有限公司党支部、广州女子医院有限公司党支部、永和盛资产经营管理有限公司党支部、金鹅同创资产管理有限公司党支部、唯品会（中国）有限公司党支部、花地街非公企业联合党支部、花地街流动党员联合党支部、花地街社会组织联合党支部、花地商会党支部。

二、重拳打造“两新”组织“红色引擎”

近年来，花地街党工委坚持贯彻党的十八大、十八届六中全会精神，深入推进固本强基工程，建立和完善“两学一做”[①]长效机制，以科学发展观为指导，开拓性地开展“两新”组织党建工作，特别是开展创先争优活动以来，花地街党工委立足基层、立足企业，在推动科学发展、促进企业和谐、服务职工群众、加强企业党建中做到创先争优。花地街党工委坚持按照上级关于开展“两新”组织党建工作的要求和部署，积极探索适应非公企业性质、特点的操作模式和发展机制，逐步形成责任明确、领导有力、运转有序、服务到位的非公企业党建工作新格局。

（一）以扩大有效覆盖为前提，夯实“两新”组织党建工作基础

党组织健全稳固是保证其能够正常发挥作用的前提和基础。花地街党工委坚持将扩大“两新”党组织的有效覆盖作为“两新”组织党建工作的首要任务，确保“两新”领域的党组织组建一个、稳固一个，为“两新”组织党建工作顺利开展奠定坚实基础。一是在覆盖形式上提高单建率。2013年“百日集中行动”以来，通过集中时间、人员和精力，花地街党工委在加大对“两新”党组织的工作覆盖力度的同时，积极指导具有正式党员3人以上的“两新”组织建立单独党组织，努力为“两新”组织创造有利条件。二是在覆盖方法上强化立体化。加强对行业内“两新”组织的帮助指导，通过加强流动党员摸底排查，党员不足3名的，采取片区联建、同业共建、挂靠组建、派驻帮建、龙头带建等方式，

① 指学党章党规、学系列重要讲话，做合格党员。

建立联合党组织，由联合党组织进行统一管理和开展党组织生活；没有党员的，采取由所在社区党支部选派党建工作指导员挂点直联方式，提高工作覆盖范围，构建立体交叉的“两新”组织党建覆盖网。三是在覆盖效果上体现标准化。继续深入推进并完善“两新”组织党建标准化建设，围绕组织建设、作用发挥以及领导保障体系三大工作体系，坚决防止和克服“为建而建”的组织覆盖思想，充分考虑新建党组织的班子组成、人员素质、态度决心等影响党的工作开展的各种因素，真正使“两新”组织党组织建得起、建得牢、建得好。如立白集团，经过多年的组织建设和不断完善后，于2008年7月升格为党委，当中花地街党工委和立白集团的同志们都付出了不懈努力，如今该集团党委领导班子配备齐全、组织机构健全、组织活动规范、党员教育管理服务模式不断创新、党员队伍不断壮大，非公企业党建工作取得了良好成效，并在荔湾区乃至广州市都得到了一定推广。

（二）以发挥实质作用为目标，提升“两新”组织党建工作成效

发挥实质作用是组建党组织的题中之义。花地街党工委按照将“两新”组织党组织打造成为党在“两新”领域的坚强战斗堡垒的要求，着力强化有利于党组织发挥实质作用的保障举措。一是突出一个重点。即要重视争取企业领导的理解支持，积极建立党员领导干部、“两新”工委委员直接联系企业领导制度，畅通“两新”组织的诉求表达渠道；建立健全服务企业、服务发展的长效工作机制，切实帮助企业解决生产经营中的实际困难，增强企业领导对党的领导的认同感；建立企业履行社会责任与政治安排相挂钩机制和重视党建的评价激励机制，引导企业真正重视党建，自觉支持党建。二是建好两支队伍，即要抓好党务工作者队伍和党建工作指导员队伍建设。进一步强化教育培训，提高党务工作者和党建工作指导员的思想政治素质和业务工作能力；进一步强化监督管理，建立定期汇报交流、定期督促检查、定期评价考核的“三定期”制度，探索实行党务工作者职业化；进一步强化激励保障，积极改善党

务工作者和党建工作指导员的工作条件，对表现优秀、群众公认的党务工作者和党建工作指导员，优先推荐参加各类评先评优。三是健全三项机制。健全学习制度，花地街党工委为各支部印发了《党支部生活汇编》《党支部工作手册》和学习笔记本等，指导他们结合企业实际，采取工余结合的方式，落实“三会一课”[①]制度，组织党员过好每一次组织生活，同时引导各支部找准企业党建工作的结合点，采取“业余、小型、务实”的方式开展各种形式的党组织活动，逐步形成非公企业党建学习管理机制，确保党员真正体会到“党建大家庭”的氛围；健全防瘫预警机制，实时掌握“两新”组织党组织的班子建设、工作运转等情况，及时发现可能影响党组织作用发挥的苗头性、倾向性问题，及早采取相应措施，控制问题发展；健全结对帮扶机制，充分发挥先进“两新”组织党组织的示范带动作用，通过以大带小、以强带弱、以规范带松散，着力提升“两新”组织党组织建设的整体水平。

（三）以深化宗旨教育为依托，提高“两新”组织党员主体意识

针对非公企业党组织战斗力参差不齐、党员素质各异、党组织和党员队伍动态变化大等实际，花地街党工委把握特殊性、坚持针对性，在企业党员中广泛开展“争当创业能手”主题实践活动，重点围绕花地街经济社会发展和构建和谐社区、打造白鹅潭经济圈中心工作任务，大力推进党建工作。一是抓好书记队伍的服务教育管理。花地街党工委及时向非公企业党组织负责人通报街道经济发展、社区党建工作以及各个时期的中心任务和有关部署、思路、措施等，多次安排非公企业党组织负责人参加花地街党工委组织的党务活动，如地区党建工作联席会议、党建工作研讨会、非公企业党建交流和市区各类党建活动等，及时向相关人员送上政治学习辅导资料等，提升党组织负责人开展党建工作的素质和能力。二是抓好党员思想政治学习。花地街党工委为各非公企业支部

① 指定期召开支部党员大会、支部委员会、党小组会，按时上好党课。

定期送上《南方》党刊和各类党建学习资料，为有条件的支部送上电化教材，力求在硬件、软件上予以保障；同时结合科学发展观学习、“两学一做”和创先争优活动等大力开展形式各样的学习交流活动，并依托微信公众平台、党建交流群和非公企业“云学院”等开展各类学习交流，不断提高企业党员学习自觉性，提升企业党员综合素质。三是引导党员争当创业能手。花地街党工委指导企业党组织争取企业行政的支持，创造条件举办提高企业经济效益、促进企业和谐发展的各类活动，积极动员企业党员在参与过程中发挥能动性，开发个人技能、发挥个人所长，积极争当企业创业能手，为地区发展、企业发展出谋划策。四是指导企业以多种形式对党员进行爱国主义和革命传统教育。花地街党工委在一些有条件的企业，积极鼓动企业负责人员组织党员集体到省内外爱国主义教育基地参观学习交流，并结合保持先进性教育、学习贯彻落实科学发展观、创先争优活动等开展讨论，撰写观后感，举办征文比赛等多种形式提高党员爱国主义思想和对革命历史的认识，增强作为一名共产党员的自豪感和荣誉感。

（四）以发挥党员能动性为主线，发挥“两新”组织责任担当

花地街党工委积极引导各非公企业党组织充分发挥企业自身优势，主动积极组织企业党员参与街道各项社会事业建设，积极在创建过程中发挥党员先锋模范作用。一是参与社区治安综合治理，创建平安社区。几年前，花地街党工委、办事处为全面加强治安防控能力，决定在辖区内重点路段安装高速摄像监控设备，各非公企业党组织纷纷争取企业行政的支持，捐款支持街道综治技防网络建设，使安装工作得以顺利进行，同心协力做好群防群治工作，为社区群众办好事。二是参与社区环境综合治理，创建优美社区。在创建国家卫生城市、国家文明城市系列活动中，非公企业党组织发动党员利用业余时间协助社区党支部、居委会深入居民家里开展宣传发动，提高居民群众知晓率和支持度。一些企业还组织党员、团员、入党积极分子等利用双休日对企业周边环境进行

大规模清理整治，积极参加街道、社区组织的各类志愿服务活动等，大力配合街道开展各项迎检工作。三是参与社区文明创建活动，推动“和谐社区”建设。企业党组织配合街道和社区工作，积极参加各项社区文明创建活动，做到“出钱、出力、出人”，如参与举办中秋敬老游园活动、社区体育运动会、慰问困难党员关爱活动等，齐心协力推进和谐建设，为社区创建出一份力、尽一份责。四是发挥党员志愿者作用，为完成阶段性工作任务作出努力。一些较具规模企业组成的“党员义工队”成了非公企业党员队伍的一支中坚力量，近年来在抗洪抢险、抗震救灾、创卫迎检、创文持久战、安保亚运等关键时刻，非公企业的党员志愿者们发挥了重大作用，展示了党员风采，积极贡献自己的一份力量，在各阶段性工作中形成一道道亮丽的风景线。

（五）以开展青春党建为抓手，增强“两新”组织党建工作活力

青年人高度集聚是“两新”组织的最大实际。花地街党工委认真贯彻落实党的十八大提出的“关注青年、关心青年、关爱青年”要求，优化工作理念，改进工作方式，创新工作载体，增强党建活力。

（1）加强新兴企业青年党员管理工作。花地街辖内的广州唯品会科技信息有限公司（简称“唯品会”）是一家中高端名牌特卖的新型电子商务网站，企业发展非常快，从最初几十名员工发展到目前3万多名员工，其中员工的平均年龄为28岁，他们思想活跃，具有创新意识和拼搏精神，唯品会顾客和员工均使用网络，对员工队伍的稳定性、可靠性要求较高。针对该公司青年员工居多，党建工作潜力大的特点，花地街党工委非常重视该公司的党群组织建设，在花地街党工委的指导下，企业于2011年组建了党支部，让素质好、年纪轻、善管理、热爱工作的年轻党员担任支部班子，把集团的优秀青年引领在党的旗帜下。为年轻党员搭建施展才华的平台，使他们成为企业党员的模范、员工的形象标杆，企业发展的中坚力量。目前该公司在青年党员的引领下，公司全体员工发扬“唯美、品位”的企业精神，为企业打造安全诚信的交易环境和服务

平台，为顾客提供优质、高效、愉悦的售卖服务，不断提升客户的满意度，为消费者提供畅快、安全、放心、便捷的消费流程体验和服务。唯品会在2016年中国互联网企业100强评比中排名第9名，成为花地河新经济带的著名品牌。

2011年6月30日，唯品会党支部成立

（2）培养青年党员挑起企业发展的大梁。花地街辖区内的立白集团，在开展党建工作中，关心关注青年员工成长。立白集团党组织在加强青年党员的思想教育工作的同时，根据企业经营的特点，创新教育载体，充分运用网络平台，打造党员管理教育品牌，立白集团党委成立若干企业党员学习小组，运用网络平台，加强党员之间的学习交流。立白集团党委注重青年党员的思想教育，向他们宣扬企业文化，党的建设得到很好的发挥。立白集团党委把新招青年党员动员起来，发挥模范带头作用，带动新入职的青年尽快熟悉新的环境，转变人生角色，实现人生价值。在集团党委的带动下，公司2000多名员工形成了立白集团特有的“五立”文化①，推动了企业的科学发展。目前，青年党员致力于

① 指立信、立质、立真、立先、立责。

位于立白中心的广州市非公党建展览馆

把企业经营单一的洗涤产品延伸为九大类几百个品种，使集团连续荣登“中国私营企业纳税百强”排行榜，成为民族日化行业的标杆企业。立白集团党委于2011年被评为“全国非公有制企业‘双强百佳’党组织”。

（3）积极稳妥培养发展青年党员。花地街党工委从壮大建设和谐社区有生力量出发，积极稳妥地在青年人群中开展培养入党积极分子和发展党员工作，为党组织培养青年生力军。按照“坚持标准、保证质量、改善结构、慎重发展”的方针，坚持遵照《中共广州市荔湾区社区党组织工作规程》中规定的“五个坚持”“五不发展”[①]的原则，“两新”

① “五个坚持”：一坚持提高思想认识，牢牢把握发展党员工作正确方向。二是坚持“三个结合”抓培养教育，激发发展对象的内动力（三结合是指把培养教育与分类指导相结合；把培养教育与参加党内活动相结合；把培养教育与实践锻炼相结合）。三是坚持标准和程序，保证新发展党员高质量。四是坚持抓重点，促进党员结构不断优化。五是坚持制度化和规范化，积极探索和建立健全发展党员工作长效机制。“五不发展”：没有经过党的基本知识学习培训不发展；没有经过一年以上培养考察不发展；没有经过政审或政审不合格不发展；各种手续不完备的不发展；群众反映问题没有查清或党内外争议大的不发展。

组织注重培养品学兼优的青年干部成为入党积极分子，为党员队伍注入了新鲜的血液。

（4）提升引领青年水平。充分运用现代网络信息技术，改进思想政治工作方式，建好用好“两新”组织党建网站、微博、QQ群等网络党建工作平台，以贴近实际、贴近青年、贴近生活的党建活动引领青年。通过组织开展座谈交流、培训辅导、参观考察等方式，切实加强党的路线方针政策教育，教育引导广大青年增强对党的认同感。积极开展青年志愿服务、“青春在岗位闪光”等主题活动，使广大青年在实践中感悟人生价值、坚定理想信念。

（六）以强化探索创新为手段，打造“两新”组织党建工作亮点

注重探索创新是坚持因地制宜开展工作的必然要求。花地街党工委紧密结合花地街实际，充分发挥比较优势，积极打造体现地方特色、富有创新精神的“两新”组织党建工作亮点。一是探索推进网络党建。积极建好用好党建网站、微博、QQ群、微信公众平台、手机党校等网络党建工作平台，在网络虚拟社会中传递党的声音。依托网络，积极在党员工作地分散、开展组织生活不便的“两新”组织中建立网络e支部、网上党员活动室，推进党的组织活动正常化。积极在广大电子商务运营商中开展网络党建工作，以党建工作引领电子商务持续健康发展。二是探索推进党群共建。针对“两新”领域党员在职工中所占比例总体偏低的实际，坚持把做好党的群众工作作为“两新”组织党建工作的一项重要任务，进一步加强与工会、共青团、妇联等群团组织的沟通联系，充分发挥他们在联系相关群体中的桥梁纽带作用，积极推进“两新”领域党群服务中心建设，构建党群活动一体化工作格局，创建“巾帼党建”等党群共建品牌。

三、重点打造以立白党建为代表的优秀“两新”组织

花地街党工委立足辖区特点，在“两新”组织党建方面进行了探索，

积极树立典型，推广经验，取得了较好的效果。花地街党工委注重以点带面、示范引领，不断增强“两新”组织示范点，树立基层党建工作特色鲜明、生动具体的标杆，积极打造行业龙头企业党建工作典型，着力挖掘和培养龙头企业党建培育工作，积极构建发展新格局。以先进“两新”组织立白集团党委为例，打破思想的牢笼，突破传统方法，突出表现花地街在改革开放时期“两新”组织党建工作的探索与实践，打造创新的党建平台，为各类“两新”组织提供了开展党建工作的优良样本。

立白集团党委成立于2001年，党员人数众多，全国拥有近2000名党员，集团总部党员336名。拥有大量共青团员，还有退伍军人、少数民族人士、民主党派人士、高级知识分子等。为了增强员工对企业的凝聚力、向心力，集团除了设立党委外，还设有工会、团委、妇委会、武装部、统战部、纪委等组织，形成了以集团党委为领导核心，党建领航，党建带工建、党建带团建、党建带妇建、党管武装、党领统战、党抓纪检，各方参与、共建双赢的“大党建”工作新格局，已经发展成为党组织结构十分健全的民营企业。立白集团党委先后荣获了“全国非公有制企业‘双强百佳’党组织”“广东省先进基层党组织”等光荣称号，成为全国最具影响力的非公企业先进党组织。

（一）创新组织生活，打造“效能党建”

“效能党建”是树立党建要注重生产力的理念，引导党员围绕技术革新、产品设计、市场开发等岗位目标，提出技术创新、管理创新、绩效创新等工作项目。紧扣立白党员“年轻、个性、开放”的特色，立白集团党委多次举办“创意民主生活会”，通过观看先进人物视频，引导大家思考“党员在企业中发挥什么样的作用”，鼓励每位党员在会上主动分享自己的想法，全体党员不论职位高低、不分党龄长短，发散思维，自由讨论，将党建工作实实在在地转化为生产力，在中国经济从高速增长转为中高速增长的新常态下，立白产品势头强劲。立白集团党委还积极推动党员建言献策、党员技术攻关、党员先锋岗等活动，党员占比约为13%，但在每年评优中，党员占到了35%以上，成为企业的中坚力量。

（二）创新制度建设，打造“活力党建”

“活力党建”是指通过制度、载体和方法创新，使广大党员自觉争当先锋争创佳绩，使整个党组织迸发出时代活力。2014年，立白集团党委推出了《立白党员积分管理办法》，从政治表现、综合素质、工作业绩三个维度，科学设定了14项可量化的考核指标。每月党群工作部都会公开积分排名情况，通过“赛马”排名，在企业内部营造一种争先上位的氛围。《立白党员积分管理办法》可以说是把党建工作与现代企业管理制度相互融合的一次实践探索，既反映党员的政治表现，同时又引入人力资源管理中的绩效考核。积分的结果主要应用在以下三个方面：一是作为党员参与评优表彰的重要依据；二是依据“把优秀党员培养成业务骨干”的思路，凡是排名靠前的党员，立白集团在干部培养中为其开通特殊晋升通道；三是对于排名靠后的党员，立白集团党委重点关注，及早发现问题，解决问题。

通过积分管理办法充分发挥了党员的模范带头作用，借由标杆激励去引导广大党员干部特别是各级领导干部带头践行社会主义核心价值观，用实际行动为员工群众树立效仿和追随的榜样；同时充分发挥先进典型的示范引领作用，每季度通过在企业内部推荐、选拔、评价、树立起标杆团队和个人，激励先进、鞭策后进。通过这种方式，立白集团党委不断涌现出许多先进人物，立白员工赵顺祥当选为广州市“企业最美员工”，王冬当选“广州好人”等。通过广泛宣传，不断激励员工崇德向善、见贤思齐，着力形成积善积德、明德惟馨的良好风尚。

（三）创新党务公开，打造“阳光党建”

“阳光党建”是指通过现代信息网络技术，推动党务公开，自觉接受群众监督。立白集团党委通过提升党员政治素养和廉洁意识，打造了一支思想阳光、作风先进、健康向上的党员队伍，构建阳光正能量的企业生态圈。一是打造党务公开网站。在企业LMP自动办公网站上，开辟“党务公开”专栏，及时地向党员通报党委的工作报告、党组织对重大问题的讨论和决策情况，宣传党中央的最新路线政策和理论成果，将信息化充分融合到党建工作中去。二是开设手机微信党校。针对立白集团党员工作地点分散，集中学习困难的情况，立白集团党委建立“立白党建”微信公众号，功能定位于“管理好党员队伍，唱响主旋律、发出好声音、传递正能量”。通过这一平台组织党员开展移动式、碎片化的线上学习教育，讲述生动鲜活的先进事迹，提供翔实可靠的时事热点信息，打破时空限制，使党员能够随时随地学习。三是充分利用公司内刊《立白党建》。及时报道立白集团党委的要闻动态和每个亮点，对党员志愿者活动、党员亮牌示范活动、城乡帮扶活动等都作了专题报道，使活动覆盖到每一名党员。立白集团与红旗出版社强强联合，共同开展“中国非公企业党建创新研究”课题，由《求是》杂志社副总编黄中平担任课题组组长，深入总结“两新”组织党建“立白经验”，出版了中国第一本有理论、有案例、可仿效的非公企业党建创新研究书籍，未来将以更加创新的思维和更加开放的心态，应对变革，转型升级。四是充分利用视频会议。立白集团13家子公司分布在全国各地，为了增强驻外党员的归属感，立白集团党委每次举办大型组织生活会和学习会都会以视频会议的形式召开，确保出差在外的党员也能参与党建会议。

（四）创新文化活动，打造“幸福党建”

“幸福党建”是坚持以人为本，密切联系群众，以基层党组织的“先锋指数”换取群众的“幸福指数”。立白集团党委牵头实施“幸福企业”工程，以党建文化引领立白“一家人一家亲”的企业文化。一是善于运用群众喜闻乐见的方式，搭建群众便于参与的平台，开辟群众乐于参与的渠道，积极推进理念创新、方法创新、手段创新和基层工作创新，增强工作的吸引力、感染力；用小故事阐释大道理，用职工声音放歌企业发展主旋律，旗帜鲜明地弘扬真善美、贬斥假恶丑，不断增强员工的价值判断力和道德责任感。二是重视员工的业余生活，专门建设了一个体育休闲活动场所，内有羽毛球场、乒乓球场馆、桌球场馆、游泳池、篮球场以及各类健身器材等，均向员工免费开放，让员工在日常工作之余得以放松身心、舒缓压力，获得更多锻炼机会，保持身心健康；2009年，董事长陈凯旋和副董事长陈凯臣共同出资200万元，成立“员工关爱基金”，对遭受重大疾病、意外伤害或家庭困难的员工或其直系亲属进行专项援助，关爱基金成立以来，对多名员工或其亲属进行了援助，共计金额高达200多万元，及时帮助员工解了燃眉之急。三是为员工组织多彩的文化娱乐活动，如集团运动会是两年一次的重大员工活动，总部参加运动会人数超过1000人，还专门设计了亲子项目，吸引了众多员工家属的参与，共享立白大家庭的快乐与幸福，通过举办运动会，各团队的凝聚力、团队成员的感情得到进一步提升，立白关爱员工、重视员工、“一家人一家亲”精神在活动中充分展现；企业卡拉OK歌唱比赛已经连续举办了多届，员工积极参与、企业大力支持，不管从节目、表现形式、宣传等各个方面都有极大创新，极大地丰富员工业余生活，缓解员工工作压力，激发员工活力与热情，提高员工幸福感和自身文化艺术修养，增强员工对企业的凝聚力、向心力和归属感；企业每年一度的年终总结暨新春团拜会是全体员工期盼的年度盛宴，邀请标杆员工及工作十年以上员工的家属一起参加团拜会，通过员工自导自演节目为全体员工提供一道文化盛宴，展示了“一家人一家亲”幸福立白大家庭氛围。

（五）创新公益方式，打造“有爱党建”

投身公益慈善，履行社会责任是立白集团多年以来孜孜不倦追求的一项事业，也是集团党委充分凝聚员工、扩大党组织影响力的重要途径之一。立白集团党委以高度的社会责任感和感恩的心态回馈社会，投身公益事业，关心困难群体，坚持服务社会，践行社会主义核心价值观。据统计，立白集团累计为公益慈善事业捐款2亿多元。

（1）结合行走公益概念，把“健康公益”理念传达给员工。通过组织开展各种主题的公益跑活动，灌输健康理念，通过健康运动奉献爱心，鼓励员工增强健康意识、养成健康习惯、树立正确价值取向。2015

年5月4日晚，立白集团党委联合集团团委开展了“公益夜跑嘉年华”活动。活动刚发布就热度爆棚，仅三天时间就有超过100名青年员工报名。当晚，集团党委书记许晓东、团委书记许宁带头参与，组织集团青年员工进行了5千米夜跑，并在活动结束时按承诺为贫困地区儿童捐出1000份免费午餐。活动中，突降大雨，但全体员工仍充满热情地冒雨完成了全程，充分体现了员工们不畏艰难、坚韧不拔的精神。11月28日，立白集团党委又组织员工参加了“立白健康幸福工程”的“一步一爱，爱心公益跑”活动。在广州塔通过公益跑方式发布了“HOME+”app，通过app推广，当天的活动成功捐献了上百个“立白爱心书包”，把健康运动转换为爱心奉献。

（2）突出服务奉献，组织员工亲身参与爱心公益助学。通过实实在在的公益行动，让员工亲自参与其中，引导、培养员工公益爱心意识和社会责任感。2015年5月14日，立白集团党委组织研发中心、洗涤事业部和个清事业部的员工，联合美国陶氏化学组成志愿服务队，专程到四川资阳石川希望小学举行了“我是小当家”儿童生活技能公益关爱活动，手把手讲解普及个人清洁知识，现场互动演示健康生活常识，还为每一位孩子赠送了“六一”节日礼物——“清洁大礼包”。不仅通过活动，让员工“现身说法”、亲身感受公益责任的魅力，充分调动了员工参与的积极性，也通过直观有效的价值教育，带动了上下游合作伙伴共同参与公益，进一步扩大社会影响力，把健康、文明、洁净的生活理念撒播到每一个孩子的心田，用关爱滋润每一株幼苗茁壮成长。

（3）履行社会责任，鼓励员工保家卫国展青春风采。作为广州市首个成立企业武装部的企业，2015年，立白集团党委、立白集团武装部按照连队组建规定，筹备成立了广东省预备役高炮师警卫连。8月，新组建的警卫连抽调11名干部战士参加了广东省军区2015年军演保障工作。在为期16天的军演过程中，他们以高度的责任感、坚强的纪律性和过硬的军事素质，出色地完成了上级交付的任务，获得了广东省军区和广州军区的嘉奖和表扬。

（六）激活年轻因子，打造“青春党建”

近年来，立白集团党委以加强青年党建思想政治工作为抓手，围绕企业发展，紧贴青年实际，以极具感召力的青春模式，最大限度调动党建工作的青春因子，融入青春元素，组织青年员工创新开展了丰富多彩的青春活动，充分发挥党建带工建、党建带团建的作用，唤起了党建工作的“青春模式”，进一步提升了集团党建和青年工作水平，直接推动了立白“一家亲”企业文化坚实落地。

（1）用微信广泛调动青年参与党建活动。2014 年，立白集团党委进行了一次大胆的尝试，把微信新媒体传播手段与实际工作有机地结合起来。国庆期间，立白党建场景应用正式上线，运用“文字 + 图片 + 音乐 + 动画”的形式，直观生动地介绍立白党建情况。随着手指在手机屏幕上滑动，伴随着激昂的音乐，精美的画面一一呈现出立白党建的发展历程、党组织的精彩活动等内容。该场景应用上线后单日点击量最高达到 8000 多次。在很多人还不知道微信传播有“场景应用”的情况下，立白已经做到用最新互联网技术对党建工作进行宣传。既潜移默化地弘扬了企业党建文化，又有效打破原有的组织边界，实现了更大范围的分享传播。通过公众号，立白集团党委围绕企业经营和党的建设，与日常生活相结合、与企业发展相结合、与社会潮流相结合，实现了与青年的 O2O[①] 互动。立白集团党委专门设计了“简单一‘点’给你最爱”感恩节活动、“酷‘币’了”抗日战争胜利纪念币赠送等线上游戏，举办了中秋国庆“城会玩”游园会、企业文化示范日等线下活动。这些党建活动，每一期都精心编辑制作，大量运用现代化语言，紧贴青年时尚，保持了持续性、连贯性和创新性，充分激活了青年文化氛围，起到了领头羊作用，切实增强了党的向心力、凝聚力，提高了青年对党建工作的积极性和参与度。

（2）用微信深化青年思想政治教育工作。在“立白党建”微信号

---

① 指线上到线下模式。

中开辟专栏，每期都要重复推送一条党政知识或时事要闻等，并对集团发展、党建工作的大事要事重点宣传，如发布党员徽章升级、开展书记下午茶活动、军企共建“军事日”活动等，以“全包围”态势把党的知识、方针政策和企业发展思路、“一家亲”文化理念贯穿到青年的日常生活中，公众号好玩好看的同时，让青年思想政治工作向纵深方向发展，做到了思想政治工作潜移默化、润物无声，不断改变青年对党组织和党建工作的认识，进一步增强了青年的集体感、荣誉感和自豪感。

（3）让党建活动严肃又好玩。青年是一个注重相互交流、活力互动的群体。立白集团党委紧紧抓住青年这一特点，解放思想、创新思维，把党建工作打造成青年互动交流的开放平台和主流载体，积极为青年交流学习创造机会、营造氛围，受到了青年员工的热烈欢迎。七一来临之际，立白集团党委大胆解放思想，结合实际开展了创意党日和党建会活动。活动中，既严肃认真——认真进行党建工作程序，党委书记作汇报，回顾过去一年的党建活动、总结工作亮点，并进行了年度优秀党员评比和表彰，也活泼好玩——在放松中做好党建工作，设置了党的知识抢答、党建活动拼图和党建排名“赛马”三个闯关游戏，让全体党员发散思维、自由讨论，各抒己见、碰撞思想，不但活跃了党建活动氛围，也让广大党员通过活动了解集团党建工作、关注党建活动，积极为集团和党组织建言献策。立白集团党委为青年党员互动交流、展示自我和发挥主动作用搭建了良好平台，达到了寓教于乐的目的。

（4）紧贴需求关爱员工。针对立白集团年轻女员工多的特点，结合“健康生活、绿色生活、安全生活”的青年关注焦点，立白集团党委、工会和妇女委员会开展了一系列员工关爱活动：举办了“亲近自然、创意生活”微景观制作培训，立白集团党委、工会和妇委会聘请了专业培训讲师，购买了大量制作材料，对 80 名女员工进行集中培训，现场指导她们动手设计制作个性化的“小世界”，并相互赏鉴交流，充分活跃了青年文化生活，为员工寻找共同兴趣、沟通交流学习创造了难得机遇；举办了女子防身术专门培训，向青年女员工传授“防狼秘技”，让女员工提高个人安全意识、快速掌握防身技巧、增强体能素质，培训集知识性、教育性和实用性为一体，获得了女员工的一致好评。

“两新”组织是具有开拓性的基层党建工作新领域。这一领域新兴产业工人集聚、高知识群体集聚、青年群体集聚，是创业创新的主力军，科学发展的生力军，抓好抓实“两新”组织党建工作，是巩固党的执政基础的重要政治任务，是推进科学发展的重要举措，也是提升基层党建工作整体水平的现实需要，必须坚持围绕中心、服务大局、改革创新，全面加强“两新”组织党建工作，推动“两新”组织快速健康发展。

“两新”组织党建工作没有经验可循，花地街摸着石头过河，经历了起步探索、拓展研究、深化提升的阶段。这一过程是党的建设历史上一个充满新意、富于创造的实践过程，而花地街的“两新”组织党建优秀代表立白党建正好是这一时代历程的生动缩影。未来花地街将以更加创新的思维，更加开放的心态，应对社会发展变革和企业转型升级，继续发挥党建创新的优势，带动全区“两新”组织党建工作上新台阶，积极打造大党建工作格局，凝心聚力促进大跨越。

荔湾区非公企业党建工作发展历程与实践体会

荔湾区工商联

非公企业党建工作在整个党建工作格局中占据重要地位。从严从实抓好非公企业党建，是贯彻落实全面从严治党部署的内在要求，是新形势下加强和改进党的领导的重要实践，是增强党的阶级基础、扩大党的群众基础、巩固党的执政基础的当务之急。自改革开放以来，荔湾区就十分重视非公企业党的建设工作，以改革创新的精神加强非公企业党建工作。总结以往的非公企业党建的工作历史经验，既是新时期创新基层党建工作、夯实党执政的群众基础和组织基础的重要内容，也是新形势下促进非公企业健康发展以及党的建设工作有序进行的一个重要举措。

一、荔湾区非公企业党建工作的发展历程

荔湾旧称西关，是广州的老城区、中心城区、国家中心城市核心功能区，东部与越秀区相连，西北部与白云区相通，西部与佛山市南海区接壤，陆地面积59.1平方千米，常住人口约92万人，下辖22条行政街，自古以来就是广州商业、饮食服务业、娱乐业、金融业最为集中的繁华市区之一。区内服务设施齐全，服务网络完善，如历史悠久、商店林立的上下九商业步行街、第十甫路及著名的白天鹅宾馆、广州酒家、南方大厦、清平中药材市场、华林玉器街等均坐落其中。北片地区人口密集，商贸发达，个体商业成分较多，专业市场众多；南片地区主要是茶叶、花博、花卉市场和种植大片农作物的国家保护性农田，另有规模较大的广钢、广船、广柴等国有企业。总的来说，荔湾区非公经济呈现

个体工商业户和传统业态的中小微企业多且分布散，规模以上民营企业少，从业人员流动性大等特点。

改革开放以来，荔湾区非公经济蓬勃发展。据统计，2015 年全区民营经济增加值达 412.91 亿元，占地区生产总值的 40.8%，非公经济已成为荔湾区经济发展的重要组成部分。在非公经济不断发展壮大的同时，荔湾区十分重视非公企业党建工作的开展。早在 20 世纪 90 年代，荔湾区就开展非公企业党建工作，当时由以荔湾区工商行政管理局为主管单位的区个体和私营企业协会统筹和管理非公企业党组织建设等各项工作。1994 年还率先成立了荔湾区也是广州市第一个非公企业党支部——广州壹加壹实业有限公司党支部，随后成立的非公企业党组织都统一挂靠在荔湾区个体劳动者私营企业协会。

进入 21 世纪，特别是党的十六大召开后，非公企业党建工作得到进一步加强。2002 年胡锦涛总书记就指出：加强非公有制经济组织党的建设，是增强党的阶级基础、扩大党的群众基础、提高党的社会影响力的需要，也是保护非公有制经济组织中广大职工合法权益和引导非公有制经济健康发展的需要。与此同时，党中央对非公党建工作和非公企业党组织的定位也逐步明确。自党的十八大以来，习近平总书记也多次强调，“非公有制企业的数量和作用决定了非公有制企业党建工作在整个党建工作中的地位越来越重要，必须以更大的工作力度扎扎实实抓好。”荔湾区的非公党建工作的开展也渐显成熟。

为适应新形势，荔湾区积极探索非公企业党建工作。

（一）明确工作职责，形成管理网络体系

2000 年，荔湾区经过认真调研，制定了《关于加强非公有制企业党建工作的意见》，围绕消除空白点，理顺组织管理体系的目标，提出“先行组织，逐步完善，突破难点，抓大促小，分类指导”的基层党建工作思路，从制度上对非公企业党建工作作出明确规范，起到了很好的作用。在实践中，针对非公企业的特点，逐步形成“属地为主，条块结合”的新型组织管理体系，建立了系统的党员管理模式，形成了非公

企业党员管理网络，主要是由街道党工委对原来的国有、集体转制企业和已建党组织的非公企业进行管理。[①]

（二）抓好组织建设，扩大党的影响力

针对非公企业党员流动性大的特点，荔湾区按照“成熟一个，建立一个，巩固一个，提高一个”的党组织建设原则，不仅仅追求组织形式的建立，更注重组织建立的效果。在模式、进程和方法上实事求是，不搞一刀切。对于一时无法建立党组织的企业，则通过先建立工会、妇联、团组织，或派党建联络员等形式，搭建与企业员工沟通的桥梁，扩大党的影响力。几年下来，先后在专业市场比较集中的地区成立行业工会，如华林街成立玉器行业工会、岭南街成立服装配料行业工会等，通过这些工会来体现党组织的作用和影响。华林街、昌华街等街道党工委还建立了党建工作责任制，站前街成立了党员联络站，并向非公企业派党建联络员，指导开展党建工作，收到较好的成效，仅 2003 年上半年，全区就新建了 9 个非公企业党组织。[②]

（三）加强分类指导，注重活动创新

荔湾区通过制定工作标准、树立先进典型、加强分类指导，使非公企业党组织加强了自身建设，同时还注重党组织活动形式的创新。在“有利于严格党内生活，有利于党员的教育管理，有利于企业的发展”的前提下，主要以“业余、小型、多样”为原则开展党组织活动。“业余”即以不影响企业的正常工作为前提，结合企业的经营特点，利用工作空隙和业余时间开展党的工作，过好党的生活；“小型”即根据非公企业党组织中党员少的特点，采取相对集中和分散活动相结合的方法，精心

① 黄美来、张宝华、陈安众主编：《贯彻落实十六大精神全面推进党的建设新的伟大工程实践与体会（下）》，北京：人民日报出版社，2003 年版，第 1401 页。

② 黄美来、张宝华、陈安众主编：《贯彻落实十六大精神全面推进党的建设新的伟大工程实践与体会（下）》，北京：人民日报出版社，2003 年版，第 1402 页。

组织，活动开展少而精；“多样”即根据企业的不同特点、党员的不同需求和不同时期党的中心任务，开展灵活多样、丰富多彩的活动，以提高党的工作的实效性。[①]

通过以上工作的开展，荔湾区非公企业党建工作得到快速发展，一些企业出资人甚至主动提出成立党组织。如广州立白企业集团有限公司于2001年成立党支部（原芳村区的第一个非公企业党组织）；华林街于2004年成立华林民营企业联合党委（原荔湾区的首个非公企业党委）；中南街于2004年成立非公企业流动党员联合党支部；广州城启集团有限公司于2004年成立党委，直接隶属荔湾区委管理。各街道党工委也迅速行动起来，开展“双挂”[②]活动，派驻党建指导员和联络员，建立工作台账，查找“口袋党员”，做好组织关系转接服务，发展党员等一系列工作，开启了荔湾非公党建工作的新阶段。

二、荔湾区非公企业开展党建工作的措施

2010年，荔湾区非公有制经济组织党工委成立后，在上级主管部门的指导下，着力完善优化工作机制，下基层走访调研，加强与街道、企业之间的联系沟通，创新活动形式，指导开展创先争优、“三百行动”[③]、党的群众路线教育实践、“培强扶弱”、廉洁文化进非公企业、“两学一做”学习教育等活动，创建非公党建工作示范点，狠抓党组织单独组建，攻坚党组织纪检建设，大幅提升党的组织和工作的覆盖率，使得社会各界对非公党建工作的认识有了今非昔比的提高。至2017年5月，全区建立非公企业党组织191个（单独组建123个，联合组建68个），其中党委2个，党支部189个，有党员3081名（含流动党员）。

---

① 黄美来、张宝华、陈安众主编：《贯彻落实十六大精神全面推进党的建设新的伟大工程实践与体会（下）》，北京：人民日报出版社，2003年版，第1402页。

② 指非公有制企业挂村，非公经济人士挂户。

③ 指百日攻坚、百日扶元、百日攻坚回头看。

先后打造出广州立白企业集团有限公司党委“一家亲”、广州唯品会信息科技有限公司党支部“两网两圈两群”[①]、广东大翔药业有限公司党支部红色之旅党建活动、广州敏城建设工程有限公司党支部党员民情议事会、广州好迪集团有限公司党支部廉洁党建文化等非公企业党建工作富有特色的活动方式，广州立白企业集团有限公司党委荣获“全国非公有制企业‘双强百佳’党组织”荣誉称号，在全国非公企业党建工作会议上交流经验，古巴共产党代表团、周边国家35家媒体记者代表团，以及全国各地上百批次、上千人次先后来荔湾区考察交流。

2010年7月14日，荔湾区非公经济组织党工委挂牌办公，揭开了荔湾区非公党建工作的新篇

为了推动基层党建工作的开展，提高非公企业党建水平，荔湾区按照“非公企业在哪里，党组织就延伸到哪里，党的工作就做到哪里”的要求，依靠“八个注重八个强化”有力促进了非公企业政治文明、物质文明和精神文明的发展，促进了企业文化的建设。

① 指互联网、党建网，朋友圈、文化圈，业主群、党员群。

（一）注重组织架构，强化党的领导

党建工作好与坏，组织架构是关键。在组织架构建立上，自上而下，全区形成了全新的组织架构体系。整个架构体系，主要分为指导层、组织层和实施层，具体内容：指导层，由荔湾区委组织部构成，负责具体研究和制定全区非公企业党建工作机制，部署开展工作；组织层，在荔湾区非公有制经济组织党工委的组织协调下，负责落实上级工作要求，协调各方力量，特别是做好非公企业主层面的教育引导工作，协调并指导各街道党工委开展非公企业党建工作；实施层，由22个街道党工委构成，具体联系和组织各非公企业开展党建活动。三个层次的上下衔接贯通，实现了全区非公企业党建指挥系统的上传下达，号令顺通。

（二）注重分类组建，强化组织建设

由于非公企业情况比较复杂，实行“一刀切”的管理和组织，显然不符合实际。为此，荔湾区实行“五式”非公企业党组织建设模式，包括独立组建式、集约组建式、联合组建式、挂靠组建式和网上组建式。因地制宜，因时制宜，根据企业不同情况，选用不同的组建模式。对条件成熟、完备的采用独立组建式；对专业市场采用集约组建式；对党员人数少、不具备单独成立条件的采用联合组建式；对党员流动性大的采用挂靠组建式；对技术条件允许的，依托地区党建采用网上组建式。通过分门别类组织建设，进一步夯实了党建基础，提高了工作质量与效率，做到了党建广覆盖、无空白区域。截至2017年5月，全区非公企业党组织覆盖率达88.47%，党的工作覆盖率达100%。

（三）注重培训实效，强化党员综合素质

搭建学习成长平台，促使人才脱颖而出。为了提升党员的综合素质，主要采取集中培训、自我培训、岗位练兵、知识竞赛和委托外培等形式，密切结合非公企业党员的工作特点，搭建“周末16点”学堂等非公企业党员学习培训平台。如岭南街党工委利用每月最后一个星期五

（周末）16点以后的时间，结合非公企业党员实际需求拟定学习内容，全面加强对党员的教育管理，解决非公企业党员集中学习难的问题。广州立白企业集团有限公司党委结合自身特点，创新载体，搭建“指尖上的党建平台”，建立了立白党建场景应用、“立白党建”公众号，打造党员管理教育品牌，以党建带动企业文化发展，使企业连续八年荣登“中国私营企业纳税百强”排行榜。广州市唯品会信息科技有限公司党支部则以“唯美、品位”的企业精神为核心，教育引领党员职工为企业打造安全诚信的交易环境和服务平台，为顾客提供优质、高效的服务，提升客户满意度，使企业面对全球经济下行情况下仍逆势增长，2015年净营收402亿元，同比增长74%，强力拉动地区经济增长。

（四）注重跟踪到位，强化流动党员管理

流动党员流动性强，难以跟踪管理，历来是非公企业党建工作的“老大难”问题。但这一问题在荔湾区却得到了较为合理的解决，其做法是走好四步棋：第一步棋是“积极引”。在与非公企业联络过程中，主动了解企业党员的情况，积极帮助联系有关的街道社区，引导企业的“口袋党员”及时转接组织关系。同时依托派出所办居住证、计生办开展计划生育指导和流动人口管理站进行流动人员登记优势，通过社区的流动党员服务点，统计核查流动党员活动证和发放《流动党员小读本》，积极引导流入、流出的党员及时办理注册登记和组织关系的转接，增强流动党员的归属感。第二步棋是“共同管”。主动与流出地、流入地的党组织签订互通共建协议，通过书信、电话和互访等方式沟通联系，共同做好流动党员管理工作。第三步棋是“结对建”。依托街道出租屋管理中心为流动党员建立档案，组织社区专职副书记、党建指导员与流动党员结成对子，并以行业相近、地域相邻为准则，及时将他们编入党组织，为他们提供政策咨询、就业介绍、权益保障等服务，开展帮扶活动。第四步棋是“源共享”。街道党工委以党员活动中心、党代表工作室等为中心，为非公企业党组织、党员提供活动平台，实行资源共享。如华林街打造立体党员活动中心，中心设立电影厅、阅览室、培训室、

谈心室等11个功能室，向非公企业党组织及党员职工开放；昌华街以社区党代表工作室为中心，为非公企业党员提供学习、文娱交流的固定平台。广州兴华玻璃工业有限公司党支部利用社区资源，开展“双挂”活动，让党员、入党积极分子、优秀外来工到社区挂职锻炼，了解当前社区党组织和社区居委会的工作，并将企业先进的管理方法与理念带到居委会，让企业和社区资源互为整合，取长补短。

（五）注重活动载体，强化和营造党建氛围

全区紧扣“围绕中心抓党建、抓好党建促发展”的总体要求，结合自身实际，注重活动的创新，发挥非公企业党建在服务实践、促进企业发展中的作用。如彩虹街开展“关爱党员、凝聚合力，建设幸福荔湾”系列活动，帮扶从化吕田镇草埔村，积极探索“企业—村”的扶贫模式，引进有开发能力的非公企业到草埔村投资开发。站前街立足专业市场多的特点，实行市场“党员诚信建设示范户”挂牌活动，以非公企业党建促进信用体制建设。广州市稳建工程检测有限公司党支部积极参与由街道党政领导牵头的孤寡老人义工照顾、失业人员再就业服务等活动，发挥了党员职工的先锋作用，提升了企业的品牌形象。活动的同时，又加

2015年11月12日，荔湾区召开非公经济组织党组织单独组建工作推进会议

强对非公企业主的引导工作，通过深入开展各类活动，注重发现典型、扶植典型、宣传典型，用典型引路，宣传推广典型的好经验和好做法。利用横幅、公告栏、橱窗、电子屏幕、网站、微信、QQ平台等方式，全方位地扩大党建宣传，营造党建工作的气氛，增强各层面对党的凝聚力和向心力，使非公企业在党建方面取得的成效提升到一个新的台阶。

（六）注重示范创建，强化典型带动作用发挥

为发挥非公企业党建以点带面、示范引领的作用，荔湾区开启了非公企业党建示范点创建工作，印发方案，明确创建工作的意义、任务、条件和要求。以“双强”①“六好”②为标准，组织、指导街道党工委开展示范点创建活动。各街道党工委积极响应，成立领导小组，制订方案和实施细则，重点培育，狠抓落实，为创建工作的稳步开展奠定良好

2013年1月，友邦保险公司广州市荔湾区党支部成立。友邦保险公司是美国独资企业，组建党组织是荔湾区外资企业党建工作的重大突破

① 指党建强、发展强。

② 指生产经营好、企业文化好、劳动关系好、党组织班子好、党员队伍好、社会评价好。

的基础。至今，全区22条街道均确立了自己的示范点创建单位，开展灵活多样的创建活动，掀起了全区非公企业党建规范化建设的热潮，建成国家级、省级非公企业党建工作示范点1个（广州立白企业集团有限公司党委），市级非公企业党建工作示范点10个（广州立白企业集团有限公司党委、广东大翔药业有限公司党支部、广州仁爱医院党支部、广州敏城建设工程有限公司党支部、广州唯品会信息科技有限公司党支部、友邦保险广东分公司党支部、广州好迪集团有限公司党支部、广州兴华玻璃工业有限公司党支部、广东恒宝物业管理有限公司党支部、广州筑鼎建筑与规划设计院有限公司党支部）。

（七）注重党建创新，强化探索结对共建新路

为进一步探索非公企业党建工作的新路子，荔湾区开展了区直属机关党组织与非公企业党组织联建共建活动。活动以结对非公企业党组织实现班子好、队伍好、经营好、文化好、关系好、形象好的“六个好”发展，以推动荔湾区机关党建和非公企业党建工作双赢局面形成为目标，按照“高起点、高标准、高质量”的要求，通过改进作风，优化服务，按需对接等措施，全力培育站西鞋城行业党支部与区政务办党支部、广州敏城建设工程有限公司党支部与区更新改造办党支部等几对集典型性、代表性和示范性于一体的“亮点”结对党组织，为联建共建树立“样板”，再通过党建工作联抓、服务工作联办、思想政治工作联做等方法全面推深。2015年，又新吸收区妇联党支部、鸿达兴业集团有限公司党支部进入联建共建队伍，并调整区委组织部党总支与鸿达兴业集团有限公司党支部、区妇联党支部与广州仁爱医院党支部结对，使得联建共建活动更科学、更合理。活动每年都召开阶段座谈会，总结经验，整理存在问题，研究改进方法，以指导下阶段活动的开展。同时，也在各街道党工委建立街道社区与非公企业“双挂双促”[①]机制，实行“纵

① 指部门、企业与村挂钩、干部驻村挂职的方式，促进村集体经济发展，促进农民增收致富。

向联建、横向共建”，推动“暖企行动”常态化，为企业解决出口退税、租金减免、项目申报等难题。并依托街道“一基地一中心一家”党内服务体系，为非公企业党员提供一站式服务，吸纳非公企业党组织和党员参与地区党建联席会议和社区党员议事会，构筑地区非公企业CEO[①]沙龙等载体，使非公企业党组织和党员参与地区事务管理制度化，以非公党建区域化促进社会管理的精细化。

（八）注重保障落实，着力解决资源不足问题

荔湾区一直把非公企业党建作为政治任务、作为加强基层组织建设的重要组成部分来抓，把非公企业党建工作经费纳入财政预算，每年分别从区财政和区管党费按100元/人和30元/人标准下拨党员活动经费，并将非公企业党员上缴的党费全额返还，而且全面落实了非公企业党组织书记补贴制度，建立了非公企业党建专题研究、督查通报、联系包挂、目标管理和党务干部培养选拔制度，实现了非公企业党组织百分百有人管事、有钱办事。进一步加强了非公企业党组织标识、场所、档案资料等方面的规范化建设，坚持从党建工作需要和非公企业实际条件出发，协调相关单位、协助街道整合现有资源，将党员活动室、电教中心、职工之家、职工学校等融为一体，实现资源与非公企业党组织共享，较好地解决了非公企业党建过度依赖企业主的问题。

三、荔湾区非公企业党建工作的经验启示

做好非公企业党建工作，关键要赢得企业主的认同和支持。紧紧围绕企业生产经营，努力将党建工作融入企业内部管理，推动企业健康发展，彰显党组织在促进企业发展中的引领推动作用，实现“党建促进发展，发展提升党建”的良性循环。

---

① 首席执行官。

（一）建设党组织要与企业群团建设相结合

群团工作是非公企业党建工作的重要内容，非公企业党组织的建设要与企业群团建设相结合。加强和改进与共青团、妇联、工会组织的沟通与联系，有助于发挥党组织的指引和模范作用，有助于提高企业生产经营效率。广州立白企业集团有限公司党委就十分注重探索党的建设与群团组织建设的结合，除党委外，还设立了纪委、统战部、武装部、工会、团委、妇委会、关工小组和民兵预备役警卫调整连等机构，构建起党建领航，党建带工建、党建带团建、党管武装、党抓统战，各方参与、共建双赢的大党建工作新格局。立白集团党委积极发挥党组织善于组织引导和沟通协调的优势，维护员工的合法权益，协调各方关系，有效化解各类矛盾，引导企业和企业主重视员工福利，改善员工的工作生活环境，充分发挥自身连接企业和政府、社会及其他社会主体的桥梁作用，处理好企业与其他社会主体的关系，促进企业的和谐发展。

（二）发展党员要与企业人才培养相结合

在非公企业发展党员，要推行“双培工程”[①]。把企业生产一线员工中的优秀分子、科技人员中的积极分子、关键岗位上的先进分子和经营管理层中的骨干分子培养成党员，既加强业务知识培训，又注重党的知识培训；把企业党员培养成科技能手、生产骨干和管理行家。按照因人制宜、分类施教的原则，对党员明确培养目标，优先进行岗位培训，使之成为复合型党员，彰显党员先锋模范作用。如广州唯品会信息科技有限公司党支部一方面创造条件让政治觉悟高、党性观念强，有事业心、责任感，又具备现代企业经营管理知识的优秀青年党员列席企业决策讨论，参与企业经营管理具体事务，努力把优秀青年党员培养成企业中高层管理人才；另一方面把企业高层管理人员培养成党员，并充实

① 指把党员培养成业务骨干，把业务骨干培养成党员。

到企业党支部的领导班子中，发挥示范带头作用，提升企业经营管理水平。至今，广州唯品会党支部担任企业管理层以上职务的党员有30余名，有67%的党员获得了“优秀员工”称号，充分体现了党员是企业的中坚力量。

（三）组织党建活动要与企业生产经营相结合

由于非公企业党组织的特殊性，在开展活动过程中，一定要从企业的特点和实际出发，按照“业余、小型、灵活、务实、创新”的原则，紧紧围绕促进企业发展这一中心任务，不断创新组织活动的内容和方法。如广州敏城建设工程有限公司党支部深知安全发展永远是建筑企业发展的主题和前提，坚持把“安全发展”贯彻于企业日常工作中，先后组织开展“百日安全无事故”“安全活动月”等一系列活动，把安全生产放在更加突出的位置，使广大党员职工牢牢绷紧安全这根弦。通过活动，企业生产隐患排查多了，故障出现少了，主动保养的项目多了，被动检修的项目少了，职工工作更加安心了，公司生产利润更是芝麻开花节节高了。

（四）开展思想政治工作要与企业文化建设相结合

企业文化是党建思想政治工作的基础，党建思想政治工作的开展离不开企业文化的完善、发展和支持。同时，党建思想政治工作对促进企业文化的建设、企业团队精神的培育，具有很好的催生凝合作用。因此，在非公企业开展思想政治工作要结合企业生产经营理念，融入企业文化建设中，从根本上解决思想政治工作和生产经营“两张皮”的问题。如广州立白企业集团有限公司的“一、五、十”文化[①]，就把爱国心放到首位，充分体现了党建思想政治工作与企业文化相结合。而立白集团

---

① “一、五、十文化”指一个经营管理总要求：改革、创新、快速、高效；五个“立”核心价值观：立信、立责、立质、立真、立先；十颗心：爱国心、感恩心、亲缘心、分享心、利他心、包容心、简朴心、平常心、自省心和自信心。

党委则做企业文化建设的积极倡导者和推动者，在加强企业文化建设的过程中深化思想政治工作，着手打造“立白党建”公众号，建立党员、年轻职工十余个微信群，丰富了思想政治工作手段。在“两学一做”学习教育中，更是运用网络新技术创设立白党建“云学院”，创造性开展“四式”党课推动党课教育有效覆盖；搭建全国首个党建网络直播平台，成为全国首个开展党建网络直播的党组织，获得广东省基层理论创新项目，受到中共广东省委组织部通报表彰，广东卫视新闻联播、《羊城晚报》《南方日报》等也对其进行专题采访报道。

（五）营造廉洁氛围要与企业防治腐败工作相结合

廉洁建设是一个企业能够持续健康发展不可缺少的要素，是企业实现长远目标的重要保障，也是非公企业党建工作的重要内容。非公企业党组织开展廉洁教育，要与企业防治腐败工作结合起来，用制度规范生产经营行为，实施有效监督，营造风清气正的从业环境。如广州好迪集团有限公司党支部针对企业发展壮大，供应商、合作商日益增多的情况，着手建立了一系列的管理制度，如《供应商管理制度》《采购程序管理规定》《经销商管理办法》《费用监察实施细则》等，对供应商、经销商、合作商的选择、监督、考核、异常处理等行为都有了明确规范化的指引。且以公正透明为原则，对涉及经济领域的敏感环节、重要环节在业务流程和审批权限设计上也建立了互相制约、相互监督的内控体系。同时推行部门负责制、岗位责任制，将廉洁责任纵横有序延伸到人和岗，一级抓一级，切实负起责、负好责。企业主也一直以诚信经营、廉洁自律为准则，得到社会认可，董事长黄家武被评为“廉洁广州2014年度人物”，党支部书记黄家文被评为“廉洁荔湾2015年度人物”。

全面从严治党视域下的荔湾基层党建工作的探索与实践

荔湾区委党史研究室

党的十八大以来，荔湾区在以习近平同志为核心的党中央坚强领导下，牢固树立“四个意识”，坚定“四个自信”，坚决做到“两个维护”①，以习近平新时代中国特色社会主义思想为指导，深入贯彻习近平总书记对广东重要批示精神，围绕打造“湾区门户、广州名片、产业高地、现代商都”，着力建设国家中心城市核心功能区和国际大都市现代化中心城区这个中心任务，针对基层党建和基层治理的重点难点热点问题，全力抓好党的政治、思想、组织、作风、纪律、制度六大建设，为新时代荔湾区改革发展提供坚强的组织保证。

一、旗帜鲜明讲政治，把党的政治建设摆在首位

旗帜鲜明讲政治，把政治建设摆在首位，这是马克思主义政党不同于西方资产阶级政党、具有独特政治优势的根本原因。习近平总书记反复强调：马克思主义政党最突出的特点和优势是讲政治，各级领导干部要善于从政治上看问题、站稳立场、把准方向，善于从政治上谋划部署推动工作。党的十八大以来，荔湾区委自觉把讲政治作为首要

① “四个意识”指政治意识、大局意识、核心意识、看齐意识。“四个自信”指中国特色社会主义道路自信、理论自信、制度自信、文化自信。“两个维护”指坚决维护习近平总书记在党中央和全党的核心地位，坚决维护党中央权威和集中统一领导。

标准，从厚植党执政的政治基础的高度辨析问题，牢牢把握政治方向、政治立场和政治大局，以“四个意识”为政治标杆，着力提高政治能力。

（一）把对党忠诚作为生命线，锻造坚决维护党中央权威的政治品格

以贯彻落实党的十八大、十九大精神和习近平总书记对广东重要批示精神为主线，通过中心组学习、荔湾大讲坛、区委党校和社区论坛等载体实现全员培训，树牢“四个意识”，坚定“四个自信”，做到“四个服从”[①]。荔湾区委迅速起草《中共广州市荔湾区委关于坚决维护以习近平同志为核心的党中央权威和集中统一领导的规定》和《荔湾区贯彻落实中央八项规定精神实施办法》，把维护习近平总书记党中央的核心、全党的核心地位，维护以习近平同志为核心的党中央权威和集中统一领导作为第一位的政治要求，任何时候、任何情况都忠诚核心、拥戴核心、维护核心、捍卫核心。以全面肃清李嘉、万庆良恶劣影响为主线，迅速传达贯彻落实省委、市委要求，审议通过《中共广州市荔湾区委关于坚决全面彻底肃清李嘉、万庆良恶劣影响的工作方案》，印发召开肃清恶劣影响专题民主生活会的通知，全区处级以上单位按照通知要求对照检查、深入开展批评与自我批评、深入整改。成立区肃清流毒专项办公室和督导组，对全区各单位开展专项督导，每个单位每个月实地督导不少于一次，绝不许搞小山头、小团伙、小圈子，绝不允许损害党中央权威和集中统一领导。以严肃查处对党不忠诚不老实、阳奉阴违的“两面人”为主线，用好组织监督、群众监督、舆论监督、社会监督手段，以前一些部门或街道“一把手”嘴上说严守政治规矩私下却对中央和上级党委的部署说三道四的、在执行党中央或上级党委决策部署时拖延观望的、只管自己“一

① 党员个人服从党的组织，少数服从多数，下级组织服从上级组织，全党各个组织和全体党员服从党的全国代表大会和中央委员会。

亩三分地”缺乏对全区发展大局整体认识的，以前一些普通党员干部对社会上媒体上歪曲事实抹黑党和政府形象置若罔闻等问题，都在这几年从严管党治党的实践中得到解决，风清气正的政治生态逐渐形成。

（二）把立政德作为根本点，做到明大德、守公德、严私德

习近平总书记在参加十三届全国人大一次会议重庆代表团审议时指出：领导干部要讲政德，要明大德、守公德、严私德。党的十八大以来，荔湾区委始终把政德建设作为社会道德建设风向标，充分利用红棉、西塱反腐倡廉教育平台深入开展宣传教育，在做好一年一度的纪律教育学习月和领导干部党纪政纪法纪培训班基础上，开展新提任领导干部廉政谈话，在党校主体班、公务员培训班开设廉政教育专题课程，举办反腐倡廉宣教沙龙，深入推进廉洁文化进校园、进医院，建成西焦生态公园廉洁文化教育基地，打造“广州·荔湾清风行”线路，营造了良好的思想舆论氛围，使各级领导干部自觉带头从严立政德，认真践行“三严三实”[①]要求，做到以信念、人格、实干立身，在明大德、守公德、严私德上发挥表率作用。在明大德上，各级党组织自觉增强“四个意识”，坚决维护以习近平同志为核心的党中央权威和集中统一领导；在守公德上，各级党组织和党员领导干部牢固树立正确的政绩观，全面贯彻落实以人民为中心的发展思想，全心全意为群众办实事、做好事、解难事；在严私德上，各级党组织和党员领导干部把家风建设摆在重要位置，管好家人、慎交朋友，公正用权、谨慎用权、依法用权，坚决反对特权思想和特权行为，守住了安全稳定廉政底线。

① 指既严以修身、严以用权、严以律己，又谋事要实、创业要实、做人要实。

二、从严加强基层党组织的思想建设

注重从思想上建党是马克思主义建党的一个重要原则。党的 90 多年的历史告诉我们，在革命、建设和改革的重要历史关头，党都把加强思想建设作为带领我们履险蹈难的强大武器。新的历史时期，习近平总书记提出，“深入推进全面从严治党，必须把加强思想政治教育放在首位，教育引导党员、干部补足精神之‘钙’，筑牢思想之‘魂’”。

（1）注重用马克思主义中国化的最新理论成果武装荔湾党员干部思想。党的十八大以来，习近平总书记站在发展中国特色社会主义事业全局的高度，探索和把握中国特色社会主义规律的新发展，把马克思主义中国化提高到了新境界，形成了一个系统完整、博大精深的科学体系，是对中国特色社会主义理论体系的丰富、完善和发展，是马克思主义中国化最新理论成果的集中体现。新形势下，加强基层党组织思想建设就是要深入学习习近平新时代中国特色社会主义思想，深入学习党章党规，深刻领会党中央治国理政新思想新战略。这是当前补足精神之“钙” 的重要举措，也是把荔湾区广大党员干部思想团结统一到

荔湾区在“两学一做” 学习教育中抓好基层党建七项重点任务部署推进会

着力建设国际大都市现代化中心城区这个目标的重要思想基础。荔湾区首先是把学习贯彻习近平新时代中国特色社会主义思想作为首要政治任务，向全区处级以上干部发放《习近平总书记系列重要讲话读本》，积极引导党员领导干部自觉学习习近平新时代中国特色社会主义思想，用马克思主义中国化最新理论成果武装头脑，对照讲话精神，引导广大领导干部从思想、学习、工作、纪律和作风等方面查找自身问题，认真剖析思想根源，不断矫正自己的世界观、人生观和价值观，拧紧思想总开关。其次是抓好习近平总书记对广东重要批示和治国理政新理念新思想新战略的学习。结合最近区委要求的推动荔湾战略谋划向战略执行转变开展学习研讨，荔湾组织各层级党员讲业务型、理论型、事迹型、研讨型党课，建立微信公众号开展知识竞赛，使全体党员干部理解掌握“四个坚持、三个支撑、两个走在前列”[①]思想内涵。再次是突出“关键少数”、活化教育形式、扩大学习覆盖面。坚持领导带头学习近平新时代中国特色社会主义思想，带头讲党课，完善区级党员领导讲专题党课、职能部门领导讲业务型党课、优秀党员讲事迹型党课、“两新”组织党员讲研讨式党课、老党员讲红色党课、青年党员讲互联网党课制度。2019 年以来，荔湾区开展党员讲党课 300 多场，其中荔湾区领导干部带头讲党课共 16 场，全区各党委（党工委、党组）书记讲党课共 39 场，基层党支部书记、党小组组长讲党课共 160 场。通过用马克思主义中国化的最新理论成果武装广大党员干部思想，使广大党员干部日益牢固树立马克思主义世界观、人生观、价值观和正确的权利观、地位观和利益观，以奠定广大党员干部拒腐防变的坚实思想基础，把荔湾区党员干部群众精气神统一到打造“湾区门户、广州名片、产业高地、现代商都”，着力建设国际大都市现代化中心城区这个中心

① “四个坚持”指坚持党的领导、坚持中国特色社会主义、坚持新发展理念、坚持改革开放。“三个支撑”为全国推进供给侧结构性改革、实施创新驱动发展战略、构建开放型经济新体制提供支撑。“两个走在前列”指努力在全面建成小康社会、加快建设社会主义现代化新征程上走在前列。

任务上来。

（2）注重传承荔湾红色基因教育。在加强基层党组织思想建设方面，荔湾十分注重结合本地地方革命特色，从本地发生过的革命历史里挖掘素材，教育广大党员干部传承荔湾红色基因。荔湾以谢家祠为中心，将区内谢家祠、凤溪村、裕安围、“红色甲工”、广州儿童团等20处革命遗址串联起来，着力打造荔湾区党员红色教育平台，以荔湾近现代史的不朽篇章教育人、感染人、鼓舞人。同时，荔湾区委组织部联合教育局等6个单位编纂了《荔湾革命史话》，这本书生动地记述了党在各种错综复杂的历史环境下领导荔湾人民进行革命、建设和改革的主要史实，讴歌了荔湾人民在党的领导下在各个时期取得的伟大成就。此书向全区各个单位派发后，在广大党员干部中引起强烈反响，弘扬了“知史爱党，知史爱国，知史爱区”的精神。荔湾区在广州市真光中学举行“党建进校园”系列活动——《荔湾革命史话》新书首发仪式暨“青年对话党代表”校园论坛主题活动。荔湾区3位参加过中国共产党全国代表大会的代表——党的十八大代表刘奕鹏、党的十七大代表覃振凤、党的十五大代表宁焕美首次与青年学生齐聚一堂，用荔湾的光荣革命历史引导莘莘学子和广大党员干部传承荔湾的红色革命基因，砥砺前行。2016年区委组织部联合区委宣传部，以荔湾革命历史遗址和革命英雄人物为主线，编印了《荔湾红色印记》教育读本和《睇今日西关，寻红色印记》荔湾红色印记导览图，再现荔湾红色革命记忆，进一步提升全区党员干部的革命历史荣誉感和使命感，坚定荔湾党员干部群众不断传承荔湾红色基因，凝聚起荔湾广大党员干部把荔湾区建设成为国际大都市现代化中心城区的正能量。

（3）注重党内经常性教育。党内经常性教育是党的思想建设的一项基础性工作。首先，荔湾区委、区政府搭建起党性教育线上线下相结合的平台和载体。线下平台和载体主要有荔湾大讲坛、西关大学堂和三级党群服务中心等，线上教育平台主要有荔湾党建公众号、党员远程教育等。利用这些平台和载体，荔湾定期举办“周末16点”学堂、地区CEO沙龙。组织广大干部群众观看《周恩来的四个昼夜》等影片，邀请焦裕禄的女儿焦守云作《我的父亲焦裕禄》宣讲，荔湾还依托中央党校、中国浦东干部学院等培训机构，举办党性教育培训班。党的十八大以来分别开展了学习党的十八大精神、党的十九大精神、习近平新时代中国特色社会主义思想以及省、市党代会精神等专题培训。结合推进“两学一做”学习教育常态化、制度化，围绕抓思想教育这个根本，党的十八大以来全区共举办讲座、辅导报告6000多次，培训党员48936人次。通过这些线上线下平台和载体，分批轮训了经济联社党组织书记、社区党建工作指导员、社区专职党务副书记及“两新”组织党组织书记，对新党员和入党积极分子进行增强党员意识、遵守党规党纪、发挥先锋模范作用的专题培训。其次，荔湾区委、区政府在教育方法上做到正反两面教育相结合。正面教育方面既以焦裕禄等先进典型为标杆，又树立了以破解群众反映强烈的“四难”[①]问题的区政务办主任刘允强、默默守护百姓的便衣民警邬松君等为代表的身边先进典型。反面教育方面既按中央要求以周永康、薄熙来、徐才厚、令计划、苏荣等严重违纪违法案件为教材，又以李嘉、万庆良、曹鉴燎等案件为案例，引导全区各级党组织和党员干部认清是非，树立远大的政治理想，补足精神之“钙”。

三、从严夯实基层党的组织建设

高度重视基层党的组织建设是共产党的优良传统。列宁提出“无产阶级在夺取政权的斗争中，除了组织以外，别无其他武器”；红军时期，毛泽东提出“支部建在连上”的基层党组织形式。今天要贯彻党要管党、从严治党的方针，就必须做好抓基层、打基础的工作，必须加强党的组织建设，使每个基层党组织都成为坚强的战斗堡垒。

① 指看病难、上学难、增收难、出行难。

（一）严密基层党的组织体系，使党的组织和工作全覆盖

荔湾注重强化各领域党的组织建设，通过不断创新组织设置理念和模式，编织了一张纵横交错的党组织网络。首先，在街道层面，根据社区所辖范围、党员分布情况，按照社区建党委、网格建总支、楼宇建支部目标，将社区划分为若干网格并成立党组织，网格内每栋楼相应设党组织，形成“街道—社区—网格—楼宇”四级党组织网络，比如2015年在金花街试点成立了60多个楼宇党支部，使每一名党员都有相应的支部进行管理。其次，在“两新”组织层面，首创“两新”领域“独立组建式”“集约组建式”“联合组建式”“挂靠组建式”“网络组建式”等建立党组织的方式方法，有效破解了非公企业党组织组建难、开展活动难、作用发挥难和党员教育管理难等问题。不断提高“两新”组织的组建率和存活率。到2016年，全区共组建“两新”组织231个，其中单独组建172个，联合组建59个，实现了党的组织和工作在“两新”领域的全覆盖。再次，荔湾区根据社会治理需要，按不同类别进行建党，坚持“四同”建党，在社区党组织下面分类成立下岗失业党支部、复退转党支部、大学生党支部、长者义工党支部、创文攻坚党支部、流动党员党支部，进一步增强党组织凝聚力。坚持“四型”建党，针对在东漖街广佛数字创意园组建社区党组织牵头的“新广州人服务站”，在龙津街和业广场设立由物业管理公司牵头的党组织联络点，在站前街、岭南街建立站西鞋城党支部、电子市场党支部，依托广州市商业步行街商会、南方茶叶商会等商会组织成立商会党支部。通过不断创新组织设置理念和模式，夯实党的基层组织建设。截至2019年7月，荔湾区现有基层党组织1846个，其中，党委155个，总支95个，支部1596个。荔湾区织就了一张纵横交错的党组织网络，严密了党的基层组织体系，实现了党的组织和工作全覆盖，使党的领导和党组织的作用有效覆盖到经济社会各领域。

（二）严格党员标准和党的组织生活

（1）严格党员标准。一是着眼于保持党的先进性和纯洁性，落实发展党员的五大环节、25 个步骤，落实好“四讲四有”[①]合格党员标准，并始终把政治标准放在首位，严把党员入口关。确保党员发展正本清源。二是不断完善发展党员备案制、前置审批制和公示制度，推行经济联社发展党员“一备四推一审公示制度”，确保发展党员公平、公开、公正。三是注重结合在推进区内重点工作中、在生产和工作第一线发展党员，比如在创文工作中和“城中村”改造等急难险重的工作过程中发展党员。四是不断改善党员队伍结构。注重在生产、工作第一线，在青年、妇女和文化程度较高群体中发展党员，把 35 岁以下、大专以上文化和女性的优秀人才作为发展党员的重点。五是疏通党员出口关，对党性观念淡薄、长期不参加组织生活、不按规定缴纳党费等不合格党员，稳妥慎重地开展组织处置，确保党员队伍的自我净化。

（2）严肃党的组织生活。荔湾区注重用好党的组织生活这一手段，认真贯彻《关于新形势下党内政治生活的若干准则》和《中国共产党党内监督条例》，落实好“三会一课”、民主生活会和组织生活会、谈心谈话、民主评议党员等基本制度，用好批评与自我批评这个武器，提高党组织、党员干部发现和解决自身问题的水平和能力，净化党内政治生态，使每个基层党员加强党性修养。

（3）严厉整顿软弱涣散党组织。首先是向软弱涣散党组织派驻“第一书记”。2015 年从机关选派 21 名年轻科级干部担任软弱涣散党组织“第一书记”。2016 年荔湾区确定了 23 个软弱涣散党组织，采取一对一“挂号”，针对排查出的突出问题，采取“一社区（联社）一策”办法，研究制订整顿方案，明确目标、时限和责任人，区委书记挂点金花街世纪社区党总支，确保把软弱涣散党组织整顿工作办成“书记工程”。其次是街道部门联动，手把手“把脉”。再次是“第一书记”驻

① 指讲政治、有信念，讲规矩、有纪律，讲道德、有品行，讲奉献，有作为。

点，面对面“问诊”。通过连续三年的整顿工作，共排查软弱涣散党组织 61 个，完成整顿 38 个。2017 年，荔湾区对 10 个软弱涣散基层党组织进行重点整顿，通过区委领导带头，一对一“挂号”，街道部门联动，手把手“号脉”，第一书记驻点，面对面“问诊”，共查找出问题 23 个，已解决 23 个，制定出具体工作措施 43 条，已落实 43 条，目前 10 个整顿对象全面完成转化销号，一批社区（经济联社）存在的突出矛盾和群众反映强烈的问题得到有效解决。2018 年，根据省委组织部和市委组织部的有关部署，荔湾区启动新一轮的软弱涣散党组织摸查整顿工作。对照六个方面的问题（班子建设、涉黑涉恶、党员干部违纪违法、集体经济发展和“三资”管理、信访维稳、涉地问题），区委组织部会同区纪委监委、区委政法委、区人民法院、区人民检察院等部门，认真开展“六对接六排查”，确定东沙街南漖社区为软弱涣散党组织，由区委书记亲自挂点负责，并选派一名科级干部担任“第一书记”、派驻一支工作队进行精准整顿。同年 10 月，市委常委、常务副市长陈志英到南漖社区调研指导时，对整顿工作成效给予肯定，并要求进一步抓实问题解决。

通过整顿软弱涣散党组织，推进了基层党组织全面进步，全面过硬，使基层党组织重新焕发出活力。

四、从严加强基层党组织的制度建设

在总结党的自身建设历史教训的同时，邓小平高度重视制度建设，认为“我们过去发生过各种错误，固然与某些领导人的思想、作风有关，但是组织制度、工作制度方面的问题更重要”。在面对“四大考验”和“四大危险”①的当下，习近平总书记多次强调，要从权力源头上遏制腐败，要加强对权力运行的制约和监督，把权力关进制度的笼子里。

① “四大考验”指长期执政考验、改革开放考验、市场经济考验、外部环境考验。“四大危险”指精神懈怠、能力不足、脱离群众、消极腐败。

全面建设好党的基层组织，最基础的工作是要完善基层组织制度体系建设。使基层党组织和党员干部言行有规范，用权有敬畏。荔湾坚持用制度管人管事，把加强制度建设作为推动基层党建常态化长效化的有效方式。

荔湾严格执行民主集中制、“三会一课”、民主生活会、领导干部双重组织生活会、民主评议党员和谈心谈话等制度，完善“三重一大”①等决策机制和制度，在此基础上进一步健全基层党建工作责任制、基层党建工作管理机制、基层党建工作保障机制和基层党建考评体系。

（一）全面构建基层党建标准化制度体系

2018 年，荔湾区在制定《荔湾区基层党建工作标准化制度文件》“1+12”和《荔湾区基层党建工作考核标准化文件》“1+7”文件体系的基础上，联合市标准化协会梳理起草《荔湾区基层党建工作标准化制度体系》，对基层党组织设置、党员教育管理、组织生活、服务群众、党建责任考核等方面进行规范。印发《关于开展党支部标准化建设试点工作的通知》，制作《基层党组织党务工作微手册》，在 101 个党支部开展标准化建设试点，以点带面，推动全区基层党支部建设标准化、规范化。

（二）健全基层党建工作责任制

为使每个基层党组织都能成为坚强的战斗堡垒，荔湾区首先是强化“抓好党建是本职，不抓党建是失职，抓不好党建是不称职”观念，从严加强党的基层党建工作责任制建设。比如在党员教育培训方面，将培训软任务转化为量化考核的硬指标，对街道、社区党员教育管理工作进行考核并作为评先重要标准，形成“区—街—社区（联社）”三级党组织书记抓基层党建工作责任体系。其次是注重通过“书记项目”和“基层

---

① 指重大问题决策、重要干部任免、重大项目投资决策，大额资金使用。

党组织书记述职评议”两个措施切实履行抓党建“第一责任人”的主体责任，并以此作为落实全面从严治党责任重要抓手。在社区、经济联社换届选举中，由区委书记与各街道党工委书记签订责任状，确保了换届顺利进行。2015年形成了《关于建立健全地方党（工）委（党组）抓基层党建工作责任制实施意见的通知》，形成了区委抓、书记抓、基层党组织抓，一级抓一级、层层抓落实的党建工作责任制。2017年58位党委（党工委、党组）书记向区委书记一一述职，并把述职评议延伸到当时的1506个基层党支部。再次是通过建立党委（党工委、党组）成员抓党建责任清单，抓好班子成员“党建双责”的落实。区领导班子成员中的党员领导干部分别挂点联系一个街道、经济联社、社区、企业和学校，建立基层党建联系点，将党建工作情况作为年度考核、创“五好班子”和工作满意度调查重要内容，把党建工作成效作为考核基层党（工）委、党组领导班子和领导干部工作实绩重要内容，积极探索党（工）委、党组领导班子齐抓共管党建工作机制，增强党建工作“主业”意识，形成了《关于建立健全地方党（工）委（党组）抓基层党建工作责任制实施意见的通知》《关于进一步加强社区党的建设工作意见的通知》《关于进一步加强基层党建工作的意见》等一系列政策文件，建立健全责任明确、领导有力、运转有序、保障到位的工作机制，促进基层党建工作科学化、制度化和规范化。同时把基层党组织落实管党治党各项制度情况，纳入巡察监督的范围，将制度落实结果纳入年终考核体系，真正让铁规发力。

（三）建立健全基层党建工作管理机制

党的十八大以来，荔湾区进一步建立健全“三层级两平台”基层党建工作管理机制。“三层级”，即：“指导层”，由区党的基层组织建设工作领导小组、区委组织部构成，负责具体研究和制定全区社区党建工作机制，指导基层开展党建工作；“组织层”，由街道党工委、党建学会分会构成，在街道党工委的组织协调下，负责落实上级部署，策划、组织本地区党建工作；“实施层”，由街道组工干部、社区专职党务副书记和社区党建工作指导员三支队伍构成，具体负责有关党建工作的开展。“两平台”，即：“街道党工委副书记定期交流工作平台”，由各街道党工委轮流组织交流活动，以座谈会、参观、研讨等形式，每季度定期召开一次；“社区党建工作指导员、社区专职党务副书记交流平台”，把全区社区党建工作指导员、社区专职党务副书记分成若干小组，定期开展交流、研讨活动。2016 年，荔湾区在完善“三层级两平台”基层党建工作管理机制的基础上，制定了《荔湾区基层党建工作分片联系和例会制度》，按照党员数量适中、基层党建资源分布相对均衡的原则，根据荔湾区基层党建工作情况、基层党组织地理位置、党员分布情况等因素，把基层党组织划分为 4 个片区，由相关同志负责进行分片联系，定期召开片区工作例会，组织片区交流研讨活动，及时掌握各片区基层党建工作动态，协调解决片区基层党建工作难题，实现了“指导层”党务管理工作的扁平化，提高了党务管理工作效率。

（四）建立健全基层党建工作经费保障机制

不断完善“党费出一点、财政拨一点、基层筹一点”的基层党建工作经费投入机制，党的十八大以来区财政每年安排基层党建工作经费预算约 800 万元，党建工作经费使用尽量向基层倾斜，每年从区管留用党费中下拨 200 多万元到社区、联社、“两新”组织等基层党组织，切实加强党员活动阵地建设，确保基层党建工作有载体、有阵地、有平台、有经费，为基层党建工作提供了经费保障。

（五）建立健全基层党建考评体系

荔湾区注重完善机关、社区、联社、非公有制经济组织及社会组织等基层党组织考评制度，改进考评方式，采取上级考评与本级自评和基层测评、经常性考评与半年考评和年终考核、党内考评与群众测评相结合等方式对党建工作进行考评。把创先争优活动中形成的群众评议和万人大讨论机制固化，并运用到企业评价政府、基层评议机关、群众评价基层党组织工作中，借鉴淘宝买家评价卖家模式让群众对基层党组织的服务质量进行评价，形成组织评价和群众评价有机统一的服务绩效评价机制。同时注重考核结果运用，把服务成效作为党员干部考核奖惩、选拔任用的重要依据，引导党员干部真正把工作承诺落到实处。2017年制定了《荔湾区基层党建工作考核标准》，量化机关事业单位、街道（社区）、非公有制经济组织、社会组织、学校教育系统、卫生医疗系统、国有企业7个领域党建工作，逐条严格考核打分，落实工作责任。

荔湾区在加强基层组织制度建设过程中，注重加强制度建设的系统性和时效性。使各具体制度之间在时间、空间与内容上相协调，在新老制度交替时使内容、范围与效力相衔接，使各制度条文在内涵上协调统一，不互相矛盾。荔湾区在全面梳理现行制度，从需要废止、修订完善、重新建立三个方面入手，列出制度建设详细目录，认真做好制度“废改立”工作，并逐项明确主要内容、责任领导、牵头单位、责任单位、完成时限，实现了制度的“瘦身”和“健身”，一揽子解决了区内各种规章制度中存在的不适应、不衔接、不协调、不一致问题。

五、从严加强基层党组织的作风建设

党的作风建设是党的建设的重要组成部分，党风好坏直接关系到人心向背，也关乎党和国家的生死存亡。党的十八大以来，新一届中央领导集体狠抓党风建设的第一个重要举措就是颁布八项规定，震慑歪风。第二个举措是在常抓不懈八项规定的过程中，以贯彻落实中央八项规定为切入点，在全党开展群众路线教育实践活动。紧紧围绕保持党的先进性和纯洁性，以为民务实清廉为主要内容，坚决反对形式主义、官僚主义、享乐主义和奢靡之风，密切党同人民群众的血肉联系。第三个举措是开展“三严三实”专题教育活动，这是党的群众路线教育实践活动的延展和深化，是着眼于解决作风方面的突出问题而提出的，具有很强的现实针对性，是持续深入推进党的作风建设的重要举措。

荔湾区开展“三严三实”专题教育学习

习近平总书记指出作风问题的核心是党同人民群众的关系问题。基层党组织的作风问题直接影响着人民群众同党的关系，为防范和查处各种显性、隐性和变异的“四风”①问题，荔湾区发扬钉钉子的精神，把落实“八项规定”精神常态化、长效化，净化基层党的作风，密切党同人民群众的血肉联系。

荔湾区严格执行八项规定，坚决反对“四风”。要求领导干部遵守廉洁从政有关规定，严格执行八项规定中住房、车辆配备等有关工作和生活待遇的规定。在车辆问题上严格按照《广州市党政机关公务用车使用管理实施细则》《荔湾区党政机关公务用车使用管理实施细则》要求、补充和规定，把公务用车使用管理工作纳入领导干部廉政建设责任制考核内容，按照“谁主管谁负责”的原则，明确责任分工，加强公

① 指形式主义、官僚主义、享乐主义、奢靡主义。

务用车使用管理工作。对不插卡用车、节假日用车、超时用车等情况，及时依规审查核实并处理。认真执行用车情况公示制度，建立公务用车使用登记制度，做好节假日、月结、超时用车核销、非正常使用、公务用车非公务有偿使用等台账，存档备查。根据《中共广州市纪委关于开展区、县级市党政机关违规借用车辆问题清理工作的通知》，部署整治区各级党的机关、人大机关、行政机关、政协机关、审批机关、检察机关、人民团体机关和参照公务员法管理的事业单位借用下属车辆问题，有重点地抽查部分机关单位和街道办事处借用下属车辆问题专项清理工作。

荔湾区开展第二批群众教育实践活动期间，加强对“四风”突出问题整治力度。首先是“地毯式”全面铺开查找“四风”问题，从区几套班子和二级班子扩大到经济联社领导班子、执法部门、窗口单位和服务行业等重点领域，通过明察暗访、制作暗访片、大会民主评议和机关作风曝光台、回访台，全面摸清“四风”问题基本情况，通过上门走访、个别访谈、“民情茶座”、“进村夜访”、“社区党员民情议事会”，召开征求意见座谈会 536 场（次）、发放调查问卷 3 万多份、收集意见建议 981 条。其次是聚焦“四风”对照检查。各级领导班子及成员在深入谈心谈话后，按照“衡量尺子严、查摆问题准、原因分析深、整改措施实”要求，认真开展对照检查、撰写对照检查材料，在审阅内容上采取了“六看”，在审阅程序上采取了“八把关”，材料普遍修改了 10 次以上。全区共收到班子对照检查材料 88 份，个人对照检查材料 554 份。再次是聚焦“四风”开展批评与自我批评。荔湾区委、区政府带头召开各级班子专题民主生活会，真刀真枪开展批评与自我批评，在会上，人人都红了脸、出了汗，生活会开出了好的氛围、好的效果，达到了“团结—批评—团结”目的。全区基层党组织做好了专题组织生活会和民主评议党员工作，确保了党员受到教育、受到警醒。最后是针对问题进行专项整治。开展“5+12”专项整治活动，严肃整治收送“红包”礼金、“会所中的歪风”、领导干部违规多占住房等问题，加大对作风问题的曝光力度，办好“机关作风曝光台”，指导和督促“八项规定精神”

的贯彻落实，加强“三公经费”开支情况的监督检查。指导和督促责任单位健全内部管理体制，防范作风问题发生。

接下来，荔湾区重点查处党的十八大后、中央八项规定出台后，党的群众路线教育实践活动开展后的顶风违纪行为，盯住重点领域，对收送红包礼金、违规公款吃喝，违规打高尔夫球、“会所腐败”等问题进行重点整治。针对元旦、春节、五一、中秋、国庆等“四风”问题多发的时间节点，增强教育、监督和执纪问责的密度和力度。抓住典型问题，制作“曝光台”，曝光典型问题，问责相关责任人。

2016年，荔湾区继续健全改进作风机制。坚持作风问题暗访、查处、追责、曝光、测评“五管齐下”，不断完善作风建设统筹领导、问题查处协调联动和“四风”问题源头防控等机制，推动作风建设抓常抓细抓实。深入剖析2016年查处的“为官不为”问题，排查出问题集中出现的重点领域、重点岗位和关键环节，提出针对性意见建议，有效提升改进作风实效。在此基础上严查顶风违纪行为。深入开展纠“四风”防反弹专项整治工作，专门成立整治“四风”协作区，对顶风违纪问题直查快办，对典型问题通报曝光。在执纪审理和通报中，将违反中央八项规定精神、“为官不为”等问题作为重点，加大曝光力度。紧盯中秋、国庆等“四风”问题易发多发的关键节点，加大明察暗访和追责力度，强化震慑效果。持续释放越往后执纪越严的强烈信号。

2017年荔湾区落实越往后执纪越严要求，坚持暗访、查处、追责、曝光、测评“五管齐下”，贯彻省、市关于强化对“为官不为”监督执纪问责的工作意见，严查顶风违纪，深挖细查隐形变异的“四风”问题。把违反中央八项规定精神问题列为纪律审查重点，对典型案例通报曝光，强化震慑效果。坚决把党的纪律和规矩落实到最基层。坚持分众教育、突出警示教育、加强示范教育，抓好纪律教育学习月活动，办好领导干部党纪政纪法纪培训班，开展新提任领导干部集体廉政谈话，组织全区党员干部参加廉洁广州党员随身微教育在线学习，强化对广大党员干部的党性党风党纪教育。举办“风清气正，知礼向善”廉洁文化书法作品展，弘扬崇廉尚礼传统美德。培育清廉家风，督促领导干部争当家风建设的表率。

六、加强反腐倡廉建设，建立基层党组织防腐反腐体制机制

（1）抓好领导干部廉洁从政教育。2015 年荔湾区举办了年度领导干部党纪政纪法纪培训班，安排新提任领导干部廉政谈话，在党校主体班开设廉政教育专题课程，组织反腐倡廉沙龙，开展廉洁文化“八进”[①]活动，推进廉洁文化进校园、进医院，建成西焦生态公园廉洁文化教育基地，打造“广州·荔湾清风行”线路，营造良好思想舆论氛围，筑牢党员干部拒腐防变思想防线的“防火墙”。筑牢广大党员干部拒腐防变的思想基础，时刻警惕自律，廉洁奉公。

2016 年荔湾坚持分众教育、突出警示教育、加强示范教育，抓好记录教育学习月活动，办好领导干部党纪政纪法纪培训班，开展新提任领导干部集体廉政谈话。组织廉洁自律准则和党纪处分条例知识测试，举办专题知识竞赛，开展“党员随身微教育”活动，强化党性党风党纪教育。打造好家风教育基地，组织创作话剧《国字当头》及其巡演活动，传递社会正能量。

（2）构建不敢腐、不能腐、不想腐的有效机制。首先是完善巡视，做到常规巡视和专项巡视相结合。常规巡视是不带目标找问题，专项巡视是带着问题找线索，这样就将全面清查和重点清查相结合，使腐败难以藏身。为健全完善惩防腐败体系，市纪委制定《关于建立惩防腐败一体化工作机制的意见》，推进惩治和预防腐败工作。建立重大投资项目廉情预警防控机制，督促花地生态城、粤剧艺术博物馆、西关泮塘等重点建设项目廉政风险防控工作。荔湾区出台《荔湾区贯彻落实党和政府重大决策部署情况监督检查暂行办法》《荔湾区纪委监察局派驻纪

① 廉政文化进机关、进社区、进学校、进企业、进农村、进家庭、进景区、进医院。

检监察组“三重一大”事项监督检查暂行办法》，率先将“三重一大”事项细化成18类具体事项，并作为党风廉政建设责任制重要内容纳入年度综合考评。对基层单位实行监督“三部曲”：一是建立“三重一大”决策事项监督检查办法，实行街道纪工委书记向纪委常委会述职述廉制度，创新对派驻单位党风廉政建设和廉洁荔湾建设年度综合评价制度。二是全面落实约谈制度，由区纪委书记对区属纪检组织负责人逐一约谈，进一步明确要求，推动监督责任落实。三是落实好制度廉洁性评估。2017年，荔湾区建立3个纪检监察协作区，加强统筹协调、优化整合力量，推动解决基层纪检监察组织不敢监督、不能监督、不会监督问题。

（3）强化派驻监督。采取单独派驻和归口派驻相结合的方式，实现派驻全覆盖，有效地压缩了权力监督的真空地带，使党内监督没有空白。荔湾区重视拓展单独派驻范围，2015年新设14个单独派驻组，优化调整6个归口派驻组，各单位派驻组根据驻在单位工作实际和行业特点，加强对驻在单位班子及其成员和党员干部的监督，防范廉政风险，规范权力运行，使之成为从严管党治党的重要工作支撑。将从严管党治党的压力有效传导至驻在部门，对驻在部门的领导班子和成员形成实质性监督，倒逼领导干部自觉担当起党风廉政建设的主体责任。

（4）推进基层正风反腐专项治理工作。2017年5月，荔湾区开始部署基层正风反腐专项治理工作，基层正风反腐专项治理工作坚持问题导向，重点围绕经济联社班子和社区“两委”换届中的违纪问题，“村霸”和宗族恶势力背后的腐败问题，基层党组织、纪检组织落实“两个责任”不力的问题，违反中央八项规定精神和“四风”问题，损害群众利益的突出问题，基层执法监管、行政审批和服务群众方面的“为官不为”问题等六个方面的突出问题，精准发力，压紧压实责任，明确责任分工，层层传导压力，确保专项治理取得实效。以基层正风反腐专项治理的工作成果，进一步检验荔湾区推动全面从严治党向纵深发展的工作成效。

七、从严加强基层组织制度建设

从严加强基层党组织建设是落实全面从严治党的“牛鼻子”，荔湾区深刻认识到从严加强基层党组织建设是一个系统工程。坚持把党的基层组织的政治建设、思想建设、组织建设、制度建设、作风建设和反腐倡廉建设紧密结合，驰而不息地把基层党建工作抓常抓细抓长，激发党的基层组织的内在活力，凝聚共识，不断使全面从严治党向基层延伸。

两区合并，开启荔湾新征程

根据向东生[①]口述整理

2005年经上级批准，市委决定将原荔湾区、原芳村区两区合并为新的荔湾区，当时确定向东生为并区筹备组组长，刘平、黄河洪为副组长。此次合并是荔湾区建制以来调整力度最大，涉及面最广，影响最深的一次。对这项工作市委要求很高，当时的区委主要抓了三方面工作。

一、抓人心凝定力

首先是抓好动员，做好思想政治工作。做好上上下下干部群众对并区的认识工作，把大家的思想统一到市委的要求上来，这点很重要。因为两区合并，牵涉人员特别多，市给区的编制，两区合并后，是按一个区的编制安排人员，意味着大量人员面临去留转问题，没有思想波动是不可能的。提高并统一大家的思想认识是最关键的。通过做思想工作，使广大干部群众能够正确对待个人的去留转问题，同时使大家做到坚守岗位，确保当年任务完成。按市委要求不仅要把当年工作做好，还要做得更好。并区不是简单的“1+1=2”的问题。经过共同努力，我们做好了这项工作。其次是凝心聚力，注意发挥好原有班子的作用。并区有个过渡期，当时除区委书记和区长工作岗位明确外，其他都没有确定。从并区开始到并区工作结束还有大量的工作要做，在过渡期如何发挥原有各级各套班子作用，发挥各级领导干部的作用？当时的区委、区政府注

---

① 向东生，2005年6月至2007年1月任荔湾区委书记。

意调动各方积极性，由于做好了这点，各项工作基本不受影响，得到较好落实。再次是深入调研，与各级领导干部进行了大量的谈心，这个过程为接下来的人事安排做好了准备，同时为新荔湾的发展做了前期准备工作。

二、积极稳妥安排人员岗位

安排好人员岗位是并区工作很重要的落脚点。荔湾区和其他区在做法上主要有四点不同：第一点不同是没有刻意渲染或大张旗鼓地宣传动员我们的干部到外区去应聘、应招。对于荔湾的干部到外区去应聘，区委、区政府还是鼓励支持的，并提供方便，但没有过多渲染，尽量自己消化。如果大规模地让荔湾区干部到外区应聘，实际上外区也消化不了多少，反而容易伤了干部的自尊心和积极性。第二点不同是区职能部门党政“一把手”分设。当时时兴党政一身兼，在区委和区政府等党政部门不分设党、政一把手。如果不分设，对改革是有利的，但鉴于并区这个特殊情况和特殊时期，那么多干部，不解决好他们的安排问题，不调动干部的积极性，这不利于并区工作，不利于今后新的荔湾区的发展。所以当时荔湾区还是继续分设党政一把手。区一级班子和二级班子都根据实际情况积极稳妥地安排人员，我们也争取了市委的理解支持，用两到三年消化。第三点不同是没搞末位淘汰制。末位淘汰制在当时也很时兴，并且有一定积极作用。但当时不适宜搞末位淘汰，因而没搞，受到大家欢迎，所以过渡较平稳。第四点不同是对军转干部的安排。军转干一般不安排实职，而荔湾区是双拥模范区，不能此一时彼一时，我们根据实际尽量安排，比如两区合并时区武装部的严汉初，荔湾还是坚持把他安排到人防办当主任，有实职。

三、谋划新荔湾发展蓝图

在谋划荔湾发展蓝图上，荔湾区委、区政府也是花了功夫，主要是调动各方积极性，经过大家努力，区委、区政府作出了符合当时区发展的新思路和工作部署。我印象最深的有几件事，第一件是初来乍到如何抓荔湾发展的问题。2002 年底我来荔湾区，筹备“两会”，考虑新一届班子的工作思路、工作安排，工作规划、落实措施、拿什么政策来保证等。当时我们面对的是严峻的金融危机带来的不利影响，还有刚进行大规模的老城区改造问题，像康王路的改造，有很深远的影响，但改造后跟进有个过程，市里对此又有长远规划。当时是犹豫不定，把握不定。改造过程中，在老城区财政上是很大的问题，比较伤脑筋。我印象最深的是如何发展，迅速发展，扭转被动局面。在跟进改造的过程中，2003 年初又碰上“非典”，各种情况加在一起，难度就更大。但在全区上下共同努力下，我们制定出新一届班子的发展思路、工作规划，经过大家的努力，我们比较好和快地完成任务，那几年经济每年都是两位数的增长。第二件是如何抗击“非典”。战胜“非典”的过程惊心动魄，我们区是抗击“非典”第一线，经过大家的努力，荔湾区被评为市先进区，我和刘平作为党政主官，受到市委表彰。第三件是关注民生，如何造福荔湾的老百姓。印象最深的是抓基层的便民利民社区服务、机构和措施的落实。中心城区特别是老城区承载的改革开放历史遗留问题特别多、重，群众生活在高速发展的过程中，存在很多问题，比如大量的离退休工作人员、下岗工人，还有危破房改造、基础设施陈旧落后、旧城改造很多企业要外迁等问题，都需要我们跟进，做好服务，这是我

原荔湾区和原芳村区两区合并前夜

们做好城区工作很重要的落脚点。第四件是打好西关文化品牌。要发展经济，为推进经济发展创造条件，发挥好文化作为舞台和桥梁的作用，让经济唱主角，我们在擦亮西关文化品牌上做了很多工作。西关文化是岭南文化、广府文化的重要组成部分，荔湾有很多资源和优势，如何保护、传承、发展并用好这些资源和优势，还要做很多工作。

四、结语

作为老城区，荔湾区要取得经济社会发展付出的比较多，取得成绩比别人不容易，要顾及的比别人要多，新区宛如一张白纸，好描绘各种蓝图，老区包袱大，担子重。我长期在老城区工作，最困惑我的是区的财政，按现在市跟区的财政安排，感觉对老城区有点不公，但现行规定就这样，虽然经过不断争取，有些改善，但目前为止，感觉还是对老城区的财政安排有些欠缺，但这要正确理解，我们不能“等靠要”，要靠发展、靠改革来改变现状，这点荔湾区的干部群众真不错。作为老城区，民生是永恒的主题，继续抓好民生，改善民生，需要不懈努力，中心城区、老城区的特点、历史和现状决定我们要牢牢抓住“民生”这个问题，相信未来我们的班子会做得更好。

（收集整理人：刘艳华、万蓉蕾）

第六章

站位新时代　展示荔湾新气象新作为

党的十八大以来荔湾区加强精神文明建设的探索与实践

荔湾区委宣传部

加强精神文明建设在全面提高综合国力，增强中华民族的生命力、创造力和凝聚力，满足人民群众精神文化生活方面发挥着重要作用。随着现代化进程的加快，中国的经济发展已经呈现出蓬勃之势。面对经济全球化和信息网络时代的到来，各种思想意识形态不断冲击着我们国家的传统文化，精神文明建设显得越发重要。荔湾区紧跟时代潮流，在加紧自身建设的同时注重加强精神文明建设的探索和实践，进而推动社会主义精神文明的建设与发展。

一、荔湾区开展精神文明建设工作的背景

习近平总书记强调，只有物质文明建设和精神文明建设都搞好，国家物质力量和精神力量都增强，全国人民物质生活和精神生活都改善，中国特色社会主义事业才能顺利向前推进。

党的十八大以来，习近平总书记对做好城市工作和创建文明城市工作作出一系列重要论述。在地位作用上，强调城市发展带动整个经济社会发展，城市建设成为现代化建设的重要引擎，推进城镇化对全面建成小康社会、加快推进社会主义现代化具有重大现实意义和深远历史意义。在宗旨原则上，强调市民是城市建设、城市发展的主体，要坚持以人为本，坚持人民城市为人民，让城市成为人们追求更加美好生活的有力依托。在目标任务上，强调要转变城市发展方式，完善城市治理体

系，提高城市治理能力；要保护好城市历史文化遗产，传承城市历史文脉；要大力推进城乡区域协调发展，形成城乡发展一体化的新格局；要全面提高市民文明素质，打造城市精神，对外树立形象，对内凝聚人心。总书记的重要论述和重要批示，高屋建瓴，内涵深刻，方向明确，为我们深化创建文明城市工作提供了根本遵循。

广州市第十一次党代会提出，要提升城市软实力；要实现市民文明素质和城市文明程度进一步提高。这就需要大力深化创建工作，推动城市环境提质、“广式服务”提升，市民素质提高，建设与国家中心城市相匹配的精神文明。广州作为体量最大的全国文明城市，文明创建工作不仅持续给市民群众带来福祉，而且为广东、为全国其他城市创建全国文明城市带来了范本。

荔湾区委坚决贯彻习近平总书记关于精神文明建设系列论述，深入贯彻落实党的十八大精神，落实省、市精神文明建设工作部署，高度重视并坚持“两手抓、两手都要硬”的战略方针，锲而不舍、一以贯之推进精神文明建设，经常研究精神文明建设的重大任务、重点工作，明确制定年度工作目标、工作项目。进一步完善了党委统一领导、党政群齐抓共管、有关部门各负其责、全社会积极参与的领导体制和工作机制，形成全区党员干部群众合力建设精神文明的工作局面。荔湾区文明创建与经济社会发展协同并进，文化软实力与经济硬实力同步提升，精神文明建设与物质文明建设同频共振，为广州市荣获并保持“全国文明城市”称号作出了突出贡献。

当前，创建文明城市工作已经进入需要在经济、政治、文化、社会、生态文明建设和党的建设各方面全面推进的阶段，要着力提升市民文明素质、城市文明程度、城市文化品位、群众生活质量，努力建设崇德向善、文化厚重、和谐宜居的文明城市。荔湾区委、区政府在 2012 年结合区情实际，提出建设“传统、现代、自然”相结合、层次分明、特色彰显的生态幸福城区。2016 年召开的中国共产党广州市荔湾区第十二次代表大会上提出：建设产业集聚、环境友好、文化精致、城区融合、民生幸福的广州中心城区，这些都为荔湾区精神文明建设提供了有力支撑。

二、荔湾区开展精神文明建设工作的具体措施

荔湾区俗称西关，因“一湾溪水绿，两岸荔枝红”的荔枝湾胜景而得名，是广州市独具岭南特色的中心城区和广佛都市圈的核心区。在这样一个有着历史文化内涵的中心城区，精神文明建设带有自身不可复制的文化感和历史性。一直以来，荔湾区精神文明建设坚持围绕中心、服务大局，围绕“崇德向善、文化厚重、和谐宜居”的创建目标，开拓进取，扎实推进各项工作，为荔湾区改革发展提供了强大的精神动力和道德支撑。

（一）围绕中心服务大局，推动荔湾区经济社会持续健康发展

以创建全国文明城市为目标，围绕建设社会主义核心价值体系，大力推进城市公共文明建设，深入开展群众性精神文明创建活动，不断满足经济社会发展与生态环境的新要求，把荔湾区建设成为干净整洁、平安有序的文明城区，推动荔湾区经济社会持续健康发展。

一是不断提升城市管理水平。荔湾区以《2012年荔湾区全国城市文明程度指数测评达标责任分解表》为导向，开启全区环境卫生综合整治专项工作新篇章。明确责任分工，针对薄弱环节，加强重点专项整治，全面深入开展全区性的督导检查工作。2012年，顺利完成创文、创卫、创模三项复检工作；全国首个爱国卫生运动文化长廊揭幕仪式在金花街举行；持续整治“六乱”，设立流动商贩疏导区11处；严查严控违法用地，拆除违法建设8.2万平方米；进一步推进市容环卫工作，荣获“羊城市容环卫杯”第一名；有效实施餐饮业油烟整治“三百工程”；抓好市政设施精细化管理，城市道路维护管理考核名列全市第二；全面铺开垃圾分类处理，冲口街“新快样本”试点工作和沙面街餐厨垃圾“直收直运”试点工作成效显著，垃圾日处理量比市下达的额度低4.1%。2013年，深化综合行政执法试点改革，实施网格化巡查和片区执法模式，执法效率和执法水平进一步提升；突出数字化城管暗检考评工作，城管综合考

评成绩列全市第二名；开展城市环境综合整治，重点抓好上下九步行街商圈综合治理，查处违法建设102宗、3.17万平方米；推进“六乱”整治，建成9处流动商贩疏导区，整治违章超占6500多宗、乱摆卖1.4万宗；深入推进生活垃圾分类处理，推广“直收直运”模式，完成了控制目标，垃圾分类考核共167个社区达标，达标率85.6%。2014年，推进生活垃圾分类处理，55个社区启动生活垃圾“定时定点”分类投放，完成12座垃圾压缩站的升级改造，西村街“政企合作”模式在全市推广；深化数字市政系统，在全市率先实现桥梁设施数字化和智能化管理；顺利完成食药监系统机构改革，全面推进“食得放心”城市建设，新增市级食品安全示范店50家，158所学校食堂安装视频监控系统，稳步推进家禽生鲜上市试点工作，食品安全保障水平进一步提升。2015年，全年安排环卫经费2.8亿元，增长27.7%，北片市政道路保洁标准提高至每平方米25元，增长100%；市政道路机械化清扫率达到69%；加强综合行政执法，推进十三行、黄沙水产市场、河沙村等重点区域整治，拆除违法建设5.2万平方米；开展地铁出入口“五类车”、乱摆卖等专项整治行动，出动11.2万人次，落实整治2.8万宗；推进残疾人车信息化管理，完成二维码信息系统建立；完成10条“城中村”安全隐患和134个专业市场管线整治。2016年，以信息化为手段，优化全区1370个社区网格的管理服务模式，统筹多方合力形成“平台共建、成果共享”的治理格局，90个社区被评为市幸福社区；组建区安全生产专家库和危化品应急救援队伍，有效提升安监专业化水平，全区安全生产和消防安全形势平稳可控；推动质量强区战略、标准化战略，协调推进区“两建”和打假工作，营造良好市场环境；加强特种设备安全监察，全区特种设备定检率99.45%；巩固国家卫生城市成果，顺利通过省级国家卫生城市复审考核。全面开展“人屋”基础信息专项核查，深入开展出租屋安全隐患清查整治工作，来穗人员服务管理进一步加强；开展“五类车”治理，查扣2.9万辆；在岭南街开展“一支队伍联合执法”试点工作，执法资源得到有效整合。

二是逐步优化生态人居环境。以为市民提供一个清洁、美丽、舒适的人居空间为目标，科学规划和有序组织城区、街道、社区的建设和管理，深入探索打造物质循环、绿色低碳、自然协调的人居环境。2012年，各项节能减排任务全面完成；按计划清退“两高一资”[①]企业，完成第2批6家企业“退二进三”工作；成功创建1个省级环保宣传基地；增滘村、山村“美丽乡村”试点建设扎实推进；完成武广铁路生态景观林带示范段等15个绿化项目，完善“1+9”绿道网建设，新增公共绿地面积11.3万平方米；茶滘、东漖、花地、西塱裕安围等“城中村”改造项目稳步推进。2013年，完成辖内4条高快速路沿线环境景观综合整治和海龙围周边、花地河西岸、荔枝湾涌沿线共10千米绿道建设任务；完成荔枝湾涌绿化提升和大坦沙岛滨江公园项目；推广餐饮业油烟污染综合整治，顺利通过“三百工程”验收；深化水环境、大气环境污染综合整治，完成年度主要污染物总量减排与“退二”工作任务。2014年，提前完成“十二五”规划污染物总量减排任务，建成“无燃煤区”；推进“花城绿城水城”建设，完成“一路一景”、高快速路及国省道环境景观综合整治、绿道建设等工作；完成花地河沿线花景建设等6项绿化升级改造工程；加强水环境日常养护，累计清疏排水管道116千米。2015年，加快城市门户生态景观建设，完成高快速路沿线环境景观整治、大沙河花园等一批园林绿化项目；完成3家企业“退二”搬迁工作，主要污染物总量减排任务顺利完成；稳步推进生活垃圾分类，55个社区启动生活垃圾“定时定点”分类投放；完成16座垃圾压缩站的升级改造以及2个处理中心、3个中转场、38个便民点的再生资源网络体系建设。2016年，完成长堤街滨江沿岸环境综合整治和花地河南段主题花景等一批园林绿化景观建设，十三行周边地区环境综合整治；实施13条黑臭河涌“一涌一策”治理，由国家住房和城乡建设部确认，地铁B涌、地铁C涌、西郊涌3条河涌已消除黑臭，在全市首次区级河长考核中名列前茅；全年投入环卫保洁经费4.35亿元，增长33%，市政道路机械化清扫率达80.7%。优化145处生活垃圾临时收运

① 即高污染、高耗能、资源性。

点，改造22座垃圾压缩站；完成“3·15·60”再生资源网络体系[①]建设，年均资源回收处理量达3.1万吨，比2015年翻一番；基本完成五眼桥、鹤洞、西塱、河沙、坦尾5个“城中村”安全隐患整治，城市面貌不断提升。

（二）突出思想道德内涵，着力提升荔湾区市民文明素质和城区文明程度

荔湾区委宣传部把思想道德建设作为精神文明建设的主线，更加鲜明地贯穿到各项活动中去，弘扬“荔湾精神”，传承岭南特色文化、西关文化，激发全区人民奋发崛起的拼搏精神和对荔湾文化的认同感、自豪感。

一是大力拓展宣传阵地，广泛宣传社会主义核心价值观。在全区社会宣传栏、繁华路段、商业中心、工地围挡、企事业单位的宣传栏、公益广告、电子显示屏等阵地广泛宣传社会主义核心价值观。结合荔湾区人文、历史特点，设计了5套具有荔湾特色的社会主义核心价值观广告，在区内建筑工地围挡张贴，使工地围挡成为一道新风景。2012年，制定《荔湾区关于做好“道德讲堂”建设和开展道德模范事迹巡讲活动的方案》，组织全区各单位共设立61个道德讲堂，精心打造道德讲堂示范点5个；举办了“我心目中的荔湾”万人大讨论活动。2013年，发动各会员单位开展“贯彻党的十八大精神，开创荔湾宣传思想文化工作新局面”理论研讨征文活动。2014年，用大众喜闻乐见的漫画形式编写《爸爸，去这儿吧——爸爸与娃娃的中国梦》，向全区中小学生免费赠阅。2015年，广州文化公园在开展活动、公园园景设置等方面，积极融入社会主义核心价值观元素，被广东省委宣传部选定为广东省培育和践行社会主义核心价值观的示范公园。2016年，开展了青少年弘扬社会主义核心价值观海报征稿大赛，深入挖掘荔湾区的红色资源，与

---

① 即由3个处理中心、15个中转站场、60个便民点组成的再生资源网络体系。

区委组织部合作编纂《荔湾红色印记》，生动鲜活地向广大党员群众讲述荔湾区辉煌的革命历史。

二是大力开展群众性的活动，培育和践行社会主义核心价值观。把“我们的节日”活动和“老广州民间艺术节”有机结合起来，在春节、元宵、清明、端午、中秋、重阳等传统节日期间，全景式、全方位地展示荔湾的民俗文化。每年组织区属单位、街道、社区开展“我们的节日”主题活动超过100场次。2012年以来，每年每月分别以“爱护环境”“诚信宣传”“关爱孩子”为主题开展讲文明树新风主题月系列活动，抓好“文明交通”“文明旅游”“法治宣传”等教育实践活动，举办公民道德宣传日、志愿者日、让座日等主题日活动。活动涵养社会公德、职业道德、家庭美德和个人品德，区属各单位、各街道、社区同步联动，市民在活动中接受熏陶，文明意识显著增强。每年开展小娃娃树立大梦想、小人物讲述大道理、小活动营造大氛围、小阵地做足大文章等“四小”活动，推动社会主义核心价值观在广大干部群众中落地生根。经验材料《“四小”深化核心价值观教育》被中宣部主管期刊《思想政治工作研究》2015年第4期“创新案例”栏目刊登。2012年，以群众为主体的“西关百姓宣讲团”被中央宣传部办公厅授予“理论宣讲先进集体”称号。

三是大力挖掘和选树先进典型，营造崇德向善的良好风气。中华民族自古崇德重德、尚德倡德。荔湾区充分发挥道德典范、道德榜样的引领和示范作用，弘扬真善美，营造文明社会风尚，激励群众崇德向善。开展“中国好人”“广东好人”“广州好人”的评选推荐工作，组织道德模范、身边好人到基层巡演巡讲，重大节日领导干部上门探访慰问道德模范、身边好人，邀请道德模范、身边好人作为精神文明创建活动的嘉宾或形象代表。目前，荔湾区共有73名群众先后获选“广州好人”。其中，3人荣登“广东好人榜”，10名群众先后获选“中国好人”，谭飞龙荣获第五届全国道德模范提名奖、省级道德模范奖，4人荣获广州市道德模范。打造一批文明示范窗口和单位，推动文明单位积极履行社会责任。荔湾区共先后评选出2个国家文明单位、4个省级文明单位和

54 个广州市文明社区。挖掘五好文明家庭和最美家庭，传扬荔湾好家风。广泛开展诚信教育、孝敬教育、勤劳节俭教育及弘扬“好家风好家训”活动。2012 年至今，荔湾区共有 4 个家庭获选“全国最美家庭”，3 个家庭获选“广东省最美家庭”，4 个家庭获选“广州市最美家庭”。

（三）积极开展创建为民创建惠民活动，为荔湾区群众办实事做好事

一直以来，荔湾区以文明城区创建为抓手，着力在城区公共环境、公共秩序治理和志愿服务制度化等方面，鼓实劲、想实招、出实效。

一是城区环境不断改善。以“干净、整洁、平安、有序”为总体目标，推动生活垃圾减量化、资源化、无害化分类处理，市政道路单位面积保洁投入翻一番，机械化清扫率上升至 75.2%；着力强化环境保护，严格准入条件，严控污染源头，有效管控水体、气体、固体以及噪声污染；着力提高执法效能，有效解决十三行、上下九步行街、黄沙水产市场等一批重点区域“六乱”、消防、交通等顽疾问题；着力完善全区安全生产工作统筹和综合监管机制，落实“一岗双责、党政同责、齐抓共管”安全生产责任体系，亿元 GDP（地区生产总值）生产安全事故死亡率每年均控制在 7‰以内。

二是文化惠民形式多样。高标准建设粤剧艺术博物馆，高规格打造十三行博物馆，展现“千年商都”历史文化名片。加大非物质文化遗产保护力度，培育非物质文化遗产项目 24 个，区级以上非物质文化遗产传承人 40 人，荔湾区获评全国文化先进区。“区—街—社区”三级公共文化服务网络基本建成，每万人拥有室内公共文化设施面积 980 平方米，区文化馆、区图书馆被评为国家一级馆。

三是志愿服务常态化。以“志愿之城”为目标，不断完善志愿服务体系，扩大队伍建设，使社会志愿服务氛围更加浓厚。2013 年，成立荔湾区志愿者行动指导中心，负责青年志愿者、社会志愿者的招募、注册、培训、管理及评价机制。全区成立各类学雷锋志愿者服务队 293 个。全区各街道、社区均有注册志愿者队伍，定期为群众开展各类志愿

服务活动。全区20间志愿驿站实现了每天常态化运行，每年开展学雷锋义诊、廉政宣传、税法宣传、创文创卫、垃圾分类、辨别真假食品药品、“青春暖流”等志愿服务活动80多次。网络文明志愿服务利用新媒体开展工作，使文明创建宣传更灵活有效。成立了32支网络文明志愿小组，开通微博、博客等网络文明传播共计146个，每月开展网络文明传播活动4场以上，发送博客360余条，微博6300余条。逢源街长者义工联队，一支被称为“永不言休”的队伍，最年轻的义工60岁，最年长的93岁。不论酷暑寒冬，他们始终帮老扶幼、奉献爱心、助人自助、服务社区，成为建设和谐社区的一支重要力量。

四是打造“诚信荔湾”，推进文明行业的创建工作。大力开展“三打两建”[①]专项行动，完善市场监管体系和社会诚信体系。以“共铸诚信促和谐”为主题，开展文明和谐机关、单位、行业创建活动。开展“百城万店无假货示范商城”“守合同重信用商业城”创建，上下九商业步行街通过省级“百城万店无假货活动示范街”复评。积极培育和打造“文明优质服务示范窗口”工作。在非公经济和新经济组织中开展创建活动，引导企业“诚信为本、文明服务、奉献社会”。

（四）增强针对性、吸引力和感染力，不断加强未成年人思想道德建设工作

一是持续开展形式多样的核心价值观教育实践活动。每年在未成年人中广泛开展“我的中国梦”主题实践教育，持续开展“扣好人生第一粒扣子”主题活动，开展“清明祭英烈”“学习和争做美德少年”“童心向党”“向国旗敬礼”四项集中活动，开展童谣节、读书日、中华美文经典诵读等文化活动，进一步净化教育文化环境，促进未成年人健康成长。围绕提升未成年人综合素质开展了系列活动。每年评选10名师生为“十佳读书人物”和82名学生为“阅读之星”；每年评选10名小

① 指打击欺行霸市、打击制假售假、打击商业贿赂、建设社会信用体系、建设市场监管体系。

道德模范，评选55位美德少年。2016年与广州青年报社联合举办“培育价值观　我们在行动”系列主题教育活动，组织学生开展校园绘画、“中华传统文化”楹联创作、“唱响核心价值观”歌曲创编、“培育价值观　我们在行动”微电影剧本创作等8项活动，引导和教育学生自觉践行社会主义核心价值观。2014年，将道德经典、道德讲堂教育实录编印《青春印迹》一书，发放区属各学校学习。

二是做大做响“岭南童谣节”品牌活动。“岭南童谣节”是保护传统童谣文化，传唱时代特色新童谣的青少年特色文化活动。2013年，举办“我是幸福荔湾人”童谣创作大赛，共收到作品300多首。举办“童声童画赏西关，童心共筑中国梦”——广州市“关爱孩子月”主题实践活动暨荔湾区庆祝“六一”国际儿童节童谣大赛活动。2015年，荔湾区举办了首届“岭南童谣节”。全省11支队伍参加总决赛。荔湾区上九路幼儿园的演唱曲目获特等奖，广州市第一中学、康有为纪念小学、金兰苑小学、鹤洞小学推送的节目获二等奖。2016年，荔湾区继续做大做响“岭南童谣节”品牌，与省文明办、省文联、省音协、市文明办等单位联合举办“岭南童谣节”，精心策划、广泛发动全省和港澳代表

2015年6月1日，在二沙岛星海音乐厅进行首届“岭南童谣节”少儿歌曲演唱比赛决赛

参与创作展演。通过一系列童谣推广活动，掀起了社会对本土童谣的关注热潮。荔湾区委宣传部因协办“中华情·岭南韵”第二届岭南童谣节展演会，受广东省文明办表彰，获优秀组织奖。

三是深入开展文明校园建设。贯彻落实《关于深入开展文明校园创建活动的实施意见》，发挥“学校、家庭、社会”三结合教育网络作用，办好家长学校，邀请全国知名教育专家开展讲座，加大荔湾区未成年人心理健康辅导站建设力度。每年10月举办“乐贤杯”广州市荔湾区中小学家庭教育成果展冠名活动，以家庭才艺大赛、亲子论坛、家长原创文稿和摄影作品评选、贤乐家庭遴选等形式，助推文明校园、文明家庭建设。

四是扎实推进未成年人校外阵地建设。制定了《荔湾区家庭教育学院项目规则》《荔湾区家庭教育学院规章制度》，建立常态化的有效工作机制。2015年，投入100万元创建了10所荔湾家庭教育学院实验基地。与中国教育科学研究院联合组织面向全国的“教育从家庭开始——2015年荔湾区家庭教育微论坛”，邀请了19位国内外知名专家，以专题讲座、主题沙龙等形式，推广家庭教育新理念。全省首创印制《荔湾区学生平安成长手册》，派发全区各学校。持续抓好以网络空间、网吧、文化市场、校园周边环境等为重点的综合治理工作，严厉打击非法经营和“黄赌毒”活动，未成年人成长的社会文化环境进一步优化。

三、新的历史时期，荔湾区进一步开展精神文明建设工作的经验启示

经过多年的努力，荔湾区的精神文明建设工作已经站在了新的起点上，但还面临一些问题：一是在公共领域还存在个别市民不守秩序、不讲卫生、不重礼仪等不文明陋习；二是部分背街小巷、老旧社区、农贸市场环境卫生还存在脏、乱、差的现象；三是占道经营、违章停车等问题在一些地段还较为突出；四是南北片发展不协调、城区面貌差异较大。

2019年1月召开的荔湾发展大会提出，今后荔湾区的四个目标是：

紧紧围绕习近平总书记对广州发展提出的“四个出新出彩”，就是“实现老城市新活力，在综合城市功能、城市文化综合实力、现代服务业、现代国际化营商环境四个方面出新出彩”。面对粤港澳大湾区的历史机遇，荔湾人需争做“湾区门户、广州名片、产业高地、现代商都”。

（一）充分发挥党组织的领导核心作用

新党章明确规定了党组织在社区建设中处于领导核心地位，发挥总揽全局协调各方的作用。只有通过社区党组织实施政治领导、思想领导、组织领导和制度领导，才能充分发挥党组织在社区精神文明建设中的思想导向作用、重要决策作用、行为表率作用，把社区精神文明建设的各项工作任务落到实处。

（二）抓好队伍，健全精神文明建设的工作常态机制

一是要健全完善统筹协调机制。始终坚持长效化、常态化开展文明创建，发挥好文明办统筹协调机制，充分发挥各成员单位的创建职责，每季度召开协调小组会议，条块结合、齐抓共管，协调推进工作落实。坚持巡查督办工作机制，认真做好日常巡查和专项督查。二是继续做好环境整治工作。在现有深化文明城区创建常态化专项整治的基础之上，强化对内街巷、社区卫生死角、集贸市场的公共环境和卫生管理，联合街道、城管执法、公安交警等部门，对日常巡查中发现的“六乱”“五类车”等问题进行大力整改。三是构建齐抓共管、和谐发展的常态化工作局面。各职能部门要高度重视精神文明建设工作，按照工作分工抓好落实。同时要健全考评机制，要把精神文明建设纳入荔湾区基层干部的考核指标，形成物质文明建设和精神文明建设同布置、同检查、同考察的工作机制。

（三）打造“社区共同体”，助推幸福荔湾建设

一方面，凸显幸福理念，着力打造有“人情味”的社区。荔湾区自 2008 年在逢源街、海龙街、金花街开启社会建设改革试点工作，至

2010年“一队三中心”[①]管理服务格局基本成型，形成了别具特色的荔湾经验和荔湾模式，荔湾区先后获得“全国社区建设示范区”“全国和谐社区建设示范城区”等多项全国性荣誉称号。建议围绕“123”幸福工程，即每条街道创1个品牌，打造2个亮点，扶持3个基础相对薄弱的社区的总体目标，全面启动幸福社区创建。

另一方面，通过实践社区、社会组织、社会工作“三社联动”，进一步满足社区居民需求。依托专业化的项目孵化、规范化的人才培养以及多元化的服务延伸，在“三社”先行探路的基础上，积极思考“三社联动”机制的延伸，探索发展“3+N”治理模式，鼓励除社工和社会组织外，多方融入、齐抓共管，推动社区由“自治”向“共治”和“善治”转变，打造群居群治的“社区共同体”。如冲口街以家庭综合服务中心为依托，连同社区居委会、社区组织共同推行以提升居民幸福感为核心的老年人孝心服务、以增强能力为核心的残康人士信心服务、以关注成长为核心的青少年欣欣服务等，打造社区幸福品牌。发挥社区居委会作为社区居民自治的组织者、推动者、实践者作用，定期召开社区居民议事会、公共政策听证会等，邀请社会组织、社会工作者参与，有助于形成群策群力、群防群治的良好社区治理氛围，推动居民自治向社区自治转轨，为社区居民打造既民主文明、管理有序，又幸福祥和、充满活力的家园。

（四）集荔湾元素，开展有荔湾特色的城市精神文明建设

一方面，进一步发挥历史文化遗产对城区精神文明建设的推动作用。城市精神文明建设的重要功能是提高广大民众的文明素质，让社会主义的核心价值体系植根于每个市民的心中，逐步树立城市文明健康的良好形象。而群众文化工作是城市文明的良好载体，群众艺术文化向民众宣扬社会主义核心价值体系，还引导人们形成文明道德的核心风尚。

---

① 指街道政务服务中心、家庭综合服务中心、综治信访维稳中心和综合执法队。

承载历史的博物馆、美术馆、雕塑等艺术文化元素在城市精神文明建设方面有着不容忽视的作用。近年来，荔湾区进行了荔枝湾、陈家祠的改造与更新，举办了“西关文化旅游节”，推进了“五区一街”旅游项目的建设。在此基础上，荔湾区仍需加强文化保护，可以利用各种传统建筑与文化资源，建设荔湾博物馆群，需在维护现状的基础上，划定保护范围，确定保护层次，保护生态格局与整体风貌，如荔湾诸多的街区、传统民居、祠堂、庙宇、桥梁、旧工厂、水系、岛屿、民俗等都需要加强保护。在文化保护的基础上可建设历史、民俗、名人、工艺、工业、铁路等博物馆，如荔湾詹天佑故居。此外，陈香梅、康有为、邓家仁、邓家让、梁培基、陈少白、富马利、陈嘉庚等历史名人的史迹，都可开辟成类似的博物馆。广州铁路历史悠久，石围塘火车站在20世纪初就已建成，现还在使用，可根据相关资源建设铁路博物馆。

另一方面，对荔湾区现有的旅游资源可以进行适宜的商业化营销。采取视觉化、符号化、艺术化、景观休闲化与旅游体验化等形式对文化

2017年5月3日，在荔湾区荔枝湾景区举办第七届“荔枝湾 · 新西关”民俗文化节“五月五 · 龙船鼓”系列活动

进行包装和设计，做到既保护文化遗产，又能满足荔湾旅游市场需求，推动荔湾文化的繁荣昌盛。以泮塘为例，作为广州美食的发源地，有“广州美食，源于西关，味在泮塘”之说。目前泮塘村还保持村落的基本形态，但除了少量的古建筑、石板街与古树外，其他的物质遗产基本消失，其古村的社会、经济与生态环境已遭到严重破坏，是典型的需要改造的“城中村”。但泮塘村具有“美食”这一非物质文化遗产，在其旁已修建美食街，仁威古庙也恢复了庙会的传统，因此，泮塘的城中村改造可结合泮塘“五秀”、美食文化、民俗等建设为一个以美食为主题的社区。另外，大力发展以花卉、盆景、蔬菜、茶叶等为主的农业旅游。如推动花卉的景观建设，实现产业休闲化与规模化，引导部分企业与旅游结合，发展花卉旅游；发展购物旅游，吸引外地游客到芳村进行农产品购物；发展农业生产体验的旅游活动，如出租部分田地给市民自己种花，发展市民农园，供市民自娱自乐。

传承红色基因，汇聚前行力量

——记荔湾区传承红色精神工作新举措

荔湾区委党史研究室

习近平总书记强调，“无数革命先烈留下的优良传统是永远激励我们前进的宝贵财富，任何时候都不能丢”，“要把红色资源利用好、把红色传统发扬好、把红色基因传承好”。总书记的一系列重要讲话精神，深刻阐明了红色精神的重要性，为我们保护利用红色资源，传承弘扬革命传统提供了根本遵循。近年来，荔湾区充分挖掘红色资源，创新各项自选动作，坚持以红色精神为引领，让广大党员干部牢记入党初心，坚定理想信念，永葆党员本色，不断夯实党建根基。

一、荔湾的红色资源概述

荔湾，地处广州西部，是广州市重要的中心城区。这片60多平方千米的热土，在100多年的岁月里，见证了一幕幕波澜壮阔的革命历史。周恩来、叶剑英等党和国家领导人和杨匏安、彭湃等革命先辈，都在荔湾留下过他们的足迹。荔湾是近现代革命策源地，涌现了周文雍、陈铁军等革命英雄人物；也是红色资源集聚地，全区共有革命遗址20多处。

在波澜壮阔的大革命时期，反帝反封建的爱国运动像烈火一样燃遍广州，席卷中国。中国共产党团结了一切可团结的阶级、工农武装并肩战斗，孕育出一批革命力量，为了共产主义信念不懈奋斗。荔湾的大批能人志士们在中国共产党的领导下，开展了轰轰烈烈的革命活动。比如接受了共产党农运思想的林宝宸，在彭湃等四位农运带头人的指导和帮助下，在芳村中市谢家祠南便祠（今荔湾区芳村中市南街6号芳村实验小学内）成立了广州市郊第一区农民协会。早期马克思主义传播先驱杨匏安在荔湾的土地上接触了各种社会新思潮，为今后走上革命道路打下了坚实的基础。周文雍、陈铁军等革命志士和先辈们，不顾个人安危，抛头颅、洒热血，在荔湾开展革命运动。面积仅1000平方米左右、只有40多户人家的裕安围村，在中国新民主主义革命浪潮中，村民们前赴后继地参加革命，“裕安围九烈士”的故事感人肺腑。在抗日战争时期，裕安围、凤溪成立了抗战统一战线性质的半武装群众组织——抗日俊杰同志社裕安围（凤溪）分社，积极配合广州市抗日游击队第二支队开展抗日武装斗争，掩护抗日武装干部，直到抗日战争胜利。可以说，在革命的历史洪流中，荔湾人民从来没有缺位。荔湾留给我们的，除了西关文化、广府文化，更重要的还有不怕牺牲、无私奉献的革命精神。

二、荔湾红色资源的保护利用

（一）着力推动编史存史，红色种子厚植人心

荔湾区一直以来将编史存史工作作为传承红色精神的第一要务，把提升党史从业人员的基本素质作为党史工作的重中之重。从2011年开始，每年一期的党史联络员培训班不断夯实着党史工作队伍建设。通过培训，党史工作者的责任感和使命感不断增强，学习的紧迫感和自觉性不断提高，大大提升了他们做好党史工作的信心。同时，根据中央和省、市委关于党史工作的文件精神，结合荔湾区实际，认真制定《荔湾区2011年—2015年党史工作规划》和《荔湾区2016年—2020年党史工作规划》，为传承利用红色资源定好位、谋好局。

按照党史工作规划时间表，荔湾区委党史研究室认真搭建人员组织架构，着手推动《中国共产党广州市荔湾区历史》（第二卷）（下称《党史二卷》）的编纂出版。编纂小组成员通过跑图书馆、档案馆，获取第

一手资料；通过采访老党员、老干部和老村民，记录口述历史，多种途径收集资料并反复考证确认。经历了4个多年头的努力，《党史二卷》于2012年正式出版。它全面、系统、客观地反映了从1949年10月至1978年12月期间，荔湾各级党组织领导人民群众进行社会主义建设的实践活动。在党的领导下，在社会主义建设中走过的艰难历程，加深了全区党员尤其是领导干部对荔湾历史和现实的了解，从中汲取推动经济社会又好又快发展的实践经验。

党的十八大以后，根据习近平总书记关于用好党史国史的重要讲话精神，为纪念荔湾区与原芳村区合并10周年，荔湾区委组织部联合区委老干部局等6个单位共同编纂《荔湾革命史话》。从寻访周恩来等先驱在荔湾的闪光足迹，到刻画广三铁路总工会等红色旧址；从书写荔湾的铁血忠魂，到回顾荔湾发展的峥嵘岁月，一幅幅真实的画面生动地记录了荔湾人民在党的领导下开展长期艰苦的革命斗争和建设、改革过程中取得的伟大成果，用荔湾的光荣革命历史引导广大党员干部传承荔湾的红色革命基因。

进入2016年后，中共中央办公厅印发了《关于在全体党员中开展“学党章党规、学系列讲话，做合格党员”学习教育方案》，要求各地区各部门认真贯彻执行。全国上下掀起了开展“两学一做”学习教育的热潮，广大党员对标“四讲四有”①共产党员标准，扎扎实实把学习引向深入。为丰富荔湾区“两学一做”学习教育的形式，创新开展有地区特色的学习活动。荔湾区委组织部联合区委宣传部，以全区党史旧址为线索，编印成《荔湾红色印记》。该书以“追寻红色记忆、领悟红色精神、践行红色品格”为主题，以荔湾的党史旧址为线索深入挖掘了20个革命历史故事和先进共产党员的英雄模范事迹，紧扣当前形势，赋予老故事新内涵。既保持了历史的严肃性，又加入了新时代的思考。从书中既可以感受共产党员视死如归的豪气，也能感受那种崇高的信仰力量。荔

---

① 指讲政治、有信念，讲规矩、有纪律，讲道德、有品行，讲奉献，有作为。

湾的编史存史工作进入了一个新的阶段。

（二）着力构建传播平台，红色土壤分外肥沃

荔湾区注重抓好红色旧址的保护，将其打造成学习教育的优秀平台，不断提升全区党员的党性修养和爱国主义情怀。中共广州市委党史研究室主要领导多次到荔湾区调研指导红色革命遗址的保护工作，强调要开发、利用好革命遗址，大力传播革命遗址所承载的革命精神，培育和弘扬以爱国主义为核心的民族精神，使荔湾区的革命遗址成为荔湾区干部群众和青少年进行爱国主义教育和革命传统教育的阵地。

一是搭建一个网络。2018 年 6 月 28 日，广州市首个区级党群服务中心在荔湾区沙面南街 7 号开馆。中心在一楼展厅设置党史展示区，图文并茂地为大家展示大革命时期、抗日战争时期和解放战争时期等不同阶段在荔湾发生的波澜壮阔的历史。开辟红色剧场举办“党旗红”红色故事会，以荔湾革命历史遗址、革命英雄人物、先进基层党组织和优秀党员为主线，精彩演绎荔湾红色故事，再现荔湾红色革命传统。周文雍、陈铁军“刑场上的婚礼”和“救火英雄向秀丽”等故事，感动了每一个前来参观的人，让观众的思想和心灵得到了质的升华。同时，制定标准推动“1+6+N”[①]党群服务网络的打造，把党史教育元素作为重点内容有机融入各级党群服务中心（站）的布展设计中。金花街、岭南街、冲口街、花地街等多个街级党群服务中心和茶滘街葵蓬党群服务站等多个社区层面的党群服务站也相继建成并开展活动。

二是打造一个平台。在荔湾，有两个大家耳熟能详的小村子，这就是凤溪村和裕安围村。这两个面积不大、经济不是特别发达的村庄，当年是荔湾地区最早点燃革命火种的地方。广州市和荔湾（芳村）区两级政府一直以来注重西塱裕安围和葵蓬凤溪两个革命老区的保护利用。裕安围村于 1963 年被广州市人民政府确认为革命老根据地，凤溪

① 指 1 个区层面，6 个街道层面，N 个社区层面的党群服务中心（站）。

村于1993年被广州市人民政府命名为抗日战争根据地，1995年裕安围村、凤溪村均被确认为爱国主义教育基地。为彰显两个老区的育人功能，2003年，三层楼高的葵蓬革命老区活动中心开放展览，全新的裕安围革命老区纪念馆也于2012年建成供参观学习。展馆内，一系列的图文资料和武器展品在静静地诉说着历史。2018年，荔湾区采取区、街道、联社三个层级共同建设，各级党组织参与活动的模式，分别在西塱裕安围革命老区纪念馆、葵蓬革命老区活动中心分别打造第一批“新时代红色文化讲习所”。全区各级党组织利用讲习所平台依照规范要求开展活动，把参与讲习活动纳入党委（党组）理论学习中心组学习、“不忘初心、牢记使命”主题教育、基层党建活动、党员干部党性教育和基层宣讲工作中。通过完善设施建设，广泛吸纳、培训宣讲队伍，将“新时代红色文化讲习所”建成宣讲习近平新时代中国特色社会主义思想和党的十九大精神的阵地和弘扬革命精神、传承红色基因的载体，为广泛开展党员干部主题教育和党性教育搭建平台。

三是活化一条教育线路。在编印《荔湾红色印记》的基础上，荔湾区从大处着眼，细处谋划，精心设计了“睇今日西关，寻红色印记”红色导览图，把全区20个红色教育旧址以手绘地图的形式，生动地展现在人们面前。循着导览图，广大党员群众可以重走广三铁路总工会旧址、老革命根据地裕安围村、中共赤岗党支部旧址、中共大涌口党支部旧址、沙基惨案纪念碑等20个革命旧址。跟着手绘地图，看到了荔湾浓厚的文化底蕴，不断激发着党员爱党敬业的热情。随着“红色导览图”的设计下发，越来越多的红色教育活动如雨后春笋般展示在人民面前。如岭南街党工委组织党员、学生和志愿者在沙基惨案纪念碑开展“重温誓词忆初心，十百千万齐承诺”活动；有些党支部自行规划行程路线，把这些革命旧址串联成健走线路，用双脚丈量荔湾的土地。有些党支部把重走红色路线和开展“干净、整洁、平安、有序”城区卫生整治等志愿活动结合起来，丰富“主题党日”的形式，用行动直接践行着“爱党奉献”的崇高理念，党员的先锋模范作用和基层党组织的战斗堡垒作用更加凸显。

（三）着力开展资政育人，红色精神开花结果

习近平总书记强调，历史是最好的教科书、营养剂和清醒剂。党史、国史这门功课不仅要修，而且必须修好。传承弘扬红色基因，必须要学好党史这门“必修课”，从中汲取红色营养，使在党的历史中凝聚淬炼出的精神之魂、优良传统融入血脉、内化于心、外化于行。在加强党史学习教育上，荔湾区积极引导党员学，引导干部学，引导莘莘学子学，引导社区群众学，在全区多点开花，全面铺开，让党史教育在基层实现全覆盖。

一是坚持以纪念日为媒介，从历史事件中继承优良传统。荔湾区坚持把对青少年学生的爱国主义教育和红色精神传承紧密结合，认真树立起青少年崇高的理想信念和爱国情操。利用多种纪念日举办纪念活动，以老党员讲故事等形式让爱国的种子在青年心中扎下根。如解放战争时期，国民党反动当局因为打内战，加紧对人民进行迫害。1948 年，国立第二侨民师范学校的学生们在中国共产党的领导下，奋起走上街头进行断炊拍卖自救，以实际行动“反饥饿、反内战、反迫害”。此举震撼了省、港、澳。在“断炊拍卖”事件发生 66 周年后的 2014 年 12 月 15 日，《壮丽的奋斗青春——烽火岁月中的国立第二侨民师范学校》赠书仪式在陈嘉庚纪念中学（原国立第二侨民师范学校）举行。老党员、老校友重回校园，向新时代的学子们回忆当年的艰苦岁月，激励中学生们继承爱国精神，为祖国的强盛而努力学习进步。

随着荔湾区党群服务中心的建成开放，依托这个平台开展的纪念活动越加丰富。2018 年 10 月 18 日，为纪念原广州抗日儿童剧团成立 81 周年，“烽火童年勇救亡，薪火相传新时代”主题纪念活动在此举办。在日军侵华战火燃烧到华南、中华民族最危难的时刻，在荔湾区活跃着一支“广州儿童剧团”。剧团的小演员人小志大，他们冒着生命危险在广州西关走街串巷，为宣传抗日救亡作出很大贡献。活动当天，原剧团团员，年过九旬的杨永洪老先生为 20 多名小学生代表重温了广州抗日儿童剧团团徽的由来和英雄故事，鼓励大家要继承发扬革命先辈们的优

良传统，树立崇高的理想信念。主题活动的开展，让小学生铭记历史，激发起了少年儿童们继承发扬革命传统、立志成才的积极性，掀起红色讲习的新高潮。

二是坚持以史籍为载体，从先进事迹中汲取精神养分。2015 年 6 月，荔湾区在广州市真光中学举行《荔湾革命史话》新书首发仪式暨“青年对话党代表”校园论坛主题活动。3 位参加过党的全国代表大会的代表——党的十八大代表刘奕鹏、党的十七大代表覃振凤、党的十五大代表宁焕美首次与青年学生齐聚一堂，面对面交流。3 位代表从革命先辈大无畏的奉献精神，结合自身的工作和生活履历为青年学生的理想信念和世界观、价值观等作了生动的辅导，让青年学生坚定了信仰，时刻谨记社会主义接班人的光荣身份，在党的领导下不断砥砺前行。

2015 年 6 月 17 日，在真光中学举行《荔湾革命史话》新书首发仪式暨“青年对话党代表”校园论坛主题活动

2016 年 6 月 21 日，荔湾区委组织部与区委宣传部在裕安围革命老区纪念馆联合举办“践行两学一做，追寻红色印记——《荔湾红色印记》学习座谈会”，区委领导与各单位代表围绕《荔湾红色印记》的内容，

畅谈践行“两学一做”的方式与体会。活动邀请了全国特级优秀警察、全国先进工作者、荔湾区公安分局便衣大队副大队长邬松君等3名基层优秀党员向与会人员阐述他们立足自身工作岗位开展“两学一做”学习教育的深刻感悟，以榜样的力量为党员干部开展学习教育提供了鲜活的参考和标杆。

2016年6月21日，在裕安围革命老区纪念馆举行“践行两学一做，追寻红色印记”学习座谈会

三是坚持以活动为手段，从专题学习中激发内生动力。开展史书史料下基层、入机关、进学校、进企业等活动。《荔湾革命史话》《荔湾红色印记》编纂成功以来，第一时间作为必备学习资料下发到党政机关部门、社区（经济联社）、中小学校和“两新”组织当中，以革命先辈和先进模范的担当奉献精神激发广大党员干部群众干事创业的动力。2016年6月24日，以“知党史、强党性，做政治上的明白人”为主题的“六个一”系列自选活动在荔湾区有序开展。通过举办一次党史讲座、阅一本党史书籍、读一本荔湾故事、观一次革命旧址、讲一次口述历史和作一期学习交流，引导党员自觉继承发扬党的优良传统。同时，荔湾区还将党史教育作为党校学习的必修课程。从2016年开始，在党校的

处级班、科级班和新录用公务员初任培训班上掀起了“学荔湾革命历史，走红色足迹”的主题活动热潮。通过寻访荔湾的红色印记，让我们的党员干部了解历史，铭记历史，领悟红色精神，践行红色品格。2017年10月25日，由荔湾区委党史研究室联合区委党校共同开发的党史现场教学课程在谢家祠和裕安围革命老区纪念馆正式开课，40多名2017年处级干部培训班的学员参加了现场教学。随后，“讲讲凤溪那些事”“田间地头”红色课堂等富有荔湾本土特色的革命历史教育逐步走进了党员干部学习的“必选菜单”，已成为牢固地树立起党员干部的“四个意识”，坚定“四个自信”的重要手段。

三、荔湾区开展红色教育的启示

一是必须与党员教育相融合。红船精神、井冈山精神、长征精神……是中国共产党在长期的革命与建设过程，历经艰难险阻，突破困难挫折，带领中国人民用鲜血和汗水铸就的最宝贵财富。当前，社会上的思想文化多元化发展，各种价值观鱼龙混杂，国内外形势复杂多变，给共产党人带来了复杂严峻的考验。精神懈怠、能力不足、脱离群众和消极腐败的危险也更加尖锐地摆在我们面前，全面从严治党的任务比以往任何时候都更为繁重、更为紧迫。弘扬红色精神，扎实推进从严治党，让红色精神指引我们奋勇前进，有利于我们坚定立场、守住底线、把稳方向，这是新时代对我们提出的新要求。

二是必须与青少年教育相融合。少年强则中国强，青年兴则国家兴。如今物质条件的优沃，伴生而来的负面问题不可避免会对青少年的思想造成一定的影响。部分青少年片面追求自我价值的实现，理想信念不坚定、社会责任感不强、集体主义观念淡薄。开展红色教育，对他们树立正确的世界观、人生观和价值观意义重大，让他们继承和发扬艰苦奋斗的革命传统，珍惜来之不易的幸福生活。同时，红色教育能够进一步加深青少年对中华民族奋斗历史的认识，深入了解近代以来中华民族遭受的沉重灾难和中国共产党领导人民作出的不屈不挠的斗争，推动青少年爱国主义情感的发展。

三是必须与荔湾区发展相融合。荔湾承载和体现了广州近代史的发展历程，如前文所言，它是近代中国革命的策源地，一批又一批荔湾人前赴后继，为中华人民共和国的成立作出了巨大贡献。荔湾同时也是改革开放的前沿阵地，始终能够把握住时代发展的脉搏，敢为天下先。先辈的民族大义和家国情怀，前辈们立足实际、不断探索的精神始终激励着荔湾人。这些都是我们宝贵的财富，必须继承好、发扬好这些优良传统与精神。开展红色教育，有利于广大党员干部树立“功成不必在我”的精神状态和“功成必定有我”的担当情怀，有利于进一步激发“勇立潮头不止步，改革发展再出发”的进取精神。当前，正值推动粤港澳大湾区建设的关键时期，荔湾具有较为优越的地理位置和区位优势。但也要清醒认识到荔湾的战略优势还未形成。广大党员干部群众应当主动将荔湾置身于粤港澳大湾区建设中，置身于全市、全省乃至全国的发展中，努力扬长补短，最大限度提升荔湾的发展能级。

四、荔湾区党史教育发展规划

在党的十九大开幕式上，习近平总书记向全党全国各族人民发出了坚强的号召——不忘初心，牢记使命，高举中国特色社会主义伟大旗帜，决胜全面建成小康社会，夺取新时代中国特色社会主义伟大胜利，为实现中华民族伟大复兴的中国梦不懈奋斗。这是我们当前最崇高伟大的目标。在这个伟大的征程中，让红色精神在新时代焕发新的活力，绽放璀璨的光芒，是我们的时代所需，也是我们的发展所需。未来几年是荔湾发展的黄金期、窗口期、机遇期，全区上下在区委领导下，继承先辈的民族大义和家国情怀，团结一致，敢于担当，主动将荔湾置身于全市、全省乃至全国的发展中。对此，党史教育也要不断推陈出新，切实发挥资政育人功能，让红色精神鞭策全区党员干部群众不断前行。

一是继续加强党史资政，打造发展助推器。要继续做好存史编史，推动《中国共产党广州市荔湾（芳村）区历史》（第三卷）的编纂出版，加快推进《荔湾革命老区发展史》的史料征集和研究出版，适时启动经济发展、社会治理、民生建设史及重点项目专门史研究工作。结合开展“不忘初心、牢记使命”主题教育活动，以区内革命遗址为阵地开展座谈会、宣讲会，邀请先进典型现场说法，营造浓厚的党史资政良好氛围。

二是继续抓好党史教育，构建宣传教育新载体。分期分批增印《荔湾红色印记》、“睇今日西关，寻红色印记”手绘导览地图发放到社区、非公企业、社会组织和全区各中小学教学班，将荔湾辉煌的红色历史展示在党员群众面前，激励广大党员干部和青年学生坚定信仰，树立远大理想信念民族自豪感。联合区委党校、区教育局，深入挖掘红色资源，开发打造党史现场教学点，把革命历史传承下去，延伸开来。深入打造“不忘初心、牢记使命”为主题的党员教育基地、青少年爱国主义教育基地，紧扣荔湾的革命历史，将其建设成为有荔湾本土特色的教育场馆，使之成为党员、干部和青年学生参观学习的重要场所，使党员干部群众在学习中获得精神力量，自觉把个人前途命运与国家和民族命运紧密联系起来、与建设国家中心城市核心功能区紧密联系起来。同时组建合格专业的讲解员团队，加强职业培训指导，确保史实的严肃性和真实性，坚决反对历史虚无主义。

三是传承红色基因，开展重大党史纪念活动。结合纪念中华人民共和国成立暨广州解放 70 周年（2019 年），中国人民抗日战争暨世界反法西斯战争胜利 75 周年（2020 年）等重要历史节点，统筹组织开展相关纪念活动，以学术研讨会、专题座谈会，编写出版纪念文集、研究著作、纪念文章等形式，扎实推进党史宣传教育工作。谋划开展“寻找三代人的初心，牢记新时代的使命”系列主题活动，深入找寻荔湾区革命烈士后人，让他们忆往昔、谈初心，综合相关史料总结提炼成几代人的初心故事并拍摄成为党员电教片，丰富党员学习内容。

五、结语

新的历史起点，为我们带来了新的使命。让我们在习近平新时代中国特色社会主义思想的引领下，认真传承和弘扬红色文化，坚定理想信念，牢固树立“四个意识”，坚定“四个自信”，坚决做到“两个维护”[①]，为打造“湾区门户、广州名片、产业高地、现代商都”，努力实现老城区新活力，推动国家中心城市核心功能区建设全面上新水平，着力建设国际大都市现代化中心城区提供正确的思想引领和不竭的精神动力。

① “四个意识”指政治意识、大局意识、核心意识、看齐意识。“四个自信”指中国特色社会主义道路自信、理论自信、制度自信、文化自信。“两个维护”指坚决维护习近平总书记在党中央和全党的核心地位，坚决维护党中央权威和集中统一领导。

全面建成小康社会视域下的
荔湾“百梯万人”党旗红项目

荔湾区委组织部

近年来，荔湾区以习近平新时代中国特色社会主义思想为指导，着力践行以人民为中心的发展思想，从2017年8月起实施“百梯万人”党旗红抓基层党建书记项目，采取党委统筹、政府扶持、居民自治、社会参与的模式推进旧楼宇加装电梯工作。项目实施半年多，就有14宗加装电梯项目获得政府10万元资金补助，23宗已完成并申领资金补助，55宗项目开工建设，老城区的民生难题正被逐个击破。时任中共广东省委副书记、广州市委书记任学锋批示要全市推广，中央电视台《新闻联播》专题报道荔湾区“百梯万人”党旗红书记项目，引起了全国的普遍关注。

一、荔湾区实施“百梯万人”党旗红项目的主要背景

党的十九大报告中指出，中国特色社会主义进入新时代，中国社会主要矛盾已经转化为人民日益增长的美好生活需要和不平衡不充分的发展之间的矛盾。具体到广州城市的发展，传统中心城区发展不充分、与新城新区之间发展不平衡的矛盾十分突出。着力解决传统中心城区人民日益增长的美好生活需要，是地方政府着力解决的突出问题。荔湾区是广州市中心城区，也是广州市历史悠久的老城区，改革开放后的20世纪80年代初到90年代中后期，为解决当时的住房困难，广州市建设了大量7～9层无电梯住宅楼宇。随着人口老龄化的情况日益显著，旧楼

宇加装电梯的需求越来越大，成为群众反映最突出的民生问题之一，同时也是“城市第一难题”。据统计，荔湾区现有 7～9 层住宅楼 3354 栋，有 189 栋已加装电梯，仍有 3165 栋没有加装电梯，加装电梯比例只有 5.6%，与群众的迫切需求存在不小的差距，严重影响了老城区群众的生活质量。

过去几年，为旧楼加装电梯的呼声一直很高，但由于没有统一的政策指引和地方党委政府的大力推动，遇到了不小的阻力，加装成效并不明显。一是众口难调，协调住户难。房子是居民的容身之所，是否加装电梯，事关居民的切身利益。一方面高楼层住户尤其是家有老人、幼儿和残疾人士的住户对加装电梯需求迫切。一些投资客认为加装电梯后房子的升值空间将更广阔，此类群体对于加装电梯往往比较积极。另一方面家住低层特别是一层、二层的住户原本出行就比较方便，对于加装电梯响应并不热烈。特别是需要他们分摊不菲的电梯安装费、日常管理费和后期维护费，甚至是加装电梯后影响住户景观视野，直接损害他们的权益时，反对的声音将呈线性增加，甚至有住户阻挠电梯的安装。而根据《中华人民共和国物权法》第七十六条“改建、重建建筑物及其附属设施，应当经专有部分占建筑物总面积三分之二以上的业主且占总人数三分之二以上的业主同意”的规定，即加装电梯需要满足“两个三分之二”，如果增设电梯拟占用业主专有部分的，更要征得该专有部分的业主同意。俗话说“众口难调”，如果能够很好地统一楼宇住户的意见还好办，一旦部分业主不支持不配合，很容易激化邻里之间的矛盾，成为影响社会和谐的潜在隐患，严重者甚至诉诸法律，对簿公堂。二是手续繁杂，审批办证难。加装电梯属于建筑活动，必须获得规划部门和住房建设部门的审批，申请人资质、设计方案和设计图纸等都需要经过审核。经过报建、批复、招投标、质量监督、施工许可等，所有手续都完善的情况下才能开工建设。安装结束后，还必须报质监部门注册登记，经特种设备检测部门出具检验报告合格后，才能投入使用。如果涉及占用公共用地，改变土地用途，加装电梯还需要经过国土部门的批准。整个过程要逐一通过各项审批，既耗时又耗力，很少有人愿意出头去花这种“闲工夫”。三是造价不菲，筹集资金难。据了解，目前安装一部电梯的费用超过 50 万元，加上电梯日常使用的电费、清洁管理费、后期保养费等，每年至少需要几万元的支出。如果涉及电梯零部件的损坏，可能还需要另筹资金进行维修。这笔费用只能分摊到各家各户。而需要加装电梯的住宅一般来说楼龄较长，居住的人员阶层基本为老龄人、出租客、刚需过渡人员和中等偏下收入群体，资金筹集起来比较困难。即使资金筹集协调好了，但此类楼宇的物业管理没有新建住宅完善，如何管理好筹集来的资金，如何让资金花费得公开透明，也让有意认筹的人员望而却步。

二、荔湾区实施“百梯万人”党旗红项目的做法和成效

荔湾区委将“百梯万人”行动计划作为深入贯彻落实党的十九大精神，落实习近平总书记治国理政新理念新思想新战略的重要实践，作为把握时代发展脉搏，践行以人民为中心的发展理念，贯彻省、市、区党代会精神的重要举措，作为符合城市发展规律、应对人口老龄化趋势、纾解民困的惠民工程，作为党员干部联系群众、夯实党建基础的“书记项目”。

（1）实施抓基层党建“书记项目”促民生实事“落到地”。荔湾区各级党组织以解决老城区旧楼宇加装电梯工作为切入点，牢固树立主责主业意识，统一实施“百梯万人”党旗红书记项目，强化担当，狠抓落实，确保工作取得实效。

一是区委统筹指导，“一根杆子插到底”。“百梯万人”党旗红书记项目作为区委书记项目，由区委书记作为项目责任人，该项目同时作为全区各级党组织书记项目，由本级党组织书记作为项目责任人，纳入本级书记项目库，从机制上保障项目实施。建立区委常委挂点督导工作机制，区委常委每人挂点督导 1 ~ 2 条街道，指导各街道“百梯万人”计划的实施。

二是强化街道四级党组织责任机制。积极完善“街道—社区—片区（网格）—楼宇”四级党组织设置，党组织切实承担起本辖区旧楼宇加装电梯工作的组织领导职责。街道党工委组织领导，制订实施方案，层层分解细化任务。社区党组织管理主导，搭建党员民情议事会、社区建设管理委员会等民主协商议事平台。网格党组织服务引导，把辖区党员和带头人组织起来，吸纳热心居民代表、社工组织代表、企业代表等参加志愿服务队，成立加装电梯志愿服务站。楼宇党支部（党小组）组织党员住户带头作表率，挨家挨户宣传政策、收集信息，动态掌握并随时向上反映社情民意，最大限度破解居民群众意见统一难的问题。

三是健全党员领导干部驻点直联制度。街道领导和机关党员干部下沉一线，组建街道、社区两个层面驻点服务团队，每周四安排一天常态化驻点联系群众，开展入户走访，宣传荔湾区旧楼宇加装电梯政策，全面采集基础信息、了解社情民意、化解矛盾纠纷，密切基层党员干部与社区居民群众的“鱼水关系”，提高组织动员群众工作效率。

四是建立职能部门快速处理反馈机制。各职能部门党组织充分发挥机关党组织和党员战斗堡垒和先锋模范作用，建立“百梯万人”旧楼宇加装电梯党员服务岗和政策宣传服务队，主动深入各街道社区指导工作开展，主动送政策上门，协助街道社区做好群众组织动员工作。在荔湾区“百梯万人”党旗红书记项目现场推进会上，获得财政补助的街坊表示“今天的党徽特别闪亮”。

（2）通过政府扶持指引为加装电梯注入“强心针”。为做好“百梯万人”旧楼宇加装电梯工作，荔湾区根据《广州市城市更新办法》《广州市既有住宅增设电梯办法》，制定了《荔湾区“百梯万人”旧楼宇加装电梯工作方案》，目标在2017—2020年，完成不少于500栋未加装电梯住宅的加装电梯工作。争取2017年8月—2018年8月实现不少于100栋未加装电梯住宅楼增设电梯，2018年8月—2019年8月实现不少于200栋未加装电梯住宅楼增设电梯，2019年8月—2020年8月实现不少于500栋未加装电梯住宅楼增设电梯。为此，荔湾区为加装电梯工作提供了全方位的政策指引和贴心服务，切实推动旧楼宇加装电梯民生实事“落地生根”。

一是加强政策宣传，让加装电梯行动深入人心。先后组织召开了“百梯万人”党旗红书记项目动员培训会、现场推进会和现场通报会，持续推进宣传发动。组织国规、住建、质监等部门到社区开展业务辅导培训，项目实施以来共举办各类加装电梯协调会、业务培训会150多场，为加装电梯工作提供业务指引。耐心做好群众思想工作，以各社区为基本单元，通过查册、实地核查等方式，对辖内楼宇情况进行摸查，了解居民加装电梯的意愿。通过宣传栏、微信公众号、专题讲座、民情议事会、入户走访等形式，深入讲解《广州市既有住宅增设电梯办法》《广州市既有住宅增设电梯技术规程》等政策规定，现场解答群众咨询10000多人次，促进居民尽早达成共识。同时，荔湾区在实行“百梯万人”党旗红书记项目的过程中，积极发挥媒体的“广而告之”的宣传作用，主动邀请省市电视台、网易、腾讯等门户网站、《南方都市报》、《广州日报》、微信公众号等媒体进行全方位、多层次的宣传报道，让政策不断深入人心。

二是加大财政补助力度，建设服务中心，让电梯装得“贴心”。制定《荔湾区“百梯万人”旧楼宇加装电梯财政补助经费管理规定》，根

荔湾区旧楼宇加装电梯服务中心挂牌成立

据旧楼宇摸查情况，按加装一台电梯补助10万元的原则，明确资金申请流程和使用范围，确保资金按工作进度及时到位，目前，已经对符合财政补助标准14宗加装电梯项目发放了10万元资金补助。同时，建设成立荔湾区旧楼宇加装电梯服务中心，搭建联合政府、企业和志愿者的旧楼宇加装电梯工作一站式服务平台。邀请了10家精选的电梯企业进驻服务中心，并配备工作人员长期驻守现场办公，另外还邀请了一批有加装电梯工作经验的志愿者一起为有加装电梯需要的广大群众服务。群众可以通过服务中心全方位了解旧楼宇加装电梯的筹备方法、技术要求、申报程序、建设方式和日常管养等知识。通过“看得见、摸得着”的实惠，让老百姓加装电梯的热情大大增加。服务中心从2018年1月18日开放以来，日均接受来访来电100余次，除荔湾区以外，服务中心还为黄埔、天河、白云、海珠等其他区居民提供咨询服务。

三是缩短审批时限，提升审批效率，让电梯装得“放心”。为了加快旧楼宇加装电梯工作的推进速度，荔湾区各有关部门积极行动，优化办事流程，开展上门咨询服务，开通“绿色通道”，大大提升了审批效率。狠抓项目审批流程，组织相关审批部门定期召开联席会议，以“一门式”的审批一揽子解决所有审批问题，缩短审批流程和时限。比如区国土规划部门对批前公示有效意见并且反馈期没有反对意见的，经审核批前公示的过程及提交的资料符合要求的旧楼宇加装电梯项目，将在8个工作日内核发建设工程规划许可证；各街道办事处在受理加装电梯申请后，7个工作日内将补助资金拨付至加装电梯申请人指定账号。广州市城市规划勘测设计研究院将荔湾区规划测量放线费用下浮15%。自2017年8月项目实施以来，荔湾区全区共加装电梯入案308栋，同意批前公示141栋，核发建证57栋。截至2017年12月，月均申报加装电梯案件在“百梯万人”行动出台后，相比出台前增加400%，月均同意批前公示数和发证数相比出台前也均实现了倍增。

四是全流程保姆式指引，规范操作保证安全，让电梯装得“安心”。制作《荔湾区“百梯万人”旧楼宇加装电梯工作指引》，根据相关法律法规，在规划报建、安装使用维护、工程实施、消防安全设计等方面列明具体操作指引和技术规范，并将加装电梯各个流程的相关部门、单位联系方式一一列明，印发给各街道和社区居委会，派发给居民群众，成为一部电梯加装宝典。各街道也积极发挥主体作用，将加装电梯工作纳入日常安全监察和巡查工作中，加强加装电梯过程中安全保障，让居民装的安心。如荔湾区周门街一带属于流沙地质，沙土容易因水流失，因此在周门街 11 号楼加装电梯过程中，下挖了 1 米多做水泥地基，并打了 10 支 18 米长的桩柱，确保电梯运行的安全。

（3）通过居民自治构建守望相助邻里关系。“百梯万人”旧楼宇加装电梯工作，源自居民群众，服务居民群众，主体也是居民群众，荔湾区组织区域内居民依法自我管理、自我服务、自我教育、自我监督，发扬居民群众的主人翁精神，让群众共享发展成果，调动公民意识、公民道德和公民责任，引导守望相助、邻里互助，促进了社会融洽和谐，推动工作朝着更加良性的方向发展。

一是健全社区党员民情议事会。根据《荔湾区社区党员民主议事标准化规程》，建立健全“街道—社区—网格（片区）”三级党员民情议事会，健全组织形式、成员产生、工作职责、运行机制、成员考评和组织领导等各项制度，完善硬件设施、工作流程等内容。通过社区党员民情议事会平台，发挥社区各类党员作用，引导带动居民群众参与民主议事、民主协商，“议”出加装电梯的一致意见。如在环市西路 29 号之二的加装电梯工程中，通过筹建小组的不懈努力，先后召开5次会议，协调解决了在同一层中拥有两个单位的物业业主的集资难题，目前工程已进入竣工验收阶段。在周门街 11 号楼，该楼“领导小组”根据收集的业主意见作了许多人性化设计，将一楼门禁卡与电梯 IC 卡“双卡合一”，并在一楼设置对讲系统，大大方便了业主出行。

二是搭建社区建设管理委员会。各街道积极探索建立党组织指导下的社区建设管理委员会，建立议事机制，搭建工作框架。社区党总支下面成立片区党支部、楼宇党支部（党小组），发起成立由居民代表组成的社区建设管理委员会，把社区党员和带头人组织起来，发挥自治功能，“管”好加装电梯项目实施。同时，通过将加装电梯与小区环境整治结合起来，为居民群众带来了加装电梯新的“惊喜”。如在环市西路29号之二的加装电梯工程中，墙壁被粉刷一新，电梯旁还铺上了崭新的瓷砖，通风和采光也变好了。在周门街11号楼加装电梯过程中，业主还集资把大楼前面的小花园进行了一番改造，铺上地砖、设上围蔽、加上长凳，打造成供街坊娱乐的休闲区，同时还更新规整了老旧电线，在公共区域安装14个监控摄像头，大大提升了居民群众的安全感。

三是建立居民群众志愿服务队。各街道积极探索完善党组织指导下的居民志愿服务组织，依托社区党员民情议事会和建设管理委员会的场地，广泛成立加装电梯志愿服务队，吸纳热心居民代表、社工组织代表、企业代表等参加志愿服务队，为加装电梯工作提供经验分享、业务咨询、协商调解、会议交流和宣传指引等服务，使旧楼加装电梯项目更贴近居民需求。如在桃源街42–1楼的电梯加装中，曾从事房地产工作的林先生被推举为技术担当，许大姐因有物业管理经验成为财务总控，退休前曾任宝源小学校长的何玉珍担任与各部门沟通、协商的公关负责人，在他们的努力推动下，几乎每一次表决意见，16户居民都是全票通过，42–1楼的住户只用了不到一年的时间就铺平了“回家的路”。

四是广泛吸纳社会力量形成合力。通过各级各类党组织统筹抓总和积极协调，凝聚起包括电梯企业、社会组织、“两代表一委员”、群团组织在内的各类社会力量，构建了同心协力、齐齐参与的工作格局。如逢源街将加装电梯工作纳入家庭综合服务中心社工机构——逢源人家服务中心的工作日程，采取社工带义工的办法，积极入户宣传动员。花地街、多宝街等邀请人大代表进社区调研加装电梯工作进展，召开多场座谈会征求居民群众意见建议，为推进荔湾区加装电梯工作出谋划策。在各级各类党组织的大力支持、鼓励和协调下，各类社会组织、热心人士积极参与到电梯加装工作中来，汇聚起了强大的社会力量。为全面贯彻落实习近平总书记“以人民为中心”的思想，在街坊百姓的殷切期盼中，荔湾区委、区政府以解决老城区旧楼加装电梯工作为切入点，各级党组织牢固树立主责主业意识，把“百梯万人”行动作为一项全局性、基础性的重要民生工程，强化担当，狠抓落实，确保工作取得实效。

“百梯万人”党旗红书记项目开展半年来，已有14宗加装电梯项目获得政府10万元资金补助，23宗已完成并申领资金补助，55宗项目开工建设，制约老城区发展的民生难题正被逐个击破。时任中共广东省委副书记、广州市委书记任学锋在《荔湾区以党建引领大力推进“百梯万人党旗红”加装电梯惠民工程》材料上批示：“认真学习贯彻十九大精神，坚持以人民为中心的思想，在总结过去工作的基础上，争取今明两年有更新进展，让群众（市民）生活更方便。市委组织部跟踪指导，在全市推广。”在荔湾区的带动下，目前越秀区已将加装电梯工作纳入2018年度十件民生实事，天河区、花都区也正积极制定相关政策对加装电梯进行财政补贴，旧楼宇加装电梯行动逐步在全市铺开。2017年12月7日，中央电视台《新闻联播》报道了荔湾区金花街蟠虬社区居民讲述旧楼安装电梯的喜乐，“百梯万人”党旗红书记项目已引起全国普遍关注。

三、荔湾区实施“百梯万人”党旗红项目的经验和体会

“为人民服务”是马克思主义最鲜明的政治立场，是中国共产党的根本宗旨。“百梯万人”党旗红项目，是荔湾区决胜全面建成小康社会的基层探索，是全区各级党组织和党员干部凝心聚力推动落实的结果，深度密切了基层党员干部与社区居民群众的鱼水关系，提升了基层党组织动员基层群众能力和基层党建工作水平。

（1）坚定正确的政治方向，突出“党”的领导是关键。坚定正确的政治方向始终是第一位的，这是我们党带领人民群众取得巨大成就的实践经验，也是推进党和国家各项事业健康发展的基本保证。在实施“百梯万人”党旗红项目过程中，区委书记作为项目责任人担任总指挥，区委常委班子参照《中共广州市荔湾区委办公室印发〈荔湾区领导班子

成员挂点联系工作一览表〉的通知》的安排，每人挂点督导1~2条街道，指导各街道“百梯万人”计划实施，同时定期召开区委常委专题会议听取项目进展情况，研究解决存在问题。街道党工委书记亲自挂帅，签订项目承诺书，加强研究、部署、检查和落实，切实履行第一责任人责任，班子成员结合分管领域实施书记项目，主动把基层党建责任扛起来、把工作落到地。各级党组织建立电梯企业库和第三方服务机构名单，主动邀请电梯企业驻点为居民提供面对面咨询服务，把宣传动员旧楼宇加装电梯纳入家庭综合服务中心社工机构工作日程，鼓励“两代表一委员”参与旧楼宇加装电梯宣传动员、组织策划、协商议事等工作，将工会、青年团、妇联等群团组织打造成旧楼加装电梯工作的党群桥梁和纽带，充分借助媒体力量把成果推广出去，塑造良好形象。

（2）坚持解放思想、实事求是的思想路线，强化“政”的服务是重点。解放思想、实事求是是中国共产党思想路线的核心。在实施“百梯万人”党旗红项目过程中，荔湾区委、区政府一直坚持解放思想、实事求是，做好统筹引导扶持文章。首先是完善政府扶持政策，荔湾区各有关部门按职责分工制订出可操作的详细工作方案、建立台账，科学安排进度，明确时间节点，分解细化项目任务，责任落实明确到人，并严格按照项目任务和时间节点抓好落实。其次是强化程序意识、安全意识、稳定意识、纪律意识，每项工程都按流程、按规定依法推进，严把质量关和安全关，对过程中产生的各种矛盾纠纷进行排查，对全过程进行跟踪监督管理，把好事做好，使每个项目都成为放心工程、廉政工程。还有突出先锋模范作用，建立起“百梯万人”旧楼宇加装电梯党员服务岗和政策宣传服务队，机关党员干部主动深入各街道社区指导工作开展、解决实际问题。协助做好组织发动群众工作，深入基层为群众送政策、送资金、送服务，开通旧楼宇加装电梯补助资金申请、规划报建、施工许可等快速审批绿色通道。

（3）发扬自力更生、艰苦奋斗的创业精神，发挥“民”的协作是基础。自力更生、艰苦奋斗的创业精神是中国共产党宝贵的精神财富。在实施“百梯万人”党旗红项目过程中，荔湾区正是依靠这种精神，团结带领人民群众，充分发挥各方力量，破解了以往想解决但一直没解决的难题。比如各级党组织借区域化党建、驻点直联及“街道—社区—网格（片区）”三级党员民情议事会平台，引导居民群众自力更生、艰苦奋斗，在民主议事协商中“议出”加装电梯的一致意见、“议高”共建共享幸福社区愿景、“议顺”党员群众的诉求之道、“议来”基层治理大好局面、“议强”基层党组织凝聚力，探索建立社区建设管理委员会，把社区党员和带头人组织起来，“管”好加装电梯项目，形成党建引领、公众参与、民主自治的良好格局。

石围塘街“百梯万人”党旗红旧楼宇加装电梯成功案例

“一窗式”服务——荔湾政务服务改革探索

荔湾区政务数据局

中国改革的历史实践证明，行政审批制度改革已成为推动中国行政管理体制改革、转变政府管理职能、构建服务型政府、从源头预防腐败的一个重要突破口。《中共中央关于全面深化改革若干重大问题的决定》提出，要“进一步简政放权，深化行政审批制度改革”。李克强总理在2018年政府工作报告中指出：“深入推进‘互联网+政务服务’，使更多事项在网上办理，必须到现场办的也要力争做到‘只进一扇门’‘最多跑一次’。”2014年以来，广州市荔湾区实施“一号”申请、“一窗”受理、“一网”通办推进“互联网+政务服务”改革，在政府服务流程、服务渠道、服务质量等方面取得积极成效。国务院办公厅转发《推进“互联网+政务服务”开展信息惠民试点实施方案》，将荔湾区“一窗式”服务模式作为典型案例向全国推广。2016年，“一窗式‘互联网+政务服务’”模式获得广东省十大“智慧民生”项目奖；《人民日报》《南方日报》等多家媒体先后进行报道，全国多地纷纷借鉴复制“荔湾模式”。2018年，荔湾区政务服务中心通过“国家级社会管理和公共服务标准化试点建设单位”中期评估。

一、着眼问题导向，通过改革创新破解工作中存在的突出问题

社会对政务服务的评价标准，大约可分为四个维度：群众以效率和公开为标准，企业以简洁和高效为标准，上级要求规范和专线专用，社

会监督注重廉洁和透明。荔湾区在政务服务改革创新中，牢固树立为人民服务的理念，聚焦“八难”问题[①]，有针对性地制订改革方案，创新服务手段和方式，从而有效保证了政务审批改革更“接地气”、更有实效。

二、坚持统筹设计，切实把改革创新与贯彻中央和省、市的要求紧密结合起来

行政审批工作不是一座“孤岛”，既是上下贯通的一个完整的行政体系，更涉及政府方方面面的工作，直接影响经济社会发展大局。改革中，荔湾区将政务服务改革纳入区全面深化改革的总体规划中，围绕深化改革的总思路、总目标，既站在全区未来发展全局的战略高度进行统筹谋划，又准确把握中央、省、市有关行政审批制度改革要求，充分考虑与省、市政务服务改革做好对接的基础上进行顶层设计，确保改革方向不偏、服务大局，发挥促进经济社会发展的助推器作用。

（一）采取“一号”申请，实现电子证照信息互通共享

“一号”申请，就是把居民身份证号码作为唯一标识，群众办事从预约、取号、受理、联审、查询、取件以及自助办理都实行“一号”认证和“一号”通行。为推动“一号”申请落地，区政务服务大厅升级了办事取号系统和市民卡识别系统，统一使用身份证识别取号，并逐步推动跨部门证件、证照、证明互认共享，避免群众重复提交办事所需证明、证件等材料。为配合“一号”申办服务，荔湾区着力建立电子证

① 协调难：部门和地方条强块弱，区街被动接受工作；统筹难：入驻部门各自为政，新增服务“增窗增人”；教育难：各线窗口“临工”坐台，临聘人员素质较低，服务质量不高；共享难：各条专线信息分隔，形成多个信息“孤岛”；高效难：审批手续烦琐，办理业务要在多个窗口反复折腾；告知难：各种材料多变，服务不规范、效率低，群众无所适从；查询难：各部门分头审批，进度情况无从知晓；监管难：审批分离，窗口存在一定程度的自由裁量，为权力寻租留下空间。

照互认共享机制。一是制定全区统一的电子证照标准，要求各部门业务办理与电子证照系统对接，实现电子证照信息互通互联互享，促进各部门办事过程中电子证照复用，实现全区电子证照一次采集、反复利用、一库管理、互认共享。二是建立全区统一的电子地图、人口、户籍、房屋、出租屋、来穗人员、企业法人、商事登记、税收、党建等基础数据库，并与网格化服务信息管理系统互通。三是推进全区跨部门的电子证照互认共享，推动部门间政务服务相互衔接、协同联动，变“群众跑腿”为“信息跑路”，变“群众来回跑”为“部门协同办”。

（二）实行“一窗”受理，推动政务服务规范化标准化

“一窗”受理，就是全面推行“前台一窗综合受理、后台分类审批、统一窗口出件”的受理、审批、监管相分离的综合服务模式，简化办事流程，使群众能够进一个门、到一个窗、办所有事，推动政务服务规范化、标准化、高效化。一是设置综合受理窗口。在区政务服务大厅按照“前台收件、后台办件、统一出件”的方式设置综合受理窗口，由原来19个部门53个窗口，大幅压减至9个统一收件窗口和2个统一出件窗口，实现“一窗”办理所有部门的业务。二是实行标准化流水作业。公布了平台、受理、清单、流程、告知、指南、审批和监管等各方面标准化举措，明确各个环节的目标和责任。在“国家级社会管理和公共服务标准化试点建设单位”的基础上，以受理、审批、监督三大环节为重点，加大服务标准体系完善力度，将标准应用贯穿于政务服务全过程，达到政务服务工作人员知标准学标准用标准的要求，提升政务服务水平。三是建立健全首问负责、一次性告知、并联办理、限时办结等制度。编制具有荔湾特色的“新版办事指南”，把过去传统的部门业务指引改为群众申办事项指引，运用简明图表制作办事指南，明确办理事项、办理流程、要件资料、窗口地点等要素，同时配备电子自助查询和自助打印系统，方便群众查阅。四是建设后台数据共享交换平台体系。为衔接“一窗”受理，区办事大厅在后台建设起统一的分层管理的数据共享交换平台体系，审批人员接到收件材料后，直接进入审批程序，在

规定期限内完成审批，并统一由出件窗口出件，实现群众办事一窗口受理、一平台共享、一站式服务。

（三）推动“一网”通办，打通审批监管服务等环节

“一网”通办，即统一开发“荔湾区一站式行政审批系统”，使公共平台与各职能部门专业审批系统交换联动，从技术上将审批项目和服务事项的各环节纳入全程透明的流程中，通过每个环节的电子监察和群众评价对办事人员进行量化考核，有效解决了“办事难”问题。一是推动行政审批事项“上网进村”。根据省、市两级行政审批及公共服务事项目录，制定荔湾区公共服务事项基本目录，统一计生、劳动就业、养老保险等公民类服务事项的名称、受理材料、办理流程，扩大网上办事范围；实行网上办事和现场办事“三统一”①，提供24小时全天候、全流程的网办服务。同时，携手广州邮政，利用邮政“蜜蜂箱”布点，推出“智慧政务+智慧邮政”自助服务终端，将“一柜式”微政务服务延伸至辖区的社区、村居、住宅小区等300个服务点，免费为市民提供社保参保、个人完税等各类证明打印、证件扫描、原件上传等多项便民服务，办事群众只需在家门口即可实现全流程网办。原来各审批部门共57套业务系统，全区532项业务全部进驻网上办事大厅，网办率达到100%。全面开通22条街道服务事项的网上办理功能，并开通186个村居网上办事站，服务事项可网办率达99%，群众可就近到居委会办理。二是建设行政审批统一交换平台。整合全区各审批部门业务系统，统一建设“荔湾区一站式行政审批系统”作为公共综合受理平台。全区各部门将相关审批基本数据同步推送至该平台，该平台在收件受理、审核审批、批件完成等每个环节均推送短信到办事群众手机上，该平台还与区政府门户网站、荔湾政务微信平台和区效能监察网联通，保证所有审批事项的流程信息在平台系统内可查可管。从实践看，该系统有效实

① 统一受理材料、统一审批标准、统一承诺时限。

现了一站式平台综合受理，部门专业审批网分类审批，外网咨询、查询、预约的功能。三是建设审批监管执法联动平台。以区大数据云中心为基础，利用信息化手段，建成集数字城管、政府“12345”热线、信访诉求、监管联动、社区服务功能为一体的“社区网格化信息综合平台”。该平台与“一站式行政审批系统”对接，通过构建双向告知、证照衔接、监管联动、执法协作等机制，加强了行政审批事中事后监管。四是搭建“广佛”跨城服务平台。开通跨佛山、荔湾行政区域的自助服务办事ATM（自动取款机）终端，将荔湾区与佛山市的行政审批系统无缝对接，为广佛两地群众提供24小时异地办理服务，并实现工商类、财政类等7类事项在两地实体窗口通办。

三、着力开放包容，推动荔湾区经验成为有成效可复制的改革成果

荔湾区在推进政务服务改革的过程中，反复比对新加坡、中国香港以及天津、上海、深圳自贸区政务服务模式，复制海门市联合勘察验收模式和南海区自助终端模式，结合荔湾区实际调整优化。荔湾改革措施运行一年多来，各项业务平稳开展，政务服务正常运转，取得了明显成效，群众满意度评价达100%，达到了预期目的。

（1）窗口数量大幅压减，资源利用实现最大化。“荔湾模式”打破了以往按部门“摆摊设窗”的传统做法，实现了由“一站式服务”向“一窗式综合服务”的转变提升。有效地解决了以往窗口种类繁多、职能单一、忙闲不均、业务量严重失衡的问题，降低了行政成本，使前台窗口资源得到最大限度的利用。

（2）审批环节明显减少，行政效率大幅提升。改革后，大量公民类审批事项下沉到街道，目前已经有超过90%的公民类审批事项在街道受理。而区政务服务大厅开展后台即时办结服务，大大减少一般性审批事项的审批环节。据了解，区政务中心后台即时办理业务已经占区属行政审批事项的四分之一以上，平均审批时间压缩率超过70%，审批业务

量持续快速增长。改革前的 2014 年 4 月，当月受理量仅为 432 项；改革后的月均受理业务量达 1200 多项。

（3）审批服务更加规范透明，压缩了权力寻租空间。改革后，在业务受理上实行标准化“流水线”作业，改变入驻部门办事流程不规范、不完善以及审批所需材料要求不统一的状况，避免办事群众因为不同受理审批人员自由裁量、要求各异而无所适从的现象，更减少了暗箱操作的可能。清单式受理、“立、审、管”分离模式和工程类事项实行联合勘察和验收的创新做法，实现了入驻部门负责决策和执行，政务服务中心负责管理和监督，两者互相分离、相互制约、分工协调，解决了审批过程各环节权力和利益一体化问题，有效地防止审批人员不作为、乱作为，甚至权力寻租腐败的问题，确保各项审批在阳光下运行。

（4）管理职能进一步理顺，管理责任更加明晰。实行受理权与审批权分离后，前台窗口工作人员由区政务办派出，改变过去由各部门派驻、管理的传统，较好地实现了部门负责决策执行、政务服务中心负责管理监督的权责平衡，解决了目前广州市普遍存在的政务办权力“中空”的问题，形成了服务与责任、管理与考核之间的有效约束。同时，窗口人员由过去各部门派驻的临时工，改为由政务办统一招聘的事业编制人员，实行统一管理、统一考核，人员素质大幅度提高，“门难进、脸难看、事难办”问题得到较大改善，窗口服务质量明显好转。人员的整合也使工作人员财政供养资金节约近 80%。

四、对荔湾区政务服务的下一步思考与探索

（1）以标准化试点建设为抓手，促进服务水平提升。在国家级社会管理和公共服务标准化试点建设的基础上，以受理、审批、监督三大环节为重点，加大服务标准体系完善力度，将标准应用贯穿于政务服务全过程，达到政务服务工作人员知标准学标准用标准的要求，提升政务服务水平。

（2）以线上线下融合为载体，升级“互联网 + 政务”应用。按照

广东省“政务信息网上公开、投资项目网上审批、社会事务网上办理、公共决策网上互动、政府效能网上监察”的要求，完善“广东省网上办事大厅荔湾分厅”建设，采取线上线下网上办事大厅与实体政务服务大厅相融合的模式，推进政务服务数据整合与应用，建立网上填报、网上预审、网上预约、实时网上办理、网上监管政务数据的平台，提升审批和服务效率，充分发挥“放管服”的助力作用，做强荔湾区“互联网+政务”的示范效应。

（3）以惠民便民为目标，探索政务服务新方式。吸收借鉴国内外先进经验及做法，进一步更新政务服务理念，结合群众实际诉求，不断推进手段创新，探索创新机制。跟踪利用全球最新信息化成果，加强云计算技术研究利用，注重网络信息整合管理，打破“信息孤岛”，加快推进部门政务信息联通共用，实现惠民便民服务“零距离”，做到为民服务与时俱进。

立潮头，不止步，促发展，再出发

荔湾区委办公室

发展，是一种状态，意味着生机勃发、活力涌动。发展，更是一种追求，要求解放思想、敢于革新、永不僵化、永不停滞。从历史深处走来，荔湾从没停止过脚步。无论是唐朝时期，白鹅潭地区的商贾云集、货如轮转，还是清末时期，十三行一口通商的富甲天下、闻名海外，荔湾都挺立在发展潮头，向世人展示它的风采和魅力。曾几何时，荔湾也曾迷茫。是当之无愧的中心城区，还是“广佛过渡带”？是底蕴深厚的历史宝库，还是迟缓老旧的代名词？荔湾人心生忧患，陷入沉思。面壁十年图破壁，难酬蹈海亦英雄。走进新时代，立足大湾区，在区委、区政府的带领下，荔湾上下一心一意谋发展，全力以赴抓落实，一场属于荔湾的美丽蝶变正在发生，一段以发展为主题的壮丽篇章正徐徐展开。

一、乘势而上，信心满怀，荔湾人斗志昂扬

福气、底气、士气，汇聚起了荔湾发展的强大正能量。

荔湾的福气，来自党中央、省委、市委的正确领导和高度关注。

2018 年 10 月 24 日，是一个令所有荔湾人无比骄傲和自豪的日子。这一天，习近平总书记视察广州，荔湾作为总书记视察的第一站，光荣接受检阅。永庆坊和粤剧艺术博物馆，这两个荔湾旧城更新改造和传统文化活化提升的代表项目，在这一天显得格外熠熠生辉、引人注目。总书记在其中耐心查看，细细体味，并用“老城市新活力”为广州发展点

题，用“四个出新出彩”[①]为广州发展指明方向，同时也对荔湾的工作表示了肯定。总书记的到来，为荔湾发展翻开了崭新的篇章，也是对荔湾近年来发展成果的最大肯定和最高嘉奖。

习近平总书记视察荔湾后，荔湾获得了省、市和全社会的高度关注，永庆坊成为全国有名的旅游目的地和文创新地标，“永庆坊”旅游产品的热搜热度环比劲增950%，成功跻身周边游热搜关键词榜首。恩宁路历史文化街区和泮塘五约微改造纳入国家试点，省政府在白鹅潭选址建设省当代美术馆、非物质文化遗产展示中心、文学馆项目，白鹅潭产业金融服务创新区、广佛科技创新产业示范区等市级平台也正加快速度提升能级。越是在“风口浪尖”，荔湾越是要做时代的“弄潮儿”，把社会的关注和上级赋予的责任，转化为推进各项工作的不懈动力。

荔湾的底气，来自得天独厚的发展资源和坚实的发展基础。

荔湾发展有着无比优越的区位优势。荔湾是珠江西岸“六市一区”[②]和“广—深—港—澳”科技创新走廊的重要交汇点，也是广佛都市圈的核心城区，具有广佛之心、珠江西岸桥头堡的天然优势，综合功能辐射整个粤港澳大湾区。在广州各区中，荔湾作为广州市中心城区，是广州唯一拥有“一江三岸、百里河涌”自然条件的行政区，有大坦沙这样体量庞大的岛屿，还有南片地区这样广阔的可开发利用空间。这些区位优势亟待转化为发展优势，吸引各类资源要素源源不断来到荔湾。

荔湾发展拥有“文化”这个第一品牌。荔湾是广州历史文化街区最多、历史建筑最多、非物质文化遗产最多的城区，素有“不到荔湾就不算到过广州”的美誉。荔湾必须根植文化，要走产业之路，把深厚的文化底蕴作为荔湾有别于广州市其他城区的核心竞争力，转化为推进发展的强大精神力量。

---

① 指在综合城市功能、城市文化综合实力、现代服务业、现代化国际化营商环境方面出新出彩。

② 指珠海、佛山、中山、江门、阳江、肇庆市和顺德区。

荔湾有着坚实的发展基础。近年来，荔湾加快争取上级支持、布局发展平台、完善基础设施、构建产业体系，逐渐从被“边缘化”的广佛交界“过渡带”，发展为广州国家中心城市核心功能区和现代化中心城区，为未来发展打下了坚实基础。成绩来之不易，必须加倍珍惜。立足当下，面向未来，荔湾人完全有信心、有基础、有能力引领新常态，把荔湾发展推向前进。

荔湾的士气，来源于骨子里的发展基因和干出来的精神面貌。

荔湾人有着敢为人先的优良传统。自古以来，荔湾人就敢于在时代的变革中“杀出一条血路”。回首改革开放40年，中国第一个涉外宾馆“白天鹅宾馆”于1983年正式开业；在下海创业的浪潮中，荔湾诞生改革开放后全国第一批个体户；南方大厦曾是广州百货零售业领先于全国的重要标志。荔湾人必须弘扬这种不断探索的精神，推进荔湾在新时代改革开放再出发。

荔湾人有着敢于创新的时代担当。近年来，荔湾区不断解放思想，取得新的突破，多项工作在全市拿下第一，走出了一条“新路”。“广州荔湾政务服务国家级标准化试点”成为全市首个通过验收的国家级政务服务标准化试点，挂牌成立华南地区首个对接先进制造业等产业的金融服务创新区，在全市首推旧楼宇加装电梯，建成开放全市第一个区级党群服务中心，成立恩宁路历史文化街区“共同缔造”委员会，是广州首个历史文化街区更新领域的公众参与组织，等等。如今，荔湾人必须以全力加速、势不可挡的劲头，创造更多的“第一”。

荔湾发展有着敢想会干的干部队伍。经过不断的学习提高和实践奋斗，全区干部干事创业的精神面貌提升了，干事创业的能力逐步提高，风气发生了巨大的变化。很多干部从曾经的犹豫、观望、自我怀疑，到现在的积极、主动、满怀信心，从不知道怎么干到想方设法去干，发生了巨大而积极的转变。当前，荔湾必须树立未来高质量发展的坚定信心，昂扬向上、奋发有为，要敢想敢闯，也要善谋会干，为全区人民促改革、谋发展。

二、解放思想，认清形势，为加快发展清障开路

真正的勇士，从来都不是看不见困难的人，而是那些面对困难依然不屈不挠、勇攀高峰的奋斗者、实干者。船到中流浪更急，行到半山路更陡。荔湾发展，也面临必须克服的困难和障碍。当前的区域竞争，已经不仅仅是几个兄弟城区间的你追我赶，而是上升到粤港澳大湾区，甚至上升到全球层面，未来将会带来更大冲击、更深影响。面临突出问题，荔湾人必须头脑清醒，跟上形势，为发展扫除障碍。

（1）经济发展结构性问题突出。不得不承认，荔湾近年来发展压力很大：地区生产总值多年位居全市第9，近5年增速始终处于后3位，2018年完成1223.43亿元，增长4.8%，总量排全市第9。基础设施类、城市更新类项目，以及白鹅潭中心商务区项目推进缓慢，发展后劲堪忧。2018年一般公共预算收入48.6亿元，仅增长4.9%，依然是“吃饭财政”，无力投入于发展。荔湾经济底子薄的根源在于一系列结构性问题。工业方面，高度依赖中烟一家企业，先进制造业占比仅19.2%，而全广州已超60%。服务业方面，现代服务业占服务业比重不到50%，而广州市已达66.5%。企业方面，龙头企业十分缺乏，荔湾没有世界500强企业总部，仅有1家中国500强企业总部（唯品会）；全市工业和营利性服务业前100名企业中，荔湾都仅占3席。荔湾必须瞄准指标，在深层次的经济结构上作文章，做大荔湾的经济总量。

（2）新旧动能转换仍然面临诸多障碍。荔湾正处于增速换挡、结构优化、动力转换的调整期，困难和障碍也不少。传统产业中，茶叶类、玉器类、电子电器类等市场空置率升至20%～30%，部分市场租金水平仅为高峰期的三分之一，市场人流量也明显下降。对科技创新等新动能的支撑明显不足，2017年全社会R&D仅占全区生产总值的0.58%，远低于全市的2.48%，全区高新技术企业303家，仅占全市的3.5%。经济新增长点的拉动后劲不强，2018年全区新增四上企业209家，占全市年度新增比例5.2%，仅高于从化区。荔湾必须着眼于“转换”这个关键词，加快培育新动能，改造升级旧动能，促进新旧动能接续转换、混合提升。

（3）产业和功能布局不明晰。产业布局方面，沿珠江的“黄金岸线”本应是现代服务业发展的“黄金走廊”，却分布着许多荒废或闲置的国企用地，北片专业市场密度是南片的10倍，大量低附加值的专业市场占据了大量宝贵用地，导致一些高端“向心性”产业[①]只能布局到边缘地区，导致资源错配。功能布局方面，尤其是在南片地区，分布大量农用地和村庄，基本农田3900多亩（2.6平方千米），农用地1万多亩（约6.6平方千米），缺乏足够的公共服务配套，难以有效分散和承接职能外迁，妨碍现代产业体系的发展和高端服务业专业化。

（4）重点项目建设推进不力。一些地块征而未储、储而未让、让而未建，有一些平台搭建了却没有如期引入高质量的企业和产业，导致平台的创新驱动力不强，企业的人才结构性矛盾突出。集聚新动能的发展平台，如大坦沙国际医疗健康城、广州国际医药港、白鹅潭国际金融中心等优质载体正在建设中，新隆沙、广船央企南方总部基地等一批高端载体也正在开展前期工作，虽然在未来能提供约279万平方米的商务办公面积，但在目前还未能发挥作用。

白鹅潭新隆沙、陆居路地块效果图

① 总部经济、科技服务业等。

（5）公共服务竞争力弱化。人均公共管理与公共服务设施用地面积仅有 3.1 平方米，远低于标准要求的 5.5 平方米。南片的综合体、教育、医疗、高校、研究机构等设施远远不能满足人口增加和投资者的需求。同时，道路交通等重点项目的建设步伐总体也比较滞后，南片现在产业和人口都还没有充分集聚，交通就已经先“肠梗阻”了。城市环境面貌也有较大提升空间，群众和游客观赏休闲的体验感有待加强。

荔湾上下充分意识到，短板绕不过去，越拖越难解决。这些制约全区高质量发展的难点和痛点，已经到了非抓不可的时候。必须敢于发现短板，勇于承认问题，形成合力、攻坚克难，勇敢地担起解决问题的重任。

三、聚焦发展，热血未凉，朝着出新出彩再出发

2019 年 1 月 11 日，一场别开生面的大会——荔湾区发展大会，在区委大礼堂召开。上任才 9 天的荔湾区委书记陈小华，面对发展的紧迫形势，在大会上给大家加油鼓劲：“荔湾当前的突出矛盾和问题，归根到底是发展问题。荔湾已经到了必须发展、不得不发展的阶段，已经到了不发展必然落后、发展慢了一样要落后的阶段。我们要把全部工作的重心，转移到经济发展和工作落实上来，勇当排头兵中的排头兵、先行者中的先行者。”

中国近代史上的变法先驱梁启超有句名言：“十年饮冰，难凉热血。”2010 年，广州举办了第 16 届亚洲运动会。本来迎亚运的主战场在天河，但是荔湾的同志人心齐、干劲足，主动向市里争取工作、争取项目，硬是把市里的关注点拉到了荔湾。时任省委书记汪洋同志还在荔湾总结出了“敢想会干为人民”的“亚运精神”。时光流转至今时今日，当年荔湾埋头苦干迎亚运的场景，仍历历在目。当时的大部分同志现在都还在荔湾工作，很多已经成为各领域的中流砥柱。陈小华书记断言：“要说大家的热血已经凉了，我是绝对不相信的！当你们经过荔枝湾、经过陈家祠、经过沙面，看看曾经奋斗结成的硕果，那种骄傲和自豪不会消失。你可以跟自己子孙后代说，‘这是我当年干出来的’。这就是

时代给奋斗者的激励。大家想想，再过10年，你是愿意指着白鹅潭的高楼大厦说那其中有我的一份力，还是愿意永远徘徊在过去的成绩，说这10年我虚度了。”

荔湾的辉煌能否延续？发展的难关如何迈过？荔湾人必须用行动给出答案。

习近平总书记指出要把大湾区建设作为广东改革开放的大机遇、大文章抓紧做实，要求以珠三角为主阵地举全省之力办好这件大事，这是荔湾发展的重大战略机遇。知人者智，自知者明。在这个难得的时空交汇点，荔湾上下紧紧围绕习近平总书记对广州发展提出的“实现老城市新活力，在综合城市功能、城市文化综合实力、现代服务业、现代化国际化营商环境方面出新出彩”的要求，励精图治谋发展、心无旁骛抓落实。面对粤港澳大湾区建设的历史机遇，面对实现老城市新活力的使命担当，荔湾人正朝着四个目标刻苦努力：

（1）在综合城市功能出新出彩，争做“湾区门户”。荔湾要发挥中心辐射作用，积极培育新的发展动力源和增长极，持续提高全球资源配置能力，不断提升城区能级和核心竞争力。

（2）在城市文化综合实力出新出彩，打造“广州名片”。荔湾要坚定文化自信，自觉担负起传承和弘扬岭南文化的重任，让岭南文化通过荔湾这个名片展示魅力、大放光彩。

（3）在现代服务业出新出彩，建设“产业高地”。荔湾要把提升现代服务业放在更加突出的位置，扎实推动高端服务业与战略性新兴产业对接，打造具有区域影响力的现代服务业集聚区。

（4）在现代化国际化营商环境出新出彩，创建“现代商都”。荔湾要坚持问题导向，对接国际规则，对标最高最优最好，努力推进“千年商都”向“现代商都”转型。

四、抢抓机遇，齐心协力，干出荔湾发展新天地

心弱则志衰，志衰则不达。在打造“湾区门户、广州名片、产业高

地、现代商都”的重要关头，全区各级领导干部的精神状态特别重要。必须保持一股冲劲、韧劲和干劲，以为官避事为耻，无须扬鞭自奋蹄。

（一）抓发展就是抓项目，用“项目为王”的理念支撑发展

（1）荔湾要“撸起袖子”干出一批。九项重点工作，是市里给出的“必答题”，必须按照时间节点一一抓落实。“三大平台”① 规划已经落地，要一张蓝图干到底，加快推进土地储备和出让，增加产业平台和招商载体。“三隧、四路、五轨道”② 的城市骨架要早日成形，搭起引资引技引才的快捷通道。大坦沙岛、恩宁路二期、沿江西路、沙面等

如意坊隧道效果图

① “三大平台”指传统文化商旅活动提升区、白鹅潭中心商务区、海龙科技创新产业区。

② 三条隧道：如意坊隧道、康王路下穿流花湖隧道、东沙隧道。四条（主干）道路：芳村大道南快捷化改造工程、如意大道、城市快捷路二期（荔湾段）、广佛出口放射线二期。五个轨道交通：轨道交通十一号线工程、轨道交通二十二号线工程、轨道交通十三号二期工程、轨道交通十号线工程、轨道交通八号线北延段工程。

片区，是实现老城市新活力的着力点，必须在半年内出新出彩出成效。荔湾等不起、坐不住、慢不得，要加快步伐，该改造的片区加快规划，该引进的产业加快布局，该接洽的企业加快磋商，已成熟的项目加快启动建设，早日把这些项目干起来、干出来。

（2）荔湾要“戴上帽子”推出一批。荔湾当前缺少的是大项目大平台，仅靠几个项目远远不够。没有好项目，引不来金凤凰。荔湾想乘着大湾区的东风借得发展的利箭，就得先给自己戴上“帽子”。要把建设粤港澳大湾区文化交流创新中心、海龙国际创新中心，促进大坦沙岛与中新知识城协同发展，打包成“两个平台、一个协同”，争取纳入广州市建设大规划的整个盘子里，在政策、资金、人力、物力上争取更大支持，依靠省、市一级资源提升平台能级，引入更多社会力量参与项目建设。

（3）荔湾要“穿上鞋子”跑出一批。没有等出来的发展，只有跑出来的项目。没有企业来荔湾建设，荔湾人就穿上鞋子出去跑、去宣传，跑出荔湾“加速度”，把项目和资金拉回来。要向社会表达一个态度，从现在开始，荔湾将会更加尽心竭力服务企业、招商引资，让更多项目落户荔湾，让更多企业一起建设荔湾。荔湾要引进和建设的，是有助于荔湾走上良性发展轨道的项目，既能实现跨越式前进，又能确保平稳健康发展。

（二）抓发展就是抓作风，用真抓实干的作风推动发展

（1）发展落后了要警惕，作风落后了更要警惕。当前，作风问题仍然是制约荔湾经济社会发展的重要问题。荔湾发展已经进入了“战时状态”，没有超常规的勇气、魄力和担当，很难改变当前被动的局面，很难啃下发展中的硬骨头。荔湾人要在征地拆迁的战场上作战，在“城中村”改造的战场上作战，在拆违和污染防治的战场上作战，在招商引资的战场上作战，在全区发展的各个领域、各条战线上作战，以铁一般的意志、铁一般的纪律、铁一般的作风，把各项工作推向前进。

社会和群众的反响，是干部作风的一面镜子。2018 年荔湾区打掉 4

个长期为南漖黑恶势力提供帮助的“保护伞”，挽回经济损失1300多万元，为联社追回安置房指标1000多平方米。南漖村民自发拉横幅、放鞭炮庆祝，还送锦旗给区委和区纪委。自2017年起，荔湾开展“百梯万人”党旗红书记项目，解决了群众出行难题，有群众当场高呼“共产党万岁”。可以说，群众对发展有多么期待，对更加美好的生活有多么期待，就对干部作风有多么期待。满足市民群众的新期待，荔湾干部的作风必须要跟得上，不能让群众的期待落了空。

（2）要在思想认识上体现作风。思想上的落后会直接导致行动上的落后。该思考谋划的，认真思考了、谋划到位了、想在前面了，作风才算过硬。荔湾发展不怕天马行空的想象，就怕暮气沉沉地去守旧。每一个干部都要开动脑筋，要钻研业务，要开阔眼界，多思考怎么耕好自己的“一亩三分地”。

（3）要在服务质量上体现作风。服务企业、服务群众的质量，就是我们的作风。对企业放任不管、对企业的诉求没有想方设法去解决，或是成天骚扰企业，想从企业身上盘剥利益，这些都是作风问题。做群众工作也是一样，有没有真心实意倾听群众的呼声，为群众解决最迫切、最关乎切身利益的问题，这些都反映着干部的作风。

（4）要在沟通协调上体现作风。区内如何沟通协调，对上如何沟通协调，直接反映我们的作风。发展是全区共同的事业，要敢于揭短亮丑，有什么困难问题说出来，大家一起研究解决。对上沟通也是作风的体现，对外工作有没有替荔湾发出声音，有没有为荔湾争取资源，就看得出作风如何。要多跑、多争取，让市里的同志觉得荔湾总有新项目、总有新想法，觉得市里投给荔湾的资源，荔湾接得住、用得活，这样的作风才算过硬。

（5）要在工作落实上体现作风。现在的荔湾，不是谋划更重要，而是干成更重要。起高调、讲大道理不是区一级应该做的，踏踏实实推动工作，为人民干出成绩，才是职责所在。要把自己当成企业的服务员，只要把企业的事，当作自己的事来办，企业也会把全区的事，当作自己的事来办。要提高效率，增速度。要想实现跨越式的发展，必须要有超常规的努力。经济发展进入新常态，荔湾的工作一样要进入新常态，要树立“办事最快、服务至上”的理念。要把争分夺秒当新常态、把改革创新当新常态、把跑步前进当新常态，以时不我待、刻不容缓的紧迫感推动发展。

（三）抓发展就是抓队伍，用高素质专业化干部队伍保障发展

建设一支敢闯敢干、有作为、能打仗、执行力强的干部队伍，是荔湾未来发展的关键所在。

（1）要提高政治站位，坚决落实“两个维护”①。习近平总书记来到荔湾，为荔湾发展带来了机遇，更为荔湾发展带来了责任，我们必须落实好总书记的要求，不辜负总书记的嘱托和期望。大家要化鼓舞为士气、化自豪为力量，真正朝着出新出彩的方向干事创业，用扎实的发展成果向习近平总书记和党中央交上一份满意的答卷。

（2）要加强学习和调研，跟上新形势新变化。当今时代，知识更新周期大大缩短，新知识、新情况、新事物层出不穷，不及时学习一定会落伍。当前，我们的干部队伍中存在着诸多不适应，对产业结构的升级不适应，对经济增长速度换挡期发展不适应，对市场在资源配置中起决定性作用不适应，对依法执政、依法行政、依法管理不适应。这些问题都要通过学习来解决。比如，广州市提出IAB产业②计划，我们就要去了解什么是IAB产业，IAB产业的发展现状如何，我们如何对接，如何招商。

（3）要树立正确的选人用人导向，在全区形成“能者上、庸者下”的用人机制。组织人事部门，要在发展中考察干部，用发展成果衡量干部。要大力发掘培养中青年干部，但选贤任能也不要设限，只要想干

---

① “两个维护”指坚决维护习近平总书记在党中央和全党的核心地位，坚决维护党中央权威和集中统一领导。

② IAB产业指新一代信息技术、人工智能、生物医药等新兴产业。

事、能干事，即便是59岁的干部，我们一样要给他舞台。同时也要善于发现那些“看见困难绕着走、看见荣誉抢着上”的干部，对于工作责任不落实、影响全区发展的同志，我们要坚决问责追责。

（4）要坚持严管厚爱相结合。组织和纪检监察部门，要加强干部监督管理，守住“安全、廉洁、稳定”三条底线，保证荔湾区的发展是风清气正的发展，每一个项目都建成廉洁项目。同时，要保护干部干事创业的积极性，坚持好“三个区分开来”[①]，不能自己束缚住自己的手脚，让干部大胆干事创业。

谋事在人，成事也在人。蓝图已经绘就，机遇就在眼前。荔湾人将“闻鸡起舞、日夜兼程、风雨无阻”，时刻为了发展而奔走努力，“逢山开路、遇水架桥、勇往直前”，不断破解发展中的难点问题，接好历史的接力棒，在荔湾大地上书写更加辉煌壮丽的新篇章！

---

① 即把干部在推进改革中因缺乏经验、先行先试出现的失误和错误，同明知故犯的违纪违法行为区分开来；把上级尚无明确限制的探索性试验中的失误和错误，同上级明令禁止后依然我行我素的违纪违法行为区分开来；把为推动发展的无意过失，同为谋取私利的违纪违法行为区分开来。